水工水力学
模型试验研究与工程应用

黄智敏　著

中国水利水电出版社
www.waterpub.com.cn
·北京·

内 容 提 要

本书从作者多年的水工水力学模型试验研究成果和技术报告中选出,经综合整理汇编而成。全书共分 8 章,内容包括阶梯式消能工研究和应用、低水头水闸泄洪消能防冲研究、溢流坝水面线计算、差动式挑坎水力计算、窄缝式挑坎水力特性研究、水利水电工程进水口水力学研究、水工水力学专题研究、工程研究和应用实例。

本书可供从事水工水力学及河流动力学试验研究、水利水电工程设计和技术管理的工程技术人员参考,也适合大专院校相关专业的师生参考。

图书在版编目（CIP）数据

水工水力学模型试验研究与工程应用 / 黄智敏著
. -- 北京 : 中国水利水电出版社,2018.8
ISBN 978-7-5170-6681-1

Ⅰ. ①水… Ⅱ. ①黄… Ⅲ. ①水工模型试验 Ⅳ.
①TV131.61

中国版本图书馆CIP数据核字(2018)第171389号

书　　名	**水工水力学模型试验研究与工程应用** SHUIGONG SHUILIXUE MOXING SHIYAN YANJIU YU GONGCHENG YINGYONG	
作　　者	黄智敏　著	
出版发行	中国水利水电出版社 （北京市海淀区玉渊潭南路 1 号 D 座　　100038） 网址：www.waterpub.com.cn E - mail：sales@waterpub.com.cn 电话：(010) 68367658（营销中心）	
经　　售	北京科水图书销售中心（零售） 电话：(010) 88383994、63202643、68545874 全国各地新华书店和相关出版物销售网点	
排　　版	中国水利水电出版社微机排版中心	
印　　刷	天津嘉恒印务有限公司	
规　　格	184mm×260mm　16 开本　21.5 印张　510 千字　8 插页	
版　　次	2018 年 8 月第 1 版　2018 年 8 月第 1 次印刷	
印　　数	0001—1000 册	
定　　价	**95.00 元**	

凡购买我社图书，如有缺页、倒页、脱页的，本社营销中心负责调换

部分工程水力模型试验和应用图片

彩图 1　稿树下水库阶梯溢洪道泄洪运行流态

彩图 2　黄山洞水库阶梯溢洪道泄洪运行流态

彩图 3　虎局水库溢洪道重建工程

彩图 4　乌石拦河闸阶梯陡坡段运行流态

彩图 5　秋风岭水库溢洪道除险改造阶梯布置

彩图 6 秋风岭水库溢洪道除险改造后运行流态

彩图 7 阳江核电水库溢洪道水力模型试验

彩图 8　阳江核电水库溢洪道泄流流态

彩图 9　台山核电水库阶梯式溢流坝

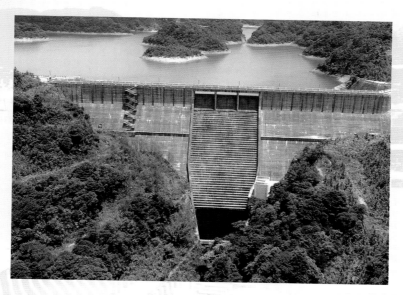

彩图 10　惠蓄电站上库阶梯式溢流坝

彩图 11　惠蓄电站下库阶梯式溢流坝

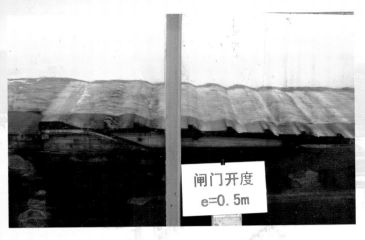

彩图 12　东山水闸（4 号～12 号闸孔）除险改造水力模型试验流态

彩图 13　东山水闸（4 号～12 号闸孔）除险改造工程施工

彩图 14　东山水闸（4 号～12 号闸孔）除险改造后运行流态

彩图 15　广州抽水蓄能电站下库进出水口水力模型试验

彩图 16　广州抽水蓄能电站下库进出水口

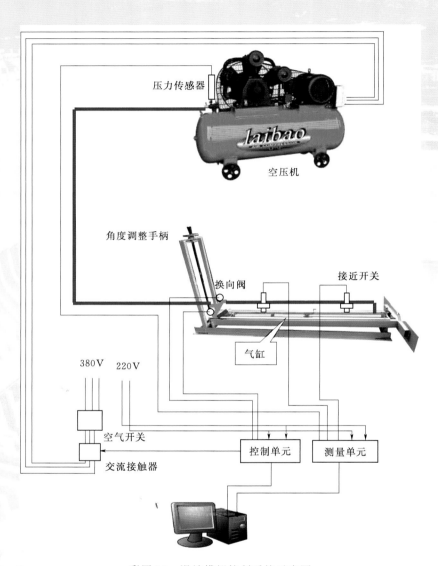

压力传感器

空压机

角度调整手柄

换向阀

接近开关

气缸

380V 220V

空气开关

交流接触器

控制单元   测量单元

彩图 17　滑坡模拟控制系统示意图

彩图 18　滑坡模拟控制系统

彩图 19　乐昌峡水电站库区鹅公带滑坡体滑坡涌浪试验

彩图 20　广蓄电站上库调压室水力模型试验

彩图 21　白盆珠水电站溢流坝泄洪原型观测

彩图 22　乐昌峡水电站溢流坝和放水底孔水力模型试验

彩图 23　乐昌峡水电站溢流坝泄洪流态

彩图 24　杨溪水三级水电站溢流坝

彩图 25　张公龙水电站新增闸孔窄缝式挑坎水力模型运行流态

$(Q_1 = 566 \text{m}^3/\text{s})$

彩图 26　张公龙水电站溢流坝联合运行水力模型运行流态
（总泄流量 $Q=2760\text{m}^3/\text{s}$，新增闸孔 $Q_1=566\text{m}^3/\text{s}$）

彩图 27　高陂水利枢纽工程水力模型试验

作者简介

　　黄智敏，1957年8月出生，广东惠州人。1973年高中毕业后，到广东省博罗县稿树下水库下乡插队。1978年2月，考入武汉水利电力学院水利水电工程建筑专业学习。1982年2月至1984年11月，武汉水利电力学院水力学及河流动力学专业硕士研究生，获得硕士学位。1984年12月起，在广东省水利水电科学研究院工作，教授级高级工程师，任广东省水利水电科学研究院副总工程师、院学术委员会副主任。

　　主要从事水工建筑物水力学和河流动力学等方面试验研究，负责和参加了广州抽水蓄能电站、东深供水工程、惠州抽水蓄能电站、广州流溪河梯级水利枢纽、韩江潮州供水枢纽、东江剑潭水利枢纽、乐昌峡水利枢纽、韩江高陂水利枢纽等多项大中型工程试验研究；在泄水建筑物阶梯消能技术、水闸下游消能工除险改造的研究及实际工程应用取得了创新性成果。发表学术论文150多篇，获得多项国家发明专利和实用新型专利，获得省部级科技进步一、二、三等奖共5项，享受国务院政府特殊津贴，获得广东省"五一劳动奖章"、广东省直属机关优秀共产党员等荣誉。

序

我国幅员辽阔，河流众多，水力资源丰富，但水资源在不同地域和时空上分布极不均匀，不同程度的洪涝和干旱时有发生，人均水资源占有量短缺，这使我们水利工作者深感责任重大和面临巨大挑战。新中国成立以来，我国水利工程建设取得了举世瞩目的成就，一大批水利工程已建成和投入运行，水利建设在国民经济发展中发挥了越来越重要的作用，已成为国民经济发展的命脉。

水工水力学主要是研究水利工程泄水建筑物泄洪消能技术、水工建筑物水力学问题等内容，其研究方法主要有理论分析、水力模型试验、数学模型分析、原型观测等。由于水工水力学问题研究的特点，目前水力模型试验仍是水工水力学问题研究的主要和基本方法。20世纪80年代以来，随着我国水利水电工程建设的快速发展，水利科技人员在坝面阶梯式消能工、窄缝式挑坎消能工、宽尾墩联合消能工等新型消能工研究和工程应用方面取得了创新性成果，其技术水平达到了国际先进或国际领先水平。

黄智敏是我们国家1977年恢复高考之后水利水电工程建筑专业的第一批大学生，本科毕业后考取了水力学及河流动力学专业硕士研究生。毕业之后，一直从事水工水力学水力模型试验研究工作，他凭扎实的专业基础知识和多年如一日的辛勤劳动，取得了一系列的研究成果，并多次获得省部级科技进步奖励。本书是他多年从事的水工水力学试验研究工作成果和经验的总结。

阶梯式消能工方面，以往的阶梯式消能工主要应用在坡度较陡的溢流坝面上。黄智敏及研究团队在总结和分析已有阶梯式消能工成果的基础上，根据河岸式溢洪道陡坡段坡度较缓的特点，创造性地将不连续的外凸型阶梯消能工应用于溢洪道陡坡段。外凸型阶梯在体型和布置、基本流态、水面线和消能计算、水流掺气特性、压强分布特性、应用条件等方面具有较高的参考价值，具有泄洪消能率较高、体型简单、施工方便、工程投资较省等优点，现已为国内一些水利工程泄水建筑物所借鉴和采用。

水闸泄洪消能防冲方面，本书抓住了因河道河床下切、河道水位下降，造成水闸下游消能工出险和破坏的突出问题，提出了水闸消能防冲水力模型试验和工程设计的新方法，包括水闸下游消能工设计选用的闸址下游河道水位与流量关系、消能工设计的下游河道初始水位选取、消力池末端尾坎顶高程的合理选择、消力池池长的合理计算方法、尾坎自由出流的消力池布置和计算、二级消力池的布置和计算、消力池下游海漫布置的较佳形式等。这些研究成果已在实际工程中得到了应用，研究成果可为已建的水闸除险改造或新建水闸工程的设计和运行管理提供重要的参考价值。

本书中的溢流坝水面线计算、差动式挑坎水力计算、窄缝式挑坎水力特性研究、水利水电工程进水口水力学研究以及所介绍的专题研究、工程研究和应用实例等，是作者多年研究成果的总结，内容丰富，既有相应的理论分析，又有具体的计算和应用实例。书中的水工水力学水力模型试验的一些经验、数据、工程应用实例等非常值得有关试验研究人员和工程设计人员借鉴和参考。

水工水力学模型试验研究是一项较复杂的专业技术工作，需进行相关的水力模型设计和制作，大量试验数据的测试、整理和分析，试验方案的比较和优化，才能得出最终的试验研究成果并应用于水利工程建设，只有脚踏实地，不畏辛劳，埋头苦干，才能获得成功。

本书内容理论与工程实际相结合，具有创新性和较高的实用价值，对水工水力学问题的试验研究、工程设计和运行等均具有一定的指导意义和参考价值。

2017 年 6 月

前　言

　　水利是国民经济发展的命脉。我为今生能够服务水利水电工程建设感到自豪。

　　1973年高中毕业后，我作为当时千百万上山下乡知青的一员，来到广东省博罗县稿树下水库下乡插队。在水库四年多的时间里，我除了参加一些农业生产之外，还参加了水库新建的引水隧洞施工、水电站发电运行等工作。可以说，这是我与水利水电工程结缘的开始。

　　1977年年底，国家恢复了高考制度。在高考初选入围之后，由于四年多的上山下乡劳动及期间参加水利水电工程建设的经历，我填报了武汉水利电力学院，并于1978年2月进入武汉水利电力学院水利水电工程建筑专业学习。大学期间，我曾到葛洲坝水利枢纽工程施工现场实习，期间参观了长江水利水电科学研究院宜昌科研基地和葛洲坝水利枢纽工程等众多水力模型试验，试验的场面非常壮观。当时我对按比例缩小几十倍甚至上百倍的水利工程建筑物水力模型能够反映出实际工程运行水流特性这一研究方法非常感兴趣，产生了希望今生能够从事这项科研工作的强烈愿望。经过四年大学本科的刻苦学习，1982年2月，我考取了武汉水利电力学院水力学及河流动力学专业硕士研究生，研究方向为高坝消能。读研期间，在我的导师翁情达悉心指导下，通过大量的水力模型试验研究和分析计算，我完成了硕士论文《窄缝消能工特性的探讨》。这是我从事水力模型试验和水工水力学研究的开端。

　　1984年年底，我来到广东省水利水电科学研究所（2001年更名为广东省水利水电科学研究院）工作。走出校门、参加工作之后，我得到了单位及广东省水利系统的老一辈水利工作者的大力指导和帮助，他们言传身教，无私地把工作经验和知识传授给我们年轻一代，使我迅速融入了广东省水利系统的大家庭并不断地成长。参加专业技术工作以来，我负责和参加了近百项大中型水利水电工程项目的试验研究，解决了多项工程的技术难题，为水利水电工程建设作出了自己应有的努力。

　　1987年年初，我参加并在后期主持了我国第一座大型抽水蓄能电站——广州抽水蓄能电站上库和下库的进出水口、上游引水调压室、上游引水岔管和下游尾水岔管等项目的水力学模型试验研究。该项目的上、下库库盆和进出水口的模型设计和布置，流量、水位的调节和控制，流速测试、采集和处理等方面，都达到了当时的国内先进水平。在电站上库和下库的进出水口试验研究中，项目组成员参考了大量的国外同类型电站的研究成果，瞄准国外的先进水平，在进出水口的消涡防涡工程措施和模型漩涡相似性研究、进出水口各通道流量分配和流速分布的优化、减小进出水口水头损失等方面取得了新的研究成果。在上游调压室系统水力模型的实际糙率与其设计糙率偏差造成的试验成果误差的修正中，我根据调压室的水流运动方程和连续方程，推导得出了调压室水位波动第一振幅水位误差的修正计算公式。该公式具有计算精度较高、简单方便等优点，并在1988年得到了清华大学非恒定流专家王树人教授的高度赞赏。广州抽水蓄能电站水力模型试验研究成果已成功应用于工程建设。经鉴定，该项目研究成果达到了国际同类型电站研究的先进水平。项目成果"广州抽水蓄能电站水力学问题研究"获得1995年广东省科技进步二等奖。

1994年9月，在广东省水科所原副总工程师刘世裕等老一辈水利科技工作者大力协助下，我主持了白盆珠水电站溢流坝高速水流原型观测。在原型观测的基础上，结合多年的原型观测资料，对溢流坝流态、水面线、坝面流速和鼻坎挑射水舌特性、下游河床冲刷特性及发展、坝面脉动压强特性等进行深入和系统地研究，取得了丰富的研究成果。项目成果"白盆珠水电站溢流坝高速水流原型观测及研究"获1998年广东省科技进步三等奖。在后来的溢流坝溢流堰面水面线的计算方法研究中，非常感谢广东省汕头市水利水电勘测设计院原院长陈焕新高级工程师所做出的贡献。

2002年年初，我主持了潮州供水枢纽西溪施工截流试验研究项目。西溪截流是在深厚软基河床、高水头落差、高流速和大流量的典型X形分汊河道上进行施工截流。施工截流的河道地形、地质和水流条件十分复杂，为国内外罕见。为了攻克技术难题，我与项目组成员连续两三个月奋战在广东省水科院的飞来峡试验基地，夜以继日奋战，在大量试验模拟的基础上，参考国内外工程成功的经验，最终提出了施工截流的优化方案。2002年9月，潮州供水枢纽西溪截流施工一举成功。截流成功后，广东省原省长卢瑞华代表省委、省政府发信祝贺。贺信说，潮州供水枢纽西溪截流成功，在广东水利史上大江大河深厚软基截流方面创造了奇迹，是广东水利建设史上的一件大事。集科研、设计、施工于一体的"广东省潮州供水枢纽工程西溪截流技术"成果获得2006年大禹水利科学技术奖三等奖。

自20世纪90年代中期以来，我和项目组成员根据广东省和国内大多数水库溢洪道陡坡段坡度较缓的特点，创造性地将不连续的外凸型阶梯消能工应用于陡槽溢洪道陡坡段，得出了一套较完整的不连续的外凸型阶梯消能工体型和设计方法。溢洪道陡坡段不连续的外凸型阶梯消能工具有消能率较高、体型简单、实用性强和适用性广、安全性好、施工方便、工期短、工程投资省等特点，特别适用于已建工程的除险改造建设，具有较广泛的推广应用价值，是水利工程泄水建筑物消能技术的创新。该项目成果已成功应用于广东省多项水利工程建设，优化了工程设计，确保了工程运行安全，节省了工程投资。目前，该成果得到了广东省及国内多项水利工程设计和施工的借鉴和采用。该项目成果"泄水建筑物阶梯消能技术研究与工程应用"获得 2011 年广东省科学技术奖二等奖。

自 20 世纪 90 年代中后期以来，由于经济建设的快速发展，人们对河道的无序采砂日益增多，导致广东省境内众多河道河床严重下切、河道水位明显下降，造成广东省部分水利工程泄水建筑物消能工遭受不同程度的出险和破坏，危及工程的安全运行。当时给我印象较深刻的工程有普宁市榕江乌石拦河水闸、电白县共青河拦河闸坝等的除险改造和加固工程。2006 年，我和项目组成员完成了潮州供水枢纽东溪和西溪拦河水闸下游消能工抢险改造、东江剑潭水利枢纽拦河水闸下游消能工除险改造等工程的水力模型试验研究。之后，我对以往的水闸工程下游消能工的试验研究方法进行了反思，并对其设计方法的合理性进行探索。经过多年的努力和研究，我总结出了一套较完整的水闸下游消能工水力模型试验研究方法，其主要内容为水闸消能工小流量初始运行的下游河道水位选取、不同级数的闸门开度运行的下游河道水位选取、水闸闸门开启的合理调度运行方式、消能工运行流态的判别和流速界限值的选取等；同时也对水闸下游消能工的设计方法进行了探讨，其主要内容在第 2 章中介绍，包括消能工设计选用的闸址下游河道水位与流量关系、消能工设计选用的下游河道初始水位值、消力池末端尾坎顶高程的合理选择、消力池池长的计算和合理选取、尾坎自由出流的消力池尾坎高度与其池长的合理关系、二级消力池的水力参数及其体型布置、消力池下游海漫布置的较佳形式等。第 2 章的部分内容是我院"大流量、低水头、低弗氏数水利枢纽水力学及泥沙关键技术研究与应用"研究成果的一部分，该研究成果获得 2016年广东省科学技术奖一等奖。

自 2000 年以来，我和项目组成员承担了广东省水利建设重点工程项目——韩江潮州供水枢纽、乐昌峡水利枢纽、韩江高陂水利枢纽等试验研究，采用大量的新技术、新成果，优化了工程设计方案，为工程设计和安全运行提供了科学依据。

　　30 多年来，我一直主要从事水利水电工程水力模型试验研究。这些工作似乎按照一定的程序进行：工程资料分析（前期工作准备）→水力模型设计、制作和率定→模型数据测试和分析→工程方案的修改和优化→编写试验研究成果报告等。在我即将退休的时候，单位领导和同事们希望我将多年的工作成果和经验进行总结和编写，但我一直在犹豫，因为我以往认为所从事的专业试验研究工作没有复杂的数学公式推导和计算、高深的理论分析等，似乎较为普通和平凡。但考虑到水利工程水力模型试验研究成果和经验对于工程的设计和运行管理有极其重要的参考作用，我从事专业技术工作取得的成果不仅属于我个人，也属于我的工作单位和与我一起共事的同事们。在单位领导和同事们的鼓励和帮助下，我将多年的专业技术研究成果整理和汇编出来，希望此书能够对从事水利水电工程设计和水力模型试验研究的人员有所帮助。

　　本书的撰写和出版，得到了广东省水利水电科学研究院领导和同事的大力支持和帮助，得到了中国水利水电出版社相关技术人员的精心编辑和制作，在此谨向他们表示衷心的感谢！

黄智敏

2017 年 6 月于广州

目　　录

第1章 阶梯式消能工研究和应用

1.1 概　　述

1.1.1 问题的提出

　　水利工程泄水建筑物的消能问题，一直是水利工作者关注和研究的重点。在泄水建筑物的三大消能（底流、面流、挑流）方式中，底流消能在中低水头泄水建筑物中占有较大的比例。以往，底流消能将泄水建筑物——溢洪道的泄流能量主要集中在下游消力池中消能，由此，一方面消力池既长又深，工程量和投资较大；另一方面，当溢洪道末端入池流速大于 $16\sim18\text{m/s}$ 时，消力池内设置的消力墩等辅助消能工易空蚀破坏，否则需增加消力池的深度和长度，或者设置多级（两级或以上）消力池，增加了工程量和投资。

　　长期以来，为了减小溢洪道底流消能的工程量和投资，水利工作者们做了大量的研究和实践。阶梯式消能工是近年来较成功应用于溢洪道陡坡段的新型辅助消能工，它消减了溢洪道陡坡段泄流的部分能量，大大减小了溢洪道下游消力池尺寸，简化了消能设施，节省了工程量和投资。

1.1.2 研究背景

　　阶梯消能工并不是一种全新的消能工。自古以来，人们就懂得采用阶梯来消减有落差水流的能量，但应用范围是低落差和小型的水利工程。1985 年，美国土木工程师学会（ASCE）《水利工程杂志》刊登了《Stepped spillway hydraulic model investigation》[1] 后，这种新型消能工引起国内水利工程界的重视。当时，本文作者将该文翻译为《阶梯溢洪道水力模型研究介绍》[2]，并发表在《广东水电科技》（1987 年第 4 期）。在 20 世纪 80 年代末的广州抽水蓄能电站上库溢洪道水力模型试验中，进行了阶梯式消能工的方案比选[3]。目前，国内已修建了多座阶梯式溢洪道，根据现有的文献和资料分析，国内修建的阶梯消能工主要应用在陡坡段坡度较陡的溢流坝面上，且为连续的内凹型阶梯（图 1.1）。

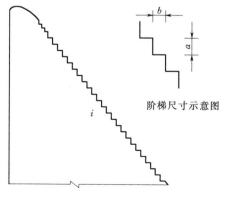

阶梯尺寸示意图

　　国内的许多大中小型水库的主、副坝多为土坝，坝坡较缓，其河岸式溢洪道陡坡段坡度较缓，坡度 i 多为 $1:2\sim1:6$。因此，结合国内各类型水库工程的实际，在水库新建的溢洪道工程或原布置溢洪道改造和加固的基础上，在溢洪道陡坡

图 1.1　溢流坝面阶梯布置示意图

段设置阶梯跌坎，消杀溢洪道陡坡段泄流的部分能量，减小陡坡段下游消力池尺寸，或使陡坡段上的多级消力池改造为只有陡坡段末端的一级消力池，节省工程量和投资。

从 20 世纪 90 年代中期以来，经过广东省水利水电科学研究院的试验研究，广东省博罗县稿树下水库和黄山洞水库溢洪道、丰顺县虎局水库溢洪道、普宁市乌石拦河闸、汕头市秋风岭水库溢洪道、曲江县西牛潭水库溢洪道、始兴县花山水库溢洪道、阳江核电水库溢洪道、雷州市东吴水库溢洪道等工程的陡坡段上采用了不连续的外凸型阶梯消能工（彩图 1～彩图 8）。工程建成后运行情况良好，工程效益较显著。

1.1.3　研究内容

本章在简要介绍溢洪道阶梯式消能工消能机理的基础上，首先以台山核电水库溢流坝为例，简单介绍溢洪道连续的内凹型阶梯的体型布置和应用情况，然后较详细地介绍不连续的外凸型阶梯陡坡段的水力特性、体型布置、水面线和消能率计算及其工程应用等。

1.2　溢洪道陡坡段阶梯消能机理

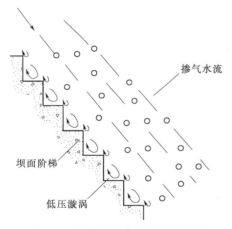

图 1.2　阶梯坝面泄流流态示意图

一般认为，阶梯式消能工促进水流消能的机理是溢洪道陡坡段设置了阶梯（跌坎）之后，陡坡面的阶梯增大了溢流坡面的"糙率"。当泄流流过溢洪道陡坡段阶梯时，一方面由于阶梯产生落差跌流，在阶梯跌坎下游立面底部产生稳定的低压漩涡；另一方面由于阶梯坎顶的顶托和摩阻等，不断产生小漩涡，由此加剧了泄流的紊动，加速了陡坡面泄流紊流边界层的发展，陡坡段泄流的水面掺气点上移，泄流掺气量明显增加，陡坡面泄流沿程流速明显减小，水深相应增大，故耗散了陡坡段泄流的大量能量，大大增加了陡坡段泄流的消能率（图 1.2）。

1.3　连续的内凹型阶梯研究和应用

1.3.1　国内工程的研究和应用

连续的内凹型阶梯多用于坡度较陡的溢流坝面上。目前，对溢流坝连续的内凹型阶梯水力特性研究主要是根据具体的工程开展水力模型试验研究，或者根据特定的坝坡和阶梯尺寸进行相关的试验研究[4-12]，研究成果仍不够完善。

我国的福建省水东水电站、云南省大朝山水电站等溢流坝采用了坝面阶梯和底流消力池结合的消能方案，取得了较显著的工程效益[13-14]。

据有关文献的统计和分析[13-31]，国内已建和在建（或水力模型试验推荐）的溢流坝采用的内凹型阶梯高度 a 多为 0.6～2.0m（表 1.1）。阶梯高度 a 主要根据溢流坝泄流单宽流量及其施工需要而确定。根据已建工程的运行情况，部分溢流坝泄流运行之后，坝面的部分阶梯面和阶梯面下游端角出现不同程度的破损和崩角，虽不影响大坝的结构，但有损坝面的美观。

表 1.1　　　　　　　　　　国内溢洪道连续的内凹型阶梯体型表

工 程 名 称		坝高 /m	陡坡段坡度 i	最大泄流单宽流量 $q/[\mathrm{m^3/(s \cdot m)}]$	阶梯高度 /m
福建水东水电站		57	1:0.65	138	0.9
云南大朝山水电站		111	1:0.7	193	1.0
广西百色水电站		130	1:0.8	203	0.9
四川鱼背山水库		70	1:0.33	100.8	2.0
四川毛尔盖水电站		147	1:3.7	76	2.0
贵州索风营水电站		121.8	1:0.7	245	1.2
广西乐滩水电站		62	1:1	214	0.6
贵州思林水电站		117	1:0.7	362	1.2
贵州马马崖一级水电站		109	1:0.75	249.8	1.2
浙江石壁水库		—	1:2.3	50.9	0.6
吉林光明水电站		10.3	1:0.8	9	1.0
新疆白杨河水库		78	1:3.5	29.5	1.0
新疆米兰河水库		83	1:1.75	40.7	1.0
湖南江垭大坝		128	1:0.8	9.3	0.9
广东惠州抽水蓄能电站	上库	53.6	1:0.78	5.83	0.9
	下库	57.6	1:0.78	13.61	0.9
广东阳江抽水蓄能电站上库		103	1:0.78	15.79	1.2
广东台山核电水库		54	1:0.78	13.15	0.9

2000 年以来，经广东省水利水电科学研究院的试验研究，广东省惠州抽水蓄能电站上库和下库溢流坝、阳江抽水蓄能电站上库溢流坝、台山核电厂淡水水源工程水库溢流坝等采用了连续的内凹型阶梯消能工（彩图 9～彩图 11）。本章根据台山核电厂淡水水源工程水库（简称台山核电水库）溢流坝阶梯消能水力模型试验，介绍其溢流坝面阶梯布置、体型优化、消能特性等试验研究成果。

1.3.2 台山核电水库溢流坝

1.3.2.1 工程概况

台山核电水库大坝为碾压混凝土重力坝，坝顶高程 51.00m。溢流坝布置在重力坝中部的溢流坝段，溢流坝段溢流堰设 5 孔泄洪闸孔，单孔闸净宽 10m，为开敞式溢流堰，堰顶高程为正常蓄水位 45.80m，溢流堰面为 WES 曲线，堰面曲线下游陡坡段坡度为 1:0.78，溢流坝陡坡段上游段净宽为 54m，由桩号 0＋023.68 开始收缩至陡坡段末端（桩号 0＋041）的净宽为 43m。溢流坝下游采用底流消能（图 1.3）。

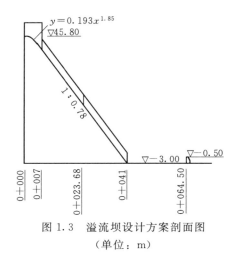

图 1.3　溢流坝设计方案剖面图
（单位：m）

溢流坝坝址区域河道弯曲，河床狭窄，左岸坡陡峻。受坝址区域河势影响，溢流坝下游消力池平面宽度从进口断面 43m 收缩至出口断面 35m（图 1.4）。

溢流坝设计洪水频率为 500 年一遇（$P=0.2\%$），相应泄洪流量 $Q=610\mathrm{m}^3/\mathrm{s}$；校核洪水频率为 2000 年一遇（$P=0.05\%$），相应泄洪流量 $Q=710\mathrm{m}^3/\mathrm{s}$。台山核电水库溢流坝水力模型为 1:35 的正态模型[31]。

溢流坝泄流最大落差约 50m，溢流坝下游出流流速 $v>20\mathrm{m/s}$，且受坝址弯曲河道地形条件的限制，为了减小下游消力池的尺寸和工程量，溢流坝泄流消能拟采用"阶梯坝面＋底流消力池"的联合消能方式。

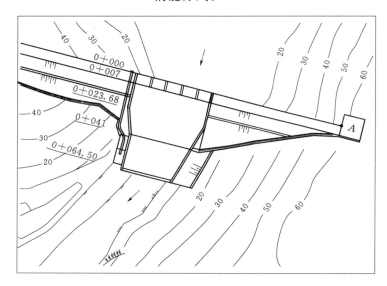

图 1.4　台山核电水库溢流坝设计方案平面布置图（单位：m）

1.3.2.2　溢流坝推荐方案布置

经过多方案试验比选之后，溢流坝推荐方案布置（图 1.5～图 1.7）如下：

（1）为了便于溢流坝和消力池的布置，并尽量减少消力池两岸山体的开挖量，以设计方案坝轴线的左坝端点（图 1.4 中 A 点）为基准点，将坝轴线往上游河道顺时针旋转 4°，形成推荐方案坝轴线。

（2）为了增加阶梯坝面泄流的掺气和紊动，在溢流堰面曲线切点（桩号 0+005.35）至桩号 0+009.11 断面之间的闸墩上设置宽尾墩。宽尾墩收缩率 $B_2/B_1=0.76$（$B_1=$ 10m，为溢流坝闸孔进口净宽；$B_2=7.6\mathrm{m}$，为宽尾墩下游出口断面宽度）。

（3）在宽尾墩末端（桩号 0+009.11）下游坝面上布置 43 级阶梯，阶梯高度按照溢流坝碾压混凝土层高度 0.3m 的倍数布置，其中上游初始 3 级为高 0.6m、宽 0.468m 的阶

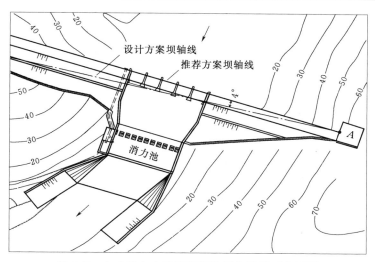

图 1.5 台山核电水库溢流坝推荐方案平面布置图

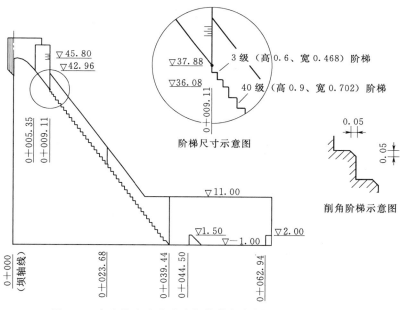

图 1.6 台山核电水库溢流坝推荐方案剖面图（单位：m）

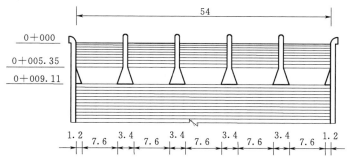

图 1.7 台山核电水库溢流坝宽尾墩平面布置图（单位：m）

梯；其下游 40 级为高 0.9m、宽 0.702m 的阶梯；为了避免溢流坝阶梯面下游端角遭受泄流冲刷破损，保护坝面阶梯的美观，将坝面各级阶梯面下游端角削掉边长各为 0.05m 的尖角。

（4）在溢流坝桩号 0+023.68 断面，溢流坝两侧边墙以 15.936° 收缩角往下游收缩至消力池进口断面（桩号 0+039.44）；为了消除消力池内水流的偏流，消力池左、右两侧边墙与溢流坝中心线平行布置，消力池进、出口断面宽度均为 45m。

（5）溢流坝下游消力池水平段长度为 23.5m，池底高程为 −1.00m，池末端尾坎顶高程 2.00m，池深 3.0m；为了缩短池长，在消力池首端（桩号 0+044.50）设置一排墩高 2.5m、墩宽 2.2m 的消力墩（墩净间距与墩宽相同）。消力池出口处左、右两侧直立边墙末端采用扭曲面与下游河道岸坡连接。

1.3.2.3　溢流坝和消力池运行流态

（1）溢流堰面闸墩修改为宽尾墩之后，各闸孔两侧的宽尾墩边墙区域水流壅高、形成水冠，宽尾墩出口断面两侧水冠与下游阶梯坝面水流汇合；闸孔出流流经一段距离之后，整个溢流坝横断面水流掺气较均匀和充分（图 1.8），坝面的泄流消能效果较佳。测试的宽尾墩出口两侧水冠汇合点和坝面横断面水面掺气起始断面的阶梯号见表 1.2。随着泄流单宽流量增大，水冠汇合点和水面掺气起始断面往下游坝面移动，这说明泄流单宽流量越小，坝面阶梯的消能效果越佳。

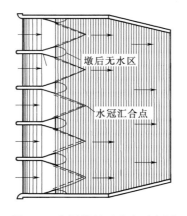

图 1.8　宽尾墩坝面流态示意图

表 1.2　溢流坝面泄流特性

泄流量 $Q/(\text{m}^3/\text{s})$	阶　梯　号	
	水冠汇合点断面	坝面横断面水面掺气起始断面
205	9	11
330	11~12	14
465	14	17
610	17	21
710	20	24

（2）坝面阶梯增大了泄流的紊动、掺气和消能率，在坝面水面掺气起始断面的下游坝面，其水深和流速沿程变化一般较小，形成类似均匀流动的状况。

（3）测试的坝面阶梯下游立面底部负压强的绝对值 $|p|<15\text{kPa}$，且阶梯顶部水流的紊动和掺气较明显，因此，阶梯跌坎底部产生空蚀破坏的可能性较小。

（4）在坝面阶梯和消力池内消力墩共同作用下，消力池内水跃较稳定，池内水流消能较充分，出池水流较平顺与下游河道水流衔接。

1.3.2.4　光滑和阶梯坝面消能比较

1. 消能率比较

溢流坝同一断面的光滑和阶梯坝面水流能量方程如下：

光滑坝面：
$$H_p = (h_1 + v_1^2/2g) + h_f \tag{1.1}$$

阶梯坝面：
$$H_p = (h_2 + v_2^2/2g) + h_f + \Delta E_z \tag{1.2}$$

式中：H_p 为坝面计算断面的总水头；h_1、v_1 为光滑坝面的断面平均水深和流速；h_f 为光滑坝面的沿程水头损失；h_2、v_2 为阶梯坝面的断面平均水深和流速；ΔE_z 为阶梯坝面的阶梯水头损失。

令 $E_1 = h_1 + v_1^2/2g$，$E_2 = h_2 + v_2^2/2g$，由式（1.1）和式（1.2）简化得

$$\Delta E_z = E_1 - E_2 \tag{1.3}$$

由式（1.3）及已有的阶梯坝面消能研究成果分析可得：①在阶梯坝面水面掺气起始断面的下游坝面，泄流水流能量 E_2 随泄流水头 H_p 增大而增加较缓慢，而光滑坝面水流能量 E_1 随泄流水头 H_p 增大而增加较快，因此，阶梯坝面的阶梯水头损失 ΔE_z 随坝面的水头落差 H_p 增大而明显增加；②在溢流坝桩号 0+030.20 断面，分别测试光滑坝面和阶梯坝面的平均水深和流速值（表 1.3），光滑坝面断面流速 $v_1 = 24.8 \sim 26.8 \text{m/s}$，约为阶梯坝面相应流速的 $1.32 \sim 1.52$ 倍，阶梯坝面泄流能量 E_2 只有光滑坝面相应能量 E_1 的 $44\% \sim 58\%$（图 1.9），阶梯坝面的水头损失 ΔE_z 和消能作用较为显著。

表 1.3   光滑坝面和阶梯坝面的流速和能量比较

洪水频率 P	泄流量 $Q/(\text{m}^3/\text{s})$	光滑坝面		阶梯坝面		阶梯水头损失 $\Delta E_z/\text{m}$	E_2/E_1
		$v_1/(\text{m/s})$	E_1/m	$v_2/(\text{m/s})$	E_2/m		
	205	24.82	31.62	16.37	13.93	17.69	0.441
5%	330	25.50	33.45	18.03	16.97	16.48	0.507
1%	465	25.93	34.68	18.96	18.85	15.83	0.544
0.2%	610	26.35	35.90	19.65	20.35	15.55	0.567
0.05%	710	26.78	37.15	20.27	21.69	15.46	0.584

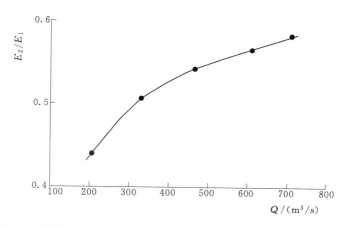

图 1.9   阶梯坝面与光滑坝面断面能量比值 E_2/E_1 与泄流量 Q 的关系

2. 光滑坝面运行试验比较

在洪水频率 $P = 5\% \sim 0.05\%$ 相应的流量泄流运行时，光滑坝面的泄流入池流速

$v>25\text{m/s}$。因此，消力池内形成急流流态，泄流直接撞击消力池末端尾坎，跃起后再跌落下游河道，出池水流汹涌急速，流态极差。

1.3.2.5　工程应用

台山核电水库溢流坝水力模型试验推荐方案得到了工程设计和施工的采用，溢流坝已建成投入运行（彩图9）。

1.3.3　内凹型阶梯溢流坝研究小结

（1）目前，连续的内凹型阶梯主要应用于坡度较陡的溢流坝陡坡面上，有关的内凹型阶梯水力特性研究成果主要是根据具体的工程开展水力模型试验研究，或者根据特定的坡度和阶梯体型尺寸进行相关的试验研究，研究成果尚不够完善，给相关的工程设计带来一定的困难。因此，对较重要和较复杂工程的内凹型阶梯体型和水力设计，仍需借助水力模型试验来确定。

（2）溢流坝采用"宽尾墩＋坝面削角阶梯＋底流消力池"的联合消能方案，可大大增加溢流坝泄流的消能率，降低溢流坝下游消力池入池流速，简化其下游消能设施，工程效果良好。

（3）溢流坝坝面采用了削角阶梯之后，在增大坝面泄流消能率的同时，对坝面阶梯面下游端角边缘可起到保护作用，有利于保护坝面的美观。

1.4　外凸型阶梯陡坡段基本体型和流态

1.4.1　外凸型阶梯陡坡段基本体型

在溢洪道陡坡段坡度 $i(i＝\tan\theta$，θ 为陡坡段坡线与水平线的夹角）给定的条件下，陡坡段上不连续的外凸型阶梯（简称外凸型阶梯）体型参数主要有阶梯高度 a、阶梯顶面宽度 b 和阶梯的间距 s 等（图1.10）。

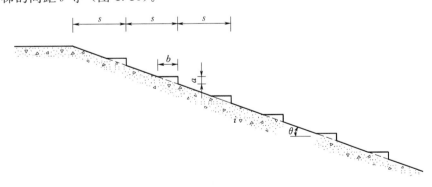

图1.10　溢洪道陡坡段不连续的外凸型阶梯布置示意图

1.4.2　阶梯陡坡段基本流态

大量的水力模型试验表明[32-33]，不连续的外凸型阶梯陡坡段泄流流态与连续的内凹型阶梯溢流坝泄流流态相似。外凸型阶梯陡坡段泄流流态主要可以分为弯曲和跌流水流、滑行水流等两种（图1.11）。当溢洪道陡坡段泄流单宽流量较小时，陡坡段阶梯出现弯曲和跌流状水流；当泄流单宽流量较大时，阶梯陡坡段出现滑行水流。工程实际运行的阶梯

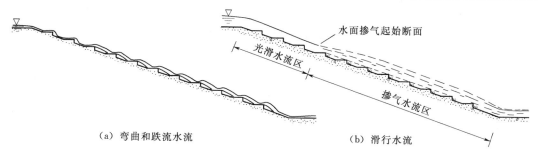

（a）弯曲和跌流水流 　　　　　　　　（b）滑行水流

图 1.11　外凸型阶梯陡坡段泄流流态示意图

陡坡段泄流流态多为滑行水流流态，此流态可分为光滑水流区和掺气水流区两个区段，阶梯陡坡段泄流水面掺气后，其下游每一级阶梯下游立面底部出现较明显的漩涡，陡坡段水流为水气混合体，主流仍在坡底面，表面为掺气水体和水滴跃移区。

外凸型阶梯陡坡段两种泄流流态分界的临界流量与陡坡段的阶梯体型尺寸（阶梯高度 a、阶梯顶面宽度 b、间距 s）、坡度 i 等有关，其关系尚需进一步研究和探讨。

1.4.3　阶梯陡坡段滑行水流流态

在实际的工程运行中，溢洪道泄洪流量往往较大，溢洪道阶梯陡坡段运行的流态多为滑行水流流态[32-35]，且陡坡段的滑行水流流态是工程设计和运行所重点关注的，因此，本章着重对阶梯陡坡段滑行水流流态进行研究。

试验表明，外凸型阶梯陡坡段滑行水流流态按其水面掺气特征，可以划分为光滑水流区和掺气水流区等两个流段（图 1.12）。

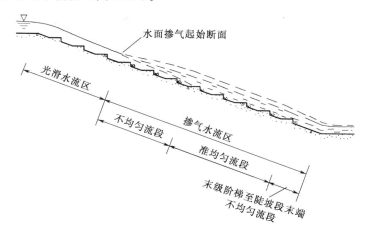

图 1.12　外凸型阶梯陡坡段各区段流态示意图

（1）光滑水流区段为陡坡段首端至水面掺气起始断面的区段，此水流区段的陡坡段泄流受坡面阶梯跌坎的摩阻和跌流作用，加大了泄流的紊动，加速了其底部紊流边界层的发展，但紊流边界层尚未发展到水面，水面无掺气，水流表面仍为光滑水面。

（2）掺气水流区段为水面掺气起始断面至陡坡段末端断面，该掺气水流区段可分为不均匀流段、准均匀流段、末级阶梯至陡坡段末端不均匀流段等三个流段。

各水流区段的水力特性结合其水面线分析和计算在 1.7 节中详细地介绍。

1.5 外凸型阶梯陡坡段消能特性

溢洪道陡坡段设置了外凸型阶梯之后，明显增大了溢流陡坡面的"糙率"，陡坡面的泄流掺气量明显增加，流速相应减小，水深增大，大大增加了陡坡段泄流的消能率。文献[35]等对陡坡段坡度 $i=1:2\sim1:6$、阶梯高度 $a=0.25(0.3)\sim0.6m$ 的外凸型阶梯陡坡段泄流消能特性进行了大量的水力模型试验研究。

1.5.1 阶梯陡坡段及其水力模型参数

本章主要以文献[35]等水力模型试验成果为例，介绍外凸型阶梯陡坡段的泄流消能特性。阶梯陡坡段水力模型的主要参数（表1.4）如下：

（1）溢洪道堰顶与其下游护坦面高差为30m，陡坡段坡度 $i=1:2\sim1:6$，陡坡段断面宽 $B=15m$，陡坡段阶梯高度 $a=0.25(0.3)\sim0.6m$，阶梯顶面为水平面，阶梯间距 s 根据各陡坡段坡度 i 和阶梯高度 a 而确定。

（2）陡坡段泄流单宽流量 $q=5\sim25m^3/(s\cdot m)$，堰顶水头 $H=2.27\sim6.42m$。

（3）水力模型为 $1:30$ 的正态模型。

各陡坡段坡度 i 的阶梯高度 a、间距 s 和阶梯级数等见表1.4，模型试验的水力条件见表1.5。

表1.4 各陡坡段坡度 i 的阶梯布置和尺寸

陡坡段坡度 i	阶梯高度 a/m	阶梯间距 s/m	阶梯顶面宽度 b/m	阶梯级数
1:2	0.30	3.50	0.60	15
	0.40	3.50	0.80	15
	0.50	3.50	1.00	15
	0.60	3.50	1.20	15
1:3	0.25	4.00	0.75	20
	0.40	4.00	1.20	20
	0.50	4.00	1.50	20
	0.60	4.00	1.80	20
1:4	0.25	4.30	1.00	26
	0.40	4.70	1.60	24
	0.50	4.70	2.00	24
	0.60	4.70	2.40	24
1:5	0.25	4.75	1.25	30
	0.40	5.00	2.00	28
	0.50	5.50	2.50	26
	0.60	5.50	3.00	26
1:6	0.25	5.20	1.50	33
	0.40	5.60	2.40	30
	0.50	6.00	3.00	28
	0.60	6.00	3.60	28

注 阶梯顶面为水平面。

表 1.5		模型试验的水力条件			
单宽流量 $q/[\text{m}^3/(\text{s}\cdot\text{m})]$	5	10	15	20	25
堰顶水头 H/m	2.27	3.54	4.61	5.56	6.42

1.5.2 陡坡段泄流消能率计算公式

由图 1.13 可知，溢洪道陡坡段的泄流消能率可以采用应用较广泛的消能率公式计算：

$$\eta=\frac{E_1-E_2}{E_1}=\frac{\Delta E}{E_1} \tag{1.4}$$

其中

$$E_2=h_2+\frac{v_2^2}{2g}$$

式中：E_1 为陡坡段末端护坦处的总水头；E_2 为陡坡段末端护坦处水流收缩断面的能量（比能）；h_2、v_2 为相应断面的平均水深和流速。

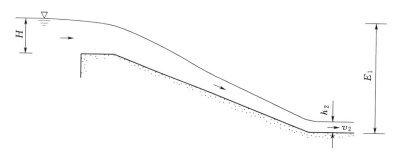

图 1.13 溢洪道泄流水力参数示意图

同理，若令式（1.4）的 E_1 为光滑陡坡段上任意一断面的泄流动能，$E_1=v_1^2/2g$（v_1 为相应断面的平均流速），E_2 为同一断面的阶梯陡坡段的泄流动能，$E_2=v_2^2/2g$（v_2 为相应断面的平均流速），则式（1.4）的 η 为阶梯陡坡段相对于光滑陡坡段的相对动能消能率，记为 η_d。

1.5.3 阶梯陡坡段相对动能消能率 η_d

为了了解阶梯陡坡段的相对动能消能率 η_d，表 1.6～表 1.9 列举了陡坡段坡度 $i=1:4$、不同阶梯高度 a 的外凸型阶梯陡坡段下游护坦进口断面的相对动能消能率 η_d。由表 1.6～表 1.9 分析可知：

表 1.6 阶梯陡坡段与光滑陡坡段动能消能率比较 （$a=0.25\text{m}$）

单宽流量 $q/[\text{m}^3/(\text{s}\cdot\text{m})]$	光 滑 陡 坡 段		阶 梯 陡 坡 段		E_2/E_1	η_d
	$v_1/(\text{m/s})$	$v_1^2/2g/\text{m}$	$v_2/(\text{m/s})$	$v_2^2/2g/\text{m}$		
5	20.43	21.30	12.07	7.43	0.349	0.651
10	21.23	23.00	13.84	9.77	0.425	0.575
15	21.98	24.65	15.54	12.32	0.500	0.500
20	22.63	26.13	17.06	14.85	0.568	0.432
25	23.19	27.44	18.33	17.14	0.625	0.375

表1.7　　　　　阶梯陡坡段与光滑陡坡段动能消能率比较（a＝0.4m）

单宽流量 q/[m³/(s·m)]	光滑陡坡段		阶梯陡坡段		E_2/E_1	η_d
	v_1/(m/s)	$v_1^2/2g$/m	v_2/(m/s)	$v_2^2/2g$/m		
5	20.43	21.30	11.34	6.56	0.308	0.692
10	21.23	23.00	12.83	8.40	0.365	0.635
15	21.98	24.65	14.52	10.76	0.437	0.563
20	22.63	26.13	16.08	13.19	0.505	0.495
25	23.19	27.44	17.29	15.25	0.556	0.444

表1.8　　　　　阶梯陡坡段与光滑陡坡段动能消能率比较（a＝0.5m）

单宽流量 q/[m³/(s·m)]	光滑陡坡段		阶梯陡坡段		E_2/E_1	η_d
	v_1/(m/s)	$v_1^2/2g$/m	v_2/(m/s)	$v_2^2/2g$/m		
5	20.43	21.30	10.66	5.80	0.272	0.728
10	21.23	23.00	12.41	7.86	0.342	0.658
15	21.98	24.65	14.05	10.07	0.409	0.591
20	22.63	26.13	15.50	12.26	0.469	0.531
25	23.19	27.44	16.74	14.30	0.521	0.479

表1.9　　　　　阶梯陡坡段与光滑陡坡段动能消能率比较（a＝0.6m）

单宽流量 q/[m³/(s·m)]	光滑陡坡段		阶梯陡坡段		E_2/E_1	η_d
	v_1/(m/s)	$v_1^2/2g$/m	v_2/(m/s)	$v_2^2/2g$/m		
5	20.43	21.30	10.03	5.13	0.241	0.759
10	21.23	23.00	11.87	7.19	0.313	0.687
15	21.98	24.65	13.53	9.34	0.379	0.621
20	22.63	26.13	15.06	11.57	0.443	0.557
25	23.19	27.44	16.34	13.62	0.496	0.504

（1）各种不同阶梯高度 a 陡坡段的泄流动能比光滑坡面相应动能明显减小，阶梯陡坡段动能消能率随阶梯高度 a 的增大而增加、随泄流单宽流量 q 的增大而减小。

（2）在泄流单宽流量 q≤25m³/(s·m) 的条件下，阶梯高度 a≥0.4m 的阶梯陡坡段相对动能消能率 η_d＞0.4；而在阶梯高度 a＝0.25m 的条件下，q≤20m³/(s·m) 的阶梯陡坡段相对动能消能率 η_d＞0.4。

1.5.4　阶梯陡坡段泄流消能率 η

各种坡度 i 的光滑陡坡段和阶梯陡坡段的泄流消能率 η 见表1.10。阶梯陡坡段泄流消能率 η 与陡坡段坡度 i、阶梯高度 a、泄流单宽流量 q 等的关系分析如下。

1.5.4.1　阶梯陡坡段消能率 η 与坡度 i 的关系

图1.14是阶梯高度 a＝0.4m 的阶梯陡坡段消能率 η 与坡度 i 的关系。由表1.10及图1.14分析可得：

表 1.10　　　　　　　　不同坡度 i 的光滑陡坡段和阶梯陡坡段的消能率 η

坡度 i	阶梯高度 a/m	消能率 η				
		$q=5$	$q=10$	$q=15$	$q=20$	$q=25$
1:2	0	0.273	0.243	0.216	0.195	0.176
	0.30	0.700	0.573	0.530	0.473	0.425
	0.40	0.722	0.598	0.555	0.507	0.452
	0.50	0.750	0.628	0.581	0.541	0.482
	0.60	0.772	0.651	0.609	0.568	0.518
1:3	0	0.301	0.270	0.242	0.218	0.196
	0.25	0.697	0.636	0.581	0.512	0.460
	0.40	0.739	0.677	0.619	0.555	0.510
	0.50	0.760	0.700	0.639	0.580	0.543
	0.60	0.782	0.721	0.663	0.608	0.564
1:4	0	0.332	0.299	0.268	0.240	0.217
	0.25	0.757	0.687	0.615	0.549	0.492
	0.40	0.783	0.726	0.659	0.594	0.541
	0.50	0.806	0.741	0.678	0.619	0.566
	0.60	0.825	0.761	0.698	0.637	0.584
1:5	0	0.365	0.327	0.293	0.263	0.239
	0.25	0.791	0.738	0.663	0.580	0.527
	0.40	0.821	0.756	0.689	0.624	0.569
	0.50	0.839	0.773	0.708	0.650	0.589
	0.60	0.848	0.781	0.716	0.656	0.605
1:6	0	0.399	0.357	0.320	0.287	0.262
	0.25	0.818	0.759	0.689	0.619	0.559
	0.40	0.837	0.773	0.704	0.638	0.590
	0.50	0.848	0.786	0.720	0.656	0.602
	0.60	0.861	0.793	0.729	0.668	0.616

注　q 为陡坡段泄流单宽流量，$\mathrm{m^3/(s \cdot m)}$。

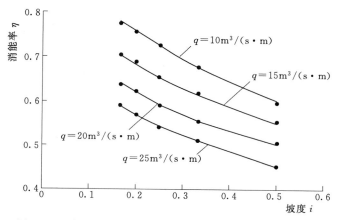

图 1.14　消能率 η 与阶梯陡坡段坡度 i 的关系（$a=0.4\mathrm{m}$）

（1）在同一级阶梯高度 a 和泄流单宽流量 q 的条件下，随着陡坡段坡度 i 的减小，其消能率 η 相应增大。

（2）在泄流单宽流量 $q \leqslant 25\mathrm{m^3/(s \cdot m)}$ 条件下，坡度 i 为 $1:2 \sim 1:3$ 陡坡段的阶梯高度选用 $a = 0.3 \sim 0.6\mathrm{m}$，其消能率 $\eta > 0.42$；而坡度 i 为 $1:4 \sim 1:6$ 陡坡段的阶梯高度选用 $a = 0.25 \sim 0.6\mathrm{m}$，其消能率 $\eta > 0.49$。这表明陡坡段坡度 i 较大者，为了增加其泄流消能率，可适当采用较高的阶梯高度。

1.5.4.2 不同阶梯高度 a 对消能率 η 的影响

（1）在各种坡度 i 的阶梯陡坡段中，在同一泄流单宽流量 q 的条件下，随着阶梯高度 a 的增大，陡坡段的泄流消能率相应增加。如在陡坡段 $i = 1:3$、$q = 20\mathrm{m^3/(s \cdot m)}$ 的条件下，阶梯高度 $a = 0.25\mathrm{m}$ 相应的消能率 $\eta = 0.512$；当阶梯高度 a 增大至 $0.6\mathrm{m}$ 时，其消能率 η 增加至 0.608，消能效果增大较明显。

（2）阶梯跌坎在陡坡面上凸起的高度 $a\cos\theta$ 与阶梯跌坎在坡面上的距离 $s/\cos\theta$ 的比值 $a\cos^2\theta/s$（令 $K = a\cos^2\theta/s$，如图 1.15 所示）可反映阶梯陡坡段坡面的糙率，K 值越大，则陡坡段的消能率越高。

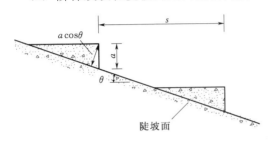

图 1.15　陡坡面阶梯布置和尺寸示意图

（3）阶梯陡坡段泄流消能率 η 随阶梯高度 a 的增大而增加，在阶梯陡坡段泄流水面掺气之后，其下游水流的掺气和波动较明显，主流区在坡面阶梯跌坎顶部（即坡面底部区域），表层水体为掺气的水流和水滴跃移状，高度 a 值越大，则水面水滴飞溅现象

较为明显，陡坡段水面水滴飞溅现象有可能会影响陡坡段两岸坡的安全。因此，陡坡段的阶梯高度 a 选择应与其泄流单宽流量 q 相适应。

（4）当溢洪道陡坡段泄流落差较大时，为了减轻其消能压力，以往是在陡坡段上设置两级或多级消力池，分段消减泄流的能量，以避免陡坡段末端水流能量集中，这会明显增加工程量和投资，并且陡坡段末端流速 $v > 16\mathrm{m/s}$ 时，陡坡段末端下游消力池内设置的辅助消能工易遭受空蚀破坏[36]。由于阶梯陡坡段末端的流速比光滑陡坡段相应流速明显减小，因此，阶梯陡坡段末端下游消力池内可设置消力墩等辅助消能工，在减小工程量的同时，大大减小了消力池产生空蚀破坏的可能性。

1.5.4.3 阶梯陡坡段消能率 η 与单宽流量 q 的关系

图 1.16 和图 1.17 是坡度 $i = 1:3$ 和 $i = 1:4$ 的阶梯陡坡段不同阶梯高度 a 的消能率 η 与单宽流量 q 的关系。在各种体型的阶梯陡坡段中，随着陡坡段泄流单宽流量 q 的增加，其消能率 η 相应减小。如在 $i = 1:4$、$a = 0.4\mathrm{m}$ 的阶梯陡坡段，泄流单宽流量 q 分别为 $10\mathrm{m^3/(s \cdot m)}$ 和 $25\mathrm{m^3/(s \cdot m)}$ 时，其陡坡段的泄流消能率 η 分别为 0.726 和 0.541。这表明，阶梯增大了陡坡面的糙率后，对较小的泄流单宽流量的消能作用较为明显。因此，在工程设计中，可根据溢洪道陡坡段泄流单宽流量 q，合理选择阶梯高度 a，即泄流单宽流量 q 较大者，可适当选择较高的阶梯，以获得较高的泄流消能率。

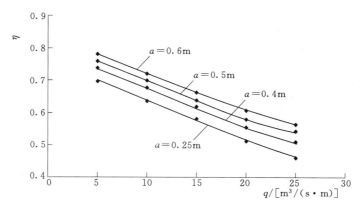

图 1.16　消能率 η 与单宽流量 q 的关系（$i=1:3$）

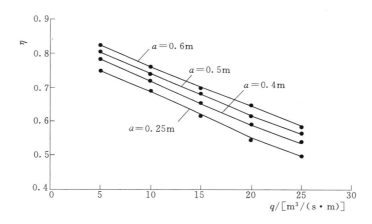

图 1.17　消能率 η 与单宽流量 q 的关系（$i=1:4$）

1.6　外凸型阶梯体型布置

参考有关的文献[29,35,37-38]，外凸型阶梯的体型参数选择如下。

1.6.1　陡坡段坡度 i

外凸型阶梯一般应用于陡坡段坡度 $i\leqslant1:1.5$ 的溢洪道陡坡段上。文献［38］的研究表明，当陡坡段坡度 $i\geqslant1:1$ 时，溢洪道泄流流经陡坡段首个外凸型阶梯顶面时，极易出现泄流挑起、砸向下游坡面或阶梯的现象，应尽量避免采用不连续的外凸型阶梯布置；当陡坡段坡度 $i\leqslant1:1.5$ 时，外凸型阶梯陡坡段的泄流相对较平顺，不会出现泄流在阶梯顶面挑起、砸向下游陡坡面的现象（图 1.18）。

因此，综合现有的研究成果可得：当溢洪道陡

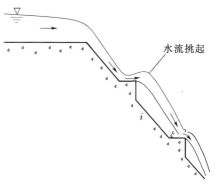

图 1.18　泄流经阶梯顶挑起、砸向下游示意图

坡段坡度 $i \leqslant 1 : 1.5$ 时，可优先选用不连续的外凸型阶梯，以获得较大的泄流消能率，同时也可简化阶梯体型布置和结构、便于工程施工、节省工程投资。

1.6.2　阶梯高度 a

一般而言，陡坡段的阶梯高度 a 越大，则阶梯间的水流跌流落差相应增大，消能效果较佳。水力模型试验表明：①阶梯高度 a 太小时，无法满足大流量泄流消能的要求；②阶梯高度 a 太高，在较小单宽流量 q 泄流时，会在阶梯顶面上形成挑流状，挑流落在下一级阶梯或陡坡面上，下泄水流碎裂、水滴飞溅现象较为明显，泄流表面水滴飞溅出陡坡段两侧边墙之外。因此，陡坡段的阶梯高度 a 应与溢洪道陡坡段泄流特性相适应。

如广东省丰顺县虎局水库溢洪道扩建工程，其洪水频率 $P = 20\% \sim 0.1\%$ 的泄洪流量为 $65 \sim 339.2 \mathrm{m}^3/\mathrm{s}$ ［相应单宽流量 $q = 4.1 \sim 21.5 \mathrm{m}^3/(\mathrm{s} \cdot \mathrm{m})$］，水力模型试验推荐的陡坡段的阶梯高度为 $0.3 \sim 0.35 \mathrm{m}$（彩图 3）。该工程建成运行后，运行情况良好[39]。

在广东省汕头市秋风岭水库重建溢洪道的水力模型试验中，因该水库有多个溢洪道调节泄洪，重建的溢洪道在泄洪流量 $Q \geqslant 172 \mathrm{m}^3/\mathrm{s}$（相应等于或大于 50 年一遇洪水频率流量）才参加泄洪 ［陡坡段进口首端断面宽度为 20.4m，相应泄流单宽流量 $q \geqslant 8.43 \mathrm{m}^3/(\mathrm{s} \cdot \mathrm{m})$］。在设计洪水频率（$P = 2\%$）和校核洪水频率（$P = 0.1\%$）流量运行时，溢洪道陡坡段进口断面泄流单宽流量 q 分别为 $8.43 \mathrm{m}^3/(\mathrm{s} \cdot \mathrm{m})$ 和 $26.85 \mathrm{m}^3/(\mathrm{s} \cdot \mathrm{m})$，泄流总水头落差约为 $21 \sim 22.1 \mathrm{m}$。经水力模型试验比较后，溢洪道陡坡段的阶梯高度 a 选用 $0.4 \sim 0.5 \mathrm{m}$。水力模型试验推荐方案得到了工程设计的采用，该工程于 2005 年建成投入运行[40]（彩图 5 和彩图 6）。

因此，陡坡段阶梯高度 a 的选取应兼顾小流量的泄流运行流态和大流量泄流消能的要求，溢洪道陡坡段的阶梯高度 a 一般可选用 $0.3 \sim 0.5 \mathrm{m}$。在溢洪道陡坡段坡度 i 和泄流单宽流量 q 确定的条件下，可先初步设定阶梯高度 a 和阶梯间距 s（表 1.11），通过计算阶梯陡坡段的沿程水深和消能率，得出满足下游消能设施要求的阶梯高度 a 值。

此外，为了避免陡坡段外凸型阶梯顶面下游端角遭受泄流冲刷破损，参照连续的内凹型阶梯布置，可将陡坡段各级阶梯顶面下游端角削掉边长各为 0.05m 的尖角（图 1.6）。

1.6.3　阶梯顶面宽度 b

根据现有的研究成果和已建工程经验的总结和分析，外凸型阶梯的顶面多设置为水平面。因此，水平面的阶梯顶面宽度为

$$b = \frac{a}{i} \tag{1.5}$$

式中：a 为阶梯高度；i 为陡坡段坡度。

1.6.4　阶梯间距 s

阶梯间距 s 选取主要考虑阶梯陡坡段的泄流流态和消能两个因素：①陡坡段的外凸型阶梯间距 s 较小者，陡坡段泄流消能率相应增大，但陡坡段的阶梯级数增加，会增大工程施工难度和工程投资，且若陡坡段的阶梯数太密时，会减小外凸型阶梯顶面下游跌流落差和其下游立面底部回流漩滚空间，易造成滑掠水流，降低陡坡段的泄流消能率；②若阶梯间距 s 过大，陡坡面上的阶梯数量太少，陡坡面的总体消能效果减弱。

现有的研究成果和工程经验表明，阶梯间距 s 与其陡坡段坡度 i 有关，陡坡段坡度 i 较小者，阶梯间距 s 可取大一些，反之 s 应取小一些。综合已有的研究成果[37-38]，溢洪道陡坡段外凸型阶梯间距 s 与其陡坡段坡度 i 的关系见表 1.11。在各陡坡段坡度 i 的间距 s 变化范围内，阶梯高度 a 较大者，s 值相应可取大一些。

表 1.11　　　　　　　　　外凸型阶梯间距 s 与陡坡段坡度 i 的关系

坡度 i	1:1.5~1:2	1:3	1:4	1:5	1:6	1:7
间距 s/m	3~3.5	3.5~4	4~4.5	4.5~5	5~5.5	5.5~6

1.6.5　陡坡段末级阶梯布置

水力模型试验表明[37,40]，当陡坡段下游河道水位高于某级阶梯顶面一定高度时，下泄水流在该阶梯顶面上受下游水流的顶托，下泄水流在阶梯顶面的导向作用下，将下游水流表层水体往下游推出，使下游水流呈波状往下游流动，形成类似面流流态，水流消能率相应降低（图 1.19）。

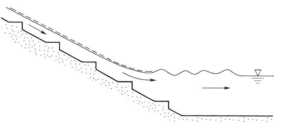

图 1.19　阶梯面水流导向流态

为了兼顾溢洪道各级洪水流量泄流的要求，根据多项工程水力模型试验研究成果的分析，可将陡坡段末级阶梯顶面高程布置在比设计洪水频率流量相应的下游河道水位低一些。若溢洪道的设计洪水标准较高（或其下游河道水位相应较高），经综合分析之后，也可以将陡坡段末级阶梯顶面高程布置在稍低的洪水标准流量相应下游河道水位附近。因此，在各级洪水流量泄流运行时，下泄水流惯性力将泄流潜入消力池内，在下游消力池内形成水跃消能。

以下介绍两个工程的水力模型试验研究成果。

（1）广东省汕头市秋风岭水库重建溢洪道水力模型试验推荐的陡坡段下游段外凸型阶梯布置如图 1.20 所示，溢洪道设计洪水频率（$P=2\%$）流量泄流相应的下游河道水位为 21.82m。经水力模型试验比较，其陡坡段末级阶梯顶面高程设置为 21.40m，比设计洪水频率流量的下游河道水位低 0.42m，在各级洪水流量泄流运行时流态良好[40]。

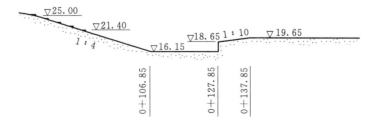

图 1.20　秋风岭水库溢洪道陡坡下游段外凸型阶梯布置示意图（单位：m）

（2）广东省饶平县汤溪水库为大（2）型水库，其溢洪道重建工程的设计洪水频率（$P=1\%$）泄洪流量 $Q=3152\text{m}^3/\text{s}$，相应下游河道水位 $Z_t=28.78\text{m}$；50 年一遇洪水频率

（$P=2\%$）泄洪流量 $Q=1500\text{m}^3/\text{s}$，相应下游河道水位 $Z_t=26.02\text{m}$；20年一遇洪水频率（$P=5\%$）泄洪流量 $Q=780\text{m}^3/\text{s}$，相应下游河道水位 $Z_t=24.83\text{m}$。

溢洪道陡坡段坡度为 $1:5.6$，溢洪道陡坡段上游首端高程为 46.76m，陡坡段净宽 60m。水力模型试验推荐方案在陡坡段设置27级高度 $a=0.38\text{m}$、间距 $s=5\text{m}$ 的外凸型阶梯；陡坡段下游消力池池底高程 15.30m，池末端尾坎顶高程 20.30m，尾坎末端以 $1:30$ 反坡与下游河床连接。为了兼顾常遇的中小洪水流量的泄洪消能，水力模型试验经比较和优化之后，将陡坡段末级阶梯顶面高程设置为 23.03m（图 1.21）。

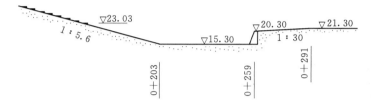

图 1.21　汤溪水库溢洪道陡坡下游段阶梯布置示意图（单位：m）

水力模型试验表明，在各级洪水频率流量泄流运行时，陡坡段的阶梯消能效果较显著，下泄水流在下游消力池消能较充分，流态良好。水力模型试验的推荐方案得到了工程设计的采用。

1.6.6　工程布置实例

广东省部分水利工程溢洪道（或拦河水闸）陡坡段的外凸型阶梯体型参数见表 1.12，可供工程设计参考[37,39-51]（彩图1～彩图8）。

表 1.12　　　广东省部分溢洪道外凸型阶梯体型参数和泄流单宽流量

工程名称	陡坡段坡度 i	阶梯高度 a/m	阶梯顶宽度 b/m	阶梯间距 s/m	最大泄流单宽流量 $q/[\text{m}^3/(\text{s}\cdot\text{m})]$
稿树下水库	$1:4$	0.25	1.0	4.8	21.5
虎局水库	$1:4$	0.35	1.4	4.3	21.9
	$1:7.23$	0.35	2.53	5.17	
乌石拦河闸	$1:3$	0.35	1.05	2.9	26.6
秋风岭水库	$1:4$	0.50	2.0	4.7	26.9
	$1:6.79$	0.40	2.72	5.66	
	$1:4$	0.40	1.6	4.0	
花山水库	$1:3.3$	0.35	1.16	3.5	16.5
阳江核电水库	$1:3.5$	0.25～0.30	0.88～1.05	4.0	13.5
黄山洞水库	$1:3.36$	0.40	1.34	4.06	26.4
	$1:6.96$	0.40	2.78	6.5	
东吴水库	$1:3.6$	0.40	1.44	3.5	16.3
阳江蓄能电站下库	$1:3.75$	0.45	1.69	4.35	23.6
汤溪水库	$1:5.6$	0.38	2.13	5.0	61.6

1.7 外凸型阶梯陡坡段水面线

1.7.1 外凸型阶梯陡坡段流态特性

大量的水力模型试验表明，外凸型阶梯陡坡段滑行水流泄流可分为光滑水流段（陡坡段首端至水面掺气起始断面）和掺气水流段（水面掺气起始断面至陡坡段末端）两区段，掺气水流区段又可以分为不均匀流段、准均匀流段、末级阶梯至陡坡段末端不均匀流段等三个流段[32,52-53]（图1.12和图1.22）。

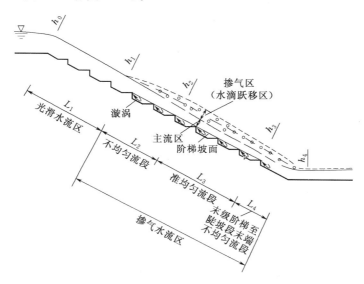

图1.22 阶梯陡坡段各区段水深计算示意图

1. 光滑水流区段

该区段流态如1.4.3节所述，水流表面为光滑水面，水面无掺气。

2. 掺气水流区段

（1）不均匀流段。阶梯陡坡段泄流水面掺气之后，受坡面阶梯的跌流和紊动作用，陡坡段泄流沿程流速减小的速率加快，水深增大，水流掺气较明显，但泄流的主流区仍在坡面的阶梯坎顶上，表层为掺气的水滴跃移区。水力模型试验可以观察到水面掺气起始断面下游的每一级阶梯下游立面底部产生漩涡。

（2）准均匀流段。泄流经水面掺气起始断面下游一段距离 L_2 之后，陡坡段的沿程流速和水深变化较小，出现类似均匀流动的现象。试验资料分析表明，L_2 值与陡坡面阶梯粗糙高度 $K(K = a\cos^2\theta/s)$ 有关，K 值越大，则 L_2 值相应减小。因此，L_2 定义为水面掺气起始断面至准均匀流起始断面位置的坡面距离。

（3）末级阶梯至陡坡段末端不均匀流段。此流段的坡面长度较短，流态与准均匀流段流态相近，但由于坡面糙率减小，沿程流速逐渐增大，水深相应减小，水流波动和掺气逐渐减弱。

3. 陡坡段末端下游护坦段

对于底坡 $i=0$ 的下游护坦段，水流主要受边壁的摩阻作用，其水面线一般为 C_0 型曲线，沿程水深逐渐增加。

1.7.2　光滑水流区段水面线计算

外凸型阶梯陡坡段光滑水流区段沿程水面线计算包括：陡坡段首端断面水深 h_0、水面掺气起始断面位置 L_1（陡坡段坡面距离）、水面掺气起始断面水深 h_1 等。

1.7.2.1　陡坡段首端断面水深 h_0

通常，常用的水力计算手册[54]将堰顶末端处水深 h 假设为临界水深 h_k。实际上，堰顶末端处水深 h 并不等于临界水深 h_k，而比 h_k 值略小。一些文献对堰顶末端处水深 h 的计算方法进行研究和探讨[55-56]，但对工程设计而言，将堰顶末端处水深 h 假设为 h_k，是偏于安全的。

试验表明，陡坡段首端断面水深 h_0 与其上游堰顶末端水深 h 较接近，因此，工程设计中可将陡坡段首端断面水深 h_0 近似取为 h_k。

1.7.2.2　水面掺气起始断面位置 L_1

1. 水面掺气起始断面 L_1 特性

（1）在同一坡度的陡坡段和相同的阶梯体型参数条件下，掺气起始断面 L_1 值随陡坡段泄流单宽流量 q 增大而增加。

（2）在相同的泄流单宽流量 q 条件下，L_1 值随陡坡段的阶梯粗糙高度 K（$K=a\cos^2\theta/s$）增大而缩短，即陡坡面的糙率越大，L_1 值越小。

2. 水面掺气起始断面 L_1 的计算

由上述分析，可建立阶梯陡坡段水面掺气起始断面位置 L_1 与陡坡段临界水深 h_k、阶梯粗糙高度 K 的函数关系式：

$$L_1=f(h_k,K) \tag{1.6}$$

将水力模型试验数据点绘于对数坐标系上[32,38]（图 1.23），可见 $L_1/K - h_k/K$ 满足式（1.7）的关系：

$$\frac{L_1}{K}=A\left(\frac{h_k}{K}\right)^{\omega} \tag{1.7}$$

式中：A、ω 为待定参数，由试验数据确定。

将试验数据进行整理、分析和计算，可得出各种坡度 i 的阶梯陡坡段的 A、ω 值，见表 1.13。

表 1.13　　　　　　　　　　陡坡段各坡度 i 对应的 A、ω 值

坡度 i	1:1.5	1:2	1:3	1:4	1:5	1:6
A	5.152	5.555	6.384	7.400	8.896	10.563
ω	1.2062	1.2080	1.1994	1.2075	1.1980	1.2075

由表 1.13 可见：

（1）各种坡度 i 的阶梯陡坡段的 ω 值比较接近，可取其平均值为 1.2041。

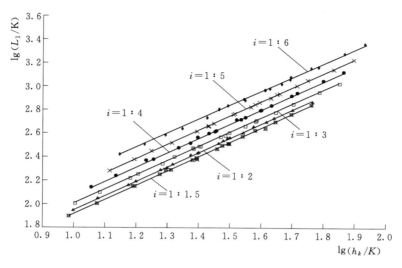

图 1.23　$\lg(L_1/K)\text{-}\lg(h_k/K)$ 关系

（2）A 值随陡坡段的坡度 i 减小而增大，陡坡段坡度 i 越小，相同距离的陡坡段的落差减小，相应的陡坡段断面的水深增大，坡面上阶梯对泄流的影响作用相应减小。A 与陡坡段坡度 i 的关系见图 1.24。经分析，表 1.13 的 A 与 $i=1:6\sim1:3.5$ 和 $1:3.5\sim1:1.5$ 的关系分别符合幂函数型公式，采用最小二乘法回归计算，可得出 $A\text{-}i$ 关系为

$$A=2.465i^{-0.805} \quad 1:6\leqslant i<1:3.5 \quad (1.8a)$$
$$A=4.443i^{-0.343} \quad 1:3.5\leqslant i\leqslant1:1.5 \quad (1.8b)$$

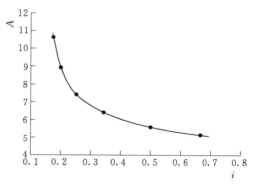

图 1.24　$A\text{-}i$ 的关系曲线

因此，式（1.7）可以写为：

$$L_1=Ah_k^{1.2041}\left(\frac{a\cos^2\theta}{s}\right)^{-0.2041} \quad (1.9)$$

根据水力模型试验的条件，式（1.9）的适用条件为：$1.366\text{m}\leqslant h_k\leqslant4.0\text{m}$；$0.046\leqslant a\cos^2\theta/s\leqslant0.14$。

1.7.2.3　水面掺气起始断面水深 h_1

为了便于水面掺气起始断面水深 h_1 的计算，将 h_1 分为两部分：①掺气断面的势流水深 h_p；②陡坡面阶梯引起的波动水深 Δh。

（1）用试算法计算陡坡段掺气起始断面的势流水深 h_p：

$$h_p=\frac{q}{\sqrt{2g(H_p-h_p\cos\theta)}} \quad (1.10)$$

式中：q 为泄流单宽流量；H_p 为陡坡段计算断面的总水头；g 为重力加速度；θ 为陡坡段与水平线的夹角。

（2）掺气断面波动水深 Δh 计算。掺气断面波动水深值 Δh 主要与陡坡段泄流单宽流

量 q、阶梯高度 a 等有关，可设 $\Delta h = \delta a$。经分析和计算试验资料，得出 δ-q 的关系（表1.14）。

表 1.14 δ-q 关系

$q/[\mathrm{m^3/(s \cdot m)}]$	5	10	15	20	25
δ	1.6	1.7	1.8	1.9	2.0

（3）掺气起始断面水深 h_1 的计算。

$$h_1 = h_p + \delta a \tag{1.11}$$

式中：h_p 为计算断面的势流水深；a 为陡坡面阶梯高度；δ 为系数，其值见表1.14。

因此，计算出水面掺气起始断面水深 h_1 后，将陡坡段首端断面水深 h_0 与水面掺气起始断面水深 h_1 连接，可得出阶梯陡坡段光滑水流区段沿程水面线。

1.7.2.4 算例

一陡槽溢洪道的堰顶高程为 100.00m，陡坡段坡度 $i=1:3$（$\theta=18.435°$），陡坡段阶梯高度 $a=0.4m$，间距 $s=4m$；陡坡段泄流单宽流量 $q=5 \sim 25\mathrm{m^3/(s \cdot m)}$，相应堰顶水头 $H=2.27 \sim 6.42m$。计算各级泄流量的阶梯陡坡段水面掺气起始断面位置 L_1 和掺气断面水深 h_1。

（1）由泄流单宽流量 q 计算出相应的临界水深 h_k，见表1.15；由陡坡段坡角 θ、阶梯体型参数 a 和 s 等，计算出陡坡面阶梯粗糙高度 $K = a\cos^2\theta/s = 0.09$。

（2）由表1.13可知，陡坡段坡度 $i=1:3$ 时，$A=6.384$；由式（1.9）计算出陡坡段掺气起始断面位置 L_1 值，见表1.15。

（3）由计算的 L_1 值，采用式（1.10）计算掺气断面的势流水深 h_p；由表1.14的参数 δ 和式（1.11），可计算出掺气断面的水深 h_1 值，见表1.15。

表 1.15   阶梯陡坡段的 L_1 和 h_1 计算值与试验值比较（$i=1:3$）

$q/[\mathrm{m^3/(s \cdot m)}]$	H/m	h_k/m	K	L_1/m 计算值	L_1/m 试验值	H_p/m	h_p/m	$\delta a/\mathrm{m}$	h_1/m 计算值	h_1/m 试验值
5	2.27	1.366		15.19	14.97	7.07	0.44	0.64	1.08	1.07
10	3.54	2.169		26.51	26.96	11.95	0.67	0.68	1.35	1.37
15	4.61	2.842	0.09	36.68	36.25	16.21	0.86	0.72	1.58	1.62
20	5.56	3.443		46.24	45.17	20.24	1.03	0.76	1.79	1.81
25	6.42	3.995		55.32	53.93	23.91	1.18	0.80	1.98	2.03

注 H 为溢洪道堰顶水头；H_p 为陡坡段计算断面的总水头。

由表1.15的 L_1 和 h_1 计算值与水力模型试验值比较可知，两者均较符合。

1.7.3 掺气水流区段水面线计算

图1.25为水力模型测试的阶梯陡坡段光滑水流区沿程流速、掺气水流区的主流区沿程流速、水面掺气起始断面和下游护坦收缩断面水深值等。本小节对掺气水流区特征断面位置和水深的计算进行分析。

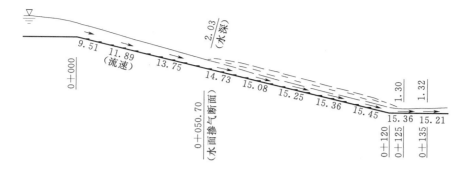

图 1.25　阶梯陡坡段沿程水深和流速分布图

注：$i=1:4$，$a=0.5\mathrm{m}$，$s=4.7\mathrm{m}$，$q=20\mathrm{m}^3/(\mathrm{s}\cdot\mathrm{m})$；

水深、尺寸单位为 m；流速单位为 m/s

1.7.3.1　水流掺气准均匀流断面位置 L_2 计算

水流掺气准均匀流断面位置 L_2 与陡坡面粗糙高度 K、泄流水力参数（单宽流量 q 等）等有关，陡坡面粗糙高度 K 越大，L_2 越小；而泄流单宽流量 q 越大，则 L_2 相应增大。与 L_2 有关的泄流水力参数可以采用水面掺气起始断面水深 h_1 作代表，因此，可得出 L_2 的计算公式：

$$L_2 = \mu h_1 \tag{1.12}$$

式中：h_1 为阶梯陡坡段水面掺气起始断面水深；μ 为系数，μ 与陡坡面粗糙高度 K 的关系为[32,35]：当坡面粗糙高度 K 为 0.04～0.14 时，μ 值可取 19～11，即粗糙高度 K 值每增加 0.01 时，μ 值相应减小 0.8（表 1.16）。

表 1.16　　　　　　　　　　　　　μ - K 关系

K	0.04	0.06	0.08	0.10	0.12	0.14
μ	19.0	17.4	15.8	14.2	12.6	11.0

1.7.3.2　水流掺气准均匀流断面水深 h_2 的计算

1. 阶梯陡坡面糙率计算

阶梯陡坡面糙率 n_K 与粗糙高度 K 的关系[35,57]可写为

$$n_K = \frac{h^{1/6}}{19.55 + 18\lg\dfrac{h}{K}} \tag{1.13}$$

式中：h 为断面水深，计算中可采用阶梯陡坡段水面掺气起始断面水深 h_1。

2. 掺气准均匀流断面水深 h_2 计算

由图 1.22 可知，建立陡坡段水面掺气起始断面和掺气水流准均匀流断面之间（即 L_2 流段）水流能量方程，可得出掺气水流准均匀流断面的计算水深 h_2' 的计算式为

$$h_2' = \frac{q}{\sqrt{2g(P_1 - h_2'\cos\theta)}} \tag{1.14}$$

其中
$$P_1 = \frac{q^2}{2gh_1^2}\left(1 - \frac{2gn_K^2 L_2}{h_1^{4/3}}\right) + \Delta Z_1 + h_1\cos\theta$$

23

式中：q 为单宽流量；g 为重力加速度；h_1 为水面掺气起始断面水深；n_K 为阶梯陡坡段坡面糙率；ΔZ_1 为计算断面之间高程差；θ 为陡坡段与水平线之间的夹角。

由试验资料分析可知：

（1）按式（1.13）$n_K - K$ 关系计算的阶梯陡坡面糙率 n_K，是一种近似的方法，此方法将坡面凸起的阶梯平均分布在坡面上计算糙率 n_K，计算的糙率 n_K 值略偏小。

（2）按式（1.14）计算的 h_2' 为阶梯坡面上的计算水深。陡坡段水流水面掺气后，阶梯跌坎下游立面底部出现漩涡，陡坡上的主流为各阶梯跌坎顶之间连线之上的水流，因此，定义水面掺气后各阶梯坎顶之间的连线为"阶梯坡面"，并将计算的 h_2' 值定义为"阶梯坡面"上的计算水深值（图 1.22）。

（3）由式（1.14）计算的 h_2' 值与水力模型试验测试的坡面坎顶上主流区流速反算的水深值较接近，考虑到陡坡段过水断面表层为掺气的水流和水滴跃移区，水流掺气断面的实际水深 h_2（将表层掺气水流和水滴汇入主流后的水深）应比其计算水深 h_2' 大一些。因此，可定义 h_2 为阶梯陡坡段水面掺气后、准均匀流起始断面"阶梯坡面"上的综合水深值。

通过对不同阶梯体型组合的试验资料分析和计算，可以得出不同泄流单宽流量 q 条件下的"阶梯坡面"综合水深 h_2 与其计算水深 h_2' 的关系：

$$h_2 = \phi h_2' \tag{1.15}$$

式中：ϕ 为系数，见表 1.17。

由试验资料的分析和计算[32,35]，可得到各坡度阶梯陡坡段 $\phi - q$ 关系，见表 1.17。

表 1.17　　　　　　　　　　　　$\phi - q$ 关　系

$q/[\mathrm{m^3/(s \cdot m)}]$	ϕ		$q/[\mathrm{m^3/(s \cdot m)}]$	ϕ	
	$i = 1:2 \sim 1:3$	$i = 1:4 \sim 1:6$		$i = 1:2 \sim 1:3$	$i = 1:4 \sim 1:6$
10	1.24～1.26	1.18～1.19	20	1.12～1.14	1.09～1.11
15	1.18～1.20	1.13～1.15	25	1.08～1.10	1.06～1.08

由表 1.17 可见：①在同一阶梯体型的陡坡段中，泄流单宽流量 q 越小，其表层水流波动、飞溅现象更明显，其 h_2/h_2' 比值相应增大；②随陡坡段坡度 i 的增大，水面掺气起始断面下游的水流掺气和波动较为明显，h_2/h_2' 比值相应增大。

1.7.3.3　陡坡段末级阶梯顶断面综合水深 h_3 的计算

（1）掺气水流准均匀流起始断面下游陡坡段的沿程流速和水深变化较小，形成类似均匀流动的状况，因此，在掺气水流准均匀流起始断面至其下游高差 20m 的阶梯陡坡段范围内，h_3 值初步可在 $(1 \sim 0.96)h_2$ 之间选取，即陡坡段高差增加 5m，系数相应减小 0.01。

（2）若陡坡段末级阶梯与水面掺气起始断面之间距离 $L < L_2$，水面掺气起始断面至末级阶梯段仍为不均匀流段，可设想将陡坡段阶梯延长至 L_2 位置的断面，计算出 h_1、L_2、h_2 等值之后，假设 h_1 和 h_2 之间水深变化按等坡降均匀变化，按 L/L_2 比值计算末级阶梯坎顶综合水深 h_3 值，见式（1.16）：

$$h_3 = h_2 + \left(1 - \frac{L}{L_2}\right)(h_1' - h_2) \tag{1.16}$$

其中
$$h_1' = h_1 - a\cos\theta$$

式中：h_1' 为陡坡段水面掺气起始断面"阶梯坡面"的水深，如图 1.26 所示；L 为陡坡段水面掺气起始断面与末级阶梯顶断面之间的坡面距离。

1.7.3.4 陡坡段末端下游护坦水深 h_4 计算

在末级阶梯顶和陡坡段末端的下游护坦进口两断面之间建立水流能量方程（图 1.22 和图 1.27），可得到下游护坦进口断面水深 h_4 的计算公式：

$$h_4 = \frac{q}{\sqrt{2g(P_2 - h_4)}} \tag{1.17}$$

其中
$$P_2 = \frac{q^2}{2gh_3^2}\left(1 - \frac{2gN^2L_4}{h_3^{4/3}}\right) + \Delta Z_2 + h_3\cos\theta$$

式中：q 为泄流单宽流量；N 为末级阶梯下游陡坡面糙率，考虑到上游阶梯坡面和末级阶梯跌流的影响，N 可取阶梯坡面糙率 n_K 和下游坡面实际糙率 n_0 的平均值；L_4 为末级阶梯顶断面至下游护坦进口断面的陡坡段长度；ΔZ_2 为末级阶梯顶面至下游护坦面的高程差。

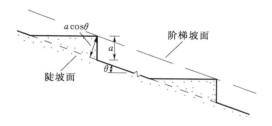

图 1.26 陡坡面和阶梯坡面示意图　　图 1.27 末级阶梯和护坦段水力参数示意图

通过对水力模型试验资料的分析，按式（1.17）计算的水深 h_4 与水力模型试验的护坦段收缩断面水深较符合。

在坡度 $i=1:5$ 的各种阶梯体型的陡坡段中，由本节计算方法计算的陡坡段末端水深与水力模型试验的护坦段收缩断面水深较符合（表 1.18）。

表 1.18　　阶梯陡坡段末端下游护坦水深计算值与试验值比较（$i=1:5$）

阶梯高度 a/m	单宽流量 q/[m³/(s·m)]	阶梯陡坡段末端下游护坦水深/m			
		试验值 h_4''	计算值 h_4'	$\Delta h = h_4' - h_4''$	$\Delta h/h_4''/\%$
0.25	10	0.81	0.84	0.03	3.70
	15	1.04	1.08	0.04	3.85
	20	1.23	1.27	0.04	3.25
	25	1.42	1.44	0.02	1.41
0.4	10	0.83	0.85	0.02	2.41
	15	1.09	1.11	0.02	1.83
	20	1.30	1.32	0.02	1.54
	25	1.50	1.52	0.02	1.33

阶梯高度 a/m	单宽流量 q/[m³/(s·m)]	阶梯陡坡段末端下游护坦水深/m			
		试验值 h_4''	计算值 h_4'	$\Delta h = h_4' - h_4''$	$\Delta h/h_4''$/%
0.5	10	0.87	0.87	0	0
	15	1.13	1.15	0.02	1.77
	20	1.36	1.38	0.02	1.47
	25	1.54	1.57	0.03	1.95
0.6	10	0.90	0.88	−0.02	−2.22
	15	1.15	1.16	0.01	0.87
	20	1.38	1.39	0.01	0.72
	25	1.58	1.61	0.03	1.90

注　1. 溢洪道堰顶至下游护坦面高差为 30m。
　　2. $a=0.25$m 的阶梯级数为 30 级，$a=0.4$m 的阶梯级数为 28 级，$a=0.5$m 和 0.6m 的阶梯级数为 26 级。
　　3. 阶梯间距 s 见表 1.4。

根据水力模型试验资料的分析，在不同阶梯体型的阶梯陡坡段中，可根据其泄流单宽流量 q，计算出各区段水深 h_0、h_1、h_2、h_3 等值后，按设计规范加上一定的安全超高可得出阶梯陡坡段两侧边墙的高度。

1.7.3.5　陡坡段掺气水流区掺气水深分析

前述计算的阶梯陡坡段水深可定义为阶梯坡面上主流区水流和掺气水流的综合水深（即主流区和其表层掺气水流及水滴汇入后的综合水深）。阶梯陡坡段水面掺气起始断面下游各过水断面的水流主要分为坡底区域的主流区和表层水滴跃移区水流两部分，水流表层掺气较明显，掺气水深比其上游光滑水流区段水深明显增大；在准均匀流段，掺气水流的水深达较大值，且沿程变化较小。

在同一坡度的陡坡段和相同阶梯高度 a 的条件下，随着泄流单宽流量 q 增加，掺气断面的水深（即主流区和其表层掺气水流的水深）随之增大，但增大的幅度并不明显，如在 $i=1:5$、$a=0.4$m（$s=5.0$m）的阶梯陡坡段中，泄流单宽流量 $q=10\sim25$m³/(s·m) 的掺气断面水深的变化范围约为 2.3～3m。掺气断面表层水滴跃移的水体仍主要受重力的作用，并随泄流作用往下游陡坡段跃移，对陡坡段两岸的影响较小，这在已建工程运行中得到了证明。

1.7.4　算例

1.7.4.1　算例 1

一溢洪道陡坡段坡度 $i=1:4$，堰顶高程为 100.00m，陡坡段末端下游护坦面高程为 70.00m，陡坡段设置 24 级高 $a=0.4$m、间距 $s=4.7$m 的外凸型阶梯，末级阶梯顶面高程为 72.20m；溢洪道泄流单宽流量 $q=20$m³/(s·m)，相应堰顶水头 $H=5.56$m。计算阶梯陡坡段沿程水深和水流消能率。

（1）水面掺气起始断面水深 h_1 和消能的计算。

由陡坡段泄流单宽流量 $q=20$m³/(s·m)、坡度 $i=1:4$（$\theta=14.036°$）、阶梯高度 $a=0.4$m（$s=4.7$m）等参数，可计算出阶梯陡坡段临界水深 $h_k=3.44$m、坡面粗糙高度 $K=0.0801$。由表 1.13 和表 1.14 的参数，用式（1.9）～式（1.11）计算出陡坡段水面掺气起

始断面位置 $L_1=54.84$m、水深 $h_1=1.83$m。

陡坡段水面掺气起始断面的总水头 $E_1=18.86$m，断面水深 $h_1=1.83$m，平均流速 $v_1=10.93$m/s，由式（1.4）计算该断面水流消能率 $\eta=0.581$。若按"阶梯坡面"计算的断面水深1.44m，平均流速13.89m/s，总水头 $E_1=18.48$m，则计算的水面掺气起始断面水流消能率 $\eta=0.390$。由计算结果分析，按"阶梯坡面"计算的水面掺气起始断面水流消能率 $\eta=0.390$ 较为合理（表1.19）。

（2）掺气水流准均匀流断面水深 h_2 和消能的计算。

坡面粗糙高度 $K=0.0801$ 时，由 $\mu-K$ 关系，可得 $\mu=15.8$；式（1.12）计算出掺气水流区掺气准均匀流断面位置距离 $L_2=15.8$，$h_1=28.91$m。

由坡面粗糙高度 $K=0.0801$，按式（1.13）计算出坡面糙率 $n_K=0.02513$，并计算出水面掺气起始断面至掺气水流准均匀流断面的高差 $\Delta Z_1=6.63$m（水面掺气起始断面陡坡面至下游"阶梯坡面"的高程差）。由式（1.14），计算出 $P_1=13.53$m，"阶梯坡面"的计算水深 $h_2'=1.29$m。

由式（1.15）和表1.17，取 $\phi=1.1$，可计算出"阶梯坡面"综合水深 $h_2=1.1h_2'=1.42$m。

掺气水流准均匀流断面的总水头 $E_1=25.49$m，断面水深 $h_2=1.42$m，平均流速 $v_2=14.08$m/s，由式（1.4）计算该断面水流消能率 $\eta=0.548$（表1.19）。

（3）末级阶梯顶断面综合水深 h_3 计算。

由计算分析可知，掺气水流准均匀流断面至末级阶梯坎顶断面的距离 $L_3=32.45$m，两断面之间高差为7.87m，因此，可取 $h_3=0.98h_2$，则可计算出 $h_3=1.39$m。

末级阶梯顶断面的总水头 $E_1=33.36$m，断面水深 $h_3=1.39$m，平均流速 $v_3=14.39$m/s，由式（1.4）计算该断面水流消能率 $\eta=0.642$（表1.19）。

（4）下游护坦水深 h_4 计算。

陡坡段末级阶梯顶面至下游护坦的高程差 $\Delta Z_2=2.2$m，坡面长度 $L_4=7.52$m，坡面糙率 N 取阶梯陡坡面糙率 $n_K=0.02513$ 和坡面实际糙率0.015的平均值0.0201，因此，由式（1.17）计算得 $P_2=13.71$m，$h_4=1.28$m；水力模型试验值 $h_4=1.25$m，两者较符合[35]。

下游护坦断面的总水头 $E_1=35.56$m，断面水深 $h_4=1.28$m，平均流速 $v_4=15.63$m/s，由式（1.4）计算该断面水流消能率 $\eta=0.614$（表1.19）。

表 1.19   **阶梯陡坡段沿程水深和消能率计算**

断　面	总水头 E_1/m	水深 h/m	平均流速 v/(m/s)	消能率 η
水面掺气起始断面	18.48 (18.86)	1.44 (1.83)	13.89 (10.93)	0.390 (0.581)
准均匀流断面	25.49	1.42	14.08	0.548
末级阶梯顶	33.36	1.39	14.39	0.642
下游护坦	35.56	1.28	15.63	0.614

注　括号内数值为以陡坡面为基准计算的水力参数（表1.20相同）。

（5）阶梯陡坡段两侧边墙水深和高度的确定。

陡坡段的阶梯高度 $a=0.4$ m，陡坡段首端断面水深 $h_0=h_k=3.44$ m。工程设计中，将计算的 h_0、h_1、h_2 和 h_3 值加上设计规范规定的安全超高后，可作为溢洪道陡坡段两侧边墙高度设计的依据。

1.7.4.2 算例 2

一溢洪道陡坡段坡度 $i=1:2$，堰顶高程为 100.00m，陡坡段末端下游护坦面高程为 70.00m，陡坡段设置 15 级高 $a=0.5$ m、间距 $s=3.5$ m 的外凸型阶梯，末级阶梯顶面高程为 74.25m；溢洪道泄流单宽流量 $q=25$ m³/(s·m)，相应堰顶水头 $H=6.42$ m。计算阶梯陡坡段沿程水深和水流消能率。

（1）水面掺气起始断面水深 h_1 和消能的计算。

由陡坡段泄流单宽流量 $q=25$ m³/(s·m)、坡度 $i=1:2$（$\theta=26.565°$）、阶梯高度 $a=0.5$ m（$s=3.5$ m）等参数，可计算出阶梯陡坡段临界水深 $h_k=4.0$ m、陡坡面粗糙高度 $K=0.1143$。由表 1.13 和表 1.14 的参数，及式（1.9）～式（1.11）计算出陡坡段水面掺气起始断面位置 $L_1=45.84$ m、水深 $h_1=2.11$ m。

陡坡段水面掺气起始断面的总水头 $E_1=26.92$ m，断面水深 $h_1=2.11$ m，平均流速 $v_1=11.85$ m/s，由式（1.4）计算该断面水流消能率 $\eta=0.656$。若按"阶梯坡面"计算的断面水深 1.66m、平均流速 15.06m/s、总水头 $E_1=26.52$ m，则计算的水面掺气起始断面水流消能率 $\eta=0.501$（表 1.20）。

表 1.20　　　　　　　　　阶梯陡坡段沿程水深和消能率计算

断　　面	总水头 E_1/m	水深 h/m	平均流速 v/(m/s)	消能率 η
水面掺气起始断面	26.52 (26.92)	1.66 (2.11)	15.06 (11.85)	0.501 (0.656)
末级阶梯顶	32.17	1.55	16.13	0.539
下游护坦	36.42	1.37	18.25	0.496

（2）掺气水流准均匀流断面水深 h_2 和消能的计算。

由坡面粗糙高度 $K=0.1143$ 和 μ-K 关系（表 1.16），可得 $\mu=13.06$；由式（1.12）计算出掺气水流区掺气准均匀流断面位置距离 $L_2=13.06h_2=27.56$ m。

由坡面粗糙高度 $K=0.1143$，按式（1.13）计算出坡面糙率 $n_K=0.02675$；由于陡坡段末级阶梯顶面与水面掺气起始断面之间距离 $L=12.63$ m，$L<L_2$，因此，计算出掺气水流准均匀流断面水深 h_2 值之后，式（1.16）计算末级阶梯顶断面水深 h_3。

由 $L_2=27.56$ m，计算出水面掺气起始断面至掺气水流准均匀流断面的高差 $\Delta Z_1=11.93$ m（水面掺气起始断面陡坡面至下游"阶梯坡面"的高程差）。由式（1.14），计算出 $P_1=19.96$ m，"阶梯坡面"的计算水深 $h_2'=1.3$ m。

由式（1.15）和表 1.17，取 $\phi=1.1$，可计算出"阶梯坡面"综合水深 $h_2=1.1h_2'=1.43$ m。

（3）末级阶梯顶断面综合水深 h_3 计算。

由 $L=12.63$ m、$L_2=27.56$ m、$L/L_2=0.458$ 和 $h_1'=1.66$ m、$h_2=1.43$ m，及式（1.16）计算得 $h_3=1.55$ m。

末级阶梯顶断面的总水头 $E_1 = 32.17\text{m}$，断面水深 $h_3 = 1.55\text{m}$，平均流速 $v_3 = 16.13\text{m/s}$，由式（1.4）计算该断面水流消能率 $\eta = 0.539$（表 1.20）。

（4）下游护坦水深 h_4 计算。

陡坡段末级阶梯顶面至下游护坦的高程差 $\Delta Z_2 = 4.25\text{m}$，$L_4 = 8.61\text{m}$，坡面糙率 N 取阶梯陡坡面糙率 $n_K = 0.02675$ 和坡面实际糙率 0.015 的平均值 0.0209，因此，由式（1.17）可计算得 $P_2 = 18.37\text{m}$，$h_4 = 1.37\text{m}$；水力模型试验值 $h_4 = 1.35\text{m}$，两者较符合[35]。

下游护坦断面的总水头 $E_1 = 36.42\text{m}$，断面水深 $h_4 = 1.37\text{m}$、平均流速 $v_4 = 18.25\text{m/s}$，由式（1.4）计算该断面水流消能率 $\eta = 0.496$（表 1.20）。

（5）阶梯陡坡段两侧边墙水深和高度的确定可参考算例 1。

1.8 外凸型阶梯陡坡段水流掺气特性

在坡度 $i = 1:3$ 的外凸型阶梯陡坡段滑行水流流态下，对其陡坡面水流沿程掺气浓度特性进行水力模型试验研究。

1.8.1 水力模型试验简介

溢洪道水力模型为 1:16 的正态模型。溢洪道陡坡段坡度 $i = 1:3$，宽度为 8m，其上游堰顶高程设置为 45.00m，下游护坦段高程为 0.00m；陡坡段设置 35 级不连续的外凸型阶梯，阶梯高度为 $a = 0.3\text{m}$、0.45m 和 0.6m 等 3 种，阶梯间距 $s = 3.8\text{m}$（图 1.28）；陡坡段泄流单宽流量 $q = 10\text{m}^3/(\text{s} \cdot \text{m})$、$20\text{m}^3/(\text{s} \cdot \text{m})$ 和 $30\text{m}^3/(\text{s} \cdot \text{m})$，相应堰顶水头 $H = 3.61 \sim 7.28\text{m}$。

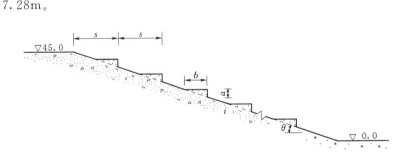

图 1.28　陡坡段不连续的外凸型阶梯布置示意图

根据文献 [58] 的规定，模型掺气设施处水流速度宜大于 6m/s。模型掺气设施处水流速度不大于 6m/s 时，仍可以进行掺气设施选型，但模型实测通气量向原型引申时，应考虑比尺影响。本阶梯陡坡段水面掺气起始断面下游陡坡段流速约为 3～5m/s，综合有关的研究[59]，阶梯陡坡段受阶梯的摩阻和跌流作用，水流紊动明显增大，加快了陡坡面紊流边界层发展和水面的破碎，阶梯陡坡段水流掺气明显大于光滑陡坡段，其掺气相似性明显优于光滑陡坡段。对于模型阶梯陡坡段流速小于 6m/s 产生的缩尺效应分析表明，由于原型工程水流掺气浓度大于水力模型的试验值，模型试验值应有一定的安全裕度，有利于工程的安全。因此，本节水力模型外凸型阶梯陡坡段掺气浓度试验成果可供工程设计和运行参考。

　　陡坡段各外凸型阶梯的水流掺气浓度测点布置在阶梯顶面中间点处，并在部分阶梯顶面和陡坡面上增加水流掺气浓度测点（图 1.29）。阶梯面掺气浓度采用中国水利水电科学研究院研制的 CQ-2005 型掺气浓度仪测量。

1.8.2　阶梯陡坡段掺气浓度试验与分析

1.8.2.1　阶梯陡坡段水流掺气特性

　　为了便于了解阶梯陡坡段沿程掺气浓度分布特性，将测试的不同阶梯高度（$a=0.3\sim0.6m$）及不同泄流单宽流量 q 的陡坡段水面掺气起始断面的阶梯号绘于图 1.30。由水力模型试验成果及式（1.12）的计算和分析，得出的阶梯陡坡段掺气水流准均匀流断面的阶梯号见表 1.21。

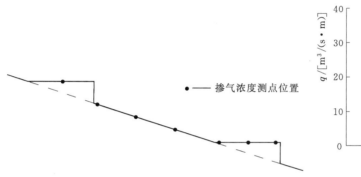

图 1.29　阶梯顶面和陡坡面掺气浓度测点位置　　　图 1.30　陡坡段水面掺气起始断面阶梯号

表 1.21　　　　　　　　　陡坡段掺气水流准均匀流断面的阶梯号

$a=0.3m$			$a=0.45m$			$a=0.6m$		
$q=10$	$q=20$	$q=30$	$q=10$	$q=20$	$q=30$	$q=10$	$q=20$	$q=30$
12.2	19.2	25.3	11.3	18.0	24.0	10.5	16.8	22.2

注　q 为陡坡段泄流单宽流量，$m^3/(s\cdot m)$。

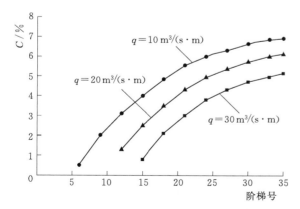

图 1.31　陡坡段阶梯面掺气浓度 C
分布示意图（$a=0.45m$）

　　在不同泄流单宽流量 q 条件下，测试的各阶梯高度 a 的阶梯顶面中部掺气浓度见表 1.22 和图 1.31。试验表明：

　　（1）在陡坡段首端至陡坡段水面掺气起始断面之间的光滑水流区，其坡面和阶梯顶面为清水区；陡坡段的阶梯高度 a 越小，泄流单宽流量 q 越大，则光滑水流区越长。

　　（2）在陡坡段水面掺气起始断面的下游，受泄流撞击阶梯和水流紊动的影响，各级阶梯下游立面底部产生漩涡，由水面波动和紊动卷吸的气体不同程度地影响陡坡面,陡坡面掺气浓度沿程逐渐增加,至不均匀流段末端断面(即准均匀流起始断面)的下游,其沿程流速变化相应减小,陡坡面的掺气浓度沿程增大的速率也逐渐减小。

表 1.22　　　　　　　　　　　　阶梯陡坡段掺气浓度 C 分布

| 阶梯号 | 掺气浓度 $C/\%$ | | | | | | | | |
| | $a=0.3\text{m}$ | | | $a=0.45\text{m}$ | | | $a=0.6\text{m}$ | | |
	$q=10$	$q=20$	$q=30$	$q=10$	$q=20$	$q=30$	$q=10$	$q=20$	$q=30$
3									
6	0.4			0.5			0.8		
9	1.4			2.0			2.8		
12	2.0	0.7		3.1	1.3		4.0	2.1	
15	2.9	1.8		4.0	2.5	0.9	5.0	3.3	1.1
18	3.9	2.7	1.7	4.8	3.5	2.1	5.8	4.3	2.8
21	4.8	3.6	2.6	5.5	4.3	3.0	6.3	5.0	3.6
24	5.4	4.3	3.3	6.0	4.9	3.8	6.7	5.5	4.4
27	6.0	4.8	4.0	6.3	5.3	4.3	7.0	5.9	5.1
30	6.2	5.2	4.4	6.6	5.7	4.7	7.3	6.3	5.4
33	6.4	5.5	4.7	6.8	6.0	4.9	7.6	6.5	5.6
35	6.5	5.6	4.8	6.9	6.1	5.1	7.7	6.7	5.8

注　q 为陡坡段泄流单宽流量,$\text{m}^3/(\text{s}\cdot\text{m})$。

1.8.2.2　不同泄流单宽流量 q 的掺气浓度分布

在相同阶梯高度 a 的条件下,q 较小时,阶梯坎顶对水流顶托作用较大,水流紊动和波动较明显,阶梯跌坎下游水流形成较强烈的含气漩滚水流,阶梯坡面水流掺气浓度较大;随着 q 的增加,陡坡段水深增大,水流紊动和波动相应减弱,阶梯坡面水流掺气浓度相应减小(图 1.31)。

1.8.2.3　不同阶梯高度 a 的掺气浓度分布

在相同的泄流单宽流量 q 条件下,随着阶梯高度 a 增大,水流紊动和波动加剧,水流掺气浓度相应增大。在 $q=20\text{m}^3/(\text{s}\cdot\text{m})$ 时,阶梯高度 a 由 0.3m 分别增大至 0.45m 和 0.6m,其掺气水流准均匀流断面下游各阶梯顶面掺气浓度相应分别增加约 $10\%\sim30\%$(表 1.22 和图 1.32)。

1.8.2.4　阶梯顶面和陡坡面的掺气浓度分布

测试的陡坡段掺气水流准均匀流断面下游陡坡面和阶梯顶面的掺气浓度分布如图 1.33 所示。试验显示:

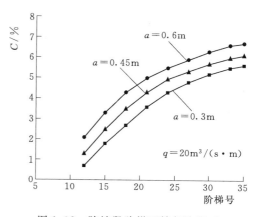

图 1.32　陡坡段阶梯面掺气浓度 C 分布示意图 $[q=20\text{m}^3/(\text{s}\cdot\text{m})]$

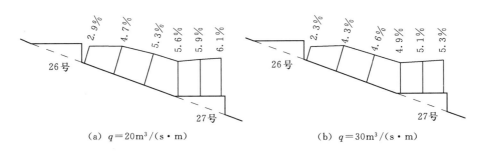

(a) $q=20\text{m}^3/(\text{s}\cdot\text{m})$　　　　　(b) $q=30\text{m}^3/(\text{s}\cdot\text{m})$

图 1.33　阶梯顶面和陡坡面掺气浓度 C 分布（$a=0.6\text{m}$）

（1）在同一阶梯顶面上，水流掺气浓度分布相对较均匀，由阶梯顶面上游端往其下游端角处沿程略增大，因此，可采用阶梯顶面中间点的掺气浓度代表该阶梯顶面的平均掺气浓度。

（2）在阶梯顶面的上游陡坡面，其水流掺气浓度由阶梯顶面上游端往上游坡面逐渐减小，并在上一级阶梯下游立面底部区域达较小值。阶梯下游立面底部区域的掺气浓度一般可达该阶梯顶面掺气浓度的约 40%～50%。

1.8.3　小结

（1）在本节试验条件范围内［$0.3\text{m}\leqslant a\leqslant0.6\text{m}$，$q\leqslant30\text{m}^3/(\text{s}\cdot\text{m})$］，水面掺气起始断面下游的阶梯坡面掺气较明显，掺气水流准均匀流断面下游阶梯顶面掺气浓度 C 一般可达 3%～5%，考虑到原型工程陡坡段水流掺气浓度明显大于模型试验值，因此，外凸型阶梯陡坡面水流掺气效果较明显，能够起到较明显的减免空蚀破坏的作用。

（2）外凸型阶梯陡坡段光滑水流区的长度比连续的内凹型阶梯陡坡段相应缩短，光滑水流区的陡坡段阶梯削减了泄流流速，其阶梯顶面和下游立面的动水压强为正压（见 1.9节），因此，其坡面产生空蚀破坏的可能性较小。

（3）外凸型阶梯陡坡面掺气浓度随阶梯高度 a 增加而增大，随泄流单宽流量 q 增加而减小，陡坡段水面掺气起始断面下游阶梯陡坡面的水流掺气浓度较高，减免空蚀破坏的作用较显著。

1.9　外凸型阶梯陡坡段动压分布特性

1.9.1　水力模型试验条件

水力模型设计和布置见 1.8.1 节。模型试验在陡坡段各阶梯顶面中部和下游立面底部

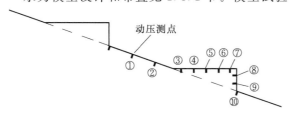

图 1.34　陡坡面和阶梯面动压测点布置图

布置动压测点（图 1.34 中⑤和⑩测点），并在 27 号和 30 号等阶梯顶面、下游立面及其上游陡坡面加设动压测点（图 1.34 中①～④和⑥～⑨测点）。陡坡段流速采用 ADV 流速仪、毕托管等测量，并采用相应的断面水深进行复核。

1.9.2 阶梯陡坡段动压分布

溢洪道陡坡段设置不连续的外凸型阶梯之后，相当于在其陡坡面上设置了不连续的突体，陡坡段泄流对外凸型阶梯产生了较强烈的冲击作用，陡坡面和阶梯顶面产生了较大的冲击动水压强，阶梯下游立面及底部（⑩测点）的压强值较小或产生一定的负压值。

1.9.3 阶梯陡坡段动压值与阶梯高度 a 的关系

（1）在相同的泄流单宽流量 q 条件下，陡坡面和阶梯顶面动压值随阶梯高度 a 的增加而增大，如阶梯高度由 0.3m 增加至 0.6m，其阶梯面的动压值增大约 20%～30%（表 1.23 和图 1.35）。

表 1.23　不同阶梯高度 a 的陡坡段沿程动水压强值 $[q=30\text{m}^3/(\text{s}\cdot\text{m})]$

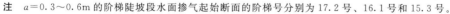

阶梯号	动水压强值 p/kPa					
	$a=0.3\text{m}$		$a=0.45\text{m}$		$a=0.6\text{m}$	
	阶梯顶⑤测点	阶梯下游面底部⑩测点	阶梯顶⑤测点	阶梯下游面底部⑩测点	阶梯顶⑤测点	阶梯下游面底部⑩测点
1	29.2	10.3	32.8	12.9	35.5	16.1
3	32.9	8.5	37.1	12.3	39.6	20.1
6	37.7	6.1	42.3	7.6	44.8	15.7
9	40.9	3.1	45.3	3.1	48.9	8.4
12	43.7	2.3	47.8	2.0	51.5	3.2
15	46.1	1.1	50.1	−3.6	54.1	−5.5
18	48.2	−3.8	52.1	−8.1	56.4	−9.6
21	50.1	−6.2	53.9	−9.3	58.5	−10.5
24	51.8	−7.0	55.6	−9.8	60.4	−10.9
27	53.7	−8.7	57.3	−10.2	62.2	−11.3
30	55.5	−9.0	58.9	−10.3	63.8	−11.6
33	57.1	−9.7	60.4	−10.7	65.1	−11.9
35	58.0	−10.1	61.2	−11.2	65.9	−12.3

注　$a=0.3$～0.6m 的阶梯陡坡段水面掺气起始断面的阶梯号分别为 17.2 号、16.1 号和 15.3 号。

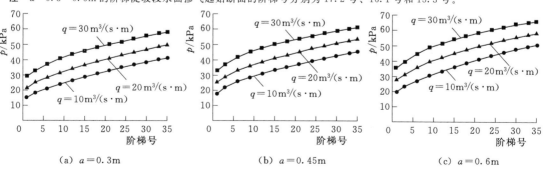

(a) $a=0.3\text{m}$　　(b) $a=0.45\text{m}$　　(c) $a=0.6\text{m}$

图 1.35　陡坡段阶梯顶面动水压强沿程分布图

（2）在各级阶梯上游陡坡面至阶梯顶面上，动水压强值沿程逐渐增大，并在阶梯顶面中部区域达较大值，然后往阶梯顶面下游末端略减小（图1.36）。本节以阶梯顶面中部测点（即⑤测点）动压值为阶梯顶面动压代表值，作为工程设计参考的依据。

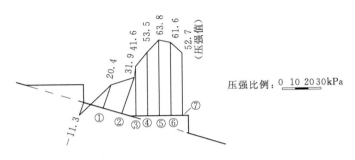

图1.36　30号阶梯面动压分布示意图
[$a=0.6\text{m}$, $q=30\text{m}^3/(\text{s}\cdot\text{m})$]

（3）在陡坡段首端至水面掺气起始断面的陡坡段，各级阶梯下游立面底部充满水体，阶梯下游立面及其底部坡面主要为正压（在靠近水面掺气起始断面的阶梯下游立面底部或会出现小负压值），其压强值小于阶梯顶面压强值；在水面掺气起始断面的下游陡坡段，阶梯下游立面底部形成顺水流方向旋转的漩流或漩涡，阶梯下游立面的压强呈正压或负压分布，其底部坡面（即⑩测点）会产生不同程度的小负压值，阶梯下游立面及底部坡面的压强绝对值$|p|<15\text{kPa}$。

1.9.4　阶梯陡坡段动压值与流速水头关系

（1）在相同的阶梯高度a条件下，随着泄流单宽流量q增大，陡坡段流速沿程增加，其阶梯顶面和陡坡面的动压值相应沿程增大，各阶梯顶面的最大动水压强值出现在末级阶梯上（表1.23和表1.24）。

表1.24　　　　　　　**不同泄流单宽流量的阶梯顶面动水压强值**（$a=0.45\text{m}$）

阶梯号	阶梯顶面动水压强 p/kPa			阶梯号	阶梯顶面动水压强 p/kPa		
	$q=10$	$q=20$	$q=30$		$q=10$	$q=20$	$q=30$
1	17.8	25.3	32.8	24	39.3	47.3	55.6
6	25.8	33.2	42.3	30	42.8	50.9	58.9
12	31.1	38.7	47.8	33	44.5	52.5	60.4
18	35.4	43.3	52.1	35	45.5	53.6	61.2

注　q为单宽流量，$\text{m}^3/(\text{s}\cdot\text{m})$。

（2）在相同的a和q条件下，阶梯面动压值p/γ与其相应断面流速水头$v^2/2g$的比值$(p/\gamma)/(v^2/2g)$沿程减小。由于阶梯陡坡段最大动压值通常出现在陡坡段的下游末级阶梯顶面，因此，可采用末级阶梯顶面动水压强值作为陡坡段阶梯结构设计的依据。试验表明，在$a\leqslant0.6\text{m}$、$q\leqslant30\text{m}^3/(\text{s}\cdot\text{m})$的条件下，陡坡段水面掺气起始断面下游的阶梯顶面$(p/\gamma)/(v^2/2g)<0.45$，见表1.25。

表 1.25 阶梯顶面动水压强值 p/γ 与流速水头 $v^2/2g$ 的关系

阶梯号	p/kPa	断面平均流速 $v/(\mathrm{m/s})$	$(v^2/2g)$ /m	$(p/\gamma)/(v^2/2g)$
1	35.5	9.73	4.83	0.75
6	44.8	12.32	7.74	0.59
12	51.5	14.15	10.22	0.51
15	54.1	15.67	12.53	0.44
18	56.4	16.73	14.28	0.40
24	60.4	17.52	15.66	0.39
30	63.8	18.33	17.14	0.38
33	65.1	18.62	17.69	0.38
35	65.9	18.78	17.99	0.37

注 阶梯高度 $a=0.6\mathrm{m}$，单宽流量 $q=30\mathrm{m}^3/(\mathrm{s\cdot m})$，水面掺气起始断面阶梯号为15.3号。

参考已有的研究成果和工程经验，陡坡段外凸型阶梯高度 a 一般为 $0.3\sim0.6\mathrm{m}$，其在 $q\leqslant30\mathrm{m}^3/(\mathrm{s\cdot m})$ 的运行条件下，可取得良好的消能效果。因此，在 $a=0.3\sim0.6\mathrm{m}$、$q\leqslant30\mathrm{m}^3/(\mathrm{s\cdot m})$ 条件下，可先计算出阶梯陡坡段沿程流速 $v^{[32,52]}$，再采用 $(p/\gamma)/(v^2/2g)=0.4\sim0.45$（$a$ 和 q 较大者，取上限值），计算出陡坡段水面掺气起始断面下游末级阶梯顶面动水压强值，以作为陡坡段外凸型阶梯结构设计的依据。

1.9.5 小结

（1）阶梯陡坡段壁面（陡坡面和阶梯顶面）动水压强值随阶梯高度 a 和泄流单宽流量 q 的增大而增加；在阶梯陡坡段的光滑水流区段，阶梯下游立面及底部坡面主要为正压值，该压强值小于阶梯顶面的动水压强值。

（2）在陡坡段水面掺气起始断面的下游，阶梯下游立面及其底部会出现负压值；在本节试验条件范围内，阶梯下游立面及底部的负压绝对值 $|p|<15\mathrm{kPa}$，对陡坡段和阶梯的正常运行影响较小。

（3）在水面掺气起始断面的下游陡坡段，阶梯顶面动压值在其相应断面流速水头的45%之内。

（4）在工程设计中，可根据本章的研究成果，先计算出阶梯陡坡段沿程流速 v 值，再采用 $(p/\gamma)/(v^2/2g)=0.4\sim0.45$（阶梯高度 a 和泄流单宽流量 q 较大者，取上限值），计算出陡坡段水面掺气起始断面下游末级阶梯顶面动水压强值，以作为陡坡段外凸型阶梯结构设计的依据。

1.10 内凹型和外凸型阶梯消能特性比较

为了比较连续的内凹型阶梯和不连续的外凸型阶梯消能特性，在坡度 $i=1:1.5$ 陡坡段进行两种阶梯的消能特性分析[33]。

1.10.1 水力模型试验简介

溢洪道陡坡段坡度 $i=1:1.5$（陡坡段与水平线夹角 $\theta=33.69°$），陡坡段宽度 $B=$

15m，溢洪道堰顶与其下游护坦面高程差为 35m。陡坡段的两种形式阶梯体型尺寸和布置如下：

（1）连续的内凹型阶梯——陡坡段布置 58 级高度 $a=0.6$m、宽度 $b=0.9$m 的阶梯。

（2）不连续的外凸型阶梯——陡坡段布置 17 级高 $a=0.5$m、宽度 $b=0.75$m（阶梯顶面为水平面）、间距 $s=3$m 的外凸型阶梯。

水力模型为 1∶30 的正态模型。

1.10.2　阶梯陡坡段泄流流态

1. 光滑水流区段

连续的内凹型阶梯陡坡段和不连续的外凸型阶梯陡坡段的光滑水流区段流态基本相同（图 1.37 和图 1.38）。水力模型测试的各级单宽流量的堰顶末端至阶梯陡坡段水面掺气起始断面的距离 L_s（或 L_1）见表 1.26。

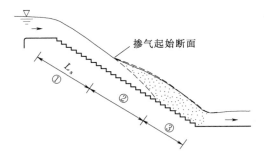

图 1.37　内凹型阶梯陡坡段流态示意图
①—光滑水流区；②—掺气过渡区；
③—完全掺气区

图 1.38　外凸型阶梯陡坡段流态示意图
①—光滑水流区；②—不均匀流段；③—准均匀流段；
④—末级阶梯至陡坡段末端不均匀流段

表 1.26　　　　　　　阶梯陡坡段水面掺气起始位置 L_s（L_1）计算值与试验值比较

单宽流量 $q/[\text{m}^3/(\text{s} \cdot \text{m})]$	临界水深 h_k/m	内凹型阶梯 L_s/m		外凸型阶梯 L_1/m	
		式 (1.18) 计算值	试验值	式 (1.9) 计算值	试验值
10	2.169	27.48	26.29	20.34	20.39
15	2.842	36.69	35.56	28.16	28.33
20	3.443	45.05	44.36	35.48	36.06
25	3.995	52.82	51.93	42.43	43.18

2. 掺气水流区段

由于两种阶梯陡坡段的体型和布置不同，其掺气水流区段流态有所差异：

（1）连续的内凹型阶梯陡坡段的掺气水流区段可分为掺气过渡区和完全掺气区两个流段（图 1.37），其各流段的流态和水力特性可参见文献［4］～文献［12］。掺气过渡区水流受陡坡面阶梯的跌流和紊动作用，阶梯下游立面底部出现较明显的漩流和漩涡，泄流沿程流速衰减的速率加快、水深增大，水流掺气浓度增加；完全掺气区各断面的水流掺气较充分，水体呈乳白色，水面波动较大，陡坡段的沿程水深和流速变化相对较小，出现类似均匀流动的状况。

（2）如前所述，不连续的外凸型阶梯陡坡段的掺气水流区段可分为不均匀流段、准均匀流段、末级阶梯至陡坡段末端不均匀流段等三个流段（图1.38）。

由图1.37和图1.38分析可知，外凸型阶梯陡坡段掺气水流区段的不均匀流段和准均匀流段流态分别与内凹型阶梯陡坡段掺气过渡区和完全掺气区的流态相类似，由于两种阶梯陡坡段的阶梯体型和布置不同，外凸型阶梯陡坡段掺气水流区段比内凹型阶梯陡坡段掺气水流区段多了末级阶梯至陡坡段末端不均匀流段。

1.10.3　阶梯陡坡段水面掺气起始位置计算和试验比较

1.10.3.1　掺气起始断面位置计算

文献［12］通过试验研究，得出溢流坝内凹型阶梯陡坡段的水流表面掺气起始断面位置 L_s 与泄流单宽流量 q 及阶梯高度 a 的关系曲线。文献［8］得出了内凹型阶梯陡坡段的水流表面掺气起始断面位置 L_s 计算的经验公式：

$$L_s = 9.719 K_s (\sin\theta)^{0.0796} F^{0.713} \tag{1.18}$$

其中

$$K_s = a\cos\theta$$

$$F = \frac{q}{(g K_s^3 \sin\theta)^{0.5}}$$

式中：K_s 为阶梯粗糙高度；a 为阶梯高度；F 为计算参数；q 为单宽流量；g 为重力加速度；θ 为陡坡段与水平线的夹角。

坡度 $i=1:1.5\sim1:6$ 的不连续的外凸型阶梯陡坡段的水流表面掺气起始断面位置 L_1 的计算公式见式（1.9）。

1.10.3.2　水流掺气起始断面位置比较

测试的内凹型和外凸型阶梯陡坡段的水面掺气起始断面位置 L_s 和 L_1 值（即陡坡面的长度）的比较见表1.26，分析表明：

（1）在相同的泄流单宽流量 q 条件下，不连续的外凸型阶梯陡坡段的水面掺气起始断面位置 L_1 比连续的内凹型阶梯 L_s 相应要小，这表明相同阶梯高度（或者外凸型阶梯高度略小于内凹型阶梯高度）的外凸型阶梯陡坡段表面糙率比内凹型阶梯陡坡段表面糙率相应要大。

（2）测试的内凹型和外凸型阶梯陡坡段水面掺气起始断面位置分别与式（1.18）和式（1.9）的计算值均较接近。

1.10.4　阶梯陡坡段消能比较试验

由式（1.4）计算的两种类型阶梯陡坡段泄流消能率见表1.27和表1.28。由表可见：

（1）在泄流单宽流量 $q=10\sim25\mathrm{m}^3/(\mathrm{s}\cdot\mathrm{m})$ 的条件下，测试和计算的内凹型和外凸型阶梯陡坡段泄流消能率 η 大约分别为 $0.39\sim0.66$ 和 $0.42\sim0.68$，两者之比，外凸型阶梯陡坡段泄流消能率相应要大些（图1.39）。

（2）在陡坡段坡度 $i=1:1.5$ 条件下，虽然内凹型阶梯陡坡段的阶梯级数要比外凸型阶梯多，但外凸型阶梯陡坡段泄流消能率仍较大，这表明单位根数的外凸型阶梯消能率要大于内凹型阶梯消能率。

表 1.27 连续的内凹型阶梯陡坡段泄流消能率

单宽流量 $q/[m^3/(s \cdot m)]$	总水头 E_1/m	下游护坦段水力参数			消能率 η
		h_2/m	$v_2/(m/s)$	E_2/m	
10	38.46	0.64	15.63	13.10	0.659
15	39.51	0.84	17.96	17.29	0.562
20	40.41	1.01	19.80	21.02	0.480
25	41.22	1.15	21.74	25.26	0.387

注 h_2、v_2 分别为下游护坦收缩断面的平均水深和流速（表 1.28 同）。

表 1.28 不连续的外凸型阶梯陡坡段泄流消能率

单宽流量 $q/[m^3/(s \cdot m)]$	总水头 E_1/m	下游护坦段水力参数			消能率 η
		h_2/m	$v_2/(m/s)$	E_2/m	
10	38.46	0.66	15.15	12.37	0.678
15	39.51	0.86	17.44	16.38	0.585
20	40.41	1.03	19.42	20.27	0.498
25	41.22	1.18	21.19	24.08	0.415

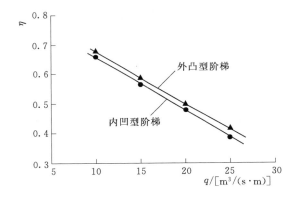

图 1.39 内凹型和外凸型阶梯陡坡段消能率比较

（3）当溢洪道陡坡段坡度 $i \leqslant 1:1.5$ 时，若工程布置条件许可，可优先选用不连续的外凸型阶梯，以获得较大的泄流消能率，同时也可以简化阶梯体型结构和布置，便于工程施工。

1.10.5 小结

（1）在同一陡坡段坡度 i 和相同的泄流单宽流量 q 条件下，外凸型阶梯陡坡段的水面掺气起始断面距离比内凹型阶梯相应要小，外凸型阶梯陡坡段泄流消能率比内凹型阶梯陡坡段消能率相应要大，这表明外凸型阶梯陡坡段表面糙率比内凹型阶梯陡坡段表面糙率相应要大。

（2）当溢洪道陡坡段坡度 $i \leqslant 1:1.5$ 时，若工程布置条件许可，可优先选用不连续的外凸型阶梯，以获得较大的泄流消能率，同时也可以简化阶梯体型结构和布置，便于工程施工，节省工程投资。

1.11 内凹型和外凸型阶梯应用条件

溢洪道陡坡段设置了连续的内凹型阶梯和不连续的外凸型阶梯之后，可以起到削减泄流能量、简化下游消能设施、节省工程投资的目的。本章 1.6.1 节已对外凸型阶梯陡坡段坡度 i 应用的条件进行了初步分析，本节对内凹型阶梯和外凸型阶梯的应用条件作进一步的分析和明确：

（1）溢洪道陡坡段坡度 $i \geqslant 1:1$ 时，因陡坡段坡度较陡、坡面流程相对较短，从陡坡段泄流流态、增加坡面阶梯数和增大泄流消能率等考虑，应采用连续的内凹型阶梯。

（2）溢洪道陡坡段坡度 $i \leqslant 1:1.5$ 时，为了简化阶梯体型和结构，便于施工和节省工程投资等，可优先选用不连续的外凸型阶梯。

（3）当溢洪道陡坡段坡度为 $1:1.5 < i < 1:1$ 时，可综合考虑阶梯体型结构和布置、泄流消能率、工程施工和工程投资等因素后，择优选用内凹型阶梯或外凸型阶梯。若考虑采用外凸型阶梯布置时，应通过水力模型试验论证。

综合上述，两种类型的阶梯式消能工应用条件见表 1.29。

表 1.29 内凹型和外凸型阶梯的应用条件

陡坡段坡度 i	$i \geqslant 1:1$	$1:1.5 < i < 1:1$	$i \leqslant 1:1.5$
应用条件	应采用连续的内凹型阶梯	经综合比较后，择优选用内凹型阶梯或外凸型阶梯；若考虑采用外凸型阶梯布置时，应通过水力模型试验论证	优先采用不连续的外凸型阶梯

1.12 光滑和阶梯陡坡段下游消力池消能比较

1.12.1 陡坡段体型和泄流水力参数

溢洪道堰顶高程为 32.50m，下游护坦面高程设置为 0.00m；陡坡段坡度 $i = 1:3$、宽度 $B = 15$m。溢洪道泄流单宽流量 q 分别为 15m³/(s·m) 和 20m³/(s·m)，相应堰顶水头 $H = 4.61$m 和 5.56m。阶梯陡坡段设置 20 级不连续的外凸型阶梯，阶梯高度 $a = 0.4$m、间距 $s = 4$m，下游末级阶梯面高程为 6.23m。溢洪道水力模型为 1:30 的正态模型[60]。

1.12.2 光滑和阶梯陡坡段下游护坦消能率比较

在给定的泄流单宽流量条件下，可测试出溢洪道光滑陡坡段和阶梯陡坡段下游护坦收缩断面水深 h_2，由式（1.4）计算出光滑陡坡段和阶梯陡坡段的泄流消能率。在泄流单宽流量 q 为 15m³/(s·m) 和 20m³/(s·m) 条件下，阶梯陡坡段下游护坦收缩断面流速大约为光滑陡坡段相应流速的 71%～74%，阶梯陡坡段泄流消能率约达 55%～61%，比光滑陡坡段泄流消能率大得多（表 1.30）。

表 1.30 光滑陡坡段和阶梯陡坡段下游护坦消能率 η 比较

q /[m³/(s·m)]	E_1/m	光 滑 陡 坡 段			阶 梯 陡 坡 段		
		h_2/m	E_2/m	η	h_2/m	E_2/m	η
15	37.11	0.65	27.82	0.250	0.92	14.48	0.610
20	38.06	0.84	29.76	0.218	1.13	17.11	0.550

注 E_1 为陡坡段下游护坦作用的总水头。

1.12.3　光滑和阶梯陡坡段下游消力池消能比较

为了比较光滑陡坡段和阶梯陡坡段下游消力池消能状况，在溢洪道陡坡段下游护坦修筑一池深 $d=2.5\text{m}$ 的消力池。在泄流单宽流量 $q=15\text{m}^3/(\text{s}\cdot\text{m})$ 和 $20\text{m}^3/(\text{s}\cdot\text{m})$ 条件下，由测试的消力池进口收缩断面平均水深 h_c，根据陡坡段下游消力池的计算公式[36]，分别计算出光滑陡坡段和阶梯陡坡段下游消力池池长 L 和所需的下游水深 h_t。

1. 光滑陡坡段下游消力池消能

在泄流单宽流量 $q=15\text{m}^3/(\text{s}\cdot\text{m})$ 和 $20\text{m}^3/(\text{s}\cdot\text{m})$ 条件下，测试的消力池进口收缩断面水深 h_c 分别为 0.65m 和 0.84m，计算出消力池池长分别为 41.07m 和 47.52m；假设在消力池池深 $d=2.5\text{m}$ 的条件下，计算的消力池下游河床所需的水深 h_t 分别为 5.77m 和 7.19m（表 1.31）。

表 1.31　　　　　　　　　光滑陡坡段下游消力池水力参数和体型参数

单宽流量 $q/[\text{m}^3/(\text{s}\cdot\text{m})]$	进口水深 h_c/m	跃后水深 h_c''/m	池长 L/m	池下游河床水深 h_t/m	消力池流态
15	0.65	8.09	41.07	5.77	池内形成稳定的水跃，
20	0.84	9.45	47.52	7.19	水流波动较大

注　1. 水跃长度校正系数 $\beta=0.8$。
　　2. 水跃淹没系数 $\sigma_0=1.05$。

由假定的消力池池深（$d=2.5\text{m}$）、计算的池长 L 和消力池下游水深 h_t 等参数进行水力模型试验。水力模型试验表明，光滑陡坡段下游消力池内形成稳定的水跃，但消力池内水流波动较大（图 1.40）。

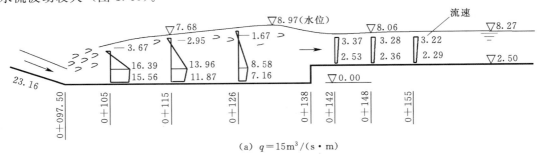

(a)　$q=15\text{m}^3/(\text{s}\cdot\text{m})$

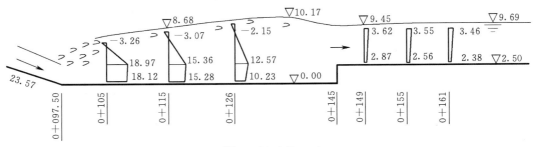

(b)　$q=20\text{m}^3/(\text{s}\cdot\text{m})$

图 1.40　光滑陡坡段下游消力池流态和流速分布示意图
注：流速单位：m/s；水位单位：m

2. 阶梯陡坡段下游消力池消能

由表 1.32 可见，在相同的泄流单宽流量和池深的条件下，阶梯陡坡段下游消力池进口断面的流速只有光滑陡坡段相应流速的约 71%～74%，其下游消力池池长 L 只有光滑陡坡段消力池池长的约 77%～79%，所需的下游河床水深 h_t 只有光滑陡坡段下游消力池相应水深的约 66%～75%，且阶梯陡坡段下游消力池内形成稳定的水跃，流态良好。在相同的泄流流量运行条件下，由于阶梯陡坡段下游消力池尾坎出流所需的下游河床水深小于光滑陡坡段消力池相应的下游河床水深，因此，阶梯陡坡段消力池出流的下游河床流速相应增大，应注意出池水流对下游河床的冲刷影响（图 1.41）。

表 1.32　　　　　　　　　阶梯陡坡段下游消力池水力参数和体型参数

单宽流量 $q/[\mathrm{m^3/(s \cdot m)}]$	进口水深 h_c/m	跃后水深 h_c''/m	池长 L/m	池下游河床水深 h_t/m	消力池流态
15	0.92	6.62	31.46	3.82	池内形成稳定的水跃，流态良好
20	1.13	7.96	37.68	5.37	

注　1. 水跃长度校正系数 $\beta=0.8$。
　　2. 水跃淹没系数 $\sigma_0=1.05$。

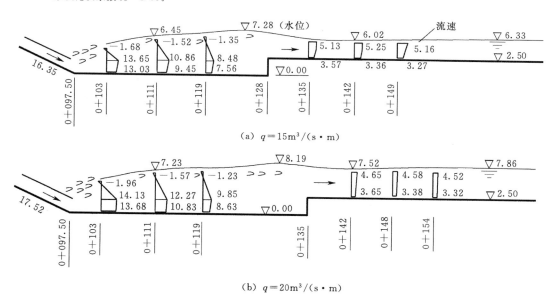

图 1.41　阶梯陡坡段下游消力池流态和流速分布示意图
注：流速单位：m/s；水位单位：m

因此，溢洪道陡坡段设置了不连续的外凸型阶梯之后，可大大减小下游消力池的池长和池深，明显地节省工程量和投资；或者在消力池体型尺寸不变的情况下，大大降低其下游消力池运行所需的下游河床水深。这种特点的优势是在溢洪道下游河道河床下切、水位降低的条件下，仍能确保溢洪道的正常运行。

1.12.4　小结

（1）溢洪道阶梯陡坡段的泄流消能率比常规的光滑陡坡段泄流消能率大得多，可明显减小陡坡段下游消力池的入池流速，其下游消力池的池长和池深比光滑陡坡段下游消力池

41

明显减小,简化了下游消能设施,大大节省了工程投资。

(2) 在下游消力池体型尺寸不变的情况下,溢洪道陡坡段设置了不连续的外凸型阶梯之后,可明显降低其下游消力池运行所需的下游河床水深。因此,陡坡段不连续的外凸型阶梯技术在溢洪道下游河道河床下切、水位降低的下游消力池除险改造中,具有良好和广泛的应用前景。

1.13　阳江核电水库溢洪道阶梯消能计算和研究

1.13.1　工程布置

采用本章的外凸型阶梯陡坡段沿程水深和消能计算方法,对阳江核电水库溢洪道阶梯陡坡段沿程水深及其下游消力池尺寸进行计算和分析[61],供类似工程设计参考。

阳江核电水库溢洪道陡坡段与水平线的夹角 $\theta = 15.945°$($i = 1:3.5$),陡坡面糙率 $n_0 = 0.015$。溢洪道 2000 年一遇洪水频率($P = 0.05\%$)流量泄流水力参数为:库水位 50.25m,陡坡段泄流单宽流量 $q = 13.49\text{m}^3/(\text{s} \cdot \text{m})$。

经水力模型试验优化后[46],溢洪道陡坡段及其下游消力池、下游弯道末端的尾坎布置(图 1.42)如下:

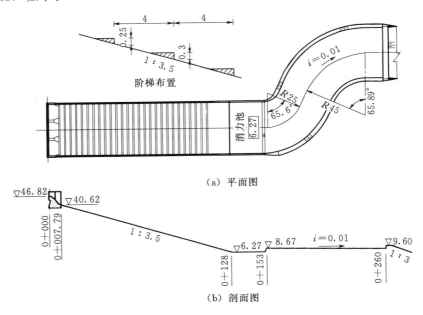

(a) 平面图

(b) 剖面图

图 1.42　阳江核电水库溢洪道布置图(单位:m)

(1) 陡坡段从桩号 0+007.79 始设置 27 级外凸型阶梯,其中 1 号~5 号阶梯高度 $a = 0.25\text{m}$,6 号~27 号阶梯高度 $a = 0.3\text{m}$,阶梯间距 s 均为 4m。

(2) 陡坡段下游消力池池底高程为 6.27m,水平段长度 25m,池深 2.4m,池末端尾坎顶高程 8.67m。

(3) 为了改善消力池下游弯道调整段的运行流态,将弯道末端的尾坎顶高程修改调整为9.60m，其下游以1：3坡度与下游二级消力池连接。

1.13.2 外凸型阶梯陡坡段沿程水深计算

1.13.2.1 陡坡段水面掺气起始断面位置和水深计算

阳江核电水库溢洪道阶梯陡坡段水面掺气起始断面位置L_1及其断面水深h_1的计算参数为：①$i=1：3.5$，查得$A=6.98$（表1.13和图1.24）；②由$q=13.49\text{m}^3/(\text{s}\cdot\text{m})$，计算得$h_k=2.65\text{m}$；③由$q=13.49\text{m}^3/(\text{s}\cdot\text{m})$，查得$\delta=1.77$（表1.14）。

1. 水面掺气起始断面位置L_1

将1号阶梯下游面（桩号0＋008.67）至上游投影长度4m（桩号0＋004.67）的溢流堰曲面近似看作为坡度$i=1：3.5$的陡坡面，因此，以桩号0＋004.67断面为陡坡段的起始断面（图1.43）。陡坡段阶梯高度$a=0.25\text{m}$的末级阶梯（5号阶梯）下游面桩号为0＋024.67，而陡坡段水面掺气起始断面位置位于桩号0＋024.67断面的下游。由式（1.9），以阶梯高度0.25m和0.3m计算的水面掺气起始断面位置L_1分别为40.39m（桩号0＋043.51）和38.92m（桩号0＋042.09）（表1.33）。

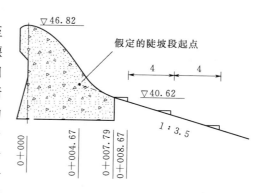

图1.43 溢洪道陡坡上游段布置示意图（单位：m）

表1.33 阶梯陡坡段水面掺气起始断面L_1值计算

$q/[\text{m}^3/(\text{s}\cdot\text{m})]$	h_k/m	A	a/m	K	L_1/m	掺气断面桩号
13.49	2.65	6.98	0.25	0.0578	40.39	0＋043.51
			0.3	0.0693	38.92	0＋042.09

考虑到陡坡段上游溢流堰段受堰面曲线段泄流摩阻、宽尾墩段水流收缩和扩散等影响，其泄流水头损失比单纯阶梯陡坡段相应的水头损失增大，因此，以阶梯高度$a=0.3\text{m}$计算的水面掺气起始断面$L_1=38.92\text{m}$（桩号0＋042.09）为本工程陡坡段水面掺气起始断面位置，水力模型测试的水面掺气起始断面位置桩号为0＋040.67，计算值与试验值较符合。

2. 水面掺气起始断面水深h_1

水面掺气起始断面的陡坡段桩号为0＋042.09，底高程为30.82m（图1.44），该断面坡底到库水位50.25m的水头差$H_p=19.43\text{m}$，计算的断面势流水深$h_p=0.7\text{m}$。由$\delta=1.77$和式（1.11）计算得水面掺气起始断面水深$h_1=1.23\text{m}$。

1.13.2.2 不均匀流段长度L_2计算

阶梯陡坡面粗糙高度$K=0.0693$，由表1.16查得$\mu=16.66$。由式（1.12）计算得$L_2=20.49\text{m}$（断面桩号0＋061.79）。

1.13.2.3 准均匀流起始断面水深h_2计算

掺气水流准均匀流起始断面桩号为0＋061.79，断面的"阶梯坡面"高程为25.47m（相应断面的陡坡面高程为25.19m，如图1.44所示），水面掺气起始断面（桩号0＋042.09）陡坡面至掺气水流准均匀流起始断面"阶梯坡面"高程差$\Delta Z_1=5.35\text{m}$。

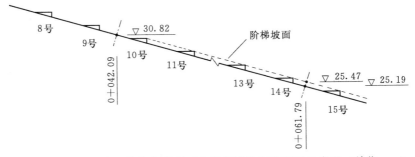

图 1.44 陡坡段水面掺气起始断面和掺气准均匀流断面示意图（单位：m）

由式（1.13）计算的陡坡面糙率 $n_K=0.0246$，由 $q=13.49\mathrm{m^3/(s\cdot m)}$，查表 1.17 得 $\phi=1.18$。

因此，由 $q=13.49\mathrm{m^3/(s\cdot m)}$、$\phi=1.18$、$h_1=1.23\mathrm{m}$、$L_2=20.49\mathrm{m}$、$n_K=0.0246$、$\Delta Z_1=5.35\mathrm{m}$、$\theta=15.945°$ 等，采用式（1.14）和式（1.15）计算得 $P_1=11.54\mathrm{m}$、$h_2=1.11\mathrm{m}$。

1.13.2.4 末级阶梯顶断面水深 h_3 计算

由图 1.45 可知，本工程陡坡段末级阶梯（27 号阶梯）下游立面桩号为 0+112.67，该阶梯顶断面桩号为 0+112.59、高程为 10.96m，掺气水流准均匀流起始断面（桩号 0+061.79、高程 25.47m）至末级阶梯顶高程差为 14.51m（阶梯坡面高程差），因此，取 $h_3=0.97h_2=1.08\mathrm{m}$。

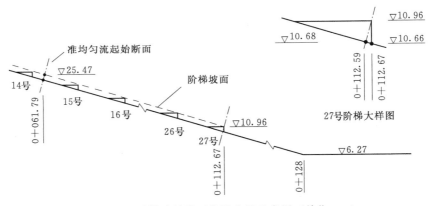

图 1.45 阶梯陡坡段下游段布置示意图（单位：m）

1.13.2.5 消力池进口断面水深 h_4 计算

末级阶梯至下游护坦的布置如图 1.45 所示。由 $q=13.49\mathrm{m^3/(s\cdot m)}$、$N=(0.0246+0.015)/2=0.0198$、$L_4=16.04\mathrm{m}$、$\Delta Z_2=4.69\mathrm{m}$、$h_3=1.08\mathrm{m}$ 等，采用式（1.17）计算得 $P_2=12.81\mathrm{m}$、$h_4=0.88\mathrm{m}$。

1.13.3 消力池消能计算和试验比较

1.13.3.1 阶梯陡坡段下游消力池计算

在比较方案消力池下游弯曲渠道末端尾坎顶高程 9.20m、洪水频率 $P=0.05\%$ 流量泄流条件下，消力池尾坎（高程 8.67m）下游河床水深 $h_t=3.76\mathrm{m}$[46,62]。取陡坡段下游消力池进口断面水深（即跃前水深）$h_c = h_4 = 0.88\text{m}$，池深 $d = 2.4\text{m}$，计算所需要的下游河床水深 h_t 由文献［36］的水跃和消力池有关计算公式进行计算，得出消力池水平段池长 $L = 28.66\text{m}$（取水跃长度校正系数为 0.8，下同），所需要的下游河床水深 $h_t = 3.18\text{m}$。

1.13.3.2 光滑陡坡段下游消力池计算

在洪水频率 $P = 0.05\%$ 流量泄流条件下，测试的光滑陡坡段下游消力池进口断面水深 $h_c = 0.60\text{m}$、弗劳德数 $Fr_1 = 9.27$[62]。取 $h_c = 0.60\text{m}$，池深 $d = 2.4\text{m}$，计算所需要的下游河床水深 h_t 通过计算得出消力池水平段池长 $L = 38.48\text{m}$，所需要的下游河床水深 $h_t = 5.34\text{m}$。

1.13.3.3 消力池消能试验比较

在消力池池底高程 6.27m、池长 25m、池深 2.4m（池末尾坎顶高程 8.67m）、下游水深 $h_t = 3.76\text{m}$ 条件下，进行洪水频率 $P = 0.05\%$ 流量泄流运行试验比较[46]：

（1）溢洪道阶梯陡坡段布置如图 1.42 所示，其下游消力池池长比计算值（计算值 $L = 28.66\text{m}$）小、下游河床水深比计算值（$h_t = 3.18\text{m}$）大。试验表明，消力池内形成稳定的水跃，消力池池长和池深均满足泄流运行的要求（图 1.46）。

（2）光滑陡坡段下游消力池无法形成正常的水跃，陡坡段泄流呈急流流态撞击消力池末端尾坎后，形成强迫水跃，跃起再跌向消力池下游的弯曲渠道，弯曲渠道水流紊乱、水面波动剧烈，流态极差（图 1.47）。

图 1.46　阶梯溢洪道消力池运行流态　　　　图 1.47　光滑溢洪道消力池运行流态

经多方案的试验综合比较之后，在维持消力池布置和尺寸不变的条件下，为了进一步改善消力池下游弯曲渠道的运行流态，将弯曲渠道下游末端的尾坎顶高程抬高至 9.60m[46]（图 1.42）。图 1.42 的溢洪道布置方案在工程设计和施工中得到采用，工程运行良好。

1.14　结　　语

（1）溢洪道陡坡段阶梯式消能工可以分为连续的内凹型阶梯和不连续的外凸型阶梯两种类型，连续的内凹型阶梯一般应用于陡坡段坡度较陡的溢流坝面上，而不连续的外凸型阶梯多应用于坡度较缓的陡槽溢洪道陡坡段上。本章介绍了两种类型阶梯的体型布置和水力特性的研究成果和应用情况，并对两种类型阶梯的应用条件进行了分析，可供工程设计和运行参考。

　　（2）坡度较陡的溢流坝可采用"宽尾墩＋内凹型削角阶梯＋底流消力池"的联合消能方案，其可大大增加溢流坝泄流的消能率，降低溢流坝下游消力池入池流速，简化其下游消能设施，工程效果良好。

　　（3）不连续的外凸型阶梯具有水流消能率较高、结构简单、运行安全、施工方便、工程投资较省等优点。当溢洪道陡坡段坡度 $i \leqslant 1:1.5$ 时，若工程布置条件许可，可优先选用不连续的外凸型阶梯。

　　（4）当溢洪道陡坡段坡度为 $1:1.5 < i < 1:1$ 时，可综合考虑阶梯体型结构和布置、泄流消能率、工程施工和工程投资等因素后，择优选用内凹型阶梯或外凸型阶梯。若考虑采用外凸型阶梯布置时，应通过水力模型试验论证。

　　（5）本章对溢洪道陡坡段不连续的外凸型阶梯的体型布置、运行流态、沿程水深、水流消能率、水流掺气特性、动水压强分布特性等进行试验研究，提出了外凸型阶梯体型布置、沿程水深和水流消能率等的设计和计算方法，可供工程设计和运行参考。

　　（6）目前，溢洪道阶梯陡坡段体型设计和水力参数计算方法仍需不断深入地研究和完善，因此，对较重要和较复杂工程的阶梯体型布置和水力设计，仍需借助水力模型试验来确定。

参 考 文 献

［1］　Sorensen R M. Stepped spillway hydraulic model investigation ［J］. Journal of Hydraulic Engineering，ASCE，1985，111（12）：1461－1472.

［2］　黄智敏. 阶梯溢洪道水力模型研究介绍 ［J］. 广东水电科技，1987（4）：45－49.

［3］　黄智敏，宗秀芬，罗岸. 阶梯溢流堰在广州抽水蓄能电站上库侧槽溢洪道的应用 ［J］. 广东水电科技，1990（1）：48－53.

［4］　陈群，戴光清，朱分清，等. 影响阶梯溢流坝消能率的因素 ［J］. 水力发电学报，2003，22（4）：95－104.

［5］　田嘉宁，大津岩夫，李建中，等. 台阶式溢洪道各流况的消能特性 ［J］. 水利学报，2003，34（4）：35－39.

［6］　陆芳春，史斌，包中进. 阶梯式溢流面消能特性研究 ［J］. 长江科学院院报，2006，23（1）：9－11.

［7］　田嘉宁，安田阳一，李建中. 台阶式泄水建筑物的消能分析 ［J］. 水力发电学报，2009，28（2）：96－100，127.

［8］　Jose L，Sanchez B，Fernando，G V. Spilling floods cost effectively ［J］. Water Power & Dam Construction，1996，48（5）：16－20.

［9］　Chanson H，Forum article. Hydraulics of stepped spillways：current status ［J］. Journal of Hydraulic Engineering，ASCE，2000，126（9）：636－637.

［10］　Robert M Boes，Willi H Hager. Closure to "hydraulic design of stepped spillways" ［J］. Journal of Hydraulic Engineering，ASCE，2005，131（6）：527－529.

［11］　伍平，王波，陈云良，等. 阶梯溢洪道不同坡比消能研究 ［J］. 四川大学学报：工程科学版，2012，44（5）：24－29.

［12］　周辉，吴时强，姜树海. 阶梯溢流坝滑移流水力特性初步研究 ［C］∥泄水工程与高速水流. 长春：吉林科学技术出版社，1998.

［13］　何光同，曾宪康，李祖发，等. 水东水电站新型消能工结构优化设计 ［J］. 水力发电，1994（9）：

26 - 28.

[14] 林可冀，韩立，邓毅国. 大朝山水电站 RCC 溢流坝宽尾墩、台阶式坝面联合消能工的研究及应用 [J]. 云南水力发电，2002，18（4）：6 - 15.

[15] SL 319—2005 混凝土重力坝设计规范 [S]. 北京：中国水利水电出版社，2005.

[16] 唐朝阳. 鱼背山水电站溢洪道消能工设计研究 [J]. 水电站设计，1995，11（4）：30 - 34.

[17] 易晓华，卢红. 台阶式溢洪道及其在索风营水电站的试验研究 [J]. 贵州水力发电，2003，17（2）：70 - 72.

[18] 宁华晚. 马马崖一级水电站预可行性研究枢纽布置及特点 [J]. 贵州水力发电，2006，20（5）：36 - 39.

[19] 陆芳春，徐岗，施林祥. 阶梯式消能工在石壁水库工程中的应用研究 [J]. 浙江水利科技，2006（1）：32 - 33.

[20] 盘春军. 台阶溢流坝在乐滩水电站中的应用 [J]. 红水河，2006，25（2）：101 - 103，130.

[21] 王承恩，张建民，李贵吉. 阶梯溢洪道的研究现状及展望 [J]. 水利水电科技进展，2008，28（6）：89 - 94.

[22] 刘金辉，奚晶莹. 台阶式溢流坝的消能设计与试验 [J]. 吉林水利，2009（8）：28 - 30，33.

[23] 赵娜. 阶梯式消能工在白杨河水库的应用 [J]. 水利科技与经济，2012，18（7）：55 - 57.

[24] 严维，栗帅，赵德亮. 阶梯消能工的研究与应用 [J]. 价值工程，2013（19）：85 - 87.

[25] 王莉艳. 台阶式消能工在新疆米兰河水库的应用 [J]. 水利科技与经济，2014，20（8）：131 - 132.

[26] 艾克明. 江垭大坝漫溢最大可能洪水（PMF）的水力计算 [J]. 湖南水利，1997（5）：5 - 9.

[27] 黄智敏，钟勇明，朱红华，等. 惠州抽水蓄能电站上库溢流坝阶梯消能试验研究 [J]. 水利水电科技进展，2006，26（3）：35 - 37，52.

[28] 陆汉柱，黄智敏，钟勇明. 惠蓄下库溢流坝阶梯消能试验研究 [J]. 广东水利水电，2004（5）：21，24.

[29] 黄智敏，钟勇明，朱红华，等. 阶梯消能技术在广东省水利工程中的研究与应用 [J]. 水力发电学报，2012，31（1）：146 - 150.

[30] 黄智敏，何小惠，梁萍. 阳江抽水蓄能电站上库溢流坝消能试验研究 [J]. 水电能源科学，2006，24（6）：61 - 64.

[31] 黄智敏，何小惠，付波，等. 台山核电厂淡水水源工程水库溢流坝消能试验研究 [J]. 水电能源科学，2010，28（8）：76 - 79.

[32] 黄智敏，朱红华，何小惠，等. 溢洪道阶梯陡槽段水深试验与计算探讨 [J]. 水动力学研究与进展，2007，22（6）：782 - 789.

[33] 黄智敏，陈卓英，朱红华，等. 内凹型和外凸型阶梯陡坡段水力特性研究 [J]. 水资源与水工程学报，2015，26（5）：137 - 140.

[34] 张志昌，曾东洋，刘亚菲. 台阶式溢洪道滑行水流水面线和消能效果的试验研究 [J]. 应用力学学报，2005，22（1）：30 - 35.

[35] 广东省水利水电科学研究院. 陡槽溢洪道阶梯消能试验研究与应用 [R]. 广州：广东省水利水电科学研究院，2008.

[36] SL 253—2000 溢洪道设计规范 [S]. 北京：中国水利水电出版社，2000.

[37] 黄智敏，朱红华，何小惠，等. 缓坡度陡槽溢洪道阶梯消能研究与应用 [J]. 中国水利水电科学研究院学报，2005，3（3）：179 - 182.

[38] 黄智敏，陈卓英，付波. 外凸型阶梯陡槽段水力特性试验研究 [J]. 中国农村水利水电，2015（3）：152 - 154，157.

[39] 黄智敏，朱红华. 虎局水库溢洪道扩建工程阶梯消能试验研究 [J]. 广东水利水电，1999（6）：

30 - 32.

[40] 黄智敏，何小惠，张从联，等. 秋风岭水库溢洪道改建工程试验研究 [J]. 中国农村水利水电，2004（增刊）：34 - 35，37.

[41] 广东省水利水电科学研究院. 饶平县汤溪水库溢洪道重建工程水工模型试验研究报告 [R]. 广州：广东省水利水电科学研究院，2017.

[42] 赖翼峰，孙永和，陈灿辉. 稿树下水库溢洪道消能工的选择 [C] // 泄水工程与高速水流. 长春：吉林科学技术出版社，1998.

[43] 朱红华，黄智敏，罗岸，等. 乌石拦河闸除险加固工程消能试验研究 [J]. 广东水利水电，2002（6）：64 - 65.

[44] 朱红华，陈卓英，黄智敏. 花山水库溢洪道加固工程试验研究 [J]. 甘肃水利水电技术，2005，41（3）：250 - 251.

[45] 朱红华，黄智敏，钟伟强，等. 曲江县西牛潭水库溢洪道加固工程消能试验研究 [J]. 广东水利水电，2005（1）：13 - 14.

[46] 何小惠，黄智敏，朱红华，等. 阳江核电水库溢洪道消能试验研究 [J]. 中国农村水利水电，2005（6）：67 - 69.

[47] 黄智敏，陈灿辉，赖翼峰. 黄山洞水库溢洪道除险改造消能研究. 广东水利水电，2011（12）：1 - 2，9.

[48] 黄智敏，何小惠，黄健东，等. 阳江抽水蓄能电站下库溢洪道消能研究 [J]. 水力发电学报，2007，26（5）：92 - 96.

[49] 黄智敏，朱红华，钟伟强，等. 若干水库泄洪建筑物消能工的体型优化研究 [J]. 中国农村水利水电，2005（2）：79 - 82.

[50] 黄智敏，赖翼峰，朱红华. 溢洪道阶梯消能工应用和运行观察 [J]. 水利水电工程设计，2010，29（4）：40 - 43.

[51] 高胜杰，庄佳，吴娱，等. 东吴水库溢洪道除险加固工程消能试验研究 [J]. 广东水利水电，2011（6）：21 - 22.

[52] 黄智敏，朱红华，何小惠，等. 溢洪道阶梯陡槽段消能特性试验和计算探讨 [J]. 广东水利水电，2008（8）：8 - 10，26.

[53] 黄智敏，朱红华，何小惠. 溢洪道阶梯陡槽段水面掺气位置试验与计算探讨 [J]. 中国水利水电科学研究院学报，2007，5（1）：71 - 74，79.

[54] 武汉大学水利水电学院水力学流体力学教研室. 水力计算手册 [M]. 2 版. 北京：中国水利水电出版社，2006.

[55] 戚其训. 开敞式溢洪道水面线计算 [M]. 北京：水利电力出版社，1986.

[56] 张庆华，宋学东，颜宏亮，等. 控制断面水深的确定方法 [J]. 中国农村水利水电，2005（4）：53 - 55.

[57] 王诘昭，张元禧，等. 美国陆军工程兵团水力计算手册 [M]. 北京：水利出版社，1982.

[58] DL/T 5245—2010 水利水电工程掺气减蚀模型试验规程 [S]. 北京：中国电力出版社，2010.

[59] 刘善均，朱利，张法星，等. 前置掺气坎阶梯溢洪道近壁掺气特性 [J]. 水科学进展，2014，25（3）：401 - 406.

[60] 黄智敏，陈卓英，朱红华，等. 光滑和阶梯陡槽段下游消力池消能试验比较 [J]. 水电站设计，2014，30（4）：99 - 102.

[61] 黄智敏，何小惠，朱红华，等. 阳江核电水库溢洪道阶梯消能计算和研究 [J]. 广东水利水电，2013（8）：1 - 3.

[62] 广东省水利水电科学研究院. 阳江核电水库溢洪道水工模型试验研究报告 [R]. 广州：广东省水利水电科学研究院，2004.

第2章 低水头水闸泄洪消能防冲研究

2.1 概　　述

　　广东省临近沿海，平原和山区交错，河流众多，水力资源较丰富，为了解决众多河道的防洪、供水、灌溉、发电、通航、改善水环境等问题，往往需要在河道上修建拦河水闸枢纽工程。

　　通常，在河道上修建拦河水闸工程，其闸基河床往往多为较深厚的沙砾质、淤泥质覆盖层，河床覆盖层的抗冲刷能力较低、沉陷量大，而且水闸的泄洪水流条件较复杂，水闸的泄洪单宽流量较大、弗劳德数较低，给水闸泄洪消能防冲带来较多的问题。

　　低水头水闸泄洪特点为泄洪流量大、水位差较小，其泄洪消能多采用底流消能或面流消能方式。一般而言，底流消能适用于闸下游河床地质条件较差、下游河道水位变幅较大的水闸泄洪消能（图2.1）。面流消能适用于闸下游河床地质条件较好、下游河道水深较大且变幅较小的水闸泄洪消能（图2.2）。

图 2.1　底流消能示意图　　　　　　　图 2.2　面流消能示意图

　　《水闸设计规范》（SL 265—2016）[1]提出了水闸下游消力池体型参数设计和水力参数计算公式，工程设计中需根据工程的实际情况选用计算公式和计算参数，以确保计算结果符合工程实际。经分析，水闸下游消能工水力计算和体型布置中需注意的主要问题如下：

　　（1）消能工设计选用的闸址下游河道水位与流量关系。

　　（2）消能工设计选用的下游河道初始水位值（即闸址下游河道的最低水位）。

　　（3）消力池末端尾坎顶高程的合理选择。

　　（4）消力池池长的计算和选取。

　　（5）采用下游两级消力池布置的一级消力池尾坎高度与其池长的合理关系。

　　（6）采用下游两级消力池布置的二级消力池的水力参数及其体型布置。

　　（7）消力池下游海漫布置的较佳形式等。

　　此外，本章还结合水闸下游面流消能的水力模型试验成果，对面流的挑坎挑角、坎高等体型和布置进行分析。

　　根据作者多年的水闸消能防冲（底流和面流消能）水力模型试验成果的总结，本章对水闸下游消能工的水力特性及其设计进行研究，供水闸下游消能工水力设计和运行参考。

2.2 水闸下游消力池体型和水力计算

通常,新建的低水头水闸工程下游多选择修建一级消力池,以达到工程施工方便、投资较省的目的。

由文献[1]等,常规的水闸下游消力池体型和水力参数(图2.3)计算公式如下:

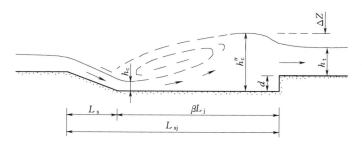

图 2.3 水闸下游消力池体型和水力参数示意图

进口收缩断面水深 h_c:

$$h_c = \frac{q}{\phi \sqrt{2g(E_0 - h_c)}} \tag{2.1}$$

跃后水深 h_c'':

$$h_c'' = \frac{h_c}{2}\left[\sqrt{1 + \frac{8\alpha_1 q^2}{gh_c^3}} - 1\right]\left(\frac{b_1}{b_2}\right)^{0.25} \tag{2.2}$$

池深 d:

$$d = \sigma_0 h_c'' - h_t - \Delta Z \tag{2.3}$$

$$\Delta Z = \frac{\alpha q^2}{2g}\left(\frac{1}{\omega^2 h_t^2} - \frac{1}{h_c''^2}\right) \tag{2.4}$$

池长 L_{sj}:

$$L_{sj} = L_s + \beta L_j \tag{2.5a}$$

$$L_j = 6.9(h_c'' - h_c) \tag{2.5b}$$

以上式中:q 为泄流单宽流量;E_0 为以消力池底板为基准计算的总水头;ϕ 为流速系数;g 为重力加速度;α_1 为水流动量校正系数,可采用 1.0~1.05;b_1 为消力池首端宽度;b_2 为消力池末端宽度;σ_0 为水跃淹没系数,可采用 1.05~1.1;h_t 为消力池下游河床水深;ΔZ 为消力池末端出口水面落差;α 为水流动能校正系数,可采用 1.0~1.05;ω 为消力池出口段流速系数,可取 0.95;L_{sj} 为消力池长度;L_s 为消力池斜坡段水平投影长度;L_j 为水跃长度;β 为水跃长度校正系数,可取 0.7~0.8。

由式(2.1)~式(2.5)分析,在工程设计中,在已知水闸泄流单宽流量 q、闸上游水位 Z_a、闸下游河道水位 Z_t 与流量 Q 关系(即 Z_t - Q 关系)等水力参数条件下,就可以计算出消力池底板总水头 E_0、消力池下游河床水深 h_t、消力池的水跃参数(如跃前水深 h_c、跃后水深 h_c'' 及水跃长度 L_j)等,从而可进一步计算出消力池池深 d 和池长 L_{sj} 等。

2.3　水闸下游河道水位与流量关系选取

2.3.1　水闸下游河道水位与流量关系选取的重要性

水闸下游河道水位与流量关系是工程设计的重要依据，是确保工程安全运行和经济合理的重要前提。20 世纪 90 年代以来，由于经济建设的快速发展，对河道的采沙量日益增多，使得广东省境内众多河道河床严重下切，河道水位明显下降。

以往由于对拦河水闸下游河道采沙造成的河床下切、河道水位下降的影响估计不足，导致了广东省多项水闸工程下游消能工遭受不同程度的出险和破坏，需进行除险改造（加固）或重建。如普宁市榕江乌石拦河水闸于 1993 年 5 月重建工程竣工后，由于水闸下游河道人为无序过量采沙，河床明显下切（水闸下游河床较低点高程已由 1993 年的 11.50m 降至 1999 年 12 月的 3.30m），引起水闸下游河道水位明显下降，1999 年实测的水闸下游河道水位-流量曲线比 1992 年水闸重建工程设计采用的水位-流量曲线整体下降了约5.5～6m（图 2.4）。由于水闸下游河道水文条件的改变，导致原有的下游消力池池长偏短、池深偏小，消力池水流消能不充分，出池水流对下游海漫及河床造成严重冲刷，危及消力池及水闸的安全。

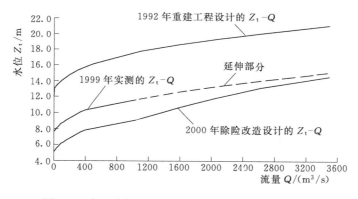

图 2.4　乌石水闸下游河道水位-流量（$Z_t - Q$）关系

在 2000 年的水闸除险改造设计中，以 1999 年实测的水闸下游河道水位-流量曲线为基准，并考虑到以后下游河床还可能出现采沙、引起河道水位继续下降的情况，将实测的水位-流量曲线按大流量水位降低 0.5m、小流量降低 2.5m 选用[2-3]。该工程除险改造设计方案经水力模型试验论证后，于 2001 年建成投入运行。其他类似工程还有广东省的潮州供水枢纽工程[4-6]、惠州东江水利枢纽工程[7]、流溪河大坳拦河闸和李溪拦河闸[8-9]、电白县共青河拦河闸坝[10]等。

因此，选取合理的水闸下游河道水位-流量关系对工程安全运行和经济合理是十分重要的，必须给予充分的注意和重视。

2.3.2　水闸下游河道水位与流量关系的特点

文献［11］和文献［12］指出，对于同一场洪水过程而言，在来水流量持续增加的涨水期，由于下游河道的槽蓄滞后，使水位的升高滞后于流量的增加，水位较低；而在来水流量逐渐减少的退水期，同样因下游河槽的作用，使水位的下降滞后于流量的减少。因此，对河道上的同一流量而言，涨水阶段的河道水位比退水阶段要低，每一次洪水过程的水位-流量关系是同一流量对应于水位双值的关系，流量与水位关系曲线呈"绳套"状曲线。

当河道河沙被大量开采、河床下切时，逐年的水位-流量关系"绳套"曲线逐渐降低。如在 1991—2001 年的 10 年间，广东省化州水文站的水位降低近 2m，其水位-流量关系"绳套"曲线是逐年降低的[11]（图 2.5）。同一流量条件下的河道水位降低的现象在广东省众多河道出现较普遍。

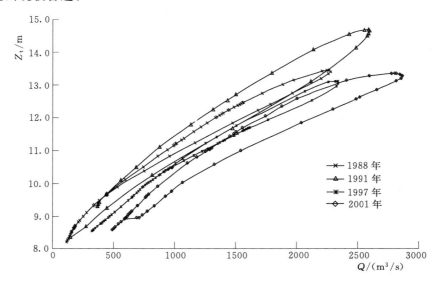

图 2.5　化州水文站 1987 年后水位-流量（Z_t-Q）关系"绳套"的变化图

因此，河道的水位-流量关系不是不变的单值曲线，而是不断变化的双值"绳套"状曲线，它不仅与河道的水文条件有关，而且与社会经济发展水平和人们活动干扰有关，只有充分认识到河道水位-流量关系这种特点，才能更好地为工程设计和运行服务。

2.3.3　水闸下游河道水位-流量关系的选取

本节只简要分析有实测水文资料的水闸下游河道水位-流量关系的选取，对于无实测水文资料的水闸下游河道水位-流量关系的选取，可参考相关的文献。

在选取工程设计的水闸下游河道水位-流量关系时，应根据闸址附近的水文站实测资料，把历年观测的河道断面水位-流量（Z_t-Q）资料分析和列出，画出历年的 Z_t-Q 关系族线。然后，还应对影响河道 Z_t-Q 关系的各种因素进行分析，如：①河道的滥挖河沙现象是否得到有效控制？②河道上游水土保持的状况和河道的可能来沙情况；③河道河床稳定情况及可能的冲淤发展趋势等。

在确定了水闸工程有效运行期的水位-流量关系的上、下极限值（即上、下包络线）之后，可作为工程设计的水闸下游河道水位-流量关系：

（1）计算水闸泄流能力和确定水闸规模时，应采用 Z_t-Q 关系族线的上包络线。

（2）水闸下游消能工设计时，应采用 Z_t-Q 关系族线的下包络线。

例如，在 2006 年的韩江潮州供水枢纽东、西溪水闸消能工除险改造设计中，采用一维河网水动力数学模型，计算和分析了未来的枢纽下游河道河床下切的水位-流量变化关系，为水闸消能工除险改造设计提供了依据。除险改造工程设计的水闸下游河道水位-流量关系主要考虑的因素为（图 2.6）：①考虑到水闸下游河床存在继续下切的可能性，将水闸下游河道河床面按 2006 年测试的河床高程再下切 4.0m 选取；②下游河道水位边界条件按其下游防潮闸（靠近出海口）可能的最低水位推算[13]。

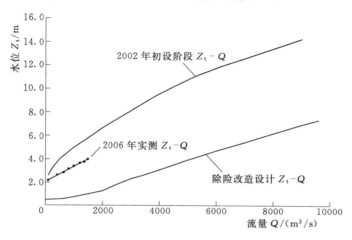

图 2.6　西溪水闸下游河道 $Z_t - Q$ 关系

在韩江高陂水利枢纽工程设计中，经对历年的闸址下游河道 $Z_t - Q$ 关系进行综合分析，工程设计中采用[14]：①在计算水闸泄流能力和确定水闸规模时，采用现状河床的下游河道 $Z_t - Q$ 关系；②在水闸下游消能工设计时，采用预测河床下切 2.0m 的下游河道 $Z_t - Q$ 关系。

2.4　消能工设计的下游河道初始水位选取

在水闸消能设计的下游河道水位 Z_t 与流量 Q 关系确定的条件下，消能工设计选用的下游河道初始水位值 Z_{t0} 一般选取如下：

（1）若水闸枢纽无水电站建筑物，应选取水闸不泄流（即水闸下泄流量 $Q=0$）对应的下游河道水位为消能工设计的初始水位值 Z_{t0}。

（2）水闸枢纽设置有水电站建筑物条件下，由于水电站的建成运行有可能会滞后于水闸建筑物，在水闸上游为正常蓄水位（或设计确定的特征水位）、闸门小开度初始泄流运行时，水闸下游河道水位较低；为了确保工程的安全运行，新建的水闸枢纽可考虑电站不发电，选取水闸不泄流（即水闸下泄流量 $Q=0$）对应的下游河道水位为消能工设计的初始水位 Z_{t0}。

（3）已建的水闸除险改造工程经分析论证之后，可选取电站最小发电流量（如电站有多台发电机组，可选用单台机组发电运行流量）、水闸不泄流对应的闸下游河道水位为消能工设计的初始水位 Z_{t0}。

（4）在水闸上游为正常蓄水位（或设计确定的特征水位）、各级闸门开度 e 泄流运行时，可根据工程设计的各级闸门开度间距 Δe，在水闸闸门最小开度初始泄流运行的下游

河道初始水位 Z_{t0} 确定之后，高一级闸门开度泄流运行的下游河道水位均采用低一级闸门开度泄流稳定后的相应下游河道水位进行计算（或水力模型试验），以反映各级闸门开度 e 初始泄流的消能工运行流态和流速值；同时，采用同级闸门开度运行的泄流量对应的下游河道水位进行复核计算（或水力模型试验），以确保工程的安全运行。

2.5　消力池末端尾坎顶高程的合理选择

根据已有的试验研究成果[15]，水闸下游消力池末端尾坎顶高程确定的方法如下：

（1）根据水闸消能设计的下游河道 $Z_t - Q$ 关系，初拟水闸下游消力池末端尾坎顶高程。在水闸正常蓄水位控泄的各级闸门开度 e 及闸门全开敞泄的各级洪水流量 Q 泄流运行时，根据消力池末端尾坎断面的泄流单宽流量 q_0、水深 h_t 等，在满足消力池末端尾坎顶断面水流为缓流（即尾坎下游海漫段水流弗劳德数 $Fr < 1$）、尾坎顶断面出流流速小于尾坎下游海漫段材料抗冲流速的条件下，初拟消力池末端尾坎顶高程。

（2）为了确保水闸下游消力池运行安全，通常应在水闸最不利的下游河道水位运行条件下，确定消力池尾坎顶高程，而这种运行条件往往出现在水闸闸门小开度泄流运行的工况下，如在正常蓄水位控泄的第 1 级闸门开度 e_1 开启运行。

在以往的水闸工程设计中，对水闸闸门小开度泄流运行的安全性认识不足，往往采用大中级洪水流量来确定消力池末端的尾坎顶高程，消力池末端尾坎顶高程往往设置得过高。在水闸闸门初始开启泄流运行时，水闸下游河道水位仍较低，消力池末端尾坎出池水深较小，出池流速较大，尾坎下游海漫易出现较明显的跌流和形成二次水跃，易使下游海漫产生冲刷破坏。

（3）根据水闸消能设计的下游河道 $Z_t - Q$ 关系，若水闸第 1 级闸门开度 e_1 初始泄流运行时的消力池出池水流为急流，但该开度泄流稳定之后的消力池出池水流为缓流，为了减轻水闸下游消能工的施工难度和节省工程投资，经充分的论证和比较之后，可采用的布置方法如下：

1）根据水闸第 1 级闸门开度 e_1 初始泄流运行时的消力池末端尾坎出池流速值，选择消力池下游海漫段的防护材料和防护范围。同时，根据各级闸门开度 e、各级洪水流量 Q 泄流运行的消力池下游海漫段流速，复核下游海漫段的防护材料和防护范围。

2）采用本章 2.12 节的方法，适当降低闸址主河槽区域的下游消能工布置的高程，采用分区消能方式，妥善解决水闸下游消能防冲的问题。

2.6　消力池池深计算

由式（2.2）～式（2.4）可知，消力池池深 d 是随消力池跃后水深 h_c'' 与池下游河床水深 h_t 的差值（$\sigma_0 h_c'' - h_t$）增大而增加。由初拟的消力池末端尾坎顶高程，通常计算出水闸各级闸门开度 e、各级洪水流量 Q 泄流运行的（$\sigma_0 h_c'' - h_t$）值和相应的池深 d 值之后，以计算的池深最大值 d_{max} 来确定消力池池深。

由式（2.1）～式（2.5）可知，在消力池深度 d 和长度 L_{sj}（即水跃长度 L_j）的计算中，都与收缩断面水深 h_c 和跃后水深 h_c'' 等有关，h_c 值越小，则计算的 h_c''、d、L_j 值越大。在消力池运行水力参数（如 E_0、q 等）确定的条件下，消力池收缩断面水深 h_c 与其流速系数 ϕ 有关，流速系数 ϕ 越大，则计算的 h_c 值越小，消力池所需的池深、池长值等较大，将计算结果应用于消力池设计是偏于安全的。

消力池收缩断面流速系数 ϕ 与水闸闸室堰型、闸门形式和闸门开度、闸室下游陡坡段形式、收缩断面流速分布等有关，其值可查阅有关的水力计算手册。平板闸门挡水时，闸底坎为宽顶堰（有坎或平底）、低实用堰的水闸下游收缩断面的流速系数 ϕ 可参考表 2.1[16-17]。从工程运行的安全考虑，设计计算中应选用表 2.1 的同类堰型中较大的 ϕ 值。

表 2.1　　　　　　　　　　　水闸下游收缩断面流速系数 ϕ 值

闸室堰型	图　型	ϕ
闸底板与河床面齐平 （无坎）		0.95～0.98
闸底板高于河床面 （有平底坎）		0.85～0.95
闸底板末端设闸门跌水		0.95～0.99
低实用堰		0.90～0.98

对于水闸闸室挡水闸门为弧形闸门，由于弧形闸门的面板更接近于流线形，其对闸孔出流的干扰比平板闸门小，因此，弧形闸门的流速系数 ϕ 可参考表 2.1，并取同类堰型中的较大值。

2.7　消力池池长计算

2.7.1　消力池池长计算分析

由式（2.5）可知，消力池池长 L_{sj} 随消力池跃后水深 h_c'' 与跃前水深 h_c 的差值（$h_c''-h_c$）增大而增加，因此，消力池池长随水闸泄洪流量增加而增大，其通常可由水闸最大泄洪流量来确定。

对于平原地区河流或闸上、下水位差较小的水闸，在水闸以最大泄洪流量泄流时，水闸全部闸孔的闸门全开敞泄运行（简称闸门全开运行），水闸的上、下游水位差较小（如一般情况下，平原区水闸的过闸水位差可采用 $0.1 \sim 0.3 \mathrm{m}$[1]），出闸水流多呈波状流流态，闸下游消力池无水跃产生。此时，按水闸最大泄洪流量计算的消力池长度会明显偏大，造成工程量增加和投资浪费。因此，应对水闸下游消力池池长的计算方法进行分析。

如广东省鉴江高岭拦河水闸重建工程 7 号～11 号闸孔下游消力池水力模型试验的初拟方案布置如图 2.7 所示，消力池水平段池长为 27.5m。水力模型试验表明[18]：

（1）在水闸上游正常蓄水位 8.20m、闸门控泄最大闸门开度 $e_{\max} = 0.75 \mathrm{m}$ 泄流运行时，测试的下游消力池内水跃跃尾桩号为 0+058（图 2.8）。

（2）在设计洪水频率（$P = 2\%$）和校核洪水频率（$P = 0.5\%$）流量泄流运行时（闸门全开泄洪），水闸上、下游水位差 $\Delta Z < 0.1 \mathrm{m}$，闸下游水流无水跃产生，闸下游水流呈波状的明渠流。

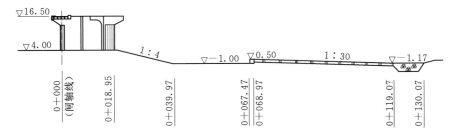

图 2.7　高岭水闸下游消能工初拟方案剖面图（7 号～11 号闸孔，单位：m）

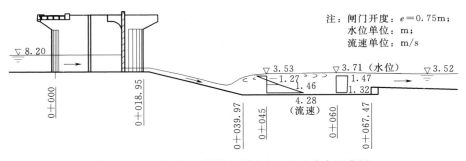

图 2.8　高岭水闸下游消力池流态、流速分布示意图

采用相关的水闸下游消力池计算公式[1]，对该工程 7 号～11 号闸孔下游消力池水力参数进行计算和分析（表 2.2）。

表 2.2　　　　　　　　　　　　　　水闸下游消力池水力参数

P	Z_a /m	H /m	q /[m³/(s·m)]	h_c /m	Fr_1	h_c'' /m	L_j /m	$0.8L_j$ /m	h_d /m	h_s /m	h_s/H
	8.20	4.20	4.93	0.39	6.47	3.38	20.63	16.50	4.52		
2%	13.13	9.13	19.81	1.27	4.42	7.33	41.81	33.45	14.04	9.04	0.990
0.5%	14.24	10.24	23.99	1.49	4.21	8.16	46.02	36.82	15.16	10.16	0.992

注　h_d 为从消力池水平段底板顶起算的下游水深；h_s 为从水闸闸室堰顶起算的下游水深。

（1）在水闸上游水位 $Z_a = 8.20$m（正常蓄水位）、闸门开度 $e = 0.75$m、闸孔泄流单宽流量 $q = 4.93$m³/（s·m）、下游河道水位 $Z_t = 3.52$m 条件下，计算的下游水跃长度 $L_j = 20.63$m，可取消力池水平段长度 $0.8L_j = 16.5$m。

（2）设计洪水频率（$P = 2\%$）：闸上游水位 $Z_a = 13.13$m、闸门全开、闸孔泄流单宽流量 $q = 19.81$m³/（s·m）、下游河道水位 $Z_t = 13.04$m，计算的下游水跃长度 $L_j = 41.81$m，可取消力池水平段长度 $0.8L_j = 33.45$m。

校核洪水频率（$P = 0.5\%$）：闸上游水位 $Z_a = 14.24$m、闸门全开、闸孔泄流单宽流量 $q = 23.99$m³/（s·m）、下游河道水位 $Z_t = 14.16$m，计算的下游水跃长度 $L_j = 46.02$m，可取消力池水平段长度 $0.8L_j = 36.82$m。

由表 2.2 可见，设计洪水频率（$P = 2\%$）和校核洪水频率（$P = 0.5\%$）泄流的下游水深 h_d（h_d 为从消力池水平段底板顶起算的下游水深）明显大于其计算的跃后水深 h''_c 值，消力池内产生高淹没水跃；且由于水闸闸室堰顶的相对下游水深 $h_s/H > 0.8$（h_s 为从水闸闸室堰顶起算的下游水深，H 为堰顶上游水深），水闸泄流为淹没泄流。因此，可判断水闸下游无法产生正常的水跃，水闸下游产生波状的明渠流。

（3）经综合分析各种泄流工况的水闸下游流态和池长等，高岭水闸重建工程 7 号～11 号闸孔下游消力池水平段长度取为 22.5m（包含了安全系数），比初拟方案缩短了 5m（图 2.9），大大节省了工程投资。

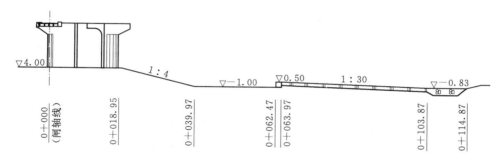

图 2.9　高岭水闸下游消能工推荐方案剖面图（7 号～11 号闸孔，单位：m）

2.7.2　消力池池长的合理选取

2.7.2.1　不同闸门运行方式的消力池流态

消力池池长选取与水闸闸门开启调度运行、泄流流量和闸下游河道水位等有关。根据现行水闸调度运行方式，水闸下游消力池的运行流态如下。

1. 水闸闸门全开、宣泄最大洪水流量

图 2.10 是高岭水闸重建工程 7 号～11 号闸孔下游消力池推荐方案宣泄校核洪水频率流量［$P = 0.5\%$，闸孔泄流单宽流量 $q = 23.99$m³/（s·m）］水力模型试验的流态和流速分布图，其水力参数见表 2.3。由分析可知：

（1）当水闸下游河道水位较低、下游水深 $(h_t + d) < 0.9h''_c$ 时，出闸水流呈急流撞击消力池末端尾坎，急速涌高后再跌向下游海漫；或者消力池内水跃极不稳定，波动剧烈，见表 2.3 和图 2.10（a）、（b）。

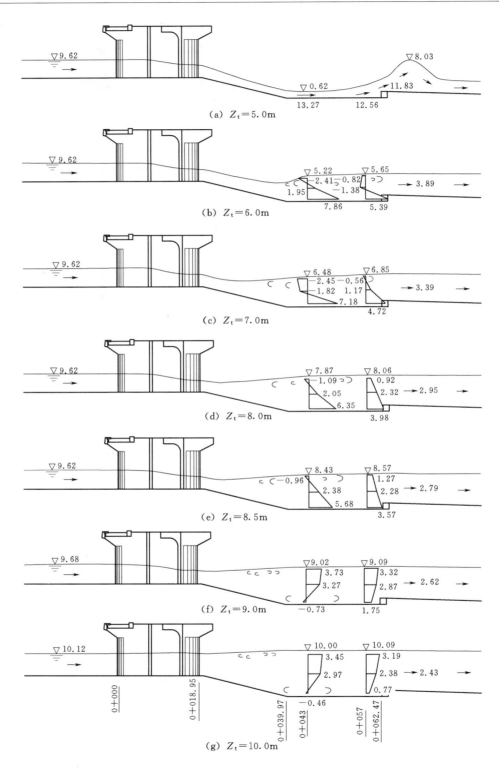

图 2.10　高岭水闸下游消力池流态和流速分布示意图 （$P=0.5\%$）

表 2.3				高岭水闸及消力池水力参数					
Z_a /m	Z_t /m	H /m	h_c'' /m	h_t /m	h_t+d /m	(h_t+d) /h_c''	h_s /m	h_s/H	消力池跃尾桩号
9.62	5.0	5.62		4.5	6.0	0.735	1.0	0.178	急流、无水跃
9.62	6.0	5.62		5.5	7.0	0.858	2.0	0.356	0+062.50
9.62	7.0	5.62		6.5	8.0	0.980	3.0	0.533	0+059
9.62	8.0	5.62	8.16	7.5	9.0	1.103	4.0	0.712	0+055
9.62	8.5	5.62		8.0	9.5	1.164	4.5	0.801	0+053
9.68	9.0	5.68		8.5	10.0	1.225	5.0	0.880	波状明渠流
10.12	10.0	6.12		9.5	11.0	1.348	6.0	0.980	波状明渠流

注　H 为水闸堰顶水头；d 为消力池池深。

（2）随着水闸下游河道水位逐渐上升，当下游水深 $(h_t+d)>0.9h_c''$ 且 $h_s/H<0.8$ 时（出闸水流为自由出流），消力池内逐渐形成稳定的水跃，池内水跃长度随 h_s/H 值增加而减小（即池内跃尾断面随 h_s/H 值增加往上游移动），见表 2.3 和图 2.10（c）、（d）。

（3）当水闸下游相对水深 $h_s/H=0.8$（即 $Z_t=8.50m$）时，出闸水流为自由出流和淹没出流的临界状态，池内跃尾断面位于约桩号 0+053 断面。随着 Z_t 值继续增加，池内水跃长度减短，跃尾断面往上游移动，见表 2.3 和图 2.10（e）。

（4）当水闸下游河道水位上升至 $Z_t=9.00\sim10.00m$（$h_s/H=0.88\sim0.98$），消力池基本无水跃，呈波状的明渠流流态；受水闸闸室平底堰板的影响，其下游消力池上游段底部出现局部回流区，主流在消力池水流的上部，见表 2.3 和图 2.10（f）、（g）。

2. 正常蓄水位、水闸闸门控泄最大开度的泄洪流量

图 2.8 所示的高岭水闸重建工程 7 号～11 号闸孔（上游正常蓄水位 $Z_a=8.20m$，闸门开度 $e_{max}=0.75m$）的下游消力池运行流态和流速分布，其消力池水跃跃尾断面桩号约 0+058，比水闸宣泄校核洪水频率流量（$P=0.5\%$）、闸下游河道水位 $Z_t=8.50m$（即 $h_s/H=0.8$）相应的水跃长度要长。

2.7.2.2　水闸下游消力池水平段长度 βL_j 选取

根据 2.7.2.1 节试验资料的分析，水闸下游消力池水平段长度 βL_j 选取方法如下：

（1）在水闸的下游消能设计 Z_t-Q 条件下，若水闸闸门全开、最大泄洪流量的 $h_s/H\geqslant0.8$，出闸水流为临界淹没出流或淹没出流状态，闸下游水跃长度较短或为无水跃状态；此时，应采用闸上游为正常蓄水位、水闸闸门控泄最大开度 e_{max} 泄洪流量条件计算的闸下游消力池长度，选取为消力池池长。

（2）为了确保水闸下游消力池运行的安全，在采用正常蓄水位、闸门控泄最大开度 e_{max} 计算和选取下游消力池池长时，其闸下游河道水位 Z_t 应选取低一级闸门开度泄流稳定之后的下游水位（如高岭水闸重建工程正常蓄水位条件下，闸门控泄的每一级闸门开度间距设置为 $\Delta e=0.25m$，其闸门控泄最大开度 $e_{max}=0.75m$ 运行对应的水闸下游河道水位应选取闸门开度 $e=0.5m$ 泄流稳定之后的下游河道水位）；同时，为了确保水闸工程的安全运行，建议消力池水平段长度 βL_j 的水跃长度校正系数 β 取 1.0。

（3）为了方便正常蓄水位、闸门控泄条件下的消力池水平段长度的计算和选取，也可

以根据水闸闸门控泄的各级开度 e 分别计算水闸下游消力池的池长（计算中，第 1 级开度 e_1 运行时对应的水闸下游河道水位为下游河道初始水位 Z_{t0}，其余各级闸门开度运行的下游河道水位为低一级闸门开度运行稳定之后的下游河道水位），并以计算的下游消力池池长最大值（此值通常由闸门控泄的最大闸门开度 e_{max} 来确定），选取为消力池池长。

（4）对于水闸闸门全开、最大泄洪流量的 $h_s/H < 0.8$ 时，应按照设计规范计算水闸下游消力池的长度。对于大型工程和水流条件复杂的中型工程的下游消力池布置和体型尺寸，应通过水力模型试验论证之后确定。

2.7.3　缩短消力池池长的措施

确定了消力池水平段长度 βL_j 值之后，当消力池进口入池平均流速 $v_1 < 16\text{m/s}$ 时，消力池内可设置消力墩等辅助消能工，使消力池内产生强迫水跃，增加水流消能率，减小消力池的长度。加消力墩后的消力池水平段长度可约为其池长计算值的 7/10。

2.8　消力池下游海漫布置

通常，消力池尾坎下游连接一段水平海漫之后，再接斜坡海漫（坡度约 $1:10 \sim 1:15$）、防冲槽和下游河床[19]（图 2.11）。海漫的作用是进一步消减消力池出池水流的剩余能量，调整流速分布，使水流均匀地扩散，减小下游河床的冲刷。这种海漫布置形式对于水闸下游河道水位较稳定、消力池水深较大的情况而言，是合适的。由于现状的水闸下游河道受人为挖沙等影响，造成了下游河道河床下切、水位下降，增大了消力池末端尾坎的出池流速，同时也改变了出池流速分布，增加了消力池下游水平海漫破坏的可能性；另一方面，受工程施工和投资等限制，各级洪水流量条件下的消力池末端尾坎顶与其下游河道水位之间的水垫厚度不很充裕，出池流速往往较大。因此，应设法尽快调整和降低消力池末端尾坎下游出流的底部流速，避免出池水流对下游海漫产生冲刷破坏。

图 2.11　消力池下游海漫布置示意图

如在广东省普宁市神港水闸重建工程水力模型试验中[15]，采用消能设计的水闸下游 $Z_t - Q$ 关系，确定其下游消力池体型和布置为：消力池水平段长度为 16.6m，池深 1.5m，消力池末端尾坎顶高程为 -2.80m。水力模型试验对消力池下游海漫布置形式进行了比较：①方案 1 为消力池尾坎下游接 10m 长水平海漫之后，再接坡度为 $1:15$ 的斜坡海漫；②方案 2 取消消力池尾坎下游的水平海漫，在消力池尾坎（尾坎顶宽 1m）下游直接连接坡度为 $1:20$ 的斜坡海漫。试验表明，方案 1 消力池下游水平海漫段断面流速分布近似为矩形分布，其底部流速比方案 2 相应位置流速增大约 20% ~ 25%，因此，方案 1 消力池下游水平海漫易遭受冲刷破坏（图 2.12）。

近年来，经大量的水力模型试验论证后，广东省的多个水闸消力池下游海漫布置取消

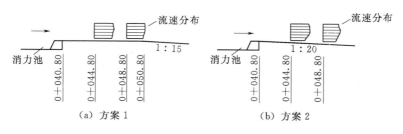

图 2.12 消力池下游水平和斜坡海漫段流速分布比较示意图

了水平海漫，在消力池尾坎末端下游直接采用 1：15～1：20 的斜坡海漫连接防冲槽及下游河床，已建的工程运行情况良好[15]。

2.9 尾坎自由出流的消力池布置和计算

2.9.1 问题的提出

水闸下游河道河床下切、水位降低之后，若其下游消力池经修复和改造后仍可以利用，可在修复和改造后的消力池下游修建二级消力池；或者新建的或重建的水闸上、下游河道水位差较大及受闸址地形和地质条件所限，采用一级消力池布置会使闸室堰顶末端与消力池连接的陡坡段过长，影响闸室及其两岸堤围的稳定及造成工程施工困难、增大工程投资等，可采用两级或多级消力池分级消能，以解决水闸下游消能防冲的问题。

在实际工程运行中，由于部分水闸下游河道水位降低较为明显，因此，在水闸各级洪水流量泄流条件下，其下游一级消力池［即经修复和改造后的原水闸下游消力池或新建的（包括重建的）一级消力池］末端尾坎出流多呈自由出流，池内流态相对较复杂。岩崎对设置在水跃下游断面的尾坎高度 T 进行研究，提出了使水跃稳定的相对坎高 T/h_c 与跃前断面弗劳德数 Fr_1 的关系式[16]。

由于尾坎自由出流消力池的水流条件和体型较复杂，现阶段相关的研究成果仍较少，本节介绍尾坎自由出流的消力池水力特性和体型布置的研究成果。

2.9.2 消力池运行流态和体型布置分析

常规的水闸下游消力池体型布置方法为：根据水闸上游水位 Z_a、闸门开度 e、泄流单宽流量 q 等，选取消力池进口收缩断面的流速系数 ϕ，计算消力池底板作用的总水头 E_0、消力池进口收缩断面水深 h_c、跃后水深 h_c''、水跃长度 L_j、池深 d 等，消力池水平段长度 L 可选取为自由水跃长度 L_j 的 7/10～8/10，池深 d、池下游河床水深 h_t、池末端出口水面落差 ΔZ 等之和 $(d+h_t+\Delta Z)$ 与跃后水深 h_c'' 之比约为 1.05～1.1，以使消力池内形成一定淹没度的水跃。

由图 2.13 分析，为了使池末端尾坎自由出流的消力池内形成稳定水跃，初步应满足消力池末端尾坎前缘水深 $(T+H_1) \geqslant h_c''$ 和水平段池长 $L \geqslant L_j$ 的要求。由于尾坎自由出流消力池的水力特性较复杂，池末端尾坎的高度及位置等不同，会影响消力池的流态、水力参数等，给分析和计算带来一定的难度，需借助水力模型试验对其消力池水力特性和体型

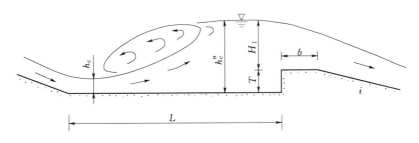

图 2.13　自由出流消力池水力和体型参数示意图

参数进行研究。

　　文献［20］对尾坎自由出流的消力池水力特性进行研究，水力模型试验工况和参数见表 2.4 和图 2.14。

表 2.4　　　　　　　　　　　　水力模型试验工况和参数

Z_a/m	消 力 池 参 数				
	L/m	T/m	b/m	i
7.5，10.5，14.0	18，23.5	0.75，1.0，1.5，1.75，2.0	3	1:4

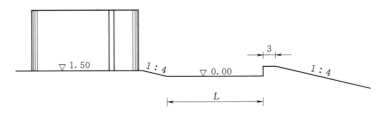

图 2.14　水闸下游消力池布置图（单位：m）

　　水力模型试验的水闸闸孔泄流净宽 $B=23.2m$，闸下游消力池及其末端尾坎的宽度 $B_0=25.4m$，$B/B_0=0.9134$。水力模型为 1:50.8 的正态模型。

2.9.3　闸门局部开启运行试验及分析

2.9.3.1　研究方法和流态分析

　　保持消力池尾坎为自由出流条件下，各级闸上游水位 Z_a 的水闸闸孔闸门局部开启运行均为自由泄流，闸孔泄流单宽流量 q 与闸门开度 e 的关系如图 2.15 所示。根据不同的 Z_a、L 和 T 的组合，通过观测水闸下游消力池不出现急流状远驱水跃，保持稳定水跃临界状态下的 e、q 等，见表 2.5、表 2.6、图 2.16 和图 2.17。试验表明：

　　（1）在相同水闸上游水位 Z_a 的条件下，随着尾坎高度 T 增加，池内形成稳定水跃的泄流单宽流量 q 相应增大；在相同

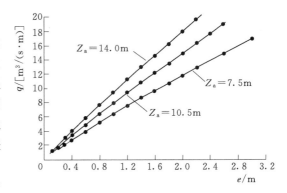

图 2.15　闸门局部开启 q-e 关系
注：Z_a 为闸上游水位

的尾坎高度 T 条件下，随着 Z_a 增加，池内形成稳定水跃的 q 值相应减小。

（2）在相同 Z_a 和 T 的条件下，随着水平段池长 L 的增加，池内形成稳定水跃的 q 值相应增大，但增大的幅度相应较小。

（3）在 $(T+H_1)/h_c''<1$ 条件下，池内形成稳定水跃的 $L/L_j>1$，即水平段长度 L 大于水跃跃长 L_j；在 $(T+H_1)/h_c''\geqslant1$ 条件下，池内形成稳定水跃的 $L/L_j\leqslant1$，此时池内水跃为强制水跃，池末端尾坎位置对池内水跃形态的影响较大。

2.9.3.2 T/h_c-Fr_1 关系

将表 2.5 和表 2.6 各试验组次的 T/h_c-Fr_1 关系绘于图 2.16，T/h_c 随 Fr_1 增加而增大，两者近似呈线性关系。

表 2.5 稳定水跃的消力池水力和体型参数（池长 $L=18\mathrm{m}$）

Z_a /m	T /m	q /[m³/(s·m)]	h_c /m	Fr_1	h_c'' /m	L_j /m	q_0 /[m³/(s·m)]	H_1 /m	$(T+H_1)/h_c''$	L/L_j	T/h_c
7.5	0.75	2.80	0.25	7.16	2.41	14.90	2.56	1.44	0.91	1.21	3.00
	1.00	4.59	0.41	5.53	3.03	18.05	4.19	1.95	0.97	1.00	2.42
	1.50	13.42	1.24	3.10	4.86	24.98	12.26	3.76	1.08	0.72	1.21
10.5	0.75	1.76	0.13	11.81	2.13	13.78	1.61	1.06	0.85	1.31	5.73
	1.00	2.60	0.19	9.72	2.57	16.39	2.37	1.35	0.92	1.10	5.16
	1.50	8.02	0.61	5.38	4.35	25.78	7.32	2.79	0.99	0.70	2.46
	1.75	12.20	0.93	4.34	5.26	29.89	11.14	3.48	0.99	0.60	1.88
	2.00	18.33	1.41	3.50	6.31	33.81	16.74	4.52	1.03	0.53	1.42
14.0	0.75	1.17	0.07	18.57	1.91	12.64	1.06	0.81	0.82	1.42	10.14
	1.00	2.05	0.13	13.65	2.50	16.35	1.87	1.16	0.86	1.10	7.58
	1.50	4.07	0.26	9.64	3.46	22.04	3.72	1.80	0.96	0.82	5.70
	1.75	6.29	0.41	7.65	4.24	26.41	5.74	2.39	0.98	0.68	4.27
	2.00	9.46	0.62	6.22	5.15	31.25	8.64	3.11	0.99	0.58	3.23

注 q 为闸孔泄流单宽流量；q_0 为消力池尾坎泄流单宽流量。

表 2.6 稳定水跃的消力池水力和体型参数（池长 $L=23.5\mathrm{m}$）

Z_a /m	T /m	q /[m³/(s·m)]	h_c /m	Fr_1	h_c'' /m	L_j /m	q_0 /[m³/(s·m)]	H_1 /m	$(T+H_1)/h_c''$	L/L_j	T/h_c
7.5	0.75	3.40	0.30	6.61	2.66	16.28	3.11	1.62	0.89	1.44	2.50
	1.00	5.85	0.53	4.86	3.39	19.72	5.34	2.29	0.97	1.19	1.89
	1.50	14.91	1.38	2.93	5.07	25.48	13.62	4.00	1.09	0.92	1.09
10.5	0.75	2.03	0.15	10.97	2.28	14.68	1.86	1.16	0.84	1.60	4.93
	1.00	3.44	0.26	8.38	2.93	18.45	3.14	1.62	0.89	1.27	3.88
	1.50	8.80	0.67	5.17	4.55	26.79	8.03	2.97	0.98	0.88	2.25
	1.75	13.53	1.04	4.07	5.49	30.72	12.36	3.74	1.00	0.77	1.68
	2.00	20.30	1.57	3.30	6.58	34.57	18.52	4.82	1.04	0.68	1.27

续表

Z_a /m	T /m	q /[m³/(s·m)]	h_c /m	Fr_1	h_c'' /m	L_j /m	q_0 /[m³/(s·m)]	H_1 /m	$(T+H_1)/h_c''$	L/L_j	T/h_c
	0.75	1.57	0.10	15.94	2.20	14.52	1.44	0.99	0.79	1.62	7.50
	1.00	2.56	0.17	12.18	2.77	17.95	2.34	1.34	0.84	1.31	6.06
14.0	1.50	4.96	0.32	8.72	3.79	23.94	4.53	2.04	0.94	0.98	4.69
	1.75	7.72	0.50	6.96	4.68	28.83	7.05	2.73	0.96	0.82	3.50
	2.00	11.25	0.73	5.76	5.59	33.53	10.28	3.43	0.97	0.70	2.74

2.9.3.3 L/L_j -$(T+H_1)/h_c''$关系

选取消力池进口收缩水深断面流速系数 $\phi=0.94\sim0.97$，池末端尾坎泄流流量系数 $m_0=0.33\sim0.4$（m_0 值可由尾坎的高度和厚度、尾坎下游陡坡段坡度、尾坎顶上游水深等查得，见表 2 14）[16]，由消力池和堰流有关计算公式[1,16]，计算出各组次消力池进口跃前水深 h_c、跃后水深 h_c''、水跃长度 L_j、尾坎顶水深 H_1 等（表 2.5 和表 2.6），将 L/L_j -$(T+H_1)/h_c''$的关系绘于图 2.17：

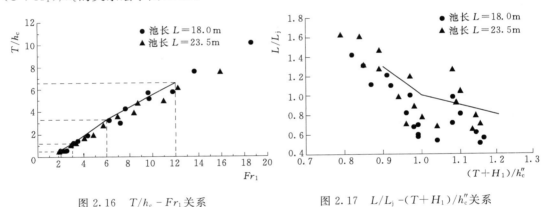

图 2.16 T/h_c -Fr_1关系   图 2.17 L/L_j -$(T+H_1)/h_c''$关系

（1）相对池长 L/L_j 随淹没度 $(T+H_1)/h_c''$的增大而减小。

（2）忽略图 2.17 中个别较离散的试验点，当 $(T+H_1)/h_c''=0.9\sim1$ 时，可取 $L/L_j=1.3\sim1$；当 $(T+H_1)/h_c''=1\sim1.2$ 时，可取 $L/L_j=1\sim0.8$。

2.9.4 水闸闸门全开运行试验及分析

闸门全开运行的消力池作用水头相对要小些，消力池进口断面 Fr_1 相应减小，池内形成临界稳定水跃的 T/h_c 与 Fr_1 比值比闸门局部开启运行相应要小一些（表 2.7、表 2.8 和图 2.16）。

L/L_j -$(T+H_1)/h_c''$关系与闸门局部开启运行的相应关系一致，随 $(T+H_1)/h_c''$的增大，L/L_j 相应减小。当尾坎高度 T 较小时（$T=0.75\text{m}$、1.0m），出现了 $(T+H_1)/h_c''>1$、$L/L_j>1$ 的情况（表 2.7、表 2.8 和图 2.17），其原因分析为：此时尾坎位于水跃长度 L_j 的下游，池长 $L>L_j$，尾坎的位置对池内流态影响较小，在确保消力池为稳定水跃的条件下，可将尾坎往池上游移动至水跃范围内（即 $L/L_j\leqslant1$），使池内水跃形成强制水跃；

当 $(T+H_1)/h''_c$ 值较大时，L/L_j 值可取相应小些。如表 2.7 和表 2.8 的 $T=0.75\text{m}$ 组次试验中，消力池 $(T+H_1)/h''_c=1.08$，若将其 L/L_j 值取为 0.92，池内仍形成临界稳定水跃；$T=1.0\text{m}$ 组次的试验情况也相类似。

表 2.7　　　　　　　稳定水跃的消力池水力和体型参数（池长 $L=18\text{m}$）

Z_a /m	T /m	E_0 /m	q /[m³/(s·m)]	h_c /m	Fr_1	h''_c /m	L_j /m	H_1 /m	$(T+H_1)/h''_c$	L/L_j	T/h_c
5.12	0.75	5.58	11.89	1.35	2.42	4.00	18.29	3.56	1.08	0.98	0.56
6.26	1.00	6.87	18.02	1.87	2.25	5.09	22.2	4.60	1.10	0.81	0.54
8.49	1.50	9.44	33.06	3.02	2.01	7.22	28.98	6.74	1.14	0.62	0.50
9.53	1.75	10.64	41.09	3.57	1.94	8.19	31.89	7.72	1.16	0.56	0.49
10.61	2.00	11.92	50.48	4.18	1.89	9.28	35.16	8.64	1.15	0.51	0.48

表 2.8　　　　　　　稳定水跃的消力池水力和体型参数（池长 $L=23.5\text{m}$）

Z_a /m	T /m	E_0 /m	q /[m³/(s·m)]	h_c /m	Fr_1	h''_c /m	L_j /m	H_1 /m	$(T+H_1)/h''_c$	L/L_j	T/h_c
5.20	0.75	5.67	12.32	1.39	2.41	4.08	18.63	3.65	1.08	1.26	0.54
6.37	1.00	7.01	18.81	1.94	2.22	5.20	22.50	4.75	1.11	1.04	0.52
8.76	1.50	9.75	35.05	3.16	1.99	7.47	29.76	6.98	1.14	0.79	0.48
9.91	1.75	11.09	44.35	3.79	1.92	8.57	32.97	8.06	1.15	0.71	0.46
11.15	2.00	12.56	55.62	4.52	1.85	9.77	36.22	9.07	1.13	0.65	0.44

2.9.5　消力池水力和体型参数选取分析

2.9.5.1　消力池末端尾坎高度 T

通常，消力池水平段池底高程是由工程布置、地形和地质条件、工程施工和投资等确定的。在设计的泄洪流量条件下，根据选定的消力池水平段池底高程，可先假设消力池末端尾坎的高度，通过反复地计算得出形成有一定淹没度水跃的尾坎高度 T，然后再选取合理的池长 L。

由分析可知，在给定池底高程的条件下，形成稳定水跃的池末端尾坎高度 T 与消力池进口的 h_c 和 Fr_1 等有关。由试验资料（图 2.16，$Fr_1>12$ 的试验点较少，故舍去），可得出尾坎自由出流的消力池内形成临界稳定水跃的 (T/h_c)-Fr_1 关系为

$$\frac{T}{h_c}=\begin{cases}0.58Fr_1-0.54, & 1.8\leqslant Fr_1\leqslant3\\0.7Fr_1-0.9, & 3<Fr_1\leqslant6\\0.55Fr_1, & 6<Fr_1\leqslant12\end{cases} \tag{2.6}$$

计算时可根据消力池收缩断面的 Fr_1 值，由相应的公式计算 T/h_c 值。

2.9.5.2　消力池水平段长度 L

由于消力池末端尾坎的工程量和投资比水平段长度相应小得多，因此，在不影响水闸泄流能力前提下，应优先考虑设置较高的尾坎，即适当增大 $(T+H_1)/h''_c$ 值，以尽量减小消力池水平段长度 L。由试验成果可得出：

（1）当 $(T+H_1)/h''_c=0.9\sim1.0$ 时，其相对池长 $L/L_j=1.3\sim1.0$。

（2）当 $(T+H_1)/h''_c=1.0\sim1.2$ 时，其相对池长 $L/L_j=1.0\sim0.8$。

在实际工程设计中，为了减少消力池的工程量，应尽量选取相对池长 L/L_j 值较小的消力池池长，见式（2.7）。

$$\frac{L}{L_j}=\begin{cases}1.3\sim1.0, & (T+H_1)/h''_c=0.9\sim1.0\\1.0\sim0.8, & (T+H_1)/h''_c=1.0\sim1.2\end{cases}\qquad(2.7a)$$

为了方便上式的计算，可将式（2.7a）写为下式：

$$\frac{L}{L_j}=\begin{cases}-3[(T+H_1)/h''_c]+4, & 0.9\leqslant(T+H_1)/h''_c\leqslant1.0\\-[(T+H_1)/h''_c]+2, & 1.0<(T+H_1)/h''_c\leqslant1.2\end{cases}\qquad(2.7b)$$

式中：L 为消力池水平段长度；L_j 为水跃长度；T 为消力池尾坎高度；H_1 为消力池尾坎顶水深；h''_c 为跃后水深。

综合上述，在工程设计计算中，根据设计洪水条件的 F_{r_1} 值，可由式（2.6）初步选取消力池末端尾坎高度 T，然后计算出尾坎顶水深 H_1，并适当调整尾坎高度 T 值，使尾坎淹没度 $(T+H_1)/h''_c=1.15\sim1.2$，其相对池长 L/L_j 取 $0.85\sim0.8$ 较为合适。

2.9.5.3　消力池末端尾坎高度 T 合理选取

在现状的水闸下游消力池除险改造中，若其消力池底板仍可以利用或需在池底板面铺设一层钢筋混凝土层进行加固，为了满足消力池池深的要求，可将其池末端尾坎顶适当加高，甚至将尾坎顶加高至略高于水闸闸室堰顶高程。此时，应计算复核在设计洪水和校核洪水等洪水频率条件下的水闸泄流能力是否能够满足工程设计的要求，计算复核可在相应洪水流量的闸下游河道水位条件下，消力池尾坎顶过水断面面积等于或大于水闸闸孔总净过水断面面积。

2.9.6　算例

2.9.6.1　乌石拦河闸

广东省普宁市乌石拦河闸枢纽设置 15 孔泄洪闸孔，闸室堰顶高程 13.00m，单孔闸净宽 7.6m，闸孔总净宽为 114m；其下游消力池段总宽度为 131.6m。

20 世纪 90 年代中期以来，由于水闸下游河道河床明显下切，水位急速降低，消力池末端尾坎出流为自由出流，冲刷下游海漫和河床，严重影响工程安全运行。除险改造工程设计拟在现状消力池改造基础上，在其下游修建二级消力池。设计初拟的一级消力池水平段池底高程 10.60m、水平段长度 $L=20m$，消力池末端尾坎顶高程 12.35m，尾坎高度 $T=1.75m$（图 2.18）。

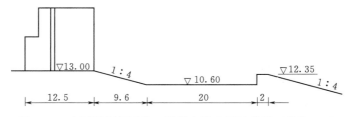

图 2.18　乌石拦河闸下游一级消力池布置示意图（单位：m）

在 50 年一遇洪水频率流量（$P=2\%$，$Q=3500m^3/s$）运行时，闸下游一级消力池内出现急流状远驱水跃，急流撞击池末端尾坎跃起后，再跌向下游陡坡段及二级消力池，流态极差。水力模型试验在一级消力池内设置两排消力墩之后（墩高 1.8m，墩宽与墩间距均为 1.4m，消力墩呈梅花状排列），消除了池内远驱水跃，池内形成稳定的强迫水跃[2-3]。采用本节成果对乌石拦河闸下游一级消力池布置进行分析（表 2.9 和表 2.10）。

表 2.9　　　　　乌石拦河闸设计初拟方案一级消力池水力参数和尾坎高度计算

P	Z_a /m	q /[m³/(s·m)]	E_0 /m	h_c /m	h_c'' /m	L_j /m	T/h_c	T /m
2%	19.45	30.7	9.72	2.66	7.27	31.82	0.737	2.05

表 2.10　　　　　乌石拦河闸设计初拟方案一级消力池池长 L 计算

q_0 /[m³/(s·m)]	m_0	H_1 /m	$T+H_1$ /m	$(T+H_1)/h_c''$	L/L_j	L /m
26.6	0.42	5.89	7.94	1.09	0.91	28.96

（1）以水闸上游水位 $Z_a=19.45m$、泄流单宽流量 $q=30.7m^3/(s \cdot m)$ 和消力池进口断面流速系数 $\phi=0.98$，计算得消力池总水头 $E_0=9.72m$（含闸上游行进流速水头）、$h_c=2.66m$、$Fr_1=2.26$、$h_c''=7.27m$、$L_j=31.82m$。

根据式（2.6），因为 $Fr_1=2.26$，则由 $T/h_c=0.58Fr_1-0.54$，可计算得 $T/h_c=0.771$，$T=2.05m$；以尾坎泄流单宽流量 $q_0=26.6m^3/(s \cdot m)$、流量系数 $m_0=0.42$，计算得 $H_1=5.89m$；则有 $(T+H_1)/h_c''=1.09$，由式（2.7）计算得 $L/L_j=0.91$，$L=28.96m$（即一级消力池产生稳定水跃所需的尾坎高度 $T=2.05m$、水平段池长 $L=28.96m$）。由此可知，设计初拟方案的一级消力池（$T=1.75m$，$L=20m$）无法形成稳定的水跃。

（2）为了进一步缩短消力池长度，取池末端尾坎高度 $T=2.6m$，由 $H_1=5.89m$、$(T+H_1)/h_c''=1.168$，计算得 $L/L_j=0.832$，$L=26.47m$。

水力模型试验表明[20]，在 $Q=3500m^3/s$ 泄流运行条件下，$T=2.05m$、$L=28.96m$ 和 $T=2.6m$、$L=26.47m$ 两种布置的一级消力池内均形成稳定的水跃，显然后者的工程量和投资较省，工程效益较显著，并且两者可在消力池内设置消力墩等辅助消能工，其池长分别可再缩短约 30%。

2.9.6.2　高堂拦河闸

广东省饶平县高堂拦河闸为大（2）型水闸工程，设置 10 孔泄洪闸孔，闸室堰顶高程 4.80m，单孔闸净宽 12.5m，总净宽为 125m，闸中墩和边墩厚 2.0m，缝墩厚 3.0m，拦河闸总宽度为 151.08m；拦河闸下游采用底流消能，消力池总宽度为 147.08m。拦河闸上游正常蓄水位为 8.72m，设计洪水频率为 50 年一遇（$P=2\%$，$Q=2430m^3/s$）。

近年来，由于拦河闸下游河道人为过量采沙，造成闸下游河床明显下切，水位降低，拦河闸上、下游河床高差达约 6～7m，水头落差较大，严重影响工程的安全运行。在高堂拦河闸重建工程设计中，综合考虑拦河闸两岸堤围安全、闸下游陡坡段及消力池两岸翼墙稳定、地质条件、工程施工及投资等，确定在拦河闸下游修建两级消力池。采用本节研究成果对高堂拦河闸重建工程一级消力池的布置和计算进行分析。

1. 一级消力池尾坎高度 T

工程设计初拟方案的一级消力池水平段池底高程为 1.40m。在各级洪水流量泄流运行时，一级消力池尾坎出流均为自由出流。由于一级消力池尾坎高度 T 随水闸泄洪流量增大而增加，因此，以设计洪水频率流量（$P=2\%$，$Q=2430\text{m}^3/\text{s}$）泄流运行条件计算一级消力池尾坎高度 T：

（1）以闸上游水位 $Z_a=9.80\text{m}$、泄流单宽流量 $q=19.44\text{m}^3/(\text{s}\cdot\text{m})$ 和消力池进口断面流速系数 $\phi=0.97$，计算得消力池总水头 $E_0=8.93\text{m}$（含闸上游行进流速水头）、$h_c=1.68\text{m}$、$Fr_1=2.85$、$h_c''=5.99\text{m}$、$L_j=29.74\text{m}$。

（2）初步拟定消力池尾坎高度 $T=2.4\text{m}$，由文献［16］查出消力池尾坎泄流流量系数 $m_0=0.42$，计算相应的尾坎顶水深 $H_1=4.29\text{m}$（表 2.11 和表 2.12）。

表 2.11　　　　　　　　　高堂拦河闸一级消力池尾坎高度 T 计算

P	Z_a /m	q /[m³/(s·m)]	E_0 /m	h_c /m	h_c'' /m	L_j /m	T /m
2%	9.8	19.44	8.93	1.68	5.99	29.74	2.4

表 2.12　　　　　　　　　高堂拦河闸一级消力池池长 L 计算

q_0/[m³/(s·m)]	m_0	H_1/m	$T+H_1$/m	$(T+H_1)/h_c''$	L/L_j	L/m
16.52	0.42	4.29	6.69	1.117	0.883	26.26

2. 一级消力池池长 L

由表 2.12 可见，当选取一级消力池尾坎高度 $T=2.4\text{m}$ 时，计算的尾坎顶水深 $H_1=4.29\text{m}$，则有 $T+H_1=1.117h_c''$。

由 $T+H_1=1.117h_c''$，取一级消力池水平段长度 $L=0.883L_j=26.26\text{m}$。为了缩短消力池长度，在消力池进口端设置一排消力墩（墩高 2.0m，墩宽和墩间距均为 1.5m），则将消力池长度缩短为 16.9m（$16.9/26.26=0.64$）[21-22]，如图 2.19 所示。

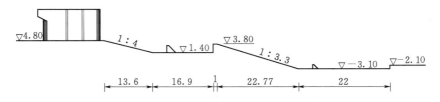

图 2.19　高堂水闸下游消能工布置图（单位：m）

3. 水力模型试验

水力模型试验表明[21]，在各级洪水流量泄流运行时，拦河闸下游一级消力池形成稳定的强迫水跃，水流消能较充分，池末端尾坎出流较平顺进入下游二级消力池。水力模型试验研究成果得到了工程设计的采用。

2.9.6.3　潮州供水枢纽东溪拦河闸

潮州供水枢纽工程位于广东省韩江下游的潮州市境内，为大（1）型水闸工程。枢纽工程横跨韩江东溪、西溪两河道，东溪、西溪枢纽部分各布置 16 孔拦河水闸，单孔闸净宽 14m，总净宽为 224m；拦河闸总宽度为 262.1m；闸下游采用底流消能。拦河闸上游正常蓄水位为 10.50m，设计洪水频率为 50 年一遇，相应泄洪流量 $Q=13600\text{m}^3/\text{s}$；校核洪水频率为 200 年一遇，相应泄洪流量 $Q=18200\text{m}^3/\text{s}$。

东溪拦河闸于 2004 年建成投入运行。由于拦河闸下游河道人为无序的过量采沙，造成闸下游河床严重下切，水位明显下降，拦河闸下游消力池无法正常运行。2006 年汛期，东溪拦河闸消力池下游海漫遭受不同程度的冲刷破坏，危及工程的安全运行，需对闸下游消能工进行除险改造。除险改造设计方案保留现状的消力池为一级消力池，并在其下游设置二级消力池（图 2.20）。

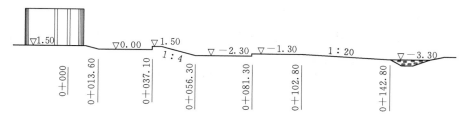

图 2.20 东溪拦河闸下游消能工除险改造设计方案布置图（单位：m）

水力模型试验推荐的东溪拦河闸下游消能工除险改造方案布置如图 2.21 所示。为了消除一级消力池内的折冲水流、远驱式水跃等不良流态，将池末端尾坎顶加高 1.0m，加高后的一级消力池末端尾坎顶高程为 2.50m，尾坎顶比拦河闸闸室堰顶高 1.0m[4]。

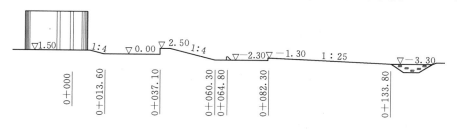

图 2.21 东溪拦河闸下游消能工除险改造推荐方案布置图（单位：m）

为了判别一级消力池尾坎加高后是否会影响拦河闸的泄流能力，分析如下：通常在计算水闸泄流能力和确定其规模的闸下游河道水位采用的是高水工况的水位-流量关系曲线（或称设计洪潮水面线），此时，拦河闸上、下游水位差一般较小（如东溪拦河闸在校核洪水频率流量泄流的上、下游水位差 $\Delta Z \leqslant 0.3\text{m}$）；由于拦河闸闸孔断面设置了多个闸墩，缩窄了闸孔断面的过流面积，且拦河闸闸孔泄流的侧收缩影响要明显大于一级消力池末端尾坎顶断面水流侧收缩影响，因此，只要一级消力池末端尾坎顶过水断面大于或等于拦河闸闸孔过水断面面积，一级消力池末端尾坎顶加高就不会影响拦河闸的泄流能力[22-23]。

在设计洪水频率（$P=2\%$）和校核洪水频率（$P=0.5\%$）的闸址下游河道水位条件下，计算的东溪拦河闸一级消力池末端尾坎顶过水面积大于水闸闸孔过水面积（表 2.13）。水力模型试验表明，一级消力池末端尾坎顶加高后，对东溪拦河闸泄流能力无影响。2008 年年初，东溪拦河闸下游消能工除险改造工程建成投入运行，运行情况良好。

| 表 2.13 | 东溪拦河闸闸孔和一级池尾坎顶过水面积比较 | | | | |

洪水频率 P	闸下游水位 Z_t/m	水闸闸孔		一级消力池尾坎	
		闸底高程/m	过水面积/m^2	坎顶高程/m	过水面积/m^2
2%	12.70	1.50	2509	2.50	2673
0.5%	14.35	1.50	2878	2.50	3106

2.9.7　小结

（1）本节对尾坎自由出流的消力池体型和水力参数进行研究，提出了相应的计算方法。在消力池水平段池底高程选定的基础上，根据水闸泄流水力参数（闸上游水位 Z_a、泄流单宽流量 q 等），计算出消力池的水力参数 E_0、h_c、Fr_1、h_c'' 和 L_j 等；然后根据 Fr_1 值，初选消力池末端尾坎高度 T。

（2）通过调整消力池末端尾坎高度 T 和计算其坎顶水深 H_1，使（$T+H_1$）与跃后水深 h_c'' 的比值（$T+H_1$）/$h_c''=1.15\sim1.2$，则消力池水平段长度 L 与跃长 L_j 的比值 L/L_j 可减小至 $0.85\sim0.8$。

（3）在消力池水平段池底高程确定的条件下，为了满足消力池池深布置的要求，可将池末端尾坎顶高程布置略高于水闸闸室的堰顶。此时，在设计洪水频率和校核洪水频率流量的闸址下游河道水位条件下，只要计算的消力池末端尾坎顶过水断面面积大于或等于拦河闸闸孔过水断面面积，消力池末端尾坎顶加高就不会影响拦河闸的泄流能力。

（4）本节列举的 3 个工程实例，由水力模型试验推荐的方案已得到了工程设计的采用或已建成投入运行，可供类似的工程设计和运行参考。

2.10　二级消力池布置和计算

2.10.1　二级消力池布置和计算公式

因下游河道河床下切、水位降低而引起水闸下游消能工除险改造时，若现状消力池加固改造后仍可以利用，可在其下游增设二级消力池，采用分级消能来确保工程的安全运行。这种布置方式便于工程施工、节省工程投资。

如图 2.22 所示的水闸下游二级消力池体型布置，在计算出二级消力池进口断面的总水头 E_1 之后，就可以按照有关的消力池计算公式[1]，计算出二级消力池的水力参数和体型参数，见式（2.8）～式（2.10）。

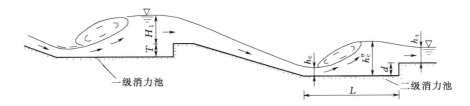

图 2.22　拦河闸下游一、二级消力池体型和水力参数示意图

进口收缩断面水深 h_c：

$$h_c = \frac{q_0}{\phi \sqrt{2g(E_1 - h_c)}} \qquad (2.8)$$

池深 d：

$$d = \sigma_0 h_c'' - h_t - \Delta Z \qquad (2.9)$$

水平段池长 L：

$$L = (4.83 \sim 5.52)(h_c'' - h_c) \qquad (2.10)$$

以上式中：q_0 为消力池的泄流单宽流量；E_1 为以二级消力池池底为基准到一级消力池水面的总水头；ϕ 为流速系数；g 为重力加速度；h_c'' 为跃后水深；σ_0 为水跃淹没度，可取 $\sigma_0 = 1.05 \sim 1.1$；h_t 为消力池下游河床水深；ΔZ 为二级消力池末端出口水面落差。

2.10.2 二级消力池水力和体型参数计算及分析

2.10.2.1 消力池池底总水头 E_1 计算

由式（2.8）～式（2.10）可知，在确定了二级消力池池底到一级消力池水面的总水头 E_1 之后，就可以计算出二级消力池水力参数和体型参数。在一级消力池末端尾坎高度 T、一级和二级消力池池底高程差等已知的条件下，二级消力池池底的作用总水头 E_1 可以采用以下方法进行计算。

（1）根据已知的一级消力池末端尾坎高度 T、尾坎顶宽度 b、尾坎下游陡坡段坡度 i、消力池下游河道水位 Z_t（或下游河床水深 h_t）等，可查阅有关的水力计算手册，得出尾坎泄流的流量系数 m_0 和淹没系数 σ_s，并由式（2.11）计算出一级消力池末端尾坎顶水头 H_1：

$$H_1 = \left(\frac{q_0}{m_0 \sigma_s \sqrt{2g}} \right)^{2/3} \qquad (2.11)$$

式中：q_0 为一级消力池尾坎的泄流单宽流量；g 为重力加速度。

通常，一级消力池尾坎的泄流流量系数 m_0 和淹没系数 σ_s 取值如下[16-17]：

1）一级消力池尾坎为折线型低堰的情况下（图 2.23），若在其下游陡坡段坡度 $i = 1:3 \sim 1:4$、尾坎相对宽度 $b/H_1 = 2.0 \sim 0.5$、坎顶相对水深 $H_1/T = 0.5 \sim 2.0$ 等条件下，可取尾坎泄流的流量系数 $m_0 = 0.34 \sim 0.42$（表 2.14）。其他堰型尾坎的流量系数 m_0 可参考有关水力计算手册选取。

图 2.23　一级消力池尾坎参数示意图

表 2.14　　　　　折线型实用堰流量系数 m_0

下游坡度 i	T/H_1	b/H_1			
		2.0	1.0	0.75	0.5
1:1	2～3	0.33	0.37	0.42	0.46
1:2	2～3	0.33	0.36	0.40	0.42
1:3	0.5～2.0	0.34	0.36	0.40	0.42
1:5	0.5～2.0	0.34	0.35	0.37	0.38
1:10	0.5～2.0	0.34	0.35	0.36	0.36

2) 折线型低堰的淹没界限为：$b/H_1 = 2.5 \sim 10$ 时，采用宽顶堰淹没界限；$b/H_1 = 0.67 \sim 2.5$ 时，其淹没界限介于宽顶堰和曲线型实用堰之间；$b/H_1 \approx 0.67$ 时，采用曲线型实用堰淹没界限。同理，其他堰型的淹没界限可参考有关水力计算手册确定。

（2）由式（2.11）计算出一级消力池尾坎顶水头 H_1 值之后，计算出一级消力池尾坎前缘水深 $T + H_1$ 断面的平均流速 v 和流速水头 $v^2/2g$。

（3）由式（2.12）计算出二级消力池池底总水头 E_1 值。

$$E_1 = \Delta Z_1 + T + H_1 + \frac{v^2}{2g} \tag{2.12}$$

式中：ΔZ_1 为一、二级消力池池底板顶高程之差；T 为一级消力池末端尾坎高度。

2.10.2.2 消力池池深和池长计算

由式（2.3）可知，二级消力池池深 d 随跃后水深 h_c'' 与池末端下游河床水深 h_t 的差值（$\sigma_0 h_c'' - h_t$）增加而增大，因此，消力池池深可由水闸各级泄洪流量计算的池深最大值 d_{max} 确定。

在实际工程计算中，可根据水闸下游河道的水位-流量关系，在确保二级消力池尾坎出流为缓流、尾坎下游海漫段材料抗冲流速大于消力池出流流速的条件下，先选择二级消力池的尾坎顶高程，然后再通过计算确定消力池的池深值。

2.10.3 计算和应用实例

以广州市流溪河李溪拦河闸下游消能工除险改造工程为例，对其下游二级消力池的布置和水力计算进行分析[9,24]。

1. 工程概况

李溪拦河闸除险改造工程设计为Ⅱ等2级工程，除险改造工程在拦河闸下游设置两级消力池。改造后的一级消力池末端尾坎布置为：尾坎的高度 $T = 1.49$m，尾坎顶宽度 $b = 2$m，尾坎顶下游接坡度 $i = 1:4$ 陡坡段后，再接 $i = 1:8$ 坡度的陡坡段，陡坡段下游接二级消力池（图2.24）。拦河闸下游一级、二级消力池的总宽度均为229m。

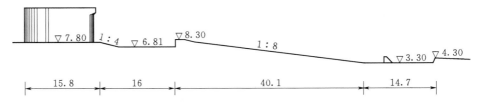

图 2.24 李溪拦河闸除险改造下游两级消力池布置图（单位：m）

除险改造工程运行的水文条件为：拦河闸上游正常蓄水位为10.51m，设计洪水频率（$P = 2\%$）泄洪流量 $Q = 2270\text{m}^3/\text{s}$。

2. 二级消力池末端尾坎顶高程确定

为了确保二级消力池出流与下游河道水流为缓流衔接，根据消力池下游河床地形、下游海漫段防护材料等，在各级闸门开度 e 和各级洪水流量泄流运行条件下，控制消力池末端尾坎顶出流流速 $v \leqslant 2.5$m/s，初拟的消力池末端尾坎顶高程为4.30m。

3. 二级消力池池深确定

在拦河闸上游正常蓄水位 10.51m 运行条件下，水闸闸门开度以 $\Delta e = 0.2m$ 分级开启泄流，闸门控泄运行的闸门最大开度 $e = 1.6m$。选取二级消力池进口断面流速系数 $\phi = 0.93\sim0.96$，先假定二级消力池池深值，计算出二级消力池池底总水头 E_1 之后，再计算出相应的池深 d（表 2.15 和表 2.16）。

表 2.15　　　　　　　　　　　　一级消力池尾坎顶水深 H_1 计算

P	Z_a/m	e/m	$q_0/[m^3/(s \cdot m)]$	m_0	H_{10}/m	$(T+H_{10})/m$
		0.2	0.85	0.330	0.71	2.20
		0.4	1.53	0.340	1.03	2.52
	10.51	0.8	2.79	0.348	1.53	3.02
		1.2	3.93	0.350	1.93	3.42
		1.6	4.93	0.355	2.23	3.72
	10.67	全开	7.00	0.370	2.78	4.27
2%	11.25	全开	9.91	0.375	3.51	5.00

注　一级消力池尾坎高度 $T=1.49m$。

表 2.16　　　　　　　　　　　　二级消力池池深 d 计算

e/m	$q_0/[m^3/(s \cdot m)]$	E_1/m	h_c/m	h_c''/m	Z_t/m	h_t/m	d/m
0.2	0.85	5.03	0.09	1.21	5.29	0.99	0.32
0.4	1.53	5.42	0.16	1.64	5.68	1.38	0.39
0.8	2.79	5.92	0.28	2.23	6.35	2.05	0.39
1.2	3.93	6.32	0.39	2.67	6.83	2.53	0.39
1.6	4.93	6.77	0.47	3.02	7.04	2.74	0.54
全开	7.00	7.21	0.65	3.61	7.82	3.52	0.42
全开	9.91	7.51	0.91	4.26	9.06	4.76	0

注　取水跃淹没度 $\sigma_0 = 1.1$。

由表 2.15 和表 2.16 可见，在拦河闸正常蓄水位 10.51m、闸门控泄的闸门最大开度 $e = 1.6m$ 泄流运行时，计算的下游二级消力池池深最大值 $d_{max} = 0.54m$。因此，经综合考虑，选取二级消力池池深为 1.0m，池底高程为 3.30m。

4. 二级消力池池长确定

由式（2.5）和表 2.16 的计算水力参数，可计算出：①在设计洪水频率（$P = 2\%$）流量泄流条件下，消力池水平段长度为 18.49m（取水跃长度校正系数 $\beta = 0.8$）；②在正常蓄水位、闸门开度 $e = 1.6m$ 泄流条件下（最大池深的计算组次），消力池水平段长度为 14.08m（取水跃长度校正系数 $\beta = 0.8$）。

由于拟建的二级消力池下游河床砌石海漫段较完整和可加以利用，应尽量减少已有砌石海漫段的开挖，节省工程投资。因此，在下游二级消力池进口端区域设置一排消力墩（消力墩墩高 1.3m，墩宽和墩间距均为 1.5m），则将消力池池长取为 14.7m，约为设计洪水频率（$P = 2\%$）流量计算池长的 80%（14.7/18.49 = 0.8）。计算初拟的李溪拦河闸除险改造工程下游二级消力池体型和布置如图 2.24 所示。

5. 水力模型试验和工程运行

图 2.24 的拦河闸下游消能工水力模型试验表明[9]：①一级消力池末端尾坎前缘的坎顶水头 H_1 的试验值与计算值较接近；②二级消力池内形成稳定的水跃，池内水流消能较充分，池末端尾坎顶断面及其下游海漫段的底流速 $v<2.5\mathrm{m/s}$，出池水流较平顺与下游河道水流衔接，运行流态良好。

李溪拦河闸除险改造下游二级消力池于 2008 年初建成投入运行。多年的运行观测表明：下游二级消力池水流消能较充分，二级消力池出流较平顺与下游河道水流衔接，工程运行安全可靠。

2.11　一、二级消力池之间陡坡段的阶梯布置

通常，若水闸下游的一、二级消力池之间水头差较大时，可在一、二级消力池之间的陡坡段设置不连续的外凸型阶梯辅助消能工等，增大陡坡段泄流消能率，降低下游二级消力池的入池流速，从而减小二级消力池的规模，节省工程投资。如广东省的普宁市乌石拦河闸除险改造工程、电白县共青河拦河闸坝重建工程等，经水力模型试验研究后，在拦河闸下游的一、二级消力池之间的陡坡段上设置了不连续的外凸型阶梯，取得了较显著的工程效益[2-3,10]。

2.11.1　陡坡段外凸型阶梯体型和布置

通常，水闸下游一、二级消力池之间陡坡段坡度 i 多为 $1:2\sim1:4$，具体可由闸址河道地形、泄流单宽流量和水头差等确定。参考有关的研究成果[25-27]，在陡坡段坡度 i 确定的条件下，陡坡段设置的外凸型阶梯体型尺寸包括阶梯高度 a、阶梯顶宽度 b、阶梯间距 s 等（图 2.25），各体型参数初步选择如下：

1. 阶梯高度 a

陡坡段的外凸型阶梯高度 a 一般可取 $0.3\sim0.4\mathrm{m}$。为了避免或减轻泄流对阶梯面下游端角冲刷破坏，可在阶梯面下游端角两端各削掉边长为 $0.05\mathrm{m}$ 的小三角体，形成削角的外凸型阶梯（图 2.25）。

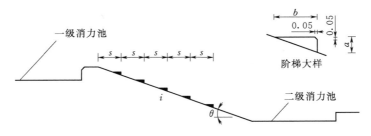

图 2.25　二级消力池上游陡坡段外凸型阶梯布置示意图（单位：m）

2. 阶梯顶宽度 b

通常，外凸型阶梯顶面一般多设置为水平面，在陡坡段坡度 i 确定的条件下，则阶梯顶面的宽度 $b=a/i$。

3. 阶梯间距 s

陡坡段外凸型阶梯的间距 s 与坡度 i 的关系可参见表 2.17。在同一坡度 i 的阶梯陡坡段，阶梯高度 a 较大者，则阶梯间距 s 可相应取大一些。

4. 陡坡段末级阶梯布置

根据已有的研究成果[10,26]，消力池上游陡坡段的末级阶梯顶面高程比消能设计的下游河道初始水位 Z_{t0} 高约 0.5m 为宜。

表 2.17　陡坡段阶梯间距 s 与坡度 i 的关系

坡度 i	1:2	1:3	1:4
阶梯间距 s/m	3～3.5	3.5～4	4～4.5

2.11.2　陡坡段外凸型阶梯水力计算

（1）根据一级消力池下游陡坡段坡度 i，初步选取阶梯高度 a、间距 s 及级数等，初步拟定陡坡段外凸型阶梯的布置。

（2）计算陡坡段末级阶梯顶水深 h_3。拦河闸下游一、二级消力池之间的陡坡段坡面长度一般较短，其阶梯陡坡段泄流流态多为光滑水流流态[25]（图 2.26），因此，在给定的陡坡段阶梯体型和布置条件下，计算出阶梯陡坡段光滑水流区长度 L_1 和其末端断面水深 h_1，并假定阶梯陡坡段光滑水流区段的沿程水深按等坡降均匀变化。

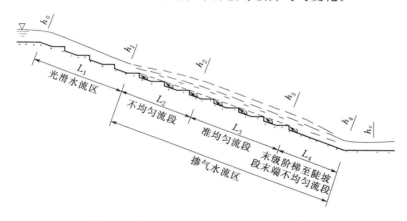

图 2.26　外凸型阶梯陡坡段泄流流态示意图

根据文献［25］等，阶梯陡坡段光滑水流区段的长度 L_1 和水面掺气起始断面水深 h_1 计算公式为

$$L_1 = A h_k^{1.2041} \left(\frac{a\cos^2\theta}{s} \right)^{-0.2041} \tag{2.13}$$

其中

$$h_k = \sqrt[3]{q^2/g}$$

$$h_1 = h_p + \delta a \tag{2.14}$$

式中：A 与陡坡段坡度 i 有关，具体可参见文献［25］和第 1 章；h_k 为临界水深；q 为泄流单宽流量；g 为重力加速度；a 为阶梯高度；s 为阶梯间距；θ 为陡坡段与水平线之间的夹角；h_p 为水面掺气起始断面的势流水深；δ 为系数，δ 与 q 的关系可参见文献［25］和第 1 章。

式 (2.13) 的适用范围为：$1.366m \leqslant h_k \leqslant 4m$，$0.046 \leqslant (a\cos^2\theta)/s \leqslant 0.14$。

由陡坡段阶梯体型参数和泄流水力参数等，计算出阶梯陡坡段光滑水流区段长度 L_1

和水面掺气起始断面水深 h_1 值之后，由计算的陡坡段首端断面水深 h_0 和该断面到末级阶梯顶断面的距离 L，根据阶梯陡坡段光滑水流区段沿程水深按等坡降均匀变化的假设，由 L_1 和 L 的长度比例关系，计算出末级阶梯顶断面的水深值 h_3（h_3 仍在光滑水流区内）。

（3）计算陡坡段末端水深 h_4。根据文献［25］，在陡坡段末级阶梯顶水深 h_3 已知的条件下，列出末级阶梯顶断面和陡坡段末端断面之间的水流能量方程（图 2.26），可得到陡坡段末端断面水深 h_4 的计算公式：

$$P=\frac{q^2}{2gh_3^2}\left(1-\frac{2gN^2L_4}{h_3^{4/3}}\right)+\Delta Z+h_3\cos\theta \tag{2.15}$$

$$h_4=\frac{q}{\sqrt{2g(P-h_4)}} \tag{2.16}$$

上二式中：q 为陡坡段泄流单宽流量；h_3 为末级阶梯顶断面水深；P 为计算参数；N 为末级阶梯下游陡坡面综合糙率，考虑到上游阶梯坡面和末级阶梯跌流的影响，N 可取阶梯坡面糙率 n_K 和下游坡面实际糙率 n_0 的平均值；L_4 为末级阶梯顶断面到陡坡段末端的距离；ΔZ 为末级阶梯顶面至下游护坦面的高程差。

将计算的陡坡段末端断面水深 h_4 近似为消力池进口收缩断面水深 h_c，在消力池泄流单宽流量 q 和下游河床水深 h_t 已知的条件下，可计算出下游消力池的尺寸。

2.11.3 算例

参考广东省普宁市乌石拦河闸除险改造工程下游两级消力池的布置[2-3]，在一、二级消力池之间陡坡段设置 6 级不连续的外凸型阶梯：一级消力池末端尾坎顶高程 12.20m、宽度 2.15m，下游陡坡段坡度 $i=1:3$（陡坡段与水平线的夹角 $\theta=18.435°$），阶梯高度 $a=0.35m$、间距 $s=3m$。一级消力池下游陡坡段末端的护坦面高程为 5.70m（即取二级消力池末端尾坎顶高程为 5.70m，如图 2.27 所示）。

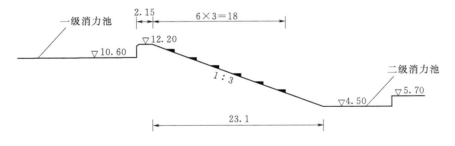

图 2.27　消力池陡坡段阶梯布置（单位：m）

在泄流单宽流量 $q=12m^3/(s·m)$、一级消力池尾坎顶水头 $H_1=5.1m$、闸址下游河道水位 $Z_t=8.60m$ 的条件下，计算相应的下游二级消力池池长和池深，并与光滑陡坡段下游消力池体型进行比较。

2.11.3.1　阶梯陡坡段下游消力池计算

1．计算光滑水流区段长度 L_1 和水深 h_1

由陡坡段泄流单宽流量 $q=12m^3/(s·m)$，计算临界水深 $h_k=2.45m$；根据文献［25］，陡坡段坡度 $i=1:3$（$\theta=18.435°$）时，$A=6.384$。根据 $h_k=2.45m$、$\theta=18.435°$、

$a=0.35\text{m}$、$s=3\text{m}$ 等，由式（2.13）计算得 $L_1=29.75\text{m}$。

由 $q=12\text{m}^3/(\text{s}\cdot\text{m})$，查得 $\delta=1.74$；由一级消力池尾坎顶水头 $H_1=5.1\text{m}$，计算得光滑水流区段末端水面掺气起始断面的水头差 $H_p=14.51\text{m}$，势流水深 $h_p=0.73\text{m}$。由式（2.14）计算得 $h_1=1.34\text{m}$。

2. 计算陡坡段末级阶梯顶水深 h_3

陡坡段末级阶梯顶断面到陡坡段首端的距离 $L=18.85\text{m}$，取陡坡段首端断面水深为 $h_0=h_k=2.45\text{m}$，由阶梯陡坡段光滑水流区段沿程水深按等坡降均匀变化的假定，可计算得末级阶梯断面水深为 1.75m，减去该断面阶梯垂直于坡面的高度 0.33m（即 $a\cos\theta=0.33\text{m}$），则末级阶梯顶断面水深 $h_3=1.42\text{m}$（图 2.28）。

3. 计算陡坡段末端水深 h_4

由图 2.28 可知，陡坡段末级阶梯顶断面

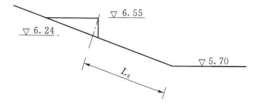

图 2.28　陡坡段末级阶梯布置（单位：m）

到陡坡段末端（高程 5.70m）的体型参数为：$\Delta Z=0.85\text{m}$，$L_4=1.71\text{m}$；计算得阶梯陡坡面糙率 $n_K=0.0266^{[25]}$，取末级阶梯下游坡面实际糙率 $n_0=0.015$，则末级阶梯下游陡坡面综合糙率 $N=0.0208$。将 $q=12\text{m}^3/(\text{s}\cdot\text{m})$、$h_3=1.42\text{m}$ 及 ΔZ、L_4、N 等值代入式（2.15）和式（2.16），计算得 $P=5.81$、$h_4=1.27\text{m}$。

4. 二级消力池尺寸计算

取消力池进口断面水深 $h_c=h_4=1.27\text{m}$，下游水位 $Z_t=8.60\text{m}$，由文献［1］的消力池计算公式，可计算得下游消力池跃后水深 $h_c''=4.22\text{m}$，消力池水平段长度 $0.8L_j=16.28\text{m}$，池深 $d=0.97\text{m}$。

然后，以池深 $d=0.97\text{m}$ 选取池底高程为 4.73m，反复计算 h_c、h_c''、L_j 等值，直至得出最终的下游二级消力池尺寸（表 2.18）。

表 2.18　　　　　　　　阶梯和光滑陡坡段下游二级消力池尺寸比较

单宽流量 q /[$\text{m}^3/(\text{s}\cdot\text{m})$]	下游水位 Z_t/m	阶 梯 陡 坡 段				光 滑 陡 坡 段			
		h_c /m	h_c'' /m	$0.8L_j$ /m	d /m	h_c /m	h_c'' /m	$0.8L_j$ /m	d /m
12	8.60	1.11	4.61	19.3	1.31	0.78	5.76	27.5	2.40

2.11.3.2　光滑陡坡段下游消力池计算

取光滑陡坡段下游二级消力池进口收缩断面流速系数 $\phi=0.95$，计算出二级消力池的 h_c、h_c''、L_j、d 等，得出最终的下游二级消力池尺寸，见表 2.18。

2.11.3.3　光滑和阶梯陡坡段下游消力池尺寸比较

由表 2.18 可见，由于一级消力池下游阶梯陡坡段消减了部分泄流能量，减小了进入下游二级消力池的流速，其二级消力池水平段长度和池深分别只有光滑陡坡段下游消力池水平段长度和池深的 70% 和 55% 左右，简化了下游消能设施，大大节省了工程投资，效益十分显著。

2.11.4　小结

（1）当水闸下游一、二级消力池之间水头差较大时，可在两级消力池之间的陡坡段上设置不连续的外凸型阶梯辅助消能工，以增大陡坡段泄流的消能率，减小下游二级消力池的规模。

（2）在工程设计中，可根据水闸运行水力条件，选取陡坡段的外凸型阶梯体型参数，计算出相应的下游二级消力池体型尺寸，得出满足下游消能工安全运行的二级消力池体型和布置。

2.12　水闸枢纽下游消能工的合理布置

2.12.1　概述

河道上修建了水闸枢纽建筑物（泄水闸、电站、通航船闸等）之后，对河道产生了不同程度的缩窄，为了减小水闸上游的壅水值及淹没损失，应尽量增加水闸闸宽 B 占用河宽 B_1 的比值 $w(w=B/B_1)$。文献 [19] 指出，大、中型水闸闸宽与河宽（通过设计流量时的平均过水宽度）的比值 w，一般应大于表 2.19 所列的数值。否则，将会加大连接段的工程量，从而增加工程总造价。

表 2.19　　　　　　　　　　　水闸束窄比率 w 值表

河道底宽/m	50～100	100～200	>200
束窄比率 w	≥0.6～0.75	≥0.75～0.85	≥0.85

由于水闸闸宽占据河宽断面较大，对于闸址的河道河床横断面高差变化较大的水闸（如闸址河床断面的深槽与岸滩高程差变化较大），可根据闸址处河道地形和地质条件、两岸坡和堤围稳定、闸下游河道 Z_t - Q 关系等，合理地选择水闸下游消能工纵剖面体型和消能工平面布置（即合理地分区设置下游消能工）。

本节以广东省漠阳江双捷拦河闸和鉴江高岭拦河闸两个重建工程为例，介绍其下游消能工的布置[18,28-29]。

2.12.2　漠阳江双捷拦河闸重建工程
2.12.2.1　工程概况

漠阳江双捷拦河闸位于广东省阳江市北约 20km 的漠阳江中下游，是一处以灌溉、供水为主，兼有防洪、航运、发电等综合效益的大（1）型水利枢纽工程，闸址处集雨面积约为 4200km²。

重建工程拦河闸共设 28 孔闸，单孔闸净宽 12m，泄流总净宽 336m，拦河闸总宽度413m。设计初拟方案拦河闸因使用功能分为冲沙闸、节制闸和泄洪闸等三种闸型，各闸型从右至左分别布置 2 孔冲沙闸 I 区、6 孔泄洪闸 I 区、12 孔节制闸、6 孔泄洪闸 II 区、2 孔冲沙闸 II 区等（图 2.29）。

综合考虑闸址区域河道地形和闸下游河道 Z_t - Q 关系等之后，拦河闸闸室采用宽顶堰；闸下游消能防冲采用两种底流消能方式：①冲沙闸和节制闸下游采用两级消力池；②泄洪闸下游采用一级消力池。

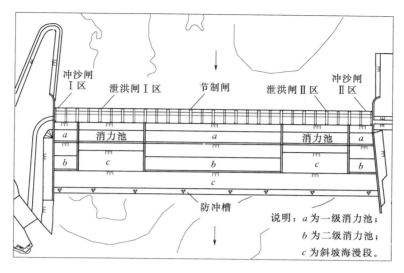

图 2.29 双捷拦河闸重建工程设计初拟方案平面布置示意图

拦河闸重建工程设计的正常蓄水位为 6.30m，设计洪水标准为 50 年一遇（$P=2\%$），校核洪水标准为 200 年一遇（$P=0.5\%$）。

2.12.2.2 拦河闸运行方式

（1）当上游洪水来流量 $Q \leqslant 1398 m^3/s$ 时，维持闸上游水位为正常蓄水位 6.30m，先采用 4 孔冲沙闸和 12 孔节制闸闸门局部开启运行；待下游河道水位上升之后，再开启泄洪闸运行，直至拦河闸泄洪流量 $Q \leqslant 2540 m^3/s$。

（2）当闸上游洪水来流量 $Q > 2540 m^3/s$ 时，拦河闸 28 孔闸闸门全开运行，恢复天然河道泄洪流态，以确保工程的安全运行。

2.12.2.3 拦河闸下游消能工体型优化

1. 下游消能工体型优化

（1）冲沙闸（左、右岸各布置 2 孔）闸室堰顶高程为 2.96m，堰顶末端以坡度 1:4.55 与下游一级消力池连接，一级消力池水平段长度为 15m，水平段池底高程 0.76m，池深 2.0m，池末端尾坎顶高程为 2.76m，池首端设置一排消力墩（消力墩高、墩宽和墩之间间距均为 2.0m），消力池末端尾坎长 2.0m；一级消力池尾坎顶末端以 1:2.9 坡度与下游二级消力池连接，二级消力池水平段长度为 18m，池深 1.5m，池首端设置一排消力墩（消力墩高、墩宽和墩之间间距均为 1.6m），池末端尾坎顶高程为 −1.75m，尾坎长 2.0m；尾坎顶末端采用 1:22.6 斜坡海漫与防冲槽连接，防冲槽顶高程为 −2.75m（图 2.30）。

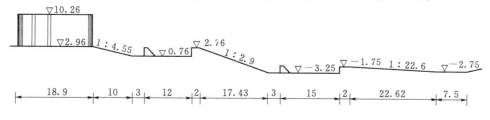

图 2.30 冲沙闸下游消能工优化方案剖面图（单位：m）

（2）节制闸为 12 孔闸，闸室堰顶高程为 3.26m，堰顶末端以坡度 1∶4 与下游一级消力池连接，闸下游消能工布置与冲沙闸相同（图 2.31）。

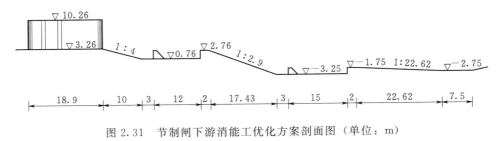

图 2.31　节制闸下游消能工优化方案剖面图（单位：m）

（3）泄洪闸共 12 孔，对称布置在节制闸孔段的两侧，闸室堰顶高程为 3.26m，堰顶末端以坡度 1∶4 与一级消力池连接，一级消力池水平段长度为 15m，水平段池底高程为 0.76m，池深 2.0m，池首端设置一排消力墩（消力墩高、墩宽和墩之间间距均为 2.0m），池末端尾坎顶高程为 2.76m；一级消力池尾坎顶末端以坡度 1∶1 与下游水平海漫（高程 0.76m）连接后，再接坡度为 1∶7.67 和 1∶22.62 两斜坡海漫段及防冲槽（图 2.32）。

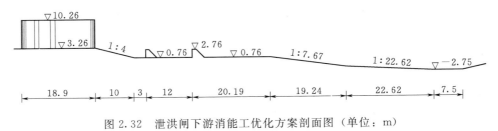

图 2.32　泄洪闸下游消能工优化方案剖面图（单位：m）

2. 试验成果

（1）当拦河闸上游洪水来流量 $Q \leqslant 1398 \mathrm{m}^3/\mathrm{s}$ 时，维持闸上游水位为正常蓄水位 6.30m、开启 4 孔冲沙闸和 12 孔节制闸运行（闸门开度 $e = 0.25 \sim 1.75 \mathrm{m}$），一、二级消力池内水流形成稳定的强迫水跃，二级消力池出流较平顺与下游河道水流衔接；测试的二级消力池尾坎和海漫末端断面的出流底流速分别小于 2.5m/s 和 1.3m/s。

（2）当 $1398 \mathrm{m}^3/\mathrm{s} < Q \leqslant 2540 \mathrm{m}^3/\mathrm{s}$ 时，维持 4 孔冲沙闸和 12 孔节制闸运行（$e = 1.75\mathrm{m}$），12 孔泄洪闸闸门逐渐开启运行（闸门开度 $e = 0.25 \sim 1.0\mathrm{m}$），泄洪闸一级消力池内水流形成稳定的强迫水跃，出流经池末端尾坎下游水平海漫和斜坡海漫之后，较平顺与下游河道水流衔接；泄洪闸下游水平海漫段底流速 $v \leqslant 2.5\mathrm{m}/\mathrm{s}$，海漫末端断面底流速 $v \leqslant 1.2\mathrm{m}/\mathrm{s}$。

（3）当闸上游洪水来流量 $Q > 2540 \mathrm{m}^3/\mathrm{s}$ 时，28 孔闸闸门全开运行，闸下游水流呈波状流流态，拦河闸下游海漫末端断面的底流速 $v \leqslant 1.8\mathrm{m}/\mathrm{s}$。

因此，水力模型试验优化的拦河闸各类闸型下游消能工体型和布置是合理的。

2.12.2.4　拦河闸下游消能工布置比较及合理性分析

1. 下游消能工布置比较和优化

根据工程设计的要求，拦河闸各类闸型调度运行方式为：当闸上游洪水来流量 $Q \leqslant 1398 \mathrm{m}^3/\mathrm{s}$ 时（相应闸下游河道水位 $Z_t \leqslant 2.90\mathrm{m}$），维持闸上游水位为正常蓄水位（6.30m），先开启 4 孔冲沙闸和 12 孔节制闸闸门局部开启运行；待闸上游洪水来流量 $Q > 1398 \mathrm{m}^3/\mathrm{s}$（$Z_t >$

2.90m）时，再开启 12 孔泄洪闸运行，直至拦河闸泄洪流量 $Q=2540\mathrm{m}^3/\mathrm{s}$；当拦河闸上游洪水来流量 $Q>2540\mathrm{m}^3/\mathrm{s}$ 时，28 孔闸闸门全开运行，以确保工程的安全运行（图 2.29）。

设计初拟方案拦河闸运行方式的优点是能够合理和有序地调度各类闸孔运行，将设置有两级消力池的冲沙闸和节制闸先开启运行，待闸下游河道水位上升之后，才开启泄洪闸运行，以确保拦河闸各类闸孔下游消能工的安全运行，同时简化了泄洪闸下游消能工，大大节省了拦河闸下游消能工的投资，且便于工程施工；其缺点是拦河闸必须要严格按照各类闸孔调度运行程序开启，一旦闸孔出现误操作调度而开启运行（如在初始泄流时，先开启泄洪闸闸孔运行），则闸下游河道水位较低（闸下游河道最低水位为 $-1.17\mathrm{m}$），泄洪闸消力池的下游海漫将会遭受到严重的冲刷破坏，危及工程的安全运行。

在双捷拦河闸重建工程消能工方案讨论会上，水闸运行管理部门认为该方案一旦闸孔出现误操作调度而开启运行（如在初始泄流时，先开启泄洪闸闸孔运行），会造成下游消能工的破坏，甚至损毁，力主将冲沙闸和泄洪闸的闸室及其下游消能工体型和布置与节制闸一致，便于工程的运行管理。

经工程设计、运行管理、水力模型试验成果等综合分析和协调之后，双捷拦河闸重建工程推荐方案布置如下：

（1）将冲沙闸闸室堰顶高程由 2.96m 抬高至 3.26m，其堰顶高程、闸下游消能工布置与节制闸相同。

（2）将泄洪闸下游一级消力池方案修改为两级消力池方案，其下游消能工体型和布置与节制闸相同。

因此，将拦河闸的冲沙闸、节制闸和泄洪闸合并统称为泄洪闸，推荐方案的双捷拦河闸重建工程 28 个闸孔共分为 3 个区段，河道中间区段布置 12 孔闸，其两侧分别布置 8 孔闸（图 2.33）。

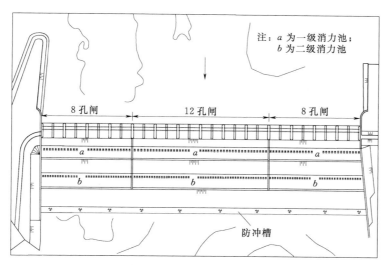

图 2.33 双捷拦河闸重建工程推荐方案平面布置示意图

2. 推荐的闸孔优化调度运行方案

水闸闸孔分为 3 个区段，其目的是在正常蓄水位（6.30m）条件下，便于各闸孔的开启调度运行。水力模型试验推荐的水闸闸孔调度运行方式如下：

（1）在水闸初始开启运行时，先开启中间 12 孔闸孔运行（闸门开度 $e \leqslant 0.75m$、$Q \leqslant 504m^3/s$），减小泄流对下游河道两岸坡和堤围的冲刷；待泄流稳定之后，再开启左、右两侧各 8 孔闸（闸门开度 $e = 0.25m$）运行；然后按顺序先开启中间 12 孔闸，后开启两侧各 8 孔闸（每一级增加的闸门开度间距 $\Delta e = 0.25m$），逐级交替增加闸门开度泄流运行，直至 28 孔闸的泄洪流量 $Q \leqslant 2540m^3/s$。

（2）当水闸上游洪水来流量 $Q > 2540m^3/s$ 时，28 孔拦河闸闸门全开泄洪，以确保工程的安全运行。

2.12.3　鉴江高岭拦河闸重建工程

2.12.3.1　设计初拟方案水闸下游消能工布置

高岭拦河闸位于广东省化州市杨梅镇的鉴江下游，是一处以灌溉、供水为主，结合航运的大（1）型水利枢纽工程。重建工程拦河闸共设 16 孔闸，单孔闸净宽 15m，闸室泄流总净宽 240m，闸下游采用底流消能（图 2.34）。

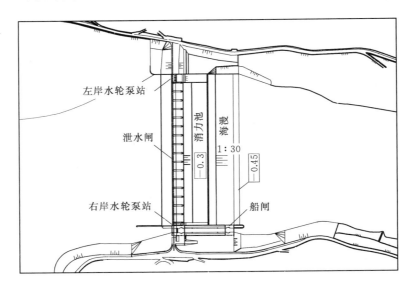

图 2.34　高岭拦河闸枢纽设计初拟方案平面图

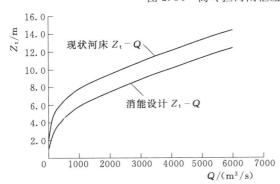

图 2.35　高岭拦河闸下游河道 Z_t-Q 关系

重建工程拦河闸的正常蓄水位为 8.20m，设计洪水标准为 50 年一遇（$P = 2\%$），校核洪水标准为 200 年一遇（$P = 0.5\%$）。工程设计的闸下游河道 Z_t-Q 关系如图 2.35 所示。

设计初拟方案水闸下游消能工布置为：消力池水平段长度 30.3m，池末端尾坎顶高程 2.20m、池深 2.5m，池下游接长 15.02m 水平海漫后，再接 1:20 的斜坡海漫，末端的防冲槽顶高程为－0.45m（图 2.36）。

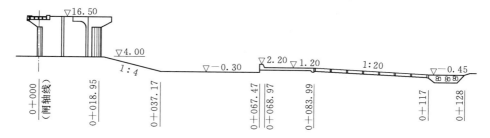

图 2.36　高岭水闸设计初拟方案下游消能工剖面图（单位：m）

水力模型试验表明[18]，在正常蓄水位（8.20m）、闸门小开度（$e=0.25$m）初始泄流运行时，消力池下游河道水位较低，消力池内水流较混乱，消力池尾坎出流出现较明显的跌流，下游海漫产生急流，易对海漫产生冲刷破坏。

2.12.3.2　推荐方案水闸下游消能工布置

由于下游消力池池底、尾坎顶及海漫段的高程偏高，造成消力池尾坎出流出现较明显的跌流，下游海漫产生急流等不良流态，需要降低下游消能工高程来改善其运行流态。考虑到闸址处河道经多年的洪水冲刷和人为挖沙等影响，河道中部区域河床已形成较明显的深槽。因此，为了减少闸址河道两岸区域河床的开挖量，拟定主要通过降低中间 5 孔闸下游消能工高程来解决存在的泄流消能问题。

水力模型试验推荐的水闸重建工程下游消能工布置如下：

（1）中间 5 孔闸（7 号～11 号）下游消力池池底高程降低为－1.00m，池末端尾坎顶高程 0.50m，池深 1.5m，水平段长度 22.5m；池末端尾坎下游接 1:30 的斜坡海漫，末端的防冲槽顶高程为－0.83m（图 2.9）。

（2）左、右两侧闸孔（1 号～6 号、12 号～16 号）下游消力池池底高程为 0.00m，池末端尾坎顶高程 1.50m，池深 1.5m，水平段长度 26.5m；池末端尾坎下游接 1:30 的斜坡海漫，海漫末端的防冲槽顶高程为 0.17m（图 2.37）。

（3）中间 5 孔闸（7 号～11 号）下游消能工采用隔墙与左、右两侧闸孔下游消能工分隔。

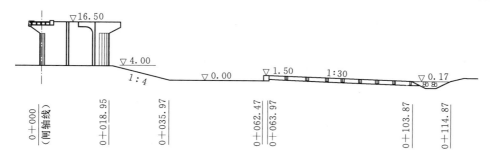

图 2.37　高岭水闸下游消能工推荐方案剖面图
（1 号～6 号、12 号～16 号闸孔，单位：m）

2.12.3.3　闸孔优化调度运行推荐方案

推荐方案中，水闸下游消能工分为 2 个区段。在正常蓄水位（8.20m）运行条件下，水力模型试验推荐的水闸闸孔调度运行方式如下：

（1）在水闸初始开启运行时，先开启中间 5 孔闸孔泄流运行（闸门开度 $e \leqslant 0.5m$、$Q \leqslant 234m^3/s$），待泄流及下游河道水位稳定之后，将左、右两侧 11 孔闸开启第 1 级闸门开度 $e = 0.25m$ 运行；随着上游河道来流量增大，再将左、右两侧 11 孔闸开启至第 2 级闸门开度 $e = 0.5m$ 运行（每一级增加的闸门开度 $\Delta e = 0.25m$）；待 16 孔闸全部开启至 $e = 0.5m$ 运行之后（$Q = 784m^3/s$），再将 16 孔闸同步开启至 $e = 0.75m$ 运行（$Q = 1097m^3/s$）。

（2）根据工程设计的要求，当水闸上游洪水来流量 $Q > 1097m^3/s$ 时，16 孔闸闸门全开泄洪，以确保工程的安全运行。

2.12.4　两个水闸下游消能工布置合理性分析

（1）水闸下游消能工布置应综合考虑闸址区域河道地形和地质条件、闸下游河道 $Z_t - Q$ 关系、运行安全、便于运行管理等因素。通常，一般的河道经多年的洪水冲刷和人为挖沙等影响，河道河床中间已形成较明显的深槽，闸址下游河道 $Z_t - Q$ 关系的小流量对应的河道水位往往较低，为了满足水闸在正常蓄水位的小开度初始泄流的消能防冲要求，闸下游消力池底板、池末端尾坎顶、下游海漫及防冲槽顶高程往往需设置得较低，会增大工程投资和施工难度。因此，可通过在枢纽布置上合理地设置下游消能工方案和采用科学的调度运行程序，达到工程既安全运行又经济合理的目的。

（2）双捷拦河闸重建工程设计初拟方案布置有冲沙闸、节制闸和泄洪闸等三种类型闸孔，其作用是希望能够通过合理和有序地调度各类闸孔运行，达到节省工程投资、便于施工和确保工程安全运行的目的。但该方案需要高素质的管理人员和严格的水闸调度运行操作程序，否则将会造成水闸下游消能工产生严重的冲刷破坏，危及工程的安全运行。

由于该工程管理部门人员担心在水闸调度运行操作程序中出差错，力主将 28 孔水闸下游消能工同步降低至同时满足初始泄流条件的消能防冲要求。该推荐方案的各类闸孔调度运行较方便，调度运行操作中造成工程出险的概率极小，但该方案工程投资相对较大，施工期较长。

（3）高岭拦河闸重建工程根据闸址区域河道地形和闸下游河道 $Z_t - Q$ 关系等，将闸址河道中间主河槽的 5 孔闸下游消能工降低至满足初始泄流条件的消能防冲要求，并制定出合理的闸孔闸门调度运行程序，待中间 5 孔闸泄流、下游河道水位上升至一定的水位值之后，才开启左、右侧 11 孔闸泄流，以确保工程的安全运行。

该工程下游消能工布置明显节省了工程量和投资，缩短了施工期，效益较显著。但该布置方案需要制定出科学的调度运行操作程序，并需要高素质的管理人员配合，否则一旦在水闸调度运行操作中出错，会造成工程出险甚至损毁。

（4）随着水利工程科技的进步和管理人员素质的提高，应从工程运行安全、经济合理、施工期短、运行管理方便等方面合理选择水闸枢纽下游消能工的总体布置。高岭拦河闸重建工程下游消能工布置起到了一个良好的示范作用，应该推广应用。

2.13　消力池下游海漫段消力坎布置

2.13.1　概述

通常，水闸下游河道河床下切、水位降低之后，为了确保其下游消能工的安全运行，可在现状消力池加固改造的基础上，在其下游修建二级消力池，或对其下游海漫加固之后，在海漫段加糙或设置辅助消能工等[19,30-32]，消减海漫的流速，以使水闸泄流与下游河道水流较平顺衔接。各方案的泄流运行特点分析如下：

（1）二级消力池可在现状下游消力池消能的基础上，促使泄流在二级消力池内形成二次水跃消能，且二级消力池池末端尾坎顶高程可根据下游河道水位合理地选择，二级消力池出流较平顺与下游河道水流衔接，消能效果较好。但此方案工程投资较大，且在工程改造施工中受限的条件较多，施工不够方便。

（2）在现状消力池及其下游海漫加固改造的基础上，在海漫段加糙或设置低消力坎等辅助消能工等，通过增大海漫段的糙率和摩阻，增加泄流的消能率，使消力池出流与下游河道水流较平顺衔接。此方案工程投资较少，施工较方便。但在下游河道水位较低时，海漫段的流速和水流波动较大，泄流对海漫段的加糙体或消力坎会产生一定的冲击力，应注意泄流对海漫的冲击和振动等影响。

因此，可综合考虑工程的泄流运行条件、闸址下游河道 $Z_t - Q$ 关系、工程投资和施工条件等，在水闸下游现状消力池加固改造的基础上，在其下游选择设置二级消力池方案或在下游海漫段加固后，设置消力墩和低消力坎等辅助消能工的方案。

本节以东山拦河闸下游消能工改造方案为例，介绍其下游海漫段加固后，设置消力墩和低消力坎等辅助消能工的水力模型试验研究成果和工程应用[33-34]。

2.13.2 东山拦河闸下游消能工改造的来由

2.13.2.1 下游消能工改造前布置

东山拦河闸位于广东省丰顺县境内的韩江干流上，是一座具有防洪、发电、航运、供水和灌溉等综合效益的水利枢纽工程，枢纽工程为Ⅰ等大（1）型工程。枢纽工程的正常蓄水位为25.50m，设计洪水频率为50年一遇（$P=2\%$），校核洪水频率为200年一遇（$P=0.5\%$）。

工程于2008年7月建成投入运行。拦河闸布置19孔泄水闸，单孔闸净宽14m，中墩厚2.5m，缝墩厚3m，闸室泄水总净宽为266m，总宽度为318.5m。水闸溢流堰型为平底宽顶堰，堰顶高程为15.50m；闸室堰顶末端以1∶4陡坡段与下游消力池连接，消力池池底高程为12.50m，水平段长度26m，池末端尾坎顶高程14.00m；消力池尾坎末端接15m长水平海漫（0.5m厚钢筋混凝土）后，再接坡度为1∶15的斜坡海漫（单块3m×5m混凝土板结构，厚0.3m）和防冲槽（图2.38）。

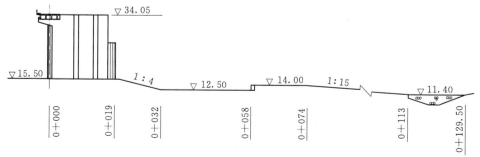

图2.38　2008年7月建成的东山水闸下游消能工布置图（单位：m）

2013 年 4 月底，东山拦河闸开闸泄洪，其中间 10 孔闸（4 号～13 号闸孔）闸室堰顶下游陡坡段和消力池产生不同程度的破坏。下游陡坡段和消力池底板开裂、不均匀沉降、错缝上突等，严重影响工程的安全运行，后经初步加固处理。为了确保东山水闸下游消能工的安全运行，拟对破坏的 9 孔水闸（4 号～12 号闸孔）下游消能工进行加固改造。

2.13.2.2　工程改造的水文条件

工程改造设计综合考虑现状的闸址下游河道水位、未来的河床下切和水位下降的可能性，将水闸可行性研究阶段（2005 年）的闸址下游河道 Z_t-Q 关系降低 1～2m 考虑（图 2.39）；同时，在加固工程水闸下游消能工初始泄流运行时，考虑已建电站的发电运行，按水闸下游初始水位 $Z_{t0}=14.00$m 进行水闸泄流运行。

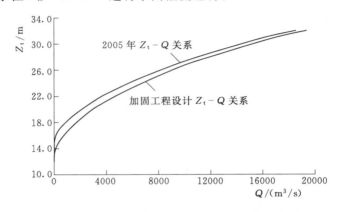

图 2.39　东山水闸加固工程闸址 Z_t-Q 关系曲线

2.13.3　加固工程设计初拟方案试验

2.13.3.1　设计初拟方案布置

加固工程拟对水闸中间的 4 号～12 号闸孔下游消能工进行加固改造，其设计初拟方案（图 2.40）如下：

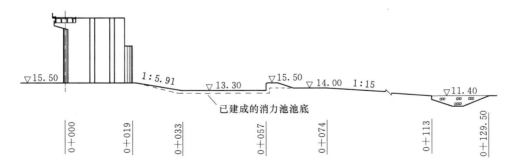

图 2.40　东山水闸加固工程下游消能工设计初拟方案布置图（单位：m）

（1）在现状消力池底扳（高程 12.50m）上浇筑厚 0.8m 的钢筋混凝土，闸室堰顶下游末端与消力池底板连接的陡坡段坡度为 1：5.91，消力池水平段高程为 13.30m、长度 24m，将末端原消力池尾坎顶加高至 15.50m 高程，尾坎顶宽度 3m；消力池尾坎顶末端以 1：3 的斜坡段与现状水平海漫连接，保留现有的水平海漫、斜坡海漫和防冲槽等。

（2）4号～12号闸孔下游消能工两侧以导墙与左、右两端闸孔下游消能工分隔。工程运行时，先开启加固工程的4号～12号闸孔泄流运行，待闸下游河道水位 $Z_t \geqslant 16.00\text{m}$ 时，再开启其余的10孔闸泄流运行。

2.13.3.2 试验成果

根据以往工程的研究成果和运行经验，在水闸上游为正常蓄水位、闸门局部开启泄流运行时，闸下游河道水位较低，水闸上、下游水位差较大，此运行工况往往为水闸下游消能工安全运行控制的主要因素。因此，本工程以水闸上游正常蓄水位25.50m、闸门局部开启泄流运行工况进行试验和分析。试验表明：

（1）在各级闸门开度（$e=0.25\sim2.0\text{m}$）泄流运行时，水闸出流均为自由出流，消力池内为波动水跃，水流波动、漩滚，形成立轴漩涡和折冲水流，消能率较低。

（2）当闸门开度 $e=0.25\text{m}$ 初始泄流运行时（下游河道水位 $Z_{t0}=14.00\text{m}$），消力池下游水平海漫和斜坡海漫上游段出现急流，急流段流速较大值达约6m/s，二次水跃发生在桩号0+100断面下游的斜坡海漫段。闸门开度 $e=0.5\text{m}$ 初始泄流运行时（$Z_t=14.75\text{m}$），桩号0+095断面上游海漫仍为急流段，急流段流速较大值约5.6m/s，下游产生二次水跃。

因此，设计初拟方案的消力池下游海漫易出现急流流态，急流流速达约 $5\sim6\text{m/s}$，不利于海漫的安全运行。

2.13.4 下游消能工加固改造优化方案

2.13.4.1 方案布置

加固改造的水闸下游消能工优化方案（图2.41和图2.42）如下：

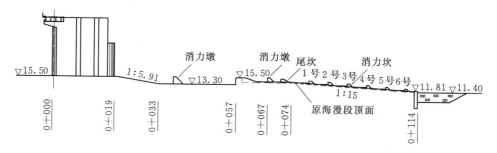

图2.41 东山水闸加固工程下游消能工优化方案布置图（单位：m）

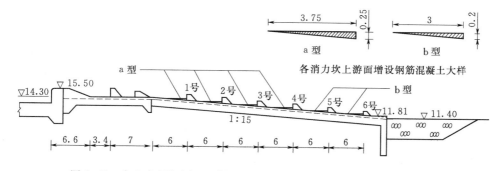

图2.42 东山水闸加固工程斜坡海漫段消力坎布置示意图（单位：m）

（1）为了削减水闸下游消力池内的回流、折冲水流等不良流态，增大水流的消能率，同时考虑到尽量减小消力池内设置消力墩结构处理的难度和节省工程投资，在消力池首端（桩号 0+037.50）设置一排消力墩（消力墩墩高 2.3m、墩宽 2.0m，墩间距为 3.0m）。

（2）为了增加消力池尾坎下游水平海漫和斜坡海漫表层结构的强度，在其表层铺设一层厚度为 0.3m 的钢筋混凝土。

（3）为了削减消力池尾坎下游水平海漫的流速，使水平海漫泄流较平顺进入下游斜坡海漫，在水平海漫段（桩号 0+067）设置一排消力墩（消力墩高 1.3m、墩宽 1.2m，墩间距与墩宽相同），水平海漫末端设置一连续性尾坎（坎高 0.9m）。

（4）为了消除斜坡海漫的急流和二次水跃，在斜坡海漫设置 6 道连续性消力坎（各消力坎水平投影间距均为 6m）。各消力坎顶之间的高差 ΔZ 控制为 0.4～0.5m，以确保各消力坎水流较平顺衔接；同时，为了减小消力坎的高度，增加消力坎的结构稳定，在各消力坎上游面底部铺设高度为 0.2～0.25m 的三角体钢筋混凝土垫层。水力模型试验确定的各消力坎净高度为：1 号～2 号消力坎为 0.65m，3 号～4 号消力坎为 0.55m，5 号消力坎为 0.5m，6 号消力坎为 0.4m，斜坡海漫末端设置一定深度的防淘齿墙。

2.13.4.2　水力模型试验成果

（1）在水闸上游正常蓄水位 25.50m、各级闸门开度 e 泄流运行时，水闸出流在消力池内形成强迫水跃，消力墩明显削弱了消力池内的回流、折冲水流等不良流态，增加了池内水流消能率。

（2）在各级闸门开度（e=0.25～2.0m）泄流运行时，消力池下泄水流受到下游水平海漫段消力墩和尾坎的顶托之后，消耗了泄流部分能量，尾坎出流与斜坡海漫段沿程各级消力坎碰撞和顶冲，形成不同程度的跌流和波状流，增大了斜坡海漫段的摩阻，消耗了部分泄流能量，降低了流速，减轻泄流对下游防冲槽及下游河床的冲刷和淘刷，防冲槽出流与下游河道水流基本平顺衔接（彩图 12）。

以下游防冲槽顶面为基准，利用测试的消力池尾坎前缘断面水流总能量和防冲槽断面水流比能，由式（2.17）计算出各级闸门开度 e 的泄流消能率（表 2.20 和图 2.43）。

$$\eta=\frac{E_1-E_2}{E_1}=\frac{\Delta E}{E_1} \tag{2.17}$$

式中：E_1 为防冲槽顶面到消力池尾坎前缘断面的总水头；E_2 为防冲槽断面水流的比能。

由表 2.20 和图 2.43 可知，加固工程 4 号～12 号闸孔闸门开度 e=0.25～2.0m［消力池泄流单宽流量 q_0=2.05～13.47m³/(s·m)］运行时，消力池下游海漫段的泄流消能率约达 50%～16%，泄流消能率随闸门开度 e 增大和泄流量 Q 增加而相应减小。由分析可知，随着闸门开度 e 增大和泄流量 Q 增加，闸下游河道水位上升，消力池尾坎前缘断面与下游河道的水位差逐渐减小，而海漫段的流速变化相应较小，虽然海漫段泄流消能率有所降低，但海漫段各消力坎断面的水深增大，相应减小了泄流对各级消力坎的冲击力，有利于工程的安全运行。

表 2.20 优化方案海漫段消力墩和消力坎的消能率 η

闸门开度 e/m	闸下游单宽流量 q_0/[m³/(s·m)]	消力池尾坎前缘断面			防冲槽断面			消能率 η
		h_1/m	v_1/(m/s)	E_1/m	h_2/m	v_2/(m/s)	E_2/m	
0.25	2.05	5.47	0.57	5.49	2.71	0.76	2.74	0.501
0.50	3.89	6.01	0.95	6.06	3.51	1.11	3.57	0.411
0.75	5.57	6.47	1.22	6.55	4.30	1.30	4.39	0.330
1.00	7.33	6.88	1.47	6.99	5.03	1.46	5.14	0.265
1.50	10.47	7.66	1.82	7.83	6.08	1.72	6.23	0.204
2.00	13.47	8.32	2.10	8.54	6.95	1.94	7.14	0.164

注 h_1、v_1 分别为消力池尾坎前缘断面水位至防冲槽顶的差值和相应断面的平均流速；h_2、v_2 分别为防冲槽断面平均水深和流速。

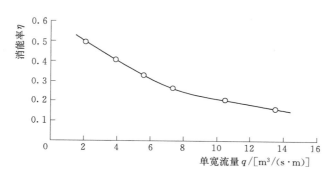

图 2.43 加固工程海漫段 η-q 关系

（3）为了确保水闸下游消能工的安全运行，水力模型试验推荐的水闸闸门调度运行方式为：在加固工程的 9 孔闸闸门开度 $e=0.75$m 泄流稳定之后（泄流量 $Q=825$m³/s，闸下游水位 $Z_t=16.20$m），可将两侧其余的 10 孔闸开启第 1 级开度（$e=0.25$m）泄流运行；随着水闸上游来流量增大，可在加固工程的 9 孔闸增加一级 $\Delta e=0.25$m 开度（$e=1.0$m）泄流稳定后，再将其余的 10 孔闸增加一级 $\Delta e=0.25$m 开度（$e=0.5$m）泄流，交错开启直至 19 孔闸开启至闸门开度 $e=2.0$m（$Q=4203$m³/s）泄流运行。

（4）19 孔闸闸门全开泄流运行时（$Q>4203$m³/s），随着泄洪流量的增加，消力池下游水平海漫和斜坡海漫的水深增大，泄流对 4 号～12 号闸孔的海漫段消力墩和消力坎的冲击作用减小，海漫段泄流相对较平顺和平稳。

（5）在各级洪水流量泄流运行时，测试的泄流对消力池下游水平海漫和斜坡海漫尾坎、消力坎的撞击流速 $v<5$m/s，应注意泄流对尾坎、消力坎的撞击和振动，并重视和做好海漫段及其尾坎、消力坎的结构设计。

2.13.5 工程应用

水力模型试验的优化方案得到了工程设计和施工的采用（彩图 13）。

2014 年汛期，东山拦河闸加固改造后开闸泄洪运行，拦河闸下游消能工的运行流态与水力模型试验状况较符合，工程运行情况良好（彩图 14）。后续的运行情况有待于进一步观察。

2.14　面流挑坎消能工布置和计算

2.14.1　面流挑坎的一般布置

面流消能是低水头水闸较为常用的一种消能方式。水闸闸孔泄流的急流经挑坎后，导向闸孔下游水流的表面，主要由较长距离内的扩散作用及底部横轴漩辊的配合而消能。面流消能一般适用于河床覆盖层较薄、基岩面较浅、下游水位较稳定的河道上[19,35]。相对于低水头水闸的底流消能方式而言，面流消能的理论计算方法尚不够完善，其体型和水力参数只有少量的经验公式可供设计参考，工程设计和运行管理极其不便。

在水闸泄流水力条件（如泄流量 Q、闸址下游河道 Z_t-Q 关系等）确定的条件下，水

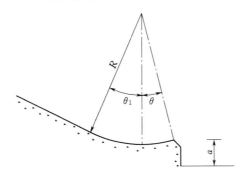

图 2.44　面流挑坎尺寸示意图

闸泄流的面流流态与其挑坎的体型尺寸密切相关。水闸面流挑坎主要体型尺寸有：挑坎的反弧段曲率半径 R、挑坎坎高 a、出口断面挑角 θ 等（图 2.44）。

文献 [19] 指出，挑坎与其上游堰面连接的反弧半径 R 的影响较小。文献 [16] 和文献 [19] 等指出，要使挑坎形成面流流态，挑坎的坎高必须大于最小坎高 $a_{\min}$ 值，并给出了最小坎高 $a_{\min}$ 值的计算公式。文献 [36] 通过试验研究得出，在水闸泄流水力条件确定的条件下，增大挑坎的挑角 θ 比增加挑坎坎高 a 对泄洪闸下游面流流态影响更为明显。当水闸挑坎挑角 θ 增大时，其下游从淹没面流过渡为淹没底流（或潜流）的第三区界相对水深 h_3/h_k [h_3 见式（2.21），h_k 为相应单宽流量的临界水深] 相应增大，从而扩大了面流运行区域，有利于水闸的安全运行。

由此可见，水闸面流挑坎体型参数主要有挑坎的挑角 θ 和坎高 a。挑角 θ 和坎高 a 两者是相互牵连和影响的。本节根据有关工程水力模型试验成果，分析挑坎挑角 θ 和坎高 a 对面流流态的影响。

2.14.2　面流挑坎坎高和挑角的布置

通常，在水闸溢流堰下游挑坎反弧段曲率半径 R、挑坎坎高 a 确定的条件下，可选择合适的挑坎挑角 θ，使挑坎出流形成稳定的面流流态，并尽量扩大面流运行的下游水深区域。现有关的面流挑坎坎高 a 和挑角 θ 的研究成果如下：

（1）文献 [37] 综合比较不同的坎高研究成果之后，提出了面流挑坎最小坎高 $a_{\min}$ 计算公式为

$$\frac{a_{\min}}{h_k} = 0.186\left(\frac{h_0}{h_k}\right)^{-1.75} \tag{2.18}$$

式中：h_0 为挑坎顶的急流收缩水深；h_k 为泄流的临界水深。

（2）文献［19］指出，挑坎的坎顶一般为水平，有时也可以做成较小的挑流仰角 θ，如取用 $\theta \leqslant 25°$。设置一定的仰角，有利于面流流态的形成，发生面流流态的下游水深范围一般随 θ 增大而增大。

（3）广东省水利水电科学研究院早期的研究成果表明[19]，低溢流坝的挑角可取用 $\theta = 10° \sim 15°$。

（4）面流流态演变与挑角 θ 有关。$0° < \theta \leqslant 10°$ 与 $\theta = 0°$ 的界限水深值基本相同[16]。

由文献［19］等可知，面流各区界水深的计算公式如下：

$$\frac{h_1}{h_k} = 0.84 \frac{a}{h_k} - 1.48 \frac{a}{P} + 2.24 \tag{2.19}$$

$$\frac{h_2}{h_k} = 1.16 \frac{a}{h_k} - 1.81 \frac{a}{P} + 2.38 \tag{2.20}$$

$$\frac{h_3}{h_k} = \left(4.33 - 4\frac{a}{P}\right)\frac{a}{h_k} + 0.9 \tag{2.21}$$

式中：h_1 为发生自由面流流态的最小下游水深，即第一区界水深的上限值；h_2 为从自由面流或混合面流转变为淹没混合面流的最小下游水深，即第二区界水深的上限值；h_3 为第三区界水深，定义为保持淹没混合面流或淹没面流流态，而不形成潜流（或回复底流）的最大下游水深；a 为跌坎高度；P 为坝高，可取 $P = H_p + a - 1.5 h_k$；H_p 为水闸上游水位到跌坎坎顶的落差。

综合上述，水闸溢流堰挑坎坎高 a 应在满足最小坎高 a_{min} 条件下，其挑角 θ 多采用 $0 \sim 15°$。由于面流流态演变与挑坎挑角 θ 等有关，而挑角 θ 的变化也会引起坎高 a 的改变。目前有关面流挑坎体型的理论和经验计算公式尚不够完善，因此，对于较重要的水闸工程，其挑坎体型仍需要通过水力模型试验论证后确定。

通常，采用面流消能的低水头水闸在其闸上游正常蓄水位 Z_a、不同闸门开度 e 控泄运行时，水闸出流呈面流流态或底流流态；当闸门全开敞泄运行时，水闸的上、下游水位差较小，水闸下游出流多为波状流流态。本节通过红桥水电站、莫湖水电站等水闸工程水力模型试验研究成果，对水闸上游正常蓄水位 Z_a、不同闸门开度 e 泄流运行的出流流态进行分析。

2.14.3 红桥水电站泄洪闸

2.14.3.1 设计初拟方案试验

该工程水闸共设 8 孔，单孔净宽 12m，闸孔总净宽 96m；闸上游正常蓄水位为 81.00m。坝址处河床面高程约 72.00 ～ 75.00m，河床的弱风化基岩面高程约 71.00 ～ 72.00m。

设计初拟方案水闸堰型为平底宽顶堰，堰顶高程 74.00m。水闸泄流采用面流消能，坎高 $a = 1.5m$（图 2.45）。

试验表明[38-39]，在闸上游正常蓄水位 81.00m、各级闸门开度（$e = 0.25 \sim 2.0m$）泄流运行时，由于闸下游河床水深较小，出闸水流呈射流状进入下游河道水流中，闸下游形成不稳定的底流，主流靠

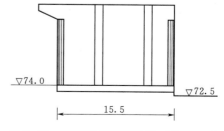

图 2.45 平底堰方案剖面图（单位：m）

近闸下游河床的底部区域，水闸跌坎下游附近区域的河床底流速较大值达约5.4m/s，对闸下游河床产生不同程度的冲刷。

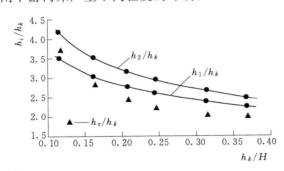

图2.46 水闸溢流堰水力参数关系图

注：$i=1, 2, t$。

在闸上游正常蓄水位81.00m、闸门开度$e > 0.25m$泄流运行时，计算的闸下游相对水深h_t/h_k位于第一区界相对水深h_1/h_k［式（2.19）］之下（图2.46），这表明设计初拟方案水闸下游河床水深过小，水闸泄流在其下游无法形成面流流态，闸下游出流为底流衔接过渡。

2.14.3.2 修改方案试验

修改方案将设计初拟方案的闸室平底堰修改为曲线实用堰。在满足水闸泄流能力的前提下，堰顶高程由74.00m抬高至75.00m。实用堰堰顶上游段为椭圆曲线段，下游接圆弧曲线段后（半径$R=15m$，圆心角$\theta_1=15°$），再接坡度1:3.73的陡坡段和反弧挑坎段；溢流堰下游反弧段曲率半径$R=13m$，挑坎出口挑角$\theta=12°$，出口高程降低为72.44m。为了增大溢流堰挑坎下游河床水深和满足挑坎最小坎高的要求，将闸下游30m范围内弱风化基岩的河床面开挖至71.00m高程，其后与下游河床平顺连接（图2.47）。

试验表明：①当泄洪闸闸门开度$e=0.25 \sim 1.5m$、单独运行或与电站机组联合运行时，出闸水流均呈面流流态；②当闸门开度$e=2.0m$单独运行时，出闸水流仍呈面流流态；而闸门开度$e=2.0m$与电站机组（2台机组，发电流量155m³/s）联合运行时，水闸下游河道水位相应抬高，闸下游出现回复底流流态，近闸下游区域底流速达约4m/s，对闸下游河床仍会产生冲刷。

计算的各级闸门开度e的闸下游第三区界相对水深h_3/h_k和闸下游相对水深h_t/h_k，见表2.21和图2.48。h_t/h_k位于第三区界相对水深h_3/h_k之下。在闸门开度$e=2.0m$与电站机组联合运行时，其下游相对水深h_t/h_k大于泄洪闸单独运行（$e=2.0m$）的下游相对水深值，相应增大了产生回复底流的可能性；同时，实际坎高（$a=1.44m$）比计算的

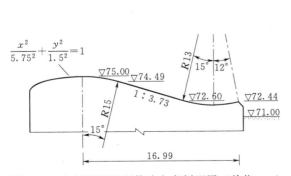

图2.47 红桥闸溢流堰修改方案剖面图（单位：m）

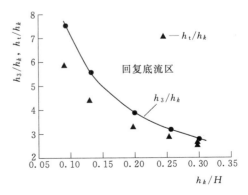

图2.48 红桥闸修改方案溢流堰
水力参数关系图

最小坎高（$e=2.0$m 泄流运行时，计算值 $a_{min}=1.95$m）相应小约 26.2%（表 2.22）。因此，水力模型试验表明，修改方案的泄洪闸（$e=2.0$m 与电站机组联合运行工况）挑坎出流产生了回复底流。

表 2.21　　　　　　　　红桥水电站泄洪闸修改方案溢流堰泄流水力参数

e/m	$q/[m^3/(s\cdot m)]$	h_k/m	H_p/m	P/m	h_t/m	h_3/h_k	h_t/h_k	h_k/H
0.25	2.23	0.80		8.80	4.67	7.52	5.84	0.093
0.50	3.78	1.13		8.31	4.95	5.53	4.38	0.132
1.00	6.98	1.71	8.56	7.44	5.60	3.89	3.27	0.200
1.50	10.16	2.19		6.72	6.26	3.18	2.86	0.256
2.00	12.92	2.57		6.15	6.83	2.80	2.66	0.300
2.0*	12.92	2.57		6.15	6.50	2.80	2.53	0.300

注　1. 带 * 者为泄洪闸单独运行组次，其余为泄洪闸与电站 2 台机组联合运行组次。
　　2. H_p、P 等意义见式（2.19）～式（2.21）。

表 2.22　　　　　　　泄洪闸溢流堰挑坎实际坎高 a 与计算最小坎高 a_{min} 比较

工程名称	e/m	q/[$m^3/(s\cdot m)$]	方案	坎顶收缩水深 h_0/m	挑角 $\theta/(°)$	实际坎高 a/m	计算最小坎高 a_{min}/m	$\dfrac{a-a_{min}}{a_{min}}\times100\%$
红桥水电站泄洪闸	2.0	12.92	修改	1.15	12	1.44	1.95	−26.2%
			推荐	1.17	15	1.60	1.90	−15.8%
莫湖水电站泄洪闸	1.6	9.52	初设	0.78	10	1.50	2.24	−33.0%
			推荐	0.78	15	1.65	2.20	−25.0%

2.14.3.3　推荐方案试验

推荐方案将溢流堰挑坎出口挑角 θ 由 12° 增大至 15°，挑坎出口高程为 72.60m。考虑到为了不增加下游河床弱风化基岩开挖的工程量，下游河床面开挖高程与修改方案相同（图 2.49）。溢流堰挑坎挑角 θ 增大 3° 之后，其坎高 $a=1.6$m，比计算的最小坎高（$a_{min}=1.9$m）仍小约 15.8%，其计算的第三区界相对水深 h_3/h_k 比修改方案相应增大约 5%～8%（表 2.21 和表 2.23）。

试验表明，在闸上游正常蓄水位 81.00m、不同闸门开度 e 单独运行或与电站机组发电联合运行时，出闸水流主要为混合

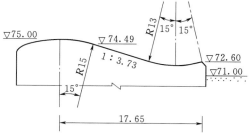

图 2.49　红桥闸溢流堰推荐方案剖面图（单位：m）

面流-淹没面流流态，跌坎下游附近区域底部形成反向漩滚（漩滚长度约 10～30m），漩滚回流流速约 1.1～2.3m/s，增大了工程运行的安全性。

泄洪闸推荐方案得到了工程设计和施工的采用。

表 2.23　　　　　　　　　　红桥泄洪闸推荐方案溢流堰泄流水力参数

e/m	$q/[m^3/(s\cdot m)]$	h_k/m	H_p/m	P/m	h_t/m	h_3/h_k	h_t/h_k	h_k/H
0.25	2.23	0.80		8.80	4.67	8.11	5.84	0.095
0.50	3.78	1.13		8.31	4.95	5.94	4.38	0.135
1.00	6.98	1.71	8.4	7.44	5.60	4.15	3.27	0.204
1.50	10.16	2.19		6.72	6.26	3.37	2.86	0.261
2.00	12.92	2.57		6.15	6.83	2.95	2.66	0.306
2.0*	12.92	2.57		6.15	6.50	2.95	2.53	0.306

注　带*者为泄洪闸单独运行组次，其余为泄洪闸与电站2台机组联合运行组次。

2.14.4　莫湖水电站泄洪闸

2.14.4.1　设计初拟方案试验

莫湖水电站坝址处河床覆盖层厚度约3～5m，底层为强风化和弱风化基岩，地质条件较好，且坝址处河道水位较稳定。泄洪闸为7孔，每孔闸净宽为14m，闸室泄流总净宽为98m，溢流堰顶高程38.00m。泄洪闸泄洪消能采用面流消能，在闸上游正常蓄水位44.45m运行条件下，其闸门控泄开度 $e\leqslant1.6m$（泄洪流量 $Q\leqslant1024m^3/s$）。

设计初拟方案溢流堰的下游挑坎挑角为10°，出口断面高程为34.88m，坎高 $a=1.5m$（图2.50）。水力模型试验表明[36]：

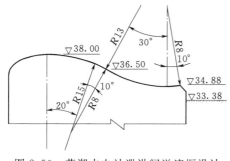

图2.50　莫湖水电站泄洪闸溢流堰设计初拟方案剖面图（单位：m）

（1）在水闸正常蓄水位44.45m、闸门开度 $e=0.4～1.2m$、泄洪闸单独运行或与电站机组发电（电站双机发电流量 $Q=282.62m^3/s$）联合运行时，泄洪闸下游出流为自由面流-淹没面流流态。

（2）当闸门开度 $e=1.6m$ 泄流运行时（水闸单独运行或与电站发电联合运行），泄洪闸出流形成回复底流，挑坎下游河床底流速较大值达约5m/s，会对水闸下游河床产生较严重的冲刷。

该方案溢流堰挑坎坎高（$a=1.5m$）比计算的最小坎高值（$a_{min}=2.24m$）相应小约33%（表2.22）。由计算的泄洪闸泄流水力参数、闸下游第二和第三区界相对水深 h_2/h_k 和 h_3/h_k、闸下游相对水深 h_t/h_k 等可见（表2.24）：闸门开度 $e\geqslant0.8m$、泄洪闸与电站双机联合运行时，其下游相对水深 h_t/h_k 位于第三区界相对水深 h_3/h_k 之上，泄洪闸泄流有可能会产生回复底流，而水力模型试验显示在闸门开度 $e=1.6m$ 泄流的出流形成回复底流。

2.14.4.2　推荐方案试验

推荐方案将泄洪闸溢流堰下游出口挑角 θ 由10°增大至15°，出口断面高程为35.03m，相应挑坎坎高 a 由1.5m增加至1.65m（图2.51），坎高 a 增大约10%，计算的第三区界相对水深 h_3/h_k 增大约5.8%～7%（表2.24）。

表 2.24　莫湖水电站泄洪闸溢流堰设计初拟和推荐方案泄流水力参数

e/m	$q/[m^3/(s \cdot m)]$	h_k/m	H/m	P/m	h_t/m	h_2/h_k	h_3/h_k	h_t/h_k
0.4	3.10	0.99		9.58	5.68	3.85 (3.98)	6.49 (6.95)	5.72
0.8	5.41	1.44	9.57 (9.42)	8.91	6.74	3.28 (3.37)	4.56 (5.01)	4.68
1.2	7.38	1.77		8.41	7.55	3.04 (3.11)	3.96 (4.20)	4.26
1.6	9.52	2.10		7.92	7.82	2.87 (2.91)	3.45 (3.65)	3.72

注　1. 表中为泄洪闸与电站 2 台机组联合运行组次。
　　2. 括号内数字为推荐方案的水力参数。

水力模型试验表明，在正常蓄水位 44.45m、各级闸门开度 e 泄流运行条件下（泄洪闸单独运行及与电站联合运行等），泄洪闸下游出流均形成稳定的面流流态。泄洪闸溢流堰推荐方案得到了工程设计和施工的采用。

2.14.5　试验成果分析

（1）两个工程的溢流堰挑坎挑角 θ 分别由 12°和 10°增大至 15°之后，其挑坎坎高 a 相应增加约 10%～11%，计算的第三区界相对水深 h_3/h_k 相应增大了约 5%～8%。h_3/h_k 增加相应较小，但泄洪闸在闸门较大开度 e 泄

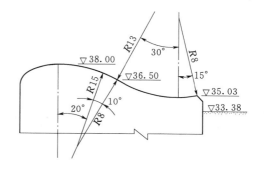

图 2.51　莫湖水电站泄洪闸溢流堰推荐方案剖面图（单位：m）

流或在下游河道较高水位 Z_t 泄流运行时，挑坎出流由回复底流转变为面流流态。

（2）面流流态演变与挑坎挑角 θ 和坎高 a 等有关。当泄洪闸溢流堰下游河床面较高（或下游河床开挖会造成工程施工困难、投资明显增加）、挑坎坎高 a 达不到最小坎高 a_{min} 要求时，可适当增大挑坎的挑角 θ 值，以增大挑坎面流运行的泄洪流量和下游水深的区域。泄洪闸溢流堰挑坎挑角 θ 一般可选用 10°～15°，若取其上限值 15°，可较明显增大挑坎形成面流而不产生回复底流的下游水深的区域，有利于工程的安全运行。

（3）低水头泄洪闸溢流堰下游出口的面流流态较复杂，对于较重要的泄洪闸工程，建议通过水力模型试验优化溢流堰下游出口挑坎体型，以使泄洪闸出流形成稳定的面流和确保工程安全运行。

2.14.6　其他工程研究和应用实例

龙船厂航电枢纽工程位于广东省连州市区下游 2km 的连江上，是连江梯级枢纽的第一级，是一处具有防洪、航运、发电、供水、灌溉、改善水环境和发展旅游等综合利用效益的枢纽工程（图 2.52）。

龙船厂航电枢纽工程为Ⅱ等大（1）型工程。枢纽工程主要由泄洪闸、通航船闸、电站等建筑物组成。坝址控制集水面积 3093km²，枢纽工程正常蓄水位为 89.81m；设计洪

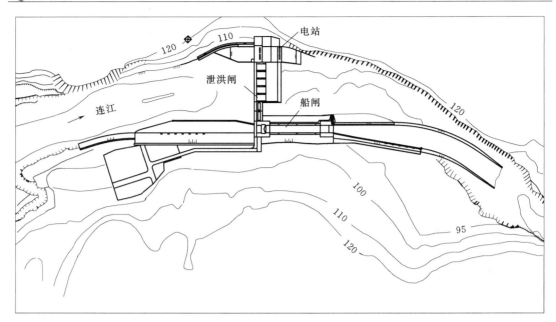

图 2.52 龙船厂枢纽泄洪闸设计初拟方案平面布置图（单位：m）

水频率为 20 年一遇（$P=5\%$），相应库水位为 93.36m；校核洪水频率为 50 年一遇（$P=2\%$），相应库水位为 94.43m。

电站安装两台单机容量为 7.5MW 水轮发电机组，单机额定流量为 172.6m³/s。

坝址区域河道较弯曲和狭窄，坝址上游河道宽约 100～130m，河床面高程约 80.00～83.60m；下游河道略窄，河宽约 60～100m，河床面高程约 77.10～81.00m，河床出露弱风化基岩。

为了优化龙船厂航电枢纽工程泄洪闸的体型和布置，开展了 1∶43.3 正态水力断面模型和 1∶60 的正态水力整体模型试验研究[40-41]。

2.14.6.1 泄洪闸设计初拟方案试验

1. 设计初拟方案布置和泄洪调度运行

设计初拟方案 5 孔泄洪闸布置在河道的主河床，单孔闸净宽 14m，泄洪闸泄流总净宽为 70m，泄洪闸前缘总长度为 86m，泄洪闸闸室为平底宽顶堰，堰顶高程 81.00m；闸室段中墩厚 2.5m，边墩厚 2.2mm；泄洪闸消能方式为面流消能（图 2.53）。

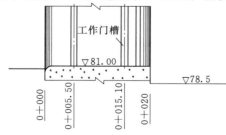

图 2.53 泄洪闸设计初拟方案
布置图（单位：m）

泄洪闸泄洪调度运行方式如下：

（1）当上游河道来流量 $Q\leqslant784$m³/s 时，闸上游水位维持为正常蓄水位 89.81m，上游来流量除满足电站发电用水之外，多余水量由泄洪闸闸门局部开启控泄。

（2）当上游河道来流量 $Q>784$m³/s 时，电站停止发电，5 孔泄洪闸闸门全开泄洪，恢复天然河道状况，以确保工程安全运行。

2. 泄洪闸泄流流态

（1）在泄洪闸上游正常蓄水位 89.81m 运行条件下，5 孔泄洪闸闸门开度 $e \leq 1.9$m 单独运行时（$Q \leq 784$m³/s），闸下游出流衔接流态多为淹没面流，主流在水流表面。平底堰末端跌坎下游区域河床底部形成反向漩滚回流，漩滚回流长度约为跌坎下游约 30m 范围内，底部漩滚回流流速值约 0.5～2.5m/s。

（2）在正常蓄水位运行条件下，5 孔泄洪闸闸门局部开启与电站（1 台机组或 2 台机组）发电联合运行时，闸下游河道水位相应抬高，水深增大。在泄洪闸闸门开度 $e < 1.0$m 与电站（1 台或 2 台机组）联合运行时，闸下游出流衔接流态仍为淹没面流，但在闸门开度 $e \geq 1.0$m 与电站（1 台或 2 台机组）联合运行时，泄洪闸下游河道水位较高，闸下游出流衔接的面流流态不够稳定，甚至出现淹没底流。如闸门开度 $e = 1.4$m 与 1 台机组发电联合运行时（5 孔闸泄流量 $Q_1 = 557$m³/s，发电流量 $Q_2 = 172.6$m³/s，闸下游河道水位 $Z_t = 86.39$m），平底堰跌坎下游出现淹没底流流态，跌坎下游附近区域河床底流速达约 4～5m/s，易对闸底产生冲刷破坏（图 2.54）。

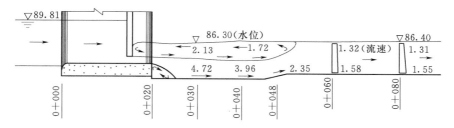

图 2.54 设计初拟方案泄洪闸运行流态与流速分布示意图

注：闸门开度 $e = 1.4$m；尺寸、水位单位：m；流速单位：m/s

（3）当上游洪水来流量 $Q > 784$m³/s 时，5 孔泄洪闸闸门全开泄洪，闸下游水流衔接流态为波状明渠流，下游河道水流基本恢复天然河道状况。

2.14.6.2 泄洪闸推荐方案试验

1. 推荐方案布置

（1）为了有利于泄洪闸上游河道河床、两岸坡及堤脚的稳定，在确保满足泄洪闸泄流能力的前提下，将闸室堰顶高程抬高 0.8m，修改后堰顶高程为 81.80m，接近现状的河床面高程。泄洪闸闸孔由设计初拟方案的 5 孔改为 7 孔，单孔闸净宽为 12m，泄流总净宽由设计初拟方案 70m 增加至 84m，闸墩宽度均为 2.0m。

（2）泄洪闸溢流堰上游段仍为平底堰，溢流堰桩号 0+008 断面下游连接曲率半径 $R = 12$m、圆心角 $\alpha = 23°$ 的圆弧段之后，再接曲率半径 $R = 10$m 的反弧段。反弧段出口挑坎挑角 $\theta = 15°$，出口断面高程为 80.40m（图 2.55）。

本工程泄洪闸溢流堰上游段为平底

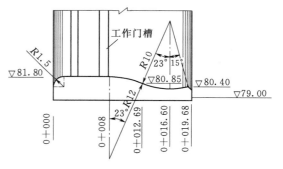

图 2.55 泄洪闸推荐方案布置图（单位：m）

堰，下游为圆弧曲线段再连接反弧挑坎段，具有泄流流态较稳定、施工较方便、便于工作闸门止水等优点。

2．泄洪闸运行流态

（1）在正常蓄水位 89.81m、7 孔泄洪闸闸门开度 $e \leqslant 1.8$m 单独运行（$Q_1 \leqslant 784$m³/s）或泄洪闸与电站（1 台或 2 台机组）联合运行时，泄洪闸出流为稳定的淹没面流流态。出流的主流出现在水流的中、上层，挑坎下游河床面为漩滚回流区。底部漩滚回流区范围约为挑坎出口断面至下游河道约 30m 范围内，底部漩滚回流流速约 0.5～2.5m/s，有利于泄洪闸基础的安全。

（2）当上游来流量 $Q > 784$m³/s 时，7 孔泄洪闸闸门全开泄洪，闸下游水流衔接流态为波状明渠流，下游河道水流基本恢复天然河道状况。

3．泄洪闸泄流能力

推荐方案的泄洪闸堰顶高程比设计初拟方案堰顶高程抬高了 0.8m，但泄洪闸泄流净宽相应增加了 14m。试验表明，在设计洪水频率（$P = 5\%$）和校核洪水频率（$P = 2\%$）流量泄流运行时，测试的泄洪闸上游水位分别为 93.34m 和 94.40m，满足了工程设计的要求。

2.14.6.3 工程应用

龙船厂航电枢纽工程泄洪闸试验研究推荐方案得到了工程设计和施工的采用，工程已建成投入运行。

2.15 结 语

（1）现有的水闸设计规范和水力计算手册有关的水闸下游消力池体型和水力参数计算公式及方法可以满足常规水闸设计的需要。在工程设计中，根据水闸泄流水力参数、边界条件等，可以计算出水闸下游消能工的体型和水力参数。

（2）水闸下游河道水位与流量关系是工程设计的重要依据，是确保工程安全运行和经济合理的重要前提。确定了水闸工程有效运行期的下游河道水位-流量关系的上、下极限值（即上、下包络线）之后，可作为工程设计的水闸下游河道水位-流量关系（即 $Z_t - Q$ 关系）：①计算水闸泄流能力、确定水闸规模时，应采用 $Z_t - Q$ 关系族线的上包络线；②设计水闸下游消能工时，应采用 $Z_t - Q$ 关系族线的下包络线。

（3）在选定水闸下游消能工设计的 $Z_t - Q$ 关系条件下，应对消能工设计选用的下游河道初始水位值 Z_{t0} 的合理性进行分析；工程设计中可根据实际情况，进行合理的选取。

（4）对水闸下游消力池末端尾坎顶高程和池深的合理选取及计算方法进行分析，研究提出的方法为：在水闸正常蓄水位控泄的各级闸门开度 e 及闸门全开的各级洪水流量 Q 泄流运行时，根据消力池末端尾坎断面的泄流单宽流量 q_0、水深 h_t 等，在确保消力池末端尾坎顶断面出流为缓流（即尾坎下游海漫段水流弗劳德数 $Fr < 1$）、尾坎顶断面出流流速小于尾坎下游海漫段允许抗冲流速的条件下，初拟消力池末端尾坎顶高程。

（5）对水闸下游消力池水平段长度的合理选取及计算方法进行分析，研究成果为：①水闸闸门全开、最大泄洪流量的相对下游水深 $h_s / H \geqslant 0.8$ 时（h_s 为从水闸闸室堰顶起算的下游水深，H 为堰顶上游水深），将水闸上游为正常蓄水位 Z_a、水闸闸门控泄最大开度 e 泄洪流量相应的闸下游消力池长度，选取为消力池池长；②对闸门控泄最大开度 e 和水闸最大泄洪流量下 $h_s/H < 0.8$ 的消力池池长选取方法进行分析，供工程设计和运行参考。

（6）在总结现有的水力模型试验研究成果和工程应用资料的基础上，提出了取消消力池下游水平海漫，在消力池尾坎末端下游直接采用 1:15～1:20 的斜坡海漫连接防冲槽及下游河床的方法。

（7）对尾坎自由出流的消力池的合理尾坎坎高、池长与坎高的合理关系等进行研究，研究成果可为因水闸下游河床下切、河道水位下降的水闸下游消能工改造及需设置两级或多级消力池的新建水闸工程设计和运行参考；并对需要设置两级消力池的水闸下游二级消力池的布置和水力计算方法进行分析，研究成果可供工程设计和运行参考。

（8）根据现有的水力模型试验研究成果及工程应用实例，对水闸下游一、二级消力池之间陡坡段的阶梯布置及其水力计算方法进行研究。成果表明，当水闸下游一、二级消力池之间水头差较大时，可在两级消力池之间的陡坡段上设置外凸型阶梯辅助消能工，以增大陡坡段泄流的消能率，减小下游二级消力池的规模。

（9）对水闸下游消能工总体布置的合理性进行分析，对水闸下游消能工分区及不同分区的消能工高程布置和运行方式等进行了探讨，提出可通过枢纽布置上合理地分区设置下游消能工和采用科学的调度运行程序，可达到工程既安全运行又经济合理的目的。

（10）根据广东省韩江东山水闸加固改造的水力模型试验成果和工程应用实例，对加固后的消力池下游海漫段设置消力墩和消力坎的体型布置及水力特性进行研究，研究成果可供类似的工程设计和运行参考。

（11）低水头水闸溢流堰挑坎出口挑角 θ 和坎高 a 等对其下游出流面流流态影响较大。若受工程条件的限制、挑坎坎高 a 达不到最小坎高 a_{min} 要求时，可适当增大挑坎的挑角 θ 值，以增大挑坎面流运行的泄洪流量和下游水深的区域。水闸溢流堰挑坎挑角 θ 一般可选用 $10°～15°$，若将挑角 θ 取至 $15°$，可较明显增大挑坎形成面流而不产生回复底流的下游水深的区域，有利于工程的安全运行。

（12）低水头水闸下游出流的面流流态较复杂，现阶段的面流挑坎体型和水力参数的设计计算方法尚不完善，因此，对于较重要的水闸工程，建议通过水力模型试验优化水闸下游挑坎体型，以使水闸出流形成稳定的面流和确保工程安全运行。

参 考 文 献

［1］ SL 265—2016 水闸设计规范 ［S］. 北京：中国水利水电出版社，2016.
［2］ 朱展毅. 乌石拦河闸除险加固工程消能建筑物的设计 ［J］. 广东水利水电，2003（3）：33－34，36.
［3］ 朱红华，黄智敏，罗岸，等. 乌石拦河闸除险加固工程消能试验研究 ［J］. 广东水利水电，2002（12）：64－65.
［4］ 黄智敏，罗岸，陈卓英，等. 潮州供水枢纽东溪拦河闸消能工除险改造试验研究 ［J］. 广东水利水电，2010（12）：1－3.

[5] 黄智敏，罗岸，陈卓英．潮州供水枢纽工程西溪拦河闸消能工除险改造试验研究 [J]．水利水电工程设计，2008，27（4）：42-45.

[6] 黄智敏，陈卓英，罗岸，等．西溪拦河闸下游消能工出险分析和改造研究 [J]．水利与建筑工程学报，2015，13（6）：194-196，213.

[7] 黄智敏，钟勇明，何小惠．惠州东江水利枢纽工程拦河闸泄洪运行研究 [J]．水利水电工程设计，2012，31（1）：47-50.

[8] 黄智敏，陈卓英，罗岸，等．若干拦河闸下游河道水位降低的消能问题及改造研究 [J]．中国农村水利水电，2009（8）：83-86，90.

[9] 黄智敏，陈卓英，钟勇明，等．流溪河李溪拦河闸的消能问题及改造研究 [J]．广东水利水电，2009（3）：3-6.

[10] 黄智敏，陈卓英，钟勇明，等．共青河拦河闸坝消能研究 [J]．水利水电工程设计，2014，33（4）：47-50.

[11] 茹建辉．河道水位流量关系和水面线的设计计算——工程水力学几个问题之二 [J]．广东水利水电，2008（1）：1-7.

[12] 茹建辉．水工设计计算文选 [M]．北京：中国水利水电出版社，2016.

[13] 陈竹包，黄剑威，黄程．潮州供水枢纽坝下游河床下切对水位流量关系的影响研究 [J]．广东水利水电，2007（4）：16-19.

[14] 广东省水利水电科学研究院．广东省韩江高陂水利枢纽工程急弯束窄型河道枢纽区流态及通航条件水力模型试验研究项目水工整体模型试验研究报告 [R]．广州：广东省水利水电科学研究院，2015.

[15] 黄智敏，陈卓英，朱红华，等．低水头拦河闸下游消力池布置探讨 [J]．广东水利水电，2012（11）：14-16.

[16] 武汉大学水利水电学院水力学流体力学教研室．水力计算手册 [M]．2版．北京：中国水利水电出版社，2006.

[17] 成都科学技术大学水力学教研室．水力学 [M]．北京：人民教育出版社，1979.

[18] 广东省水利水电科学研究院．鉴江高岭拦河闸重建工程水工模型试验研究报告 [R]．广州：广东省水利水电科学研究院，2016.

[19] 华东水利学院．水工设计手册：第六卷 泄水与过坝建筑物 [M]．北京：水利电力出版社，1982.

[20] 黄智敏，付波，陈卓英．池末尾坎自由出流的消力池布置研究 [J]．水利水电科技进展，2016，36（3）：68-72.

[21] 广东省水利水电科学研究院．饶平县高堂水闸重建工程水工断面模型试验研究报告 [R]．广州：广东省水利水电科学研究院，2013.

[22] 黄智敏，陈卓英，付波，等．拦河闸下游两级消力池布置和计算研究 [J]．水资源与水工程学报，2014，25（4）：115-118.

[23] 黄智敏，陈卓英，朱红华，等．低水头拦河闸下游一、二级消力池的布置 [J]．水利水电科技进展，2013，33（6）：33-36.

[24] 黄智敏，付波，陈卓英，等．拦河闸下游二级消力池布置和消能研究 [J]．广东水利水电，2014（10）：1-3，20.

[25] 黄智敏，朱红华，何小惠，等．溢洪道阶梯陡槽段水深试验与计算探讨 [J]．水动力学研究与进展，2007，22（6）：782-789.

[26] 黄智敏，朱红华，何小惠，等．缓坡度陡槽溢洪道阶梯消能研究与应用 [J]．中国水利水电科学研究院学报，2005，3（3）：179-182.

[27] 黄智敏，陈卓英，朱红华，等．拦河闸下游消力池陡坡段阶梯布置和研究 [J]．中国农村水利水电，2014（4）：144-146.

［28］ 广东省水利水电科学研究院．漠阳江双捷引水工程拦河闸重建工程水工模型试验研究报告［R］．广州：广东省水利水电科学研究院，2013.

［29］ 黄智敏，付波，陆汉柱，等．漠阳江双捷拦河闸重建工程消能试验研究［J］．水利规划与设计，2015（7）：41-43.

［30］ 黄智敏，陆汉柱，付波，等．东山拦河闸下游消能工加固改造研究［J］．水利与建筑工程学报，2014，12（6）：168-171.

［31］ 吴子荣，包中进．多级消力池水力特性的研究及应用［J］．水利水电技术，1998，29（12）：17-19.

［32］ 王胜，李连侠，孙炯，等．多级连续消力池水跃的水力特性模型试验［J］．水利水电科技进展，2012，32（4）：23-28.

［33］ 广东省水利水电科学研究院．韩江东山水闸加固工程水工断面模型试验研究报告［R］．广州：广东省水利水电科学研究院，2013.

［34］ 黄智敏，陆汉柱，付波，等．东山拦河闸加固改造工程消能研究［J］．水资源与水工程学报，2017，28（1）：152-156.

［35］ 黄智敏，陈卓英，朱红华，等．低水头拦河闸下游消能方式分析［J］．广东水利电力职业技术学院学报，2013，11（3）：1-4.

［36］ 黄智敏，朱红华，陈卓英，等．莫湖水电站泄洪闸低溢流堰面流消能试验研究［J］．广东水利电力职业技术学院学报，2005，3（3）：38-40.

［37］ 王正骡．溢流坝面流式鼻坎衔接流态的水力计算［C］//泄水建筑物消能防冲论文集．北京：水利出版社，1980.

［38］ 黄智敏，陈卓英，钟勇明，等．红桥水电站扩容改造拦河闸面流消能研究［J］．水利水电工程设计，2014，33（2）：47-49.

［39］ 广东省水利水电科学研究院．红桥水电站增效扩容改造工程水工模型试验研究报告［R］．广州：广东省水利水电科学研究院，2012.

［40］ 广东省水利水电科学研究院．连州市龙船厂航电枢纽工程水工模型试验研究报告［R］．广州：广东省水利水电科学研究院，2012.

［41］ 黄智敏，陈卓英，朱红华，等．龙船厂航电枢纽泄洪闸布置优化试验研究［R］．水利科技与经济，2013，19（5）：28-30.

第3章 溢流坝水面线计算

3.1 溢流坝泄洪水力计算内容及分析

溢流坝泄洪水力计算内容主要包括：①泄流能力和坝面水面线计算；②坝下游水流衔接及消能防冲计算；③与高速水流有关的水力计算等。

溢流坝的泄流能力及与高速水流有关的水力计算可参考有关的设计规范和设计手册[1-3]，坝面水面线和其下游消能防冲计算等也可以参考相关的规范和设计手册，但至今仍不够完善，给工程设计带来一定的困难。

如 WES 型溢流堰面水面线的计算，可根据堰面定型设计水头 H_d、堰面坐标 x 和 y、堰上实际水头 H 等来查得[1-2]，但有关文献只给出了部分 H/H_d 值（如 $H/H_d = 0.5$、1.0、1.33 等）的堰面水面线坐标值，对于任意 H/H_d 值的堰面水面线只能采用插值求得。此外，溢流坝反弧挑坎段沿程水面线是其边墙高度和下游消能防冲设计的依据，目前主要是根据溢流坝体型、泄流单宽流量 q、相应断面的流程 s、坝面糙率 n_0（或坝面粗糙高度 K）等，按经验公式进行估算，工程设计应用不够方便。

本章对溢流坝 WES 型溢流堰任意 H/H_d 值及特定堰面曲线的堰面水面线、反弧挑坎段沿程水面线计算等进行分析，提出相应的计算方法。

3.2 溢流坝水面线计算

溢流坝沿程水面线通常包括三部分：溢流堰面曲线段、坝面陡坡段和反弧挑坎段等水面线。本章以陡坡段水流能量方程为依据，根据溢流坝面边界的变化，对现有的水力学计算公式进行推导和修改，得出较简化的溢流堰面段和反弧挑坎段沿程水深的计算方法，供工程设计参考。

3.2.1 陡坡段水深计算公式

对于图 3.1 所示的陡坡段 1－1 断面和 2－2 断面，假定陡坡段坡度 i 为常量，参照有关文献[4-5]，可建立其水流能量方程：

$$\left(h_2\cos\theta + \frac{\alpha_2 v_2^2}{2g}\right) - \left(h_1\cos\theta + \frac{\alpha_1 v_1^2}{2g}\right) = (i\Delta x - h_f) \tag{3.1}$$

式中：h_1、v_1 为 1－1 断面的平均水深和流速；h_2、v_2 为 2－2 断面的平均水深和流速；θ 为坝面陡坡段与水平线的夹角；g 为重力加速度；α_1、α_2 为断面的流速修正系数；i 为陡坡段坡度，$i = \tan\theta$；Δx、h_f 为 1－1 断面和 2－2 断面之间的水平投影长度和沿程水头损失。

沿程水头损失 h_f 为水力坡度 J 和陡坡面长度 Δs 的乘积：

$$h_f = \Delta s \, \overline{J} = \frac{\overline{J}}{\cos\theta} \Delta x \tag{3.2}$$

式（3.2）代入式（3.1）得

$$\left(h_2\cos\theta + \frac{\alpha_2 v_2^2}{2g}\right) - \left(h_1\cos\theta + \frac{\alpha_1 v_1^2}{2g}\right) = \left(i - \frac{\overline{J}}{\cos\theta}\right)\Delta x \tag{3.3}$$

因此，式（3.3）为坡度 i 为常量的陡坡段水深计算公式。

3.2.2 溢流堰面水面线计算

由式（3.3）可进一步推导出底坡 i 为变量的水面线计算式[6]（图 3.2）。设溢流堰面曲线函数为

$$y = ax^n \tag{3.4}$$

式中：a 为常系数；n 为指数。

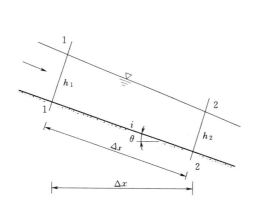

图 3.1　陡坡段水流计算示意图

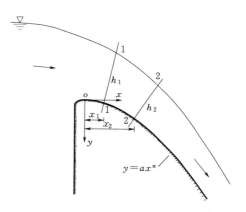

图 3.2　曲线型堰面水面线计算简图

对式（3.4）进行求导：

$$y' = nax^{n-1} = i = \tan\theta$$
$$\cos\theta = \cos(\arctan i) = \cos[\arctan(nax^{n-1})]$$

由图 3.2 可知：$\Delta x = x_2 - x_1$，$\overline{i} = (i_1 + i_2)/2$。将以上各式代入式（3.3）得

$$\left(h_2\cos\theta_2 + \frac{\alpha_2 v_2^2}{2g}\right) - \left(h_1\cos\theta_1 + \frac{\alpha_1 v_1^2}{2g}\right) = \left[\overline{i} - \frac{\overline{J}}{\cos(\arctan i)}\right](x_2 - x_1) \tag{3.5}$$

在式（3.5）中，以 $\Delta x/\cos\theta$ 代替曲线堰面长度 Δs，当计算断面间距 Δx 较小时，其误差相应较小。因此，由式（3.5）的差分式，可以较易计算出溢流堰面各点切线上垂直水深值。

由溢流坝泄流特性分析可知，溢流堰顶往下游堰面和坝面的沿程水流紊动和底部边界层逐渐增大和发展[7-8]，越往下游坝面，断面流速分布越不均匀，因此，下游断面的流速修正系数 α_2 相应要大于上游断面的 α_1。通过计算和分析，得出溢流堰沿程断面流速修正系数 α 的初步选取方法为[6]：堰顶断面流速修正系数可取 $\alpha = 1$；堰顶曲线段沿水平方向距离每增加 $\Delta x = 0.1H_d$，α 相应增加 0.015。

算例：某水库溢流坝段采用 WES 溢流堰型，堰顶最大水头 $H_{max} = 10\text{m}$，堰面设计水

头 H_d 取 $H_d = 0.8 H_{max} = 8\text{m}$，则堰面曲线方程为 $y = \dfrac{x^{1.85}}{2 H_d^{0.85}} = 0.08538 x^{1.85}$。计算溢流坝在设计水头 H_d 条件下的溢流堰沿程水面线。

根据文献 [1]，计算中选取的参数为：溢流堰进口收缩系数 $\varepsilon = 0.95$，流量系数 $m = 0.48$，堰顶水头 $H = 8\text{m}$，可计算出溢流堰泄流单宽流量 $q = 45.68\text{m}^3/(\text{s} \cdot \text{m})$，临界水深 $h_k = 5.97\text{m}$。取堰顶断面（$x = 0$）水深为临界水深 h_k。

其他的计算过程和结果可见文献 [6]。由表 3.1 和图 3.3 可知，溢流堰面水深计算值与文献 [1] 的资料成果较符合。

表 3.1　　　　　　　　　溢流堰面水深计算值与文献 [1] 资料成果比较

x/m	文献 [1] 的堰面水深值/m		本文计算水深值 h_2/m	$\dfrac{h_1 - h_2}{h_1} \times 100\%$
	铅垂水深 h_Z	断面垂直水深 h_1		
0	6.04	6.04	5.97	1.2%
1.6	5.65	5.23	5.15	1.5%
3.2	5.42	4.66	4.54	2.6%
4.8	5.27	4.22	4.08	3.3%
6.4	5.21	3.87	3.72	3.9%
8.0	5.16	3.56	3.43	3.7%
9.6	5.15	3.25	3.19	1.8%
11.2	5.10	3.01	2.99	0.7%

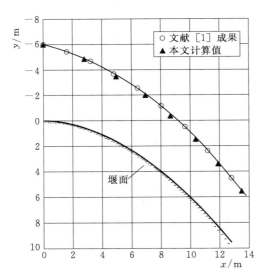

图 3.3　WES 型堰面水面线比较

3.2.3　溢流陡坡段水面线计算

文献 [1] 推荐采用下述公式计算坝面的水面线。

1. 计算坝面边界层厚度 δ

$$\frac{\delta}{L} = 0.024 \left(\frac{L}{K} \right)^{-0.13} \qquad (3.6)$$

或

$$\frac{\delta}{L} = 0.02 \left(\frac{L}{K} \right)^{-0.10} \qquad (3.7)$$

2. 用试算法计算坝面势流水深 h_p

$$h_p = \frac{q}{\sqrt{(H_p - h_p \cos\theta)}} \qquad (3.8)$$

3. 正交于坝面的不掺气水深 h

$$h = h_p + 0.18\delta \qquad (3.9)$$

由式（3.6）～式（3.9）可以计算出坝面各处的不掺气水深；若水流掺气，应考虑掺气对水深的影响。

4. 掺气后水深的计算

（1）水流自然掺气开始发生点的位置 L_k 可按式（3.10）或式（3.11）计算，或采用边界层计算方法确定[1]。

$$L_k = 12.2q^{0.718} \text{(m)} \tag{3.10}$$

$$L_k = 14.7q^{0.53} \text{(m)} \tag{3.11}$$

（2）计算掺气及波动的水深 h_b。

$$h_b = \left(1 + \frac{\alpha_0 v}{100}\right)h \tag{3.12}$$

以上式中：L 为从堰顶曲线起点到坝面计算断面的距离；K 为坝面粗糙高度，混凝土坝面取 $K = 0.427 \sim 0.61$mm；q 为泄流单宽流量；H_p 为坝面计算断面的水头；θ 为直线段坝面与水平线的夹角；L_k 为从堰顶曲线起点到坝面掺气开始发生点计算断面的距离；v 为不计入波动和掺气的计算断面平均流速；α_0 为修正系数，一般取 $1.0 \sim 1.4$，由流速和断面收缩情况而定。

3.2.4 反弧段起点到反弧底水深计算

3.2.4.1 计算方法 1

对于反弧段起点到反弧底部断面水深的计算，现有成果主要为原型观测和水力模型试验得出的经验或半经验公式，或者从势流理论和边界层理论推导出的计算方法。其应用范围有一定的局限性，或者计算方法过于复杂，仍较难于准确和方便应用于工程设计。

已有的研究成果表明[7-8]，溢流坝水流经过反弧段的凹曲率边界时，由于反弧段离心压强梯度的影响，水流紊动加强，紊流边界层迅速发展，边界层外部势流区的水流紊动也明显增强，反弧段的边界层和势流区都存在明显的水头损失，边界层内部的紊动区和外部的势流区已无法严格区分。因此，采用水力学动量方程，在已知反弧段起始断面水力参数的条件下，推求反弧段末端断面的水力参数。

如图 3.4 所示，取反弧段上、下游切点的 1—1 断面至 2—2 断面之间水体为隔离体，考虑原则如下[9-10]：

（1）反弧段的 1—1 断面和 2—2 断面的压强分布按静水压强分布规律计算。

（2）沿反弧底面的摩阻力忽略不计。

（3）反弧面的动水反力由两部分组成：一为弧面的离心反力，二为反弧水流的静压反力，方向均为向心方向。设反弧面任一点动水反力强度为

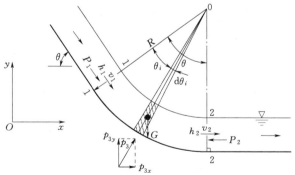

图 3.4 反弧段水力参数计算简图

$p_3 = p_{31} + p_j$，其中 $p_{31} = \lambda \dfrac{\gamma v_1^2 h_1}{gR}$（$p_{31}$ 为离心压强；λ 为离心压强修正系数），$p_{3j} = \gamma h_1 \cos(\theta - \theta_i)$（$p_{3j}$ 为静水压强），则在反弧 ds 上的动水压强反力的水平分力为

$$dp_{3x} = \left[\frac{\lambda \gamma v_1^2 h_1}{gR} + \gamma h_1 \cos(\theta - \theta_i)\right]\sin(\theta - \theta_i)ds$$

反弧段总反力的水平分力为

$$P_{3x} = \int_0^\theta \mathrm{d}p_{3x} R \,\mathrm{d}\theta_i = \frac{\lambda\gamma v_1^2 h_1}{g}(1-\cos\theta) + \frac{\gamma h_1 R}{2}\sin^2\theta \tag{3.13}$$

列出图 3.4 所示的反弧段 1—1 断面及 2—2 断面之间 x 方向的水流动量方程：

$$\frac{\gamma}{2}h_1^2\cos\theta + \frac{\gamma}{g}h_1 v_1^2\cos\theta = \frac{\gamma}{2}h_2^2 + \frac{\gamma}{g}h_2 v_2^2 - P_{3x}$$

$$\frac{\gamma}{2}h_1^2\cos\theta + \frac{\gamma}{g}h_1 v_1^2\cos\theta = \frac{\gamma}{2}h_2^2 + \frac{\gamma}{g}h_2 v_2^2 - \frac{\lambda\gamma h_1 v_1^2}{g}(1-\cos\theta) - \frac{\gamma R h_1}{2}\sin^2\theta$$

经简化为

$$\frac{h_2}{h_1} = \left[\frac{(1+2Fr_1^2)\cos\theta + 2\lambda Fr_1^2(1-\cos\theta) + (R/h_1)\sin^2\theta}{1+2Fr_2^2}\right]^{0.5} \tag{3.14}$$

式中：Fr_1 为 1—1 断面的弗劳德数；Fr_2 为 2—2 断面的弗劳德数；R 为反弧段曲率半径；θ 为反弧段转角。

式（3.14）中的 $2\lambda Fr_1^2(1-\cos\theta)$ 为离心压力项，在上述公式推导中，该项的 Fr 采用 1—1 断面的 Fr_1，实际上采用反弧段的平均弗劳德数 $\overline{Fr}$ 较为恰当，因为 Fr_1 略小于 $\overline{Fr}$ [即 $2\lambda Fr_1^2(1-\cos\theta) \leqslant 2\lambda \overline{Fr}^2(1-\cos\theta)$，而 $\lambda \geqslant 1.0$]，则有

$$(1+2Fr_1^2)\cos\theta + 2\lambda Fr_1^2(1-\cos\theta) = (1+2Fr_1^2)\cos\theta - 2\lambda Fr_1^2\cos\theta + 2\lambda Fr_1^2 \approx 2\lambda Fr_1^2$$

则式（3.14）可简化为

$$\frac{h_2}{h_1} = \left(\frac{2\lambda Fr_1^2 + (R/h_1)\sin^2\theta}{1+2Fr_2^2}\right)^{0.5} \tag{3.15}$$

表 3.2 列举了一些文献的试验成果与式（3.15）计算值进行比较，两者均较符合。这表明，在反弧段体型参数和其上游起始断面的水力参数已知条件下，可采用式（3.15）计算反弧段末端的水力参数。

表 3.2　　　　　溢流坝反弧段底部断面水深计算值与试验值比较

文献	反弧段体型参数		反弧段起始断面水力参数		反弧段底部断面平均水深 h_2/m	
	R/m	θ/(°)	h_1/m	v_1/(m/s)	试验值	计算值
[7]	0.6	53.13	3.46×10^{-2}	4.64	3.32×10^{-2}	3.21×10^{-2}
[8]，[11]	30	47.87	1.39	44.75	1.35	1.34
			3.05	48.00	3.00	2.97
[9]	20	53.13	3.49	22.29	3.13	3.18
	100	21.23	7.46	32.17	7.27	7.25

注　取式（3.15）的参数 $\lambda=1.0$。

3.2.4.2　计算方法 2

由图 3.5 的上反弧段可得[12]

$$x_1 = R[\sin\theta - \sin(\theta-\theta_1)]$$

$$x_2 = R[\sin\theta - \sin(\theta-\theta_2)]$$

$$\Delta y = R[\cos(\theta-\theta_2) - \cos(\theta-\theta_1)]$$

$$\Delta s = \frac{\Delta\theta\pi R}{180}$$

写出上反弧段 1—1 断面和 2—2 断面的水流能量方程:

$$\left[h_2\cos(\theta-\theta_2)+\frac{\alpha_2 v_2^2}{2g}\right]-\left[h_1\cos(\theta-\theta_1)+\frac{\alpha_1 v_1^2}{2g}\right]=\Delta y-h_f \quad (3.16a)$$

$$\Delta y = R\left[\cos(\theta-\theta_2)-\cos(\theta-\theta_1)\right] \quad (3.16b)$$

$$h_f = \Delta s\,\overline{J} = \frac{\Delta\theta\pi R\,\overline{J}}{180} \quad (3.16c)$$

式中: θ 为反弧段上反弧段转角; v 为断面平均流速; R 为反弧段曲率半径; $\overline{J}$ 为反弧段两断面水力坡降平均值。

3.2.5 反弧底到挑坎出口断面水深计算

由图 3.5 可得

$$x_1' = R\sin\beta_1$$

$$x_2' = R\sin\beta_2$$

$$\Delta y = R(\cos\beta_1-\cos\beta_2)$$

$$\Delta s = \frac{\Delta\beta\pi R}{180}$$

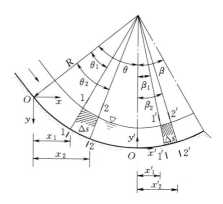

图 3.5 反弧段水深计算简图

写出下反弧段 $1'—1'$ 断面和 $2'—2'$ 断面的水流能量方程:

$$\left[h_1\cos\beta_1+\frac{\alpha_1 v_1^2}{2g}\right]-\left[h_2\cos\beta_2+\frac{\alpha_2 v_2^2}{2g}\right]=\Delta y+h_f \quad (3.17a)$$

$$\Delta y = R(\cos\beta_1-\cos\beta_2) \quad (3.17b)$$

$$h_f = \Delta s\,\overline{J} = \frac{\Delta\beta\pi R\,\overline{J}}{180} \quad (3.17c)$$

式中: β 为反弧段的下反弧段转角; v 为断面平均流速; R 为反弧段曲率半径; $\overline{J}$ 为反弧段两断面水力坡降平均值。

因此,由上述公式可较方便计算出溢流坝沿程水深值。由于溢流坝下游反弧段水流紊动较剧烈,反弧段水流多为充分紊流状,因此,反弧段各断面流速修正系数 α 可取相同值(计算中可取各断面 $\alpha=1$)。

3.2.6 算例和模型试验验证

3.2.6.1 算例

某水库溢流坝采用 WES 溢流堰型,堰顶最大水头 $H_{max}=12\text{m}$,堰面设计水头 $H_d=0.85H_{max}=10.2\text{m}$,则堰面曲线方程为 $y=x^{1.85}/(2H_d^{0.85})=0.06945x^{1.85}$;坝面陡坡段与水平线夹角为 $51.34°$,反弧段曲率半径 $R=22\text{m}$,上反弧段转角 $\theta=51.34°$,下反弧段转角 $\beta=30°$(图 3.6)。计算设计水头 H_d 条件下的溢流坝沿程水深值。

1. 计算溢流坝泄流单宽流量 q 和临界水深 h_k

溢流坝泄流单宽流量 q 和临界水深 h_k 计算公式为

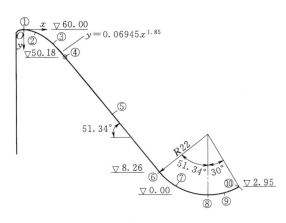

图 3.6　溢流坝体型剖面图（单位：m）

$$q = \varepsilon m \sqrt{2g} H^{3/2}$$

$$h_k = \sqrt[3]{q^2/g}$$

式中：ε 为溢流堰入流侧收缩系数；m 为泄流流量系数；g 为重力加速度；H 为堰顶水头。

由文献 [1] 等可知，当堰顶水头 $H = H_d$、堰高 P 与 H_d 之比 $P/H_d > 3$ 时，可取溢流堰的泄流流量系数 $m = m_d = 0.47 \sim 0.49$。计算选取的参数为 $\varepsilon = 0.98$、$m = 0.48$、$H = 10.2\mathrm{m}$，则可计算出 $q = 67.84\mathrm{m}^3/(\mathrm{s \cdot m})$、$h_k = 7.77\mathrm{m}$。取溢流堰堰顶断面（$x = 0$）水深为临界水深 h_k。

2．溢流堰面水深计算

（1）计算溢流堰面参数。

对堰面曲线方程 $y = 0.06945 x^{1.85}$ 求导：

$$y' = 0.12848 x^{0.85}$$

则

$$i_1 = 0.12848 x_1^{0.85}, \quad i_2 = 0.12848 x_2^{0.85}$$

$$\bar{i} = (i_1 + i_2)/2 = 0.06424(x_1^{0.85} + x_2^{0.85})$$

$$\cos\theta_1 = \cos(\arctan i_1), \quad \cos\theta_2 = \cos(\arctan i_2)$$

$$\cos(\arctan \bar{i}) = \cos[\arctan(i_1 + i_2)/2]$$

（2）令 $A = \left(h_2 \cos\theta_2 + \dfrac{\alpha_2 v_2^2}{2g}\right) - \left(h_1 \cos\theta_1 + \dfrac{\alpha_1 v_1^2}{2g}\right)$，$\eta = \cos(\arctan \bar{i})$，$B = (\bar{i} - \bar{J}/\eta)(x_2 - x_1)$，代入式（3.5）得 $A = B$。同理，在式（3.16a）和式（3.17a）中，令等号左侧为 A，右侧为 B，则各式可以写为 $A = B$。

（3）计算的其他参数选取为：坝面糙率 $n_0 = 0.0148$，水力坡降为

$$J = n_0^2 v^2 / R_0^{4/3}$$

式中：v 为断面平均流速；n_0 为坝面糙率；R_0 为水力半径，计算中采用断面平均水深 h 代替。

溢流堰面水面线计算过程和结果见表 3.3，计算结果与文献 [1] 资料成果比较见表 3.6，两者较符合。

3．上反弧段水深计算

采用文献 [1] 的边界层理论计算公式（溢流堰面起点到陡坡段末端距离为 74.9m，选用坝面粗糙高度 $K = 0.6\mathrm{mm}$），计算出坝面陡坡段末端水深为 2.14m。

由式（3.16）及反弧段起始断面平均水深 $h = 2.14\mathrm{m}$，可计算出上反弧段沿程各断面水深值，计算得反弧段底部断面平均水深为 2.04m（表 3.4）。

表 3.3 溢流堰堰面水深计算过程和结果

x /m	Δx /m	h /m	v /(m/s)	$v^2/2g$ /m	α	θ /(°)	$\bar{i}$	J /($\times 10^{-3}$)	$\bar{J}$ /($\times 10^{-3}$)	A /m	B /m
0		7.77	8.73	3.89	1.0	0		1.08			
	2.04						0.118		1.43	0.25	0.24
2.04		6.71	10.11	5.22	1.03	13.25		1.77			
	2.04						0.330		2.25	0.67	0.67
4.08		5.90	11.50	6.75	1.06	23.00		2.72			
	2.04						0.512		3.29	1.05	1.04
6.12		5.31	12.78	8.33	1.09	30.93		3.86			
	2.04						0.682		4.54	1.40	1.38
8.16		4.85	13.99	9.98	1.12	37.42		5.22			
	2.04						0.845		6.01	1.72	1.71
10.2		4.48	15.14	11.70	1.15	42.77		6.80			
	2.04						1.003		7.72	2.01	2.02
12.24		4.17	16.27	13.50	1.18	47.20		8.64			
	2.30						1.165		9.81	2.60	2.64
14.54		3.88	17.48	15.60	1.21	51.35		10.99			

表 3.4 上反弧段水深计算过程和结果

s /m	$\Delta\theta$ /(°)	Δs /m	Δy /m	h /m	v /(m/s)	$v^2/2g$ /m	J /($\times 10^{-2}$)	$\bar{J}$ /($\times 10^{-2}$)	A /m	B /m
0				2.14	31.70	51.27	7.982			
	10.00	3.84	2.77					8.240	2.21	2.46
3.84				2.10	32.30	53.24	8.498			
	10.00	3.84	2.27					8.707	1.75	1.94
7.68				2.07	32.77	54.80	8.916			
	31.34	12.03	3.21					9.138	1.89	2.11
19.71				2.04	33.25	56.42	9.360			

4. 下反弧段水深计算

由式（3.17）及反弧底断面平均水深 $h=2.04\text{m}$，可计算出下反弧段沿程各断面水深值，计算得反弧段挑坎出口断面平均水深为 2.11m（表 3.5）。

3.2.6.2 水力模型试验验证

如图 3.6 所示的溢流坝，在堰顶水头 $H=H_d=10.2\text{m}$ 泄流条件下，将本章简化计算方法结果与文献［1］和文献［9］资料成果以及公式计算值、水力模型试验成果进行比较，结果见表 3.6（水力模型为 $1:40$ 的正态模型[12]）。坝面采用有机玻璃板制作，坝面糙率 $n_0=0.008$，换算原型坝面糙率为 0.0148，坝面粗糙高度 $K=0.6\text{mm}$）。本章计算方法结果与文献［1］和文献［9］资料成果以及公式计算值、水力模型试验成果（换算为原型值）均较符合。

表 3.5　　　　　　　　　　下反弧段水深计算过程和结果

s /m	$\Delta\beta$ /(°)	Δs /m	Δy /m	h /m	v /(m/s)	$v^2/2g$ /m	J /($\times10^{-2}$)	$\overline{J}$ /($\times10^{-2}$)	A /m	B /m
0				2.04	33.25	56.42	9.361			
	15	5.76	0.75					9.212	1.14	1.28
5.76				2.06	32.93	55.33	9.062			
	15	5.76	2.20					8.715	2.75	2.70
11.52				2.11	32.15	52.74	8.366			

表 3.6　　　　　　　计算结果与文献 [1] 和文献 [9] 资料成果以及公式计算值、
水力模型试验成果的比较

断面	断面高程 /m	断面水深/m			
		文献 [1] 资料成果和公式计算值	文献 [9] 计算值	本章计算值	水力模型试验成果
①	60.00	7.70		7.77	7.78
②	59.06	5.93		5.90	5.92
③	54.90	4.50		4.48	4.45
④	50.18	3.78		3.88	3.83
⑤	29.22	2.56			2.58
⑥	8.26	2.14	(2.14)	(2.14)	2.15
⑦	3.21			2.06	2.07
⑧	0.00		2.02	2.04	2.05
⑨	0.75			2.06	2.07
⑩	2.95			2.11	2.12

注　括号内数字为文献 [1] 的计算值。

　　由式 (3.10) 和式 (3.11)，在泄流单宽流量 $q=67.84\text{m}^3/(\text{s}\cdot\text{m})$ 条件下，计算的坝面水流自然掺气开始发生点的位置分别为 251.98m 和 137.41m。因此，本算例溢流坝面水面无掺气发生。在水力模型试验中，没有观察到坝面泄流水面出现掺气的现象。

3.2.7　与现有的反弧段出口水力参数计算值比较

　　现有的一些文献给出的溢洪道下游反弧段挑坎出口的水力参数计算公式如下：

1. **挑坎出口断面平均流速 v 计算方法 1[5]**

$$v=\phi\sqrt{2g(\Delta Z-h_1\cos\beta)} \tag{3.18a}$$

$$\phi=\sqrt[3]{1-\frac{0.055}{K_E^{0.5}}} \tag{3.18b}$$

其中

$$K_E=q/(\sqrt{g}Z^{1.5})$$

式中：ΔZ 为上游水位至挑坎顶的高差，m；ϕ 为流速系数；g 为重力加速度；h_1 为挑坎出口断面平均水深；β 为挑坎出口的挑角；K_E 为流能比；Z 为上、下游水位差；q 为坝面泄流单宽流量。

式（3.18b）适用范围为 $K_E = 0.004 \sim 0.15$；当 $K_E > 0.15$ 时，$\phi = 0.95$。

或

$$\phi = 1 - \frac{0.0077}{\left(\dfrac{q^{2/3}}{s_0}\right)^{1.15}} \tag{3.19}$$

其中

$$s_0 = \sqrt{P^2 + B_0^2}$$

式中：s_0 为坝面流程；P 为挑坎顶部以上的坝高，m；B_0 为溢流面的水平投影，m；其余符号意义同式（3.18）。

式（3.19）适用范围为 $q^{2/3}/s_0 = 0.025 \sim 0.2$；当 $q^{2/3}/s_0 > 0.2$ 时，$\phi = 0.95$。

2. 挑坎出口断面平均流速 v 计算方法 2[13]

$$v = \phi \sqrt{2gZ_0} \tag{3.20a}$$

$$\phi^2 = 1 - \frac{h_f}{Z_0} - \frac{h_j}{Z_0} \tag{3.20b}$$

$$h_f = 0.014 S^{0.767} Z_0^{1.5} / q \tag{3.20c}$$

式中：Z_0 为挑坎顶断面水面与上游水位的水头差；h_f 为坝面的沿程水头损失；h_j 为坝面的各项局部水头损失之和，m，可取 h_j/Z_0 为 0.05；S 为坝面流程长度，m；其余符号意义同式（3.18）。

式（3.20）适用范围为 $S < 18q^{2/3}$。

根据图 3.6 的溢流坝体型和泄流水力参数，式（3.18）～式（3.20）计算的下游挑坎出口断面的平均水深与水力模型试验值对比见表 3.7，各公式计算的溢流坝下游挑坎出口断面的平均水深与水力模型试验值相对误差值为 $-0.5\% \sim -5.2\%$。

表 3.7 各公式计算值与水力模型试验结果比较

式（3.18）			式（3.19）			式（3.20）			模型试验值
ϕ	$v/(\text{m/s})$	h/m	ϕ	$v/(\text{m/s})$	h/m	ϕ	$v/(\text{m/s})$	h/m	h/m
0.897	32.12	2.11	0.941	33.72	2.01	0.943	33.79	2.01	2.12

注 1. h、v 为挑坎出口断面的平均水深和流速。

2. 式（3.18b）中，Z 采用上游水位至挑坎顶的高差。

3.3 结　　语

（1）在陡坡段水流能量方程的基础上，对现有的溢流坝面沿程水深的计算公式进行推导和修改，获得了溢流坝面沿程水深的简化计算公式，特别是简化了溢流坝溢流堰面和反弧段水深的计算方法。

（2）本章的溢流坝面沿程水深简化公式的计算结果与文献［1］等的资料成果、水力模型试验成果等均较符合，说明该溢流坝面沿程水深简化计算方法是合理的，可供工程设计和运行参考。

参 考 文 献

［1］ 华东水利学院. 水工设计手册：第六卷 泄水与过坝建筑物 ［M］. 北京：水利电力出版社，1982.

［2］ 美国陆军工程兵团. 水力设计准则 ［M］. 王诘昭，张元禧，译. 北京：水利电力出版社，1982.

［3］ 武汉大学水利水电学院水力学流体力学教研室. 水力计算手册 ［M］. 2 版. 北京：中国水利水电出版社，2006.

［4］ 清华大学水力学教研组. 水力学 ［M］. 北京：人民教育出版社，1981.

［5］ 成都科学技术大学水力学教研室. 水力学 ［M］. 北京：人民教育出版社，1979.

［6］ 陈焕新，黄智敏. 溢流堰面水面线简化计算方法探讨 ［J］. 广东水利水电，2010 (5)：1-3.

［7］ 陶晓峰，董曾南. 光滑溢流坝面水流边界层特性试验研究 ［J］. 水利学报，1984 (6)：1-9.

［8］ 翁情达，占秋霞，林祯祺，等，溢流坝面紊流边界层的发展及其应用 ［J］. 水利学报，1984 (6)：10-18.

［9］ 黄智敏. 溢流坝水面线计算分析和观测. 水动力学研究与进展 ［J］. 1998 (增刊)：31-36.

［10］ 广东省水利水电科学研究所. 白盆珠水电站溢流坝高速水流原型观测研究报告 ［R］. 广州：广东省水利水电科学研究所，1995.

［11］ 武汉水利电力学院. 溢流坝面紊流边界层的发展及其应用 ［R］. 武汉：武汉水利电力学院，1982.

［12］ 黄智敏，钟勇明，陈焕新. 溢流坝反弧段水面线简化计算探讨 ［J］. 广东水利水电，2011 (9)：1-3.

［13］ SL 253—2000 溢洪道设计规范 ［S］. 北京：中国水利水电出版社，2000.

第 4 章　差动式挑坎水力计算

4.1　研　究　背　景

溢洪道差动式挑坎是在连续的挑坎上设置齿、坎相间的挑坎，促使溢洪道下泄急流挑离鼻坎时上、下分散，增大挑射水流在空中的碰撞、扩散、紊动和掺气以及在下游河道水流的淹没扩散，以减轻对下游河床的冲刷[1]（图 4.1）。

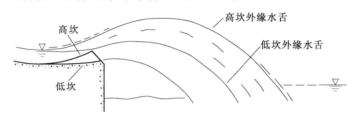

图 4.1　差动式挑坎挑射水舌示意图

差动式挑坎已在国内众多的溢洪道工程中得到了应用，但目前对其水力特性研究成果仍较少，给工程设计带来极为不便。本章综合现有的有关文献和成果，对差动式挑坎段的水面线、挑射水舌挑距及其下游河床冲刷深度等特性和计算方法进行探讨，供相关的工程设计和运行参考。

4.2　差动式挑坎段水面线计算

通常，溢洪道差动式挑坎一般多设置在反弧段的下反弧段中，因此，可在溢洪道泄流落差和单宽流量确定的条件下，计算出溢洪道反弧段底部断面的水深后，再计算出下反弧段的差动式挑坎出口断面水深和流速值，作为差动式挑坎出口下游挑射水舌水力参数计算的依据。

在反弧段泄流单宽流量和反弧段底部断面水深已知的条件下，由式（3.17）和已知的差动式挑坎体型参数，可采用分段方法分别计算出差动式挑坎出口断面的高、低坎断面水深和流速值。

若溢洪道差动式挑坎从反弧段的上反弧段中开始设置，则可以根据式（3.16）和式（3.17）等计算出差动式挑坎沿程水深值。

4.3　差动式挑坎水舌挑距计算

4.3.1　连续式挑坎水舌挑距计算公式

溢洪道连续式挑坎的挑射水舌挑距计算公式为[2]（图 4.2）

$$L=\frac{1}{g}\left[v_1^2\sin\theta\cos\theta+v_1\cos\theta\ \sqrt{v_1^2\sin^2\theta+2g(h_1\cos\theta+h_2)}\ \right]\qquad(4.1)$$

式中：L 为自挑坎末端算起至下游河床面的挑流水舌外缘挑距，m；θ 为挑流水舌水面出射角，(°)；h_1 为挑坎末端法向水深，m；h_2 为挑坎坎顶至下游河床高程差，m，如计算冲刷坑最深点距挑坎的距离，该值可采用坎顶至冲刷坑最深点高程差；v_1 为挑坎坎顶水面流速，m/s，可按挑坎顶处平均流速 v 的 1.1 倍计算。

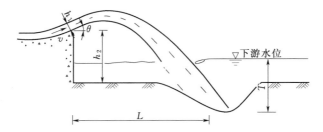

图 4.2　溢洪道挑射水舌及下游河床冲刷计算示意图

4.3.2　差动式挑坎水舌挑距计算

4.3.2.1　差动式挑坎参数选取

根据挑坎挑射水舌的挑距计算公式（4.1）、文献［3］和文献［4］等，对差动式挑坎水舌挑距的计算参数作如下假设：

（1）挑坎出口断面的水深 h_1 取高、低坎出口断面的平均水深；考虑到差动式挑坎段水流水头损失比相应的连续式挑坎水头损失大一些，因此，差动式挑坎坎顶水面流速 v_1 取其高、低坎出口断面平均流速的 1.05 倍。

（2）挑坎出口断面高程取高、低坎高程的平均值。

（3）挑坎挑角 θ 取高、低坎挑角的平均值；根据差动式高、低坎出口断面的宽度，其平均挑角 θ 可采用式（4.2）计算：

$$\theta=\frac{b_1}{b_2}\left(\frac{\theta_1+\theta_2}{2}\right)\qquad(4.2)$$

式中：θ_1、b_1 为高坎挑角和出口断面总宽度，高坎两侧斜坡面的投影宽度按高、低坎平分；θ_2、b_2 为低坎挑角和出口断面总宽度；挑坎平均挑角 θ 值范围为 $\theta_2\leqslant\theta\leqslant\theta_1$。

4.3.2.2　差动式挑坎挑距计算

文献［3］和文献［4］根据多个溢洪道工程的水力模型试验资料，对差动式挑坎下游冲坑底部挑距（即冲坑底部上边缘到挑坎出口断面的距离）的计算方法进行分析和探讨。

1．杨溪水一级电站溢流坝

溢流坝陡坡段宽度为 42m，挑坎出口断面宽度为 41.04m。水力模型试验将其下游挑坎修改为扩散式梯形差动式，高、低坎挑角分别为 30°和 0°，高坎两侧面坡度为 1∶0.5；出口断面高、低坎高程分别为 278.88m 和 276.20m，高坎总宽度 $b_1=19.02\text{m}$，低坎总宽度 $b_2=22.02\text{m}$（高坎两侧坡面投影宽度按高、低坎平分，下同）。

计算出差动式高、低坎平均挑角 $\theta=12.96°$，挑坎出口断面平均高程为 277.54m，由水力模型试验的挑坎水力参数等[5]，计算出挑坎下游冲坑挑距 L（表 4.1）。

表 4.1　　　　　　杨溪水一级电站溢流坝挑坎下游冲坑挑距 L 计算值和试验值

洪水频率 P	单宽流量 $q/[\mathrm{m^3/(s \cdot m)}]$	冲坑底高程 /m	坎顶至下游冲坑底高差 h_2/m	h_1 /m	v_1 /(m/s)	计算值 L/m	模型试验值 L/m	
							冲坑底挑距范围	平均值
3.33%	50.6	255.00	22.54	1.95	27.25	78.15	70~80	75
1%	65.7	253.00	24.54	2.43	28.39	85.26	77~89	83
0.2%	75.8	251.70	25.84	2.74	29.05	89.66	80~96	88

注　1. h_1 为挑坎末端法向水深。
　　2. v_1 为挑坎坎顶水面流速。
　　3. 模型试验的冲坑底挑距范围为冲坑底上边缘至下边缘的挑距（下同）。

2. 乐昌峡水电站溢流坝

溢流坝挑坎段采用扩散式梯形差动式挑坎，高、低坎挑角分别为 20°和 0°，高坎两侧面坡度为 1:1；溢流坝两侧边墙为收缩边墙，出口断面宽度为 60m，高、低坎高程分别为 115.61m 和 113.50m，高坎总宽度 $b_1=32.44$m，低坎总宽度 $b_2=27.56$m（图 4.3）。

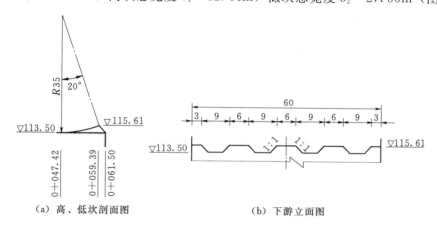

（a）高、低坎剖面图　　　　　　（b）下游立面图

图 4.3　乐昌峡水电站溢流坝扩散式梯形差动式挑坎布置图（单位：m）

计算出差动式高、低坎平均挑角 $\theta=11.77°$，挑坎出口断面平均高程为 114.56m。由水力模型试验的挑坎水力参数等[6-7]，计算的挑坎下游冲坑挑距 L 见表 4.2。

表 4.2　　　　　　乐昌峡水电站溢流坝挑坎下游冲坑挑距 L 计算值和试验值

洪水频率 P	单宽流量 $q/[\mathrm{m^3/(s \cdot m)}]$	冲坑底高程 /m	坎顶至下游冲坑底高差 h_2/m	h_1 /m	v_1 /(m/s)	计算值 L/m	模型试验值 L/m	
							冲坑底挑距范围	平均值
1%	65.0	81.50	33.06	2.38	28.68	94.09	70~102	86
	114.3	77.00	37.56	4.13	29.06	101.90	78~116	97
0.1%	141.2	75.00	39.56	5.03	29.48	106.25	84~120	102

注　q 为挑坎出口断面泄流单宽流量。

3. 河源市七礤水库溢洪道

溢洪道陡槽段宽度为 22m，原布置的挑坎为连续式，其反弧段曲率半径 $R=15$m，挑坎挑角为 13.94°。水力模型试验推荐的溢洪道除险改造方案的下游挑坎为等宽梯形差动式，其高、低坎挑角分别为 25°和 10°，高坎两侧坡面坡度为 1∶0.5；出口断面高坎总宽度 $b_1 = 11.51$m，低坎总宽度 $b_2 = 10.49$m[8-10]（图 4.4）。

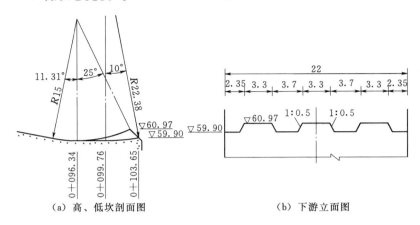

（a）高、低坎剖面图　　　　　　　（b）下游立面图

图 4.4　七礤水库溢洪道差动式挑坎布置图（单位：m）

计算的差动式高、低坎平均挑角 $\theta = 19.2°$，挑坎出口断面平均高程为 60.44m。由水力模型试验的挑坎水力参数等[9]，计算的挑坎下游冲坑挑距 L 见表 4.3。

表 4.3　　　　　　　　七礤水库溢洪道挑坎下游冲坑挑距 L 计算值和试验值

洪水频率 P	单宽流量 $q/[\text{m}^3/(\text{s}\cdot\text{m})]$	冲坑底高程 /m	坎顶至下游冲坑底高差 h_2/m	h_1 /m	v_1 /(m/s)	计算值 L/m	模型试验值 L/m	
							冲坑底挑距范围	平均值
10%	6.82	40.00	20.44	0.43	16.65	42.38	38~44	41
3.33%	21.64	33.50	26.94	1.21	18.78	55.09	50~56	53
1%	31.83	31.00	29.44	1.68	19.89	61.43	55~65	60
0.05%	40.65	29.50	30.94	2.06	20.72	66.10	59~69	64

由表 4.1～表 4.3 资料分析可知，计算的溢洪道下游河床冲坑底部挑距与水力模型试验冲刷坑底部上、下边缘挑距的平均值较接近，因此，可将计算的下游河床冲坑底部的挑距 L 值乘以折减系数 0.8～0.9（挑坎出口断面单宽流量 q 较大者，可取较小值），作为差动式挑坎下游河床冲坑底部上边缘的挑距 L_0。

在实际工程运行中，溢洪道挑坎出口断面到下游河床冲坑底部的挑距除了与挑坎体型、泄流水力参数等有关之外，还与下游河道河床地形、基岩岩性等有关，因此，本章的溢洪道差动式挑坎下游河床冲坑底部挑距的计算方法可供工程设计和运行参考。

4.4　差动式挑坎下游河床冲深计算

4.4.1　挑坎下游河床冲深计算公式

溢洪道连续式挑坎下游河床冲刷深度可采用式（4.3）进行计算[2]：

$$T_1 = K q^{0.5} Z^{0.25} \tag{4.3}$$

式中：T_1 为冲刷坑深度，m，由下游河道水位与冲坑底高程之差计算；q 为挑坎出口单宽流量，m³/(s·m)；Z 为泄流上、下游水位差，m；K 为下游河床岩基冲刷系数。

文献［3］和文献［4］等对差动式挑坎的下游河床冲刷深度计算方法进行了探讨，提出的计算公式为

$$T_2 = \beta K q^{0.5} Z^{0.25} \tag{4.4}$$

$$\beta = f\left(\frac{q}{a\sqrt{gH_p}}\right) \tag{4.5}$$

式中：T_2 为差动式挑坎下游河床冲刷深度，m；β 为差动式挑坎冲刷影响系数，$\beta \leqslant 1$；q 为挑坎出口单宽流量，m³/(s·m)；H_p 为挑坎进口断面总水头，m；a 为高、低坎的高差，m；g 为重力加速度，m/s²；其他符号意义见式（4.3）。

4.4.2　差动式挑坎冲刷影响系数 β 分析

由差动式挑坎挑射水舌特性分析可知，高、低坎挑射水舌的下游入水位置沿下游河床纵向拉开扩散，减小了进入下游河道的单位面积能量，因此，差动式挑坎冲刷影响系数 β 与高、低坎体型（挑角，高、低坎宽度和高差等）以及挑坎的水力参数（断面水深、流速）等有关，则可以写出以下的关系式：

$$\beta = \frac{T_2}{T_1} = f(\theta_1, \theta_2, b_1, b_2, a, i, Fr) \tag{4.6}$$

式中：θ_1、b_1 为高坎的挑角和出口宽度；θ_2、b_2 为低坎的挑角和出口宽度；a 为高、低坎的高差；i 为高坎两侧面坡度；Fr 为挑坎进口断面弗劳德数。

经分析，采用无量纲数 $q/(a\sqrt{gH_p})$（q 为挑坎出口断面单宽流量；H_p 为挑坎进口断面的总水头；a 为高、低坎的高差；g 为重力加速度）代表差动式挑坎的体型和水力参数。由 $q = hv$ 和 $v = \phi\sqrt{2gH_p}$（h、v 为挑坎出口断面的平均水深和流速，ϕ 为流速系数），可得 $q/(a\sqrt{gH_p}) = \sqrt{2}\phi h/a$。

则式（4.6）可写为

$$\beta = f\left(\frac{q}{a\sqrt{gH_p}}\right) = f\left(\frac{\sqrt{2}\phi h}{a}\right) \tag{4.7}$$

4.4.3　β-$q/(a\sqrt{gH_p})$ 关系研究

根据多个溢洪道水力模型试验成果，对差动式挑坎冲刷影响系数 β 进行计算和分析（表 4.4～表 4.8）。

1. 乐昌峡水电站溢流坝

由文献［6］和文献［7］，可得出乐昌峡水电站溢流坝差动式挑坎冲刷影响系数 β 与 $q/(a\sqrt{gH_p})$ 关系见表 4.4。

2. 七磜水库溢洪道

由文献［8］～文献［10］，可计算出七磜水库溢洪道差动式挑坎冲刷影响系数 β 与 $q/(a\sqrt{gH_p})$ 关系见表 4.5。

表 4.4　　　乐昌峡水电站溢流坝差动式挑坎冲刷影响系数 β 与 $q/(a\sqrt{gH_p})$ 关系

库水位 Z_a/m	出口 单宽流量 q/[m³/(s·m)]	挑坎总水头 H_p/m	高、低坎 高差 a/m	冲刷坑深度 T/m		β	$\dfrac{q}{a\sqrt{gH_p}}$
				连续式挑坎	差动式挑坎		
162.20	65.0	48.7		30.00	26.40	0.880	1.410
162.20	114.3	48.7	2.11	39.28	36.28	0.924	2.480
163.00	141.2	49.5		44.00	41.00	0.932	3.038

表 4.5　　　七礤水库溢洪道差动式挑坎冲刷影响系数 β 与 $q/(a\sqrt{gH_p})$ 关系

库水位 Z_a/m	出口 单宽流量 q/[m³/(s·m)]	挑坎总水头 H_p/m	高、低坎 高差 a/m	冲刷坑深度 T/m		β	$\dfrac{q}{a\sqrt{gH_p}}$
				连续式挑坎	差动式挑坎		
83.38	21.64	23.82		22.8	19.3	0.846	1.324
84.98	31.83	25.42	1.07	25.2	22.8	0.905	1.885
86.20	40.65	26.64		27.0	24.7	0.915	2.351

注　溢洪道反弧底部高程为 59.56m。

3. 白盆珠水电站溢流坝

根据文献 [11]，将其水力模型试验的 β 和 $q/(a\sqrt{gH_p})$ 值列出（表 4.6）。

表 4.6　　　白盆珠水电站溢流坝差动式挑坎冲刷影响系数 β 与 $q/(a\sqrt{gH_p})$ 关系

库水位 Z_a/m	出口 单宽流量 q/[m³/(s·m)]	挑坎总水头 H_p/m	高、低坎 高差 a/m	冲刷坑深度 T/m		β	$\dfrac{q}{a\sqrt{gH_p}}$
				连续式挑坎	差动式挑坎		
79.23	25.44	41.73		11.9	8.5	0.714	0.629
82.83	52.96	45.33	2.0	22.2	18.2	0.820	1.256
84.00	62.96	46.50		23.9	20.9	0.874	1.475
85.52	77.78	48.02		26.9	23.9	0.888	1.793

注　挑坎进口高程为 37.50m。

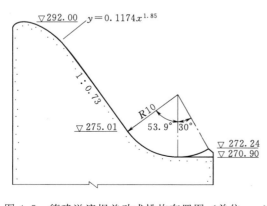

图 4.5　德建溢流坝差动式挑坎布置图（单位：m）

4. 德建水库溢流坝

参考广东省连山壮族瑶族自治县德建水库溢流坝体型[12]，其堰顶高程 292.00m，下游反弧段曲率半径 $R=10$m，反弧底高程 270.90m，陡坡段和反弧段断面宽度为 34m，反弧段挑坎体型为：①连续式挑坎出口挑角 25°，出口断面高程 271.84m；②差动式高坎挑角 30°、出口断面高程 272.24m，低坎挑角 0°、出口断面高程 270.90m（图 4.5）。溢流坝下游河床基岩面高程约 258.00m，河床基岩抗冲流速 $v=6\sim7$m/s。

本章开展了 1∶40 的溢流坝正态水力模型试验，得出的溢流坝运行水力参数和下游河床冲刷特性见表 4.7。

表 4.7　　　　德建水库溢流坝差动式挑坎冲刷影响系数 β 与 $q/(a\sqrt{gH_p})$ 关系

库水位 Z_a/m	出口单宽流量 $q/[\mathrm{m^3/(s \cdot m)}]$	挑坎总水头 H_p/m	高、低坎高差 a/m	冲刷坑深度 T/m		β	$\dfrac{q}{a\sqrt{gH_p}}$
				连续式挑坎	差动式挑坎		
295.35	10.29	24.45		13.0	8.8	0.677	0.496
296.05	14.00	25.15		14.6	10.6	0.726	0.665
297.05	19.79	26.15	1.34	17.0	13.3	0.782	0.923
297.50	22.88	26.60		18.5	15.3	0.827	1.058
298.52	30.06	27.62		21.5	18.3	0.851	1.364

5. 文献［13］成果

文献［13］对溢洪道连续式和差动式挑坎进行试验比较（表 4.8），连续式挑坎反弧段曲率半径 $R=16.54\mathrm{m}$，挑角为 20°；差动式高、低坎挑角分别为 30°和 0°。

表 4.8　　　　文献［13］溢洪道差动式挑坎冲刷影响系数 β 与 $q/(a\sqrt{gH_p})$ 关系

库水位 Z_a/m	出口单宽流量 $q/[\mathrm{m^3/(s \cdot m)}]$	挑坎总水头 H/m	高、低坎高差 a/m	冲刷坑深度 T/m		β	$\dfrac{q}{a\sqrt{gH_p}}$
				连续式挑坎	差动式挑坎		
409.82	73.4	40.04	2.22	32.9	29.7	0.903	1.669

将表 4.4～表 4.8 的数据绘于图 4.6，可见差动式挑坎冲刷影响系数 β 随 $q/(a\sqrt{gH_p})$ 增加而增大，当 $q/(a\sqrt{gH_p}) < 1.5$ 时，β 衰减较明显，这表明溢洪道泄流单宽流量 q 较小时，差动式挑坎消能作用较显著。

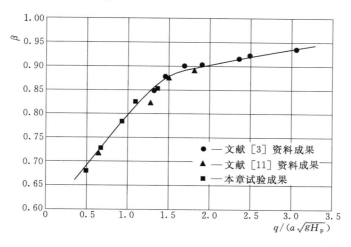

图 4.6　$\beta\text{-}q/(a\sqrt{gH_p})$ 关系

将表 4.4～表 4.8 的数据采用最小二乘法回归计算，可得出 $\beta\text{-}q/(a\sqrt{gH_p})$ 关系

式为[4]

$$\beta = 0.7942\left(\frac{q}{a\sqrt{gH_p}}\right)^{0.1876} \tag{4.8}$$

式（4.8）的适用范围为 $0.5 \leqslant q/(a\sqrt{gH_p}) \leqslant 3.0$。

图 4.6 的 $\beta - q/(a\sqrt{gH_p})$ 关系和式（4.8）可供工程设计和运行参考。

4.5　算　　例

4.5.1　工程概况

七碛水库溢洪道堰顶高程 78.10m，堰顶下游接 1:5 的陡坡段，陡坡段净宽为 22m；陡坡段下游出口采用挑流消能。挑坎下游河床面高程约 48.00m，下游河床的基岩为强风化细沙岩、粉沙岩，岩石破碎严重，裂隙发育。

经水力模型试验得到的溢洪道下游差动式挑坎布置方案为[8-10]：挑坎设置 3 个高坎、4 个低坎，反弧段底部断面高程为 59.56m（桩号 0+096.34），挑坎壁面糙率 $n_0 = 0.015$；差动式高坎的上游端起始断面位于反弧段底部断面，其反弧曲率半径 $R_1 = 15m$，挑射角 $\theta_1 = 25°$，出口断面高程为 60.97m，高坎两侧坡面坡度为 1:0.5；低坎的起始断面桩号 0+099.76，末端断面桩号 0+103.65，其反弧曲率半径 $R_2 = 22.38m$，挑射角 $\theta_2 = 10°$，出口断面高程为 59.90m（图 4.4）。

对溢洪道 100 年一遇洪水流量（$P = 1\%$，$Q = 700.2m^3/s$，库水位 $Z_a = 84.98m$，下游河道水位 $Z_t = 53.80m$）运行情况的差动式挑坎水力参数和下游河床冲刷状况进行计算，并与水力模型试验结果进行对比分析。

4.5.2　挑坎出口断面水深计算

水力模型测试的反弧段底部断面平均水深 $h = 1.62m$、平均流速 $v = 19.65m/s$[8]，由式（3.17）计算出下游差动式高、低挑坎沿程水深值。

（1）差动式高坎挑角 $\theta_1 = 25°$，将高坎沿程水深分为 3 段计算（每段 $\Delta\theta = 8.33°$），计算中令式（3.17a）等号左侧为 A，右侧为 B，计算过程见表 4.9。计算得高坎下游出口断面水深为 1.69m。

表 4.9　　差动式高坎沿程水深计算过程和结果

s /m	$\Delta\theta$ /(°)	Δs /m	Δy /m	h /m	v /(m/s)	$v^2/2g$ /m	J /($\times10^{-2}$)	$\overline{J}$ /($\times10^{-2}$)	A /m	B /m
0				1.62	19.65	19.70	4.566			
	8.33	2.18	0.16					4.520	0.247	0.256
2.18				1.63	19.53	19.46	4.474			
	8.33	2.18	0.472					4.384	0.502	0.568
4.36				1.65	19.29	18.99	4.294			
	8.33	2.18	0.775					4.129	0.938	0.865
6.54				1.69	18.83	18.10	3.963			

（2）差动式低坎挑角 $\theta_2 = 10°$，将低坎沿程水深分为 3 段计算（其中桩号 0+096.34 至 0+099.76 为水平段，反弧段分为 2 段，每段 $\Delta\theta = 5°$），参照表 4.9 的计算过程，由式 (3.17) 计算出低坎下游出口断面水深为 1.65m。

因此，可计算出高、低挑坎出口断面平均水深为 1.67m，平均流速为 19.06m/s。

4.5.3 下游河床冲深计算

由溢洪道泄洪水力参数：挑坎出口断面单宽流量 $q = 31.83\mathrm{m^3/(s \cdot m)}$、库水位与反弧段底部高程差（即挑坎进口断面总水头）$H_p = 25.42\mathrm{m}$、高低坎高差 $a = 1.07\mathrm{m}$ 等，得 $q/(a\sqrt{gH_p}) = 1.885$，由式 (4.8) 计算得 $\beta = 0.894$。

由溢洪道差动式挑坎出口断面单宽流量 $q = 31.83\mathrm{m^3/(s \cdot m)}$、上下游水位差 $Z = 31.18\mathrm{m}$、差动式挑坎冲刷影响系数 $\beta = 0.894$、河床岩基冲刷系数 $K = 1.89$[8] 等，计算出溢洪道下游河床冲坑深度 $T = 22.53\mathrm{m}$（相应的冲坑底部高程为 31.27m）。

4.5.4 下游冲坑底部挑距计算

由差动式高、低坎出口断面高程和挑角等，计算得差动式挑坎出口断面平均高程为 60.44m，平均挑角为 19.2°［式 (4.2)］。因此，根据差动式挑坎出口断面水力参数［挑坎末端平均水深 $h_1 = 1.67\mathrm{m}$，挑坎坎顶水面流速 $v_1 = 1.05 \times 19.06 = 20.01\mathrm{(m/s)}$］和冲坑底部高程（31.27m）等，由式 (4.1) 计算出下游河床冲坑底部挑距 $L = 61.71\mathrm{m}$。

将计算的挑距 L 值乘以折减系数 0.9，得出差动式挑坎下游河床冲坑底部上边缘的挑距 $L_0 = 55.54\mathrm{m}$。计算的溢洪道下游河床冲坑底高程、冲坑底部上边缘挑距等与水力模型试验成果较符合（表 4.10）。

表 4.10　　　　下游河床冲坑底部高程及其上边缘挑距试验值与计算值比较

泄流量 $Q/(\mathrm{m^3/s})$	出口单宽流量 $q/[\mathrm{m^3/(s \cdot m)}]$	冲坑底高程/m		冲坑底部上边缘挑距 L_0/m	
		试验值	计算值	试验值	计算值
700.2	31.83	31.00	31.27	55	55.54

4.6　结　　语

通过对多个溢洪道差动式挑坎水力模型试验资料的总结和分析，对其挑射水舌挑距和下游河床冲刷坑深度的计算方法进行分析和探讨，主要成果如下：

（1）采用差动式挑坎的平均挑角和坎高、挑坎出口断面的平均水深和流速等，计算的挑坎下游河床冲坑底部挑距与水力模型试验的下游冲坑底部挑距范围平均值较接近。因此，在工程设计中，建议在本章计算方法计算的挑坎挑距 L 值基础上，将计算值 L 乘以折减系数 0.8～0.9（单宽流量 q 较大者，可取较小值），作为溢洪道下游河床冲刷坑底部上边缘的挑距。

（2）对差动式挑坎冲刷影响系数 β 的影响因素进行了分析，得到了 $\beta - q/(a\sqrt{gH_p})$ 关系式。研究表明，冲刷影响系数 β 随 $q/(a\sqrt{gH_p})$ 增加而增大，当 $q/(a\sqrt{gH_p}) < 1.5$ 时，β 衰减较明显。

（3）由于影响差动式挑坎下游挑距和冲刷深度的因素较多，其除了与挑坎体型、水力参数等有关之外，还与下游河道河床地形、基岩岩性等有关，因此，对差动式挑坎下游挑距和冲刷深度的计算方法仍需进一步深入研究。

参　考　文　献

［1］　华东水利学院. 水工设计手册：第六卷　泄水与过坝建筑物［M］. 北京：水利电力出版社，1982.

［2］　SL 253—2000　溢洪道设计规范［S］. 北京：中国水利水电出版社，2000.

［3］　黄智敏，付波，陈卓英，等. 溢洪道差动式挑流鼻坎挑距和冲深特性探讨［J］. 水利科技与经济，2012，18（10）：79－81，85.

［4］　黄智敏，付波，陈卓英，等. 溢洪道差动式挑坎水力特性分析和计算探讨［J］. 广东水利水电，2016（9）：1－5.

［5］　陈灿辉，徐炳森. 杨溪水一级电站溢流坝挑流消能试验研究［C］//第十四届全国水动力学研讨会文集. 北京：海洋出版社，2000.

［6］　黄智敏，何小惠，钟勇明，等. 乐昌峡水利枢纽工程溢流坝泄洪消能研究［J］. 长江科学院院报，2011，28（5）：18－22.

［7］　广东省水利水电科学研究院. 乐昌峡水利枢纽工程水工模型试验研究报告［R］. 广州：广东省水利水电科学研究院，2009.

［8］　广东省水利水电科学研究院. 河源市源城区七礤水库除险加固工程溢洪道水工模型试验研究报告［R］. 广州：广东省水利水电科学研究院，2008.

［9］　钟勇明，黄智敏，陈卓英，等. 河源市源城区七礤水库溢洪道消能试验研究. 广东水利水电，2010（6）：22－24.

［10］　姚锦玉. 七礤水库溢洪道重建工程挑坎设计优化［J］. 广东水利水电，2013（6）：68－70.

［11］　广东省水利水电科学研究所. 西枝江水利枢纽工程整体模型水工试验报告［R］. 广州：广东省水利水电科学研究所，1979.

［12］　广东省水利水电科学研究院. 连山壮族瑶族自治县德建水库溢流坝水工模型试验研究报告［R］. 广州：广东省水利水电科学研究院，2013.

［13］　胡诚义. 从几个拱坝枢纽的泄洪消能试验谈几点初步体会［C］//泄水建筑物消能防冲论文集. 北京：水利电力出版社，1979.

第 5 章　窄缝式挑坎水力特性研究

5.1　前　　言

窄缝式挑坎是借助于溢洪道陡坡段或其下游挑流鼻坎段两侧边墙的收缩，在挑坎下游出口处形成窄缝，使泄流在收缩段内沿横向收缩，在挑坎出口断面下游沿竖向和纵向拉开及扩散，促使挑射水舌在空中形成巨大的扇形状，增大挑射水舌在空中的碰撞、掺气和消能，减小其进入下游河道的水体单位面积能量，从而减轻对下游河床的冲刷。由于窄缝式挑坎下游形成横向宽度较小、纵向长度长的挑射水舌，因此，窄缝式挑坎特别适用于高水头、狭谷河段水利枢纽的泄水建筑物（图 5.1）。

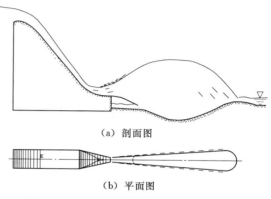

（a）剖面图

（b）平面图

图 5.1　溢流坝窄缝式挑坎泄流示意图

自 20 世纪 50 年代起，国外开始采用了窄缝式挑坎新型消能工。葡萄牙卡勃利尔（Cabril）拱坝首次采用了窄缝式挑坎消能工；随后，西班牙阿尔门德拉（Almendra）拱坝、贝莱萨尔（Belesar）双曲拱坝、阿塔萨尔（Atazar）双曲拱坝等陆续采用了窄缝式挑坎消能工[1]。自 20 世纪 80 年代以来，窄缝式挑坎消能工在国内到了较深入和系统地研究，并已应用于多项水利工程的设计和建设。

5.2　窄缝式挑坎体型尺寸

窄缝式挑坎的基本体型参数（图 5.2）如下：

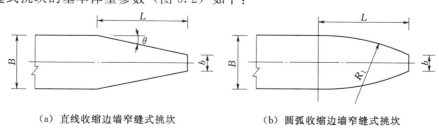

（a）直线收缩边墙窄缝式挑坎　　　　（b）圆弧收缩边墙窄缝式挑坎

图 5.2　窄缝式挑坎平面体型参数

（1）收缩比 B/b（B 为窄缝收缩段进口断面宽度，b 为收缩段挑坎出口断面宽度）。与现有的一些文献区别，本章定义窄缝式挑坎的收缩比 B/b 为收缩段进口断面宽度 B 与其出口断面宽度 b 之比，更符合窄缝式挑坎收缩比的定义，也便于对收缩比的分析和叙述。

（2）收缩角 θ 或收缩率 μ：收缩角 $\theta = \arctan\left(\dfrac{B-b}{2L}\right)$，收缩率 $\mu = \dfrac{B-b}{2L}$（L 为收缩段长度）。

（3）窄缝式挑坎出口挑角 ω。

据初步统计，国内部分已建和在建（或水力模型试验推荐方案）的工程泄水建筑物窄缝式挑坎体型参数见表 5.1[2-13]。

表 5.1　　　　　　　　国内部分工程泄水建筑物窄缝式挑坎体型参数

工　程　名　称		收缩比 B/b	收缩角 θ	体　型　说　明
湖南东江水电站溢洪道		4	4.74°, 9.46°	直线二次收缩边墙，挑角 $\omega=0$°
青海龙羊峡水电站溢洪道		2.5		圆弧收缩边墙，曲面贴角窄缝挑坎
陕西安康水电站中孔岸边溢洪道		2.62		圆弧收缩边墙，曲面贴角窄缝挑坎
贵州东风水电站	内侧溢洪道	4	2.03°	直线二次收缩边墙，挑角 $\omega=0$°，出口向右侧偏转 10°
	外侧溢洪道	3	2.11°	
贵州大花水水电站泄洪中孔		1.875		直线收缩边墙
贵州双河口水电站溢洪道	左槽	4.8	3.27°, 7.13°	直线二次收缩边墙，挑角 $\omega=10$°
	右槽	4.8	3.17°	第1、第3段不对称收缩；第2段对称收缩，收缩角 3.17°；挑角 $\omega=10$°
云南柴石滩水库溢洪道		6		异型窄缝式挑坎
广西思安江水库泄洪洞		3.78		异型窄缝式挑坎
湖北水布垭水库溢洪道		4	12.68°	直线收缩边墙
湖北芭蕉河二级水电站拱坝泄洪中孔		3	8°	直线收缩边墙，挑角 $\omega=0$°
陕西卡房水库拱坝		3.7	18.16°	直线边墙不对称收缩，收缩角平均值 18.16°
陕西石砭峪泄洪洞		2.6	左 16.91°，右 20.34°	直线不对称收缩边墙，矩形出口断面，挑角 $\omega=0$°
福建南一水库溢洪道		4.07	5°, 8.75°	直线二次收缩边墙
广西天生桥一级右岸岸边溢洪道		2.17		异型窄缝式挑坎，挑角 $\omega=8.53$°
贵州光照水电站溢流表孔		3.33	9°	挑角 $\omega=0$°
青海拉西瓦水电站泄洪孔	中孔	2.8	12.09°	直线收缩边墙，矩形出口断面，挑角 $\omega=0$°
	深孔	2.5	10°	直线收缩边墙，矩形出口断面，挑角 $\omega=0$°

工　程　名　称		收缩比 B/b	收缩角 θ	体　型　说　明
内蒙古二道河子溢洪道		10.14	平均值 11.12°	弯道型双窄缝出口，矩形出口断面，挑角 $\omega=0°$
新疆柳树沟水电站	溢洪洞	2.53		异型窄缝式挑坎（注：两洞出口收缩比均为平均值）
	泄洪洞	2.01		
青海李家峡水电站	左岸底孔	2		异型窄缝式挑坎，挑角 $\omega=0°$
	左、右岸中孔	1.91		
广东老炉下水库溢洪道		9.2（平均值）	13.65°	梯形出口断面，底宽 0.8m，顶宽 1.7m，高度 4m；挑角 $\omega=0°$
广东张公龙水库溢流坝		5（平均值）	左边墙 6.87°，右边墙 5.16°	梯形出口断面，底宽 2.13m，顶宽 2.66m；挑角 $\omega=0°$

　　窄缝式挑坎收缩比 B/b 一般可选用 2.5～8，具体工程可根据其泄流单宽流量、泄流水头差等而确定。

　　如广东省老炉下水库溢流坝陡坡段的最大泄流单宽流量 $q=13.81\text{m}^3/(\text{s}\cdot\text{m})$，相应的单宽流量较小，故其窄缝式挑坎选择的收缩比 B/b 相应较大（$B/b=9.2$）[12]。现阶段，窄缝式挑坎收缩比 B/b 的初步选择可参考文献［1］等，重要的水利工程窄缝式挑坎体型尺寸应由水力模型试验来确定。

　　直线收缩边墙的窄缝式挑坎收缩角 θ 应选较小值为宜，θ 值一般不大于 15°。若收缩角 θ 较大，则收缩段内水流受冲击波扰动影响较大，相应增大收缩段边墙的沿程水深，增加收缩边墙的高度，同时冲击波交汇后水花飞溅现象较为严重。当窄缝式挑坎段收缩边墙的收缩角较大时，可采用二次或多次收缩边墙的布置形式，减小各收缩段边墙的相对收缩角，相应减小收缩段内冲击波扰动的影响。

　　圆弧收缩边墙窄缝式挑坎的单位长度的收缩率相对较小，收缩段内水流受冲击波影响相应较小，两侧边墙的沿程水深比直线收缩边墙水深相应降低，稍优于直线收缩边墙的窄缝式挑坎；但圆弧收缩边墙的窄缝式挑坎施工比直线收缩边墙窄缝式挑坎稍复杂，应综合比较后选用。

　　窄缝式挑坎下游出口挑角 ω 一般多采用 0～10°，当挑坎下游地形、地质条件许可，也可以采用 -3°～-5° 的小负挑角。挑角 ω 较小者，出坎的内、外缘水舌之间的下游入水纵向长度拉大，有利于减轻对下游河床的冲刷。当为了确保挑坎基础的安全、要求增大挑射水舌的内缘挑距时，应采用零度挑角或正挑角的挑坎。

　　根据有关的工程资料统计，窄缝式挑坎出口断面形式以矩形和梯形居多。矩形出口断面结构较简单，施工较方便，但对各级洪水流量适应性稍差些，泄洪流量较小时，出坎水流不易起挑；泄洪流量较大时，出坎上缘水舌挑角过大，使水舌挑距反而缩短。因此，矩形出口断面的窄缝式挑坎较适用于泄洪流量变幅不大的消能工。窄缝式挑坎出口梯形断面较适应于各级洪水流量变化较大挑流的要求，但其结构形式和施工稍复杂。

　　为了便于窄缝式挑坎出口梯形断面的布置，一般可在直立收缩边墙布置的挑坎出口段设置一段扭曲面边墙段，将挑坎出口段由矩形断面渐变为梯形断面。

因此，一般建议无闸门控泄的泄水建筑物宜采用梯形出口断面较佳，而有闸门控泄的泄水建筑物可综合考虑后选用矩形或梯形出口断面，并可在窄缝式挑坎较佳挑射流量时开闸泄洪。

5.3　窄缝式挑坎段流态和水面线计算

通常，溢洪道窄缝式挑坎段的边墙收缩角、底坡往往较大，且进入窄缝式挑坎段的水流为较高弗劳德数的急流、泄流单宽流量较大，因此，窄缝式挑坎收缩段内会产生一种急流冲击波的特殊水力现象。窄缝式挑坎收缩段的急流冲击波使得收缩段内边墙区域水深沿

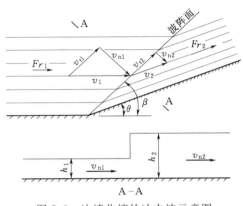

图 5.3　边墙收缩的冲击波示意图

程壅高，收缩段边墙尺寸的设计成为影响其安全和经济的一个重要因素，由此提出了大收缩角、大底坡、高弗劳德数的急流收缩段的水力计算问题。

5.3.1　Ippen 冲击波理论

Ippen 等根据水流边界转角是微小的、不计水流边壁的摩阻、沿水深的压强分布符合静水压强分布、平底等假设，得出以下的急流冲击波计算式[14]（图 5.3）。

波角 β 与来流弗劳德数 Fr_1、水深比 h_2/h_1 的关系：

$$\sin\beta = \frac{1}{Fr_1}\sqrt{\frac{1}{2}\frac{h_2}{h_1}\left(1+\frac{h_2}{h_1}\right)} \tag{5.1}$$

其中

$$Fr_1 = v_1/\sqrt{gh_1}$$

波角 β 与边墙转角 θ 的关系　　$\tan\theta = \dfrac{\tan\beta\left(\sqrt{1+8Fr_1^2\sin^2\beta}-3\right)}{2\tan^2\beta-1+\sqrt{1+8Fr_1^2\sin^2\beta}} \tag{5.2}$

波阵面上、下游水深关系　　$\dfrac{h_2}{h_1} = \dfrac{1}{2}\left(\sqrt{1+8Fr_1^2\sin^2\beta}-1\right) \tag{5.3}$

式中：Fr_1 为波阵面上游来流弗劳德数；v_1 为波阵面上游流速；h_2/h_1 为水深比；h_1 为波阵面上游水深；h_2 为波阵面下游水深。

按上述冲击波计算公式计算的收缩段各种水力参数，是一种理想化的近似方法，其把扰动波阵面的上游看作是均匀来流，其水力参数沿程不变，因此，由上述公式计算得到的扰动波阵面下游的水力参数也是沿程不变的。这种计算方法对于水槽边墙转角较小、水流弗劳德数较低、收缩段沿程过水断面宽度远大于其水深的情况，其计算结果与实际较符合。

在实际工程中，往往会遇到大收缩角、大底坡和较长距离等收缩段的冲击波计算问题，其收缩段的底坡 i 和边壁糙率 n_0 等会对收缩段的水力参数产生较明显的影响；且陡坡段断面缩窄，会引起泄流断面单宽流量的增大[15-16]。因此，大底坡、大收缩角的窄缝

收缩段内的波阵面上游区域水力参数与 Ippen 冲击波理论假设的条件差异较大。

5.3.2 大收缩角、大底坡的收缩段流态分析

在实际工程布置中，受坝址的地形、地质和水力条件等影响和要求，往往需要在溢洪道陡坡段开始设置收缩段，采用一次收缩或分段收缩至溢洪道下游出口断面，形成窄缝式挑坎。

溢洪道陡坡段的坡度 i 往往较陡，水流弗劳德数 Fr 较大，陡坡段边墙收缩会产生较明显的急流冲击波。窄缝收缩段的急流冲击波扰动波阵面将其上、下游分为两个不同流态的区域，即波阵面上游区和波阵面下游区。波阵面上游区的水流受重力、阻力、断面缩窄单宽流量增大等影响，其沿程各断面水深和流速是变化的；波阵面下游区是一种特殊的强迫水跃，其水流主要受收缩边墙转角 θ 和波阵面交界面上游区水流的影响，水流急速壅高后沿收缩边墙往下游流动。

5.3.2.1 波阵面上游区水力特性

引起窄缝收缩段波阵面上游区水力参数变化的主要原因如下：

（1）收缩陡坡段坡度 i 和边壁糙率 n_0 的影响，水流在重力和边壁摩阻的作用下，引起陡坡段沿程水深和流速产生变化。

（2）受陡坡段边墙收缩的影响，收缩段内过水断面产生强行间断波，波阵面下游水深增大，流速相应减小。由于窄缝收缩段内沿程过水断面宽度与其水深值基本是同一量级，过水断面的缩窄会引起整个过水断面单宽流量增大，因此，收缩段内水流扰动将会不同程度地涉及整个过水断面，引起波阵面上游区水力参数的变化。

5.3.2.2 波阵面下游区水力特性

1. 波阵面下游区平均水深特性

一些文献[1,17]指出，窄缝收缩段边墙上的动水压强分布不再符合静水压强的分布规律，收缩边墙上的动水压强值比其实际水深大的多。考虑收缩段内的动水压强分布特性等，假设收缩边墙底部动水压强值为 ξh_2，对图 5.3 单位长度的波阵面写出其水流连续方程和动量方程：

$$h_1 v_{n1} = h_2 v_{n2} \tag{5.4}$$

$$\frac{\gamma}{2} h_1^2 + \frac{\gamma}{g} h_1 v_{n1}^2 = \frac{\gamma}{2} \xi h_2^2 + \frac{\gamma}{g} h_2 v_{n2}^2 \tag{5.5}$$

由式（5.4）和式（5.5）简化得[16]

$$\sin\beta = \frac{1}{Fr_1} \sqrt{\frac{1}{2} \frac{h_2}{h_1} \left(1 + \sqrt{\xi} \frac{h_2}{h_1}\right)} \tag{5.6}$$

$$h_2 = \frac{h_1}{2\sqrt{\xi}} \left(\sqrt{1 + 8\sqrt{\xi} Fr_1^2 \sin^2\beta} - 1\right) \tag{5.7}$$

式中：ξ 为波阵面下游边墙底部动水压强值大于实际水深 h_2 的修正系数，$\xi > 1$。

由式（5.6）和式（5.7）分析可知，由于 $\xi > 1$，所以窄缝收缩段内急流冲击波波阵面的实际波角比 Ippen 冲击波理论计算的波角要大一些，而实际的波阵面下游水深 h_2 要小些。

2. 波阵面波角特性

由急流冲击波计算公式分析，波阵面波角 β 与来流弗劳德数 Fr_1 的关系为

$$d\beta/dFr_1 < 0 \tag{5.8}$$

由上述分析可知，对于坡度 $i \geqslant 0$ 的陡坡段，其波阵面上游区的水深和流速是沿程变化的，则有 $dFr_1/ds > 0$ 或 $dFr_1/ds < 0$。由式（5.8）可得

$$d\beta/ds < 0 \tag{5.9a}$$

或

$$d\beta/ds > 0 \tag{5.9b}$$

因此，窄缝收缩段内波阵面的波角 β 是沿程变化的，波阵面线是一条曲线，而不是一条沿程不变的直线。

3. 波阵面下游区沿程水深特性

由急流冲击波计算公式分析可知，在同一收缩边墙转角 θ 条件下，随陡坡段坡角 α 的大小不同，波阵面交界处的共轭水深比 h_2/h_1（令 $h_2/h_1 = y$）与来流弗劳德数 Fr_1 的关系为

$$dy/dFr_1 < 0 \tag{5.10a}$$

或

$$dy/dFr_1 > 0 \tag{5.10b}$$

因此，收缩段内横过水流的共轭水深比 y 随来流弗劳德数 Fr_1 的变化而改变，由于波阵面上游水深 h_1 和弗劳德数 Fr_1 是沿程变化的，故波阵面下游水深 h_2 也是沿程变化的。

以往的窄缝收缩段边墙水深的研究成果主要限于平底或小底坡的收缩段[18-21]，本章对大底坡、大收缩角的窄缝收缩段边墙沿程水面线计算方法进行分析，而平底或小底坡的收缩段只是大底坡陡坡收缩段的一个特例。

5.3.3 大收缩角、大底坡收缩段边墙水深分析和计算

由文献［22］等，对大底坡窄缝收缩段边墙水深进行分析和计算。

5.3.3.1 波阵面上游区水力参数计算

由分析可知，大底坡窄缝收缩段波阵面上游区沿程水力参数变化计算微分方程式为[23]

$$d\left(h\cos\alpha + \frac{\bar{v}^2}{2g}\right)/ds = i - \frac{\bar{v}^2}{\bar{C}^2\bar{R}_0} \tag{5.11}$$

其中

$$i = \sin\alpha$$

$$C = (1/n_0)R_0^{1/6}$$

式中：h、v 为断面的水深和流速；s 为流动的距离；i 为收缩陡坡段的坡度；α 为陡坡段与水平线的夹角；C 为谢才系数，n_0 为边壁糙率；R_0 为水力半径。

将 $C = (1/n_0)R_0^{1/6}$、$R_0 = h$ 代入式（5.11）得

$$d\left(h\cos\alpha + \frac{\bar{v}^2}{2g}\right)\bigg/ds = i - \frac{n_0^2\,\bar{v}^2}{\bar{h}^{4/3}} \tag{5.12}$$

在实际计算中，式（5.12）可以写为差分式进行计算，其各参数的计算方法如下。

（1）距收缩段进口断面的水平投影距离 x_i 收缩断面的单宽流量 q_i 计算见式（5.13），并采用 q_i 计算相应断面的 h_i 和 v_i。

$$q_i = \frac{Q}{B - 2x_i \tan\theta} \tag{5.13}$$

式中：Q 为陡坡段泄流量；B 为等宽陡坡段的宽度；θ 为陡坡收缩段边墙的转角。

（2）$\overline{h}$、$\overline{v}$ 采用收缩段进口和计算断面的平均值。

5.3.3.2 波阵面下游区沿程水深计算

由收缩段边墙转角 θ 和式（5.12）、式（5.13）计算出收缩段沿程各断面的波阵面上游水深和流速之后，就可以采用式（5.2）和式（5.3）计算出窄缝收缩段边墙沿程水深值。对于陡坡段波阵面下游水深的计算，还应考虑陡坡段坡角 α 和激震水跃段水体重量的影响。对图 5.4 的陡坡收缩段，忽略水跃段沿程水头损失，沿其冲击波波阵面法线 $B-B$ 断面列出动量方程：

$$\frac{\gamma}{g} h_2 v_{n2}^2 \cos\phi - \frac{\gamma}{g} h_1 v_{n1}^2 = \frac{\gamma}{2} h_1^2 - \frac{\gamma}{2} h_2^2 \cos\phi + G\sin\phi \tag{5.14}$$

其中 $$\phi = \alpha\beta/90$$

式中：γ 为水体容重；g 为重力加速度；ϕ 为陡坡段沿波阵面法线剖面底坡与水平线的夹角；α 为收缩段底坡与水平线夹角；β 为计算断面波角；G 为 $1-1$ 断面与 $2-2$ 断面之间的激震水跃段水体重量，近似取 $G = \gamma t(h_1 + h_2)/2$，$t$ 为水跃段长度；其余符号如图 5.3 所示。

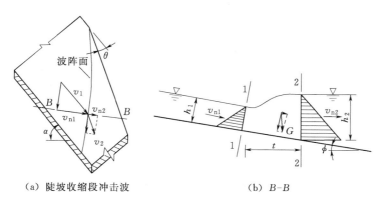

（a）陡坡收缩段冲击波　　　　（b）$B-B$

图 5.4　陡坡收缩段急流冲击波示意图

对式（5.14）移项和合并后可得

$$\tan\theta = \frac{\tan\beta\left(\sqrt{1 + 8Fr_1^2 \sin^2\beta/K} - 3\right)}{2\tan^2\beta - 1 + \sqrt{1 + 8Fr_1^2 \sin^2\beta/K}} \tag{5.15}$$

$$\frac{h_2}{h_1} = \frac{1}{2}\left(\sqrt{1 + 8Fr_1^2 \sin^2\beta/K} - 1\right) \tag{5.16}$$

$$K = \frac{y^2\cos\phi - 1}{(y - \cos\phi)(1 + y)} - \frac{t\sin\phi}{h_2 - h_1\cos\phi} \tag{5.17}$$

式中：$y = h_2/h_1$，为波阵面交界处的共轭水深比。

式（5.15）~式（5.17）为考虑了陡坡段坡角 α 和激震水跃段水体重量 G 影响的冲击波计算公式，与式（5.2）和式（5.3）相比，由于 $K \leqslant 1$，则计算的冲击波波角 β 减小、水深比 h_2/h_1 相应增大。

式（5.17）中，t 为波阵面上、下游 1—1 断面与 2—2 断面之间的水跃段长度，由分析 $t=f(\theta, \alpha, Fr_1)$ 可知，计算方法较复杂。参考自由水跃长度的计算式[24-25]，近似取 $t=\lambda(h_2-h_1\cos\phi)$。参考试验成果，$\lambda$ 值初步取值为：① $\theta=4°\sim10°$，$\lambda=6.5\sim2$；② $\theta=10°\sim15°$，$\lambda=2\sim1$；在各段 θ 值范围内，可按线性插值得到相应的 λ 值。则式（5.17）可以写为

$$K=\frac{y^2\cos\phi-1}{(y-\cos\phi)(1+y)}-\lambda\sin\phi \tag{5.18}$$

$$\phi=\frac{\alpha\beta}{90} \tag{5.19}$$

5.3.3.3　波阵面下游区沿程水深计算方法和步骤

将收缩段的横断面划分为若干个流束，由式（5.12）、式（5.13）计算出各流束 q_i 波阵面上游区各断面的水力参数（如断面水深 h_{i-1} 和流速 v_{i-1} 等，h_{i-1}、v_{i-1} 为各流束中心线的水力参数），然后采用式（5.15）～式（5.19）计算出各流束相应的波角 β_i 和边墙水深 h_{i-2}。对称的溢洪道陡坡收缩段急流冲击波的计算方法和步骤如下（图5.5）：

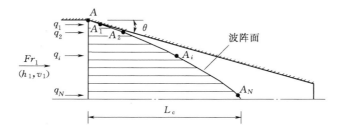

图 5.5　窄缝收缩段内流束分布示意图

（1）对于给定的收缩段底坡 i、进口断面宽度 B、进口断面平均水深 h_1 和流速 v_1、边壁糙率 n_0、边墙收缩角 θ 等，计算出收缩段进口断面弗劳德数 Fr_1。

（2）取 $B/2$ 宽断面的收缩段进行计算，将其分为 N 等分流束：q_1，q_2，…，q_N。

（3）q_1 流束的冲击波计算：当 q_1 流束（中心线的平均水深 h_{1-1}、流速 v_{1-1}）遭遇收缩边墙 A 点之后（此处可将 q_1 流束中心线遭遇的收缩边墙 A_1 点近似看着为 A 点），产生急流冲击波；计算中，先假定 y_1 和 β_1，计算出 ϕ_1 和 K_1 值，由式（5.15）～式（5.19）反复计算，计算出波角 β_1、波阵面下游水深 h_{1-2} 等。

（4）q_2 及各流束 q_i 的冲击波计算：在 A 点画出波角 β_1 的波阵面线并延长与 q_2 流束的 A_2 点相交，量出收缩段进口断面至 A_2 点的水平投影长度 x_2 和陡坡段长度 s_2，由式（5.13）计算出该断面单宽流量 q_2，并由式（5.12）计算出 q_2 流束在 A_2 点的波阵面上游水深 h_{2-1} 和流速 v_{2-1}，然后由式（5.15）～式（5.19）计算其波阵面波角 β_2、下游水深 h_{2-2}（计算中，y_2 可取前一流束计算的 y_1 值，再将计算得到的 y_2 进行重复计算）。

将波角 β_2 的波阵面线经 A_2 点延长与 q_3 流束的 A_3 点相交，采用 q_2 流束的计算方法和步骤，计算 q_3 的冲击波。由此类推，可计算出各流束 q_i 的波角 β_i 和波阵面下游水深 h_{i-2}。当计算流束的波阵面线交汇于收缩段中心线之后（冲击波交汇点距收缩段进口断面距离为 L_c，如图5.5所示），计算结束。

5.3.4 算例

5.3.4.1 算例1

图 5.6 所示的溢流坝，溢流堰顶高程 60.00m，陡坡段宽度 $B=16m$，陡坡段与水平线夹角 $\alpha=51.34°$，壁面糙率 $n_0=0.0148$；陡坡段从桩号 0+020.08 断面的 A 点以 $\theta_1=5.71°$ 收缩至反弧段起始断面的 B 点（桩号 0+048.08），其下游再以 $\theta_2=10.48°$ 收缩至下游出口断面的 C 点（桩号 0+068.08）。在溢流坝泄流单宽流量 $q=70m^3/(s\cdot m)$ 条件下（收缩段进口断面平均水深 $h_1=3.37m$，弗劳德数 $Fr_1=3.61$），计算其窄缝收缩段边墙沿程水深值。计算过程和步骤见表 5.2 和图 5.7。

1. AB 收缩段（$\theta_1=5.71°$）边墙水深计算

（1）取对称的一半收缩段进行计算。将 AB 收缩段沿过流断面（A 断面与 B 断面宽度的差值为 5.6m，取其差值一半为 2.8m）分为 6 等分流束，每一个流束 q_i 宽度为 0.467m。

（2）q_1 流束计算：由 $\alpha=51.34°$、$\theta_1=5.71°$、$h_{1-1}=3.37m$、$Fr_{1-1}=3.61$ 等，先假设

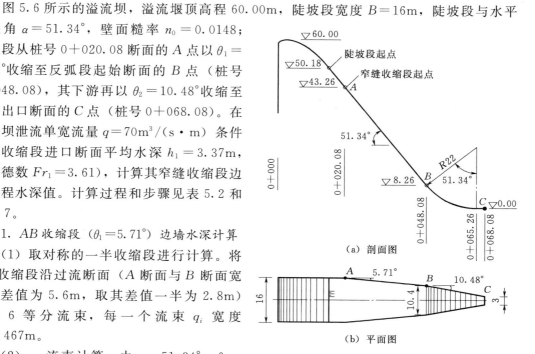

（a）剖面图

（b）平面图

图 5.6 溢流坝窄缝收缩段布置图（单位：m）

表 5.2 陡坡收缩段边墙水深计算过程和结果

θ_i /(°)	q_i	x_i /m	s_i /m	α /(°)	q /[m³/(s·m)]	h_{i-1} /m	Fr_{i-1}	ϕ /(°)	K	β /(°)	y_i	h_{i-2} /m
5.71	1	0	0	51.34	70.00	3.37	3.61	7.62	0.284	13.35	1.77	5.96
	2	2.95	4.72		72.68	3.24	3.98	7.36	0.309	12.91	1.82	5.90
	3	4.99	7.99		74.66	3.18	4.21	7.21	0.324	12.64	1.84	5.86
	4	7.08	11.33		76.80	3.13	4.43	7.08	0.337	12.41	1.87	5.85
	5	9.19	14.71		79.08	3.09	4.65	6.95	0.350	12.19	1.90	5.87
	6	11.35	18.17		81.57	3.07	4.84	6.85	0.360	12.01	1.93	5.91
10.48	7	13.80	22.09	51.34	84.59	3.07	5.02	6.75	0.369	11.84	1.95	5.99
	8	16.56	26.51		88.27	3.07	5.24	6.66	0.380	11.66	1.98	6.08
	9	19.36	30.99		92.35	3.09	5.43	6.56	0.389	11.50	2.01	6.20
	10	22.20	35.54		96.88	3.13	5.59	6.49	0.396	11.37	2.03	6.35
	11	25.07	40.13		101.94	3.19	5.72	6.43	0.401	11.27	2.05	6.52
	12	27.97	44.77		107.62	3.26	5.84	7.99	0.487	14.00	2.41	7.85
	13	30.29	48.18	46.97	117.28	3.50	5.72	9.21	0.673	17.64	2.53	8.86
	14	32.11	50.54	39.53	126.13	3.73	5.59	7.95	0.719	18.11	2.44	9.10
	15	33.87	52.66	33.70	136.09	4.00	5.43	6.96	0.755	18.59	2.36	9.45

y_{1a} 和 β_{1a} 值，计算出 ϕ_1 和 K_1 值（根据前述的 $\lambda - \theta$ 关系，式（5.18）中近似取 $\lambda = 5.22$），然后由式（5.15）～式（5.19）进行计算。

1）若计算出的 y_{1b}、β_{1b} 与假设的 y_{1a} 和 β_{1a} 不相等［即式（5.15）等号两侧不相等］，先在 β_{1a} 值不变的情况下，采用 y_{1b} 值重复计算。

2）根据重复计算的结果，分析假设的 β_{1a} 与真实的 β_1 的偏差，重新假设 β_{1a} 值，重复上述的计算过程；通过反复计算得 $K_1 = 0.284$、$\beta_1 = 13.35°$、波阵面下游水深 $h_{1-2} = 5.96\text{m}$。

（3）q_2 流束计算：在收缩边墙转折点 A，画出 $\beta_1 = 13.35°$ 的波阵面延长线交于 q_2 流束中心线 A_2 点，量出收缩段进口断面到 A_2 断面的水平投影长度 $x_2 = 2.95\text{m}$、陡坡段长度 $s_2 = 4.72\text{m}$；由式（5.12）和式（5.13），计算出 A_2 点横断面的单宽流量 $q_2 = 72.68\text{m}^3/(\text{s·m})$、波阵面上游 $h_{2-1} = 3.24\text{m}$、$v_{2-1} = 22.43\text{m/s}$、$Fr_{2-1} = 3.98$。

采用与 q_1 流束相同的方法，根据式（5.15）～式（5.19），先假设 β_2 和 y_2 分别为 β_{2a} 和 y_{2a}（计算中 y_{2a} 可取 q_1 流束计算得到的 y_1 值，再将计算得到的 y_{2b} 进行重复计算；然后对 β_{2a} 值的偏差进行分析和修正，再进行重复计算），反复计算得 $K_2 = 0.309$、$\beta_2 = 12.91°$、$y_2 = 1.82$，$h_{2-2} = 5.9\text{m}$。

（4）如此类推，可计算得 AB 收缩段 $q_3 \sim q_6$ 流束的水力参数。计算的 q_6 流束的 $h_{6-1} = 3.07\text{m}$、$\beta_6 = 12.01°$、$h_{6-2} = 5.91\text{m}$。

2. BC 收缩段及中心区域（$\theta_2 = 10.48°$）边墙水深计算

（1）将 BC 收缩段及中心区域沿过流断面（断面宽度 5.2m）分为 9 等分流束（$q_7 \sim q_{15}$），每一个流束 q_i 宽度为 0.578m。

（2）q_7 流束计算：在 q_6 流束的 A_6 点画出 $\beta_6 = 12.01°$ 的波阵面延长线交于 q_7 流束中心线 A_7 点，量出收缩段进口断面到 A_7 点的 $x_7 = 13.8\text{m}$、$s_7 = 22.09\text{m}$；由式（5.12）和式（5.13），计算出 A_7 断面的 $q_7 = 84.59\text{m}^3/(\text{s·m})$、$h_{7-1} = 3.07\text{m}$、$Fr_{7-1} = 5.02$。由图 5.7 可见，$q_7$ 流束中心线 A_7 点仍在陡坡段坡面上，其波阵面法线上冲击波对应的收缩边墙仍为 AB 段，因此，仍由 $\theta_1 = 5.71°$ 计算 q_7 流束的冲击波水力参数。由式（5.15）～式（5.19）计算得 $\beta_7 = 11.84°$、$h_{7-2} = 5.99\text{m}$。$q_8 \sim q_{11}$ 流束的冲击波按同样方法计算。

（3）q_{12} 流束计算：在 q_{11} 流束的 A_{11} 点画出 $\beta_{11} = 11.27°$ 的波阵面延长线交于 q_{12} 流束中心线的 A_{12} 点，量出收缩段进口断面到 A_{12} 点的 $x_{12} = 27.97\text{m}$、$s_{12} = 44.77\text{m}$；计算出 A_{12} 点横断面的单宽流量 $q_{12} = 107.62\text{m}^3/(\text{s·m})$、波阵面上游 $h_{12-1} = 3.26\text{m}$、$v_{12-1} = 33.01\text{m/s}$、$Fr_{12-1} = 5.84$。

由图 5.7 可见，q_{12} 流束中心线 A_{12} 点仍在陡坡段坡面上，但其波阵面法线上冲击波对应的收缩边墙为 BC 段，可将 q_{12} 流束作为 AB 段和 BC 段两收缩段的过渡段考虑。因此，对 q_{12} 流束的冲击波水力参数计算作以下考虑：①边墙收缩角取 AB 段和 BC 段边墙收缩角的平均值 $(\theta_1 + \theta_2)/2 = 8.095°$；②由边墙平均收缩角 $8.095°$，取 $\lambda = (5.22 + 1.9)/2 = 3.56$（$1.9$ 为 BC 段收缩边墙相应的 λ 值）。

由式（5.15）～式（5.19）计算得：$K_{12} = 0.487$，$\beta_{12} = 14°$，$h_{12-2} = 7.85\text{m}$。

（4）q_{13} 流束计算：在 q_{12} 流束的 A_{12} 点画出 $\beta_{12} = 14°$ 的波阵面延长线交于 q_{13} 流束中心线的 A_{13} 点，量出收缩段进口断面到 A_{13} 点的 $x_{13} = 30.29\text{m}$（桩号 0+050.37），A_{13} 点超出了陡坡段坡面的长度（陡坡段坡面长度为 44.82m）。因此，先计算出收缩段进口断面到陡

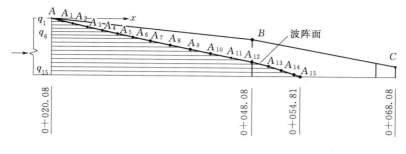

（a）冲击波波阵面平面图

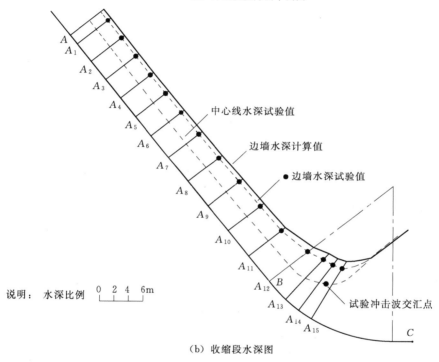

（b）收缩段水深图

图 5.7　溢洪道陡坡收缩段冲击波波阵面和边墙水深图

坡段末端断面（即反弧段起始断面）的水力参数（h_c、v_c），然后以反弧段起始断面的水力参数为基础，再计算出 A_{13} 点断面的水力参数。计算中，反弧段起点至 A_{13} 点的坡角可取两断面坡角的平均值，坡面长度取两断面之间的弧长。

计算得：①反弧段起始断面单宽流量 $q_c = 107.69\text{m}^3/(\text{s}\cdot\text{m})$、水深 $h_c = 3.26\text{m}$、$v_c = 33.03\text{m/s}$；②A_{13} 点断面宽度 $B_{13} = 9.55\text{m}$、$q_{13} = 117.28\text{m}^3/(\text{s}\cdot\text{m})$、$h_{13\text{-}1} = 3.5\text{m}$、$Fr_{13\text{-}1} = 5.72$。

由于 A_{13} 点位于 BC 收缩段（$s_{13} = 48.18\text{m}$），收缩角相对增大，式（5.18）中近似取 $\lambda = 1.9$；通过试算 y_{13} 和 β_{13} 值，计算得 $K_{13} = 0.673$、$\beta_{13} = 17.64°$、$h_{13\text{-}2} = 8.86\text{m}$。

（5）如此类推，可计算出 $q_{14} \sim q_{15}$ 流束波阵面上、下游水深和波角等（计算某一流束 q_i 时，若需要取两断面之间水力参数平均值，可取前一流束 q_{i-1} 计算值和要计算流束 q_i 的值进行平均）。计算结果见表 5.2 和图 5.7。

计算结果表明：①受陡坡段水流的重力作用、断面沿程缩窄和单宽流量 q 增大等影响，收缩段边墙水深往下游首先是沿程减小的（流束 $q_1 \sim q_4$），中下游段的边墙水深逐渐增大（流束 $q_5 \sim q_{15}$）；②由 q_{15} 流束的波阵面线（$\beta_{15} = 18.59°$）与陡坡段中心线交汇点，可得出收缩段左、右侧冲击波交汇点桩号为 $0 + 054.81$，与水力模型试验值（桩号 $0 + 055.96$）较符合（图 5.7）。

上述计算过程可编程序由计算机完成，计算方便和快捷，计算结果准确。

3. 计算结果与试验值比较

由于收缩段急流冲击波激震水跃属于强制水跃，且波阵面下游水流为三元水流问题，其边墙水深要比二元自由水跃的跃后水深相应小些。计算结果与水力模型试验成果（1：40 的正态模型）比较见表 5.3。

表 5.3　　　　　　　　　收缩段边墙水深计算值与模型试验值比较

断面号	边墙水深/m		h_{sy}/h_{js}	断面号	边墙水深/m		h_{sy}/h_{js}
	计算值 h_{js}	试验值 h_{sy}			计算值 h_{js}	试验值 h_{sy}	
A_1	5.96	5.42	0.91	A_9	6.20	5.56	0.90
A_2	5.90	5.36	0.91	A_{10}	6.35	5.70	0.90
A_3	5.86	5.32	0.91	A_{11}	6.52	5.81	0.89
A_4	5.85	5.29	0.90	A_{12}	7.85	6.87	0.88
A_5	5.87	5.32	0.91	A_{13}	8.86	7.71	0.87
A_6	5.91	5.35	0.91	A_{14}	9.10	7.96	0.87
A_7	5.99	5.38	0.90	A_{15}	9.45	8.25	0.87
A_8	6.08	5.47	0.90				

（1）AB 收缩段（$\theta_1 = 5.71°$）边墙水深试验值约为计算值的 90%~91%。

（2）BC 收缩段及中心区域（$\theta_2 = 10.48°$）的边墙转角 θ 增大，波阵面下游水流的三元水流特征更加明显，其边墙水深试验值约为计算值的 87%~88%。

考虑到原型工程水流波动和掺气较水力模型试验结果较明显[25]，本方法计算值应用于工程设计应是合理的。

5.3.4.2　算例 2

一设置在溢洪道反弧段末端的直线收缩边墙的窄缝式挑坎，其底坡 $i = 0$，收缩段进口断面宽 $B = 8m$，边墙收缩角 $\theta = 9.46°$，收缩段水平投影长度 $L = 18m$，壁面糙率 $n_0 = 0.015$；在泄流单宽流量 $q = 37.96 m^3/(s \cdot m)$ 条件下，收缩段进口断面平均水深 $h_1 = 1.34m$、平均流速 $v_1 = 28.33 m/s$。计算收缩段边墙沿程水深值和冲击波交汇点位置。

由溢洪道泄流水力参数 $[q = 37.96 m^3/(s \cdot m)、h_1 = 1.34m、v_1 = 28.33 m/s$ 等]，计算得收缩段进口断面弗劳德数 $Fr_1 = 7.82$。取对称的一半收缩段进行计算，将收缩段沿过流断面分为 6 等分流束，每一个流束 q_i 宽度为 0.667m（图 5.8）。

计算过程见表 5.4 和图 5.8。

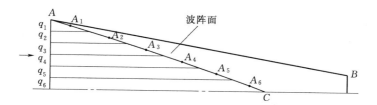

图 5.8 窄缝收缩段流束和冲击波波阵面分布示意图

注：$\theta = 9.46°$；$q = 37.96\mathrm{m^3/(s \cdot m)}$

表 5.4 窄缝收缩段边墙水深计算过程和结果

q_i	x_i/m	$q/[\mathrm{m^3/(s \cdot m)}]$	h_{i-1}/m	Fr_{i-1}	$\beta_i/(°)$	h_{i-2}/m
1	0	37.96	1.34	7.82	15.78	3.41
2	3.54	44.53	1.58	7.16	16.46	3.81
3	5.80	50.05	1.79	6.68	17.02	4.13
4	7.97	56.83	2.04	6.23	17.63	4.52
5	10.07	65.39	2.36	5.76	18.38	5.00
6	12.08	76.41	2.77	5.29	19.28	5.94

（1）q_1 流束计算：根据 $\theta = 9.46°$、$h_{1-1} = 1.34\mathrm{m}$、$Fr_{1-1} = 7.82$ 等，由式（5.2）和式（5.3）计算得波角 $\beta_1 = 15.78°$、波阵面下游水深 $h_{1-2} = 3.41\mathrm{m}$。

（2）q_2 流束计算：在收缩段边墙转折点 A，画出 $\beta_1 = 15.78°$ 的波阵面延长线交于 q_2 流束中心线 A_2 点，量出收缩段进口断面到 A_2 断面的水平投影长度 $x_2 = 3.54\mathrm{m}$；由式（5.12）和式（5.13），计算出 A_2 点横断面的单宽流量 $q_2 = 44.53\mathrm{m^3/(s \cdot m)}$、波阵面上游 $h_{2-1} = 1.58\mathrm{m}$、$v_{2-1} = 28.18\mathrm{m/s}$、$Fr_{2-1} = 7.16$，然后采用与 q_1 流束相同的方法，由式（5.2）和式（5.3）计算得波角 $\beta_2 = 16.46°$、波阵面下游水深 $h_{2-2} = 3.81\mathrm{m}$。

（3）如此类推，可计算得收缩段 q_6 流束的 $h_{6-1} = 2.77\mathrm{m}$、$Fr_{6-1} = 5.29$、$\beta_6 = 19.28°$、$h_{6-2} = 5.94\mathrm{m}$。由 q_6 流束的波阵面线（$\beta_6 = 19.28°$）与中心线的交汇点，可得出收缩段左、右侧冲击波交汇点距其进口断面的距离 $L_c = 13.03\mathrm{m}$。

计算结果表明（表 5.5）：①收缩段边墙水深计算值与水力模型（1:40 正态模型）试验值及分布规律较符合，计算值比水力模型试验值大一些，收缩段边墙水深试验值约为计算值的 85%～89%，其原因如前所述；②收缩段左、右侧冲击波交汇点距进口断面距离 $L_c = 13.03\mathrm{m}$，与水力模型试验值（12.6m）较符合[16]（图 5.8）。

表 5.5 收缩段边墙水深计算值与水力模型试验值比较

q_i	x_i/m	边墙水深/m		h_b/h_a	q_i	x_i/m	边墙水深/m		h_b/h_a
		计算值 h_a	试验值 h_b				计算值 h_a	试验值 h_b	
1	0	3.41	2.89	0.85	4	7.97	4.52	4.01	0.89
2	3.54	3.81	3.23	0.85	5	10.07	5.00	4.38	0.88
3	5.80	4.13	3.61	0.87	6	12.08	5.94	5.09	0.86

5.3.5　冲击波交汇点下游边墙水深特性

　　窄缝收缩段水流冲击波交汇之后，水流的掺气量明显增大，已无法严格区分其中心线和边墙的水面线。因此，可将冲击波交汇后的中心线水面线按 1∶1～1∶1.5 的坡度往下游延伸，两侧收缩边墙水面线可根据计算的边墙水面线的变化趋势向下游延伸，并与中心线水面线汇合，由此可求得中心线和边墙水面线的汇合点，可得出整个窄缝收缩段边墙的水面线，以作为窄缝收缩段边墙基本尺寸设计的依据[16]。

5.4　窄缝式挑坎段动水压强特性

5.4.1　窄缝式挑坎段动水压强特性

　　通常，溢洪道窄缝式挑坎段动水压强由四部分组成：①窄缝收缩段进口断面的动水压强（可近似取该断面平均水深值）；②窄缝收缩段急流横向收窄产生的附加动水压力；③反弧段曲率边界引起的离心惯性力；④曲线收缩边墙产生的离心惯性力。

　　由于窄缝收缩段两侧边墙的收缩，进入收缩段的急流对两侧收缩边墙产生了强烈的冲击，收缩段内形成急流冲击波，收缩段内水流产生与反弧段曲率同向的弯曲，对收缩段底板及两侧边墙产生了附加离心惯性力。图 5.9 为水力模型测试的一平底窄缝收缩段（本小节体型参数参见图 5.2：$i=0$，$B=8\text{m}$，$b=1\text{m}$，$B/b=8$，$L=18\text{m}$，$\mu=0.194$）底板中心线和边墙底部沿程动水压强分布[17]，文献［1］和文献［17］等经过大量的水力模型试验表明：

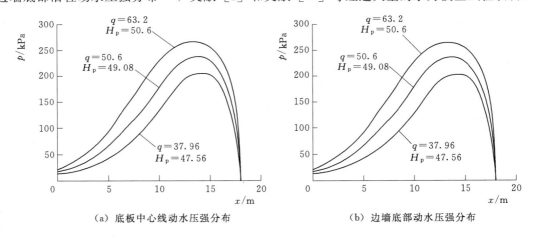

（a）底板中心线动水压强分布　　　　　（b）边墙底部动水压强分布

图 5.9　窄缝式挑坎段动水压强分布示意图
注：p 为动水压强，kPa；x 为距收缩段进口断面距离，m；
q 为泄流单宽流量，m³/(s·m)；H_p 为挑坎总水头，m

　　（1）窄缝收缩段内的动水压强不再符合静水压强分布规律，其动水压强值比同一断面的实际水深大得多。

　　（2）收缩段内的动水压强沿程增加，并在急流冲击波交汇点的下游达到峰值，然后受出口大气射流的影响，在收缩段出口断面的动水压强值迅速降到零。

　　（3）在各种不同的收缩比 B/b、收缩率 μ 及来流条件（H_p、q）组合下，窄缝收缩段内沿程动水压强分布形状大致是相似的，收缩段内的底板中心线和边墙底部的最大动水压强值和断面位置相近，收缩段底板中心线的最大动水压强值略大于边墙底部最大动水压强值，两者相对差值一般在3%之内，因此，可采用收缩段底板中心线的最大动水压强值作为其边墙结构设计的依据。

（4）在同一收缩段体型中，随收缩段作用水头 H_p 增大和泄流单宽流量 q 增加，收缩段内沿程动水压强增大，其最大动压值的位置往收缩段的上游移动；在相同的来流条件下，随 B/b、μ 值增大，动水压强值也相应增大，影响收缩段内动水压强值的主要因素是收缩比 B/b。

本章分别对平底（$i=0$）的直线收缩边墙窄缝收缩段动水压强、反弧段动水压强、圆弧收缩边墙离心力压强等计算方法进行分析。

5.4.2 直线收缩边墙窄缝式挑坎动水压强计算

文献［17］根据大量的水力模型试验资料分析，提出了平底（$i=0$）、出口挑角 $\omega=0°$ 的直线收缩边墙窄缝收缩段内的最大附加动水压强及其位置的计算公式：

$$\frac{p_{a\max}/\gamma}{H_p}=0.174\left(\frac{B}{b}+5\mu\right)^{1.2324}(\overline{h}_k)^{0.8532} \tag{5.20}$$

$$\frac{L_a}{L}=0.965-1.4\overline{h}_k \tag{5.21}$$

其中

$$\overline{h}_k=\sqrt[3]{q^2/g}/H_p$$

式中：$\dfrac{p_{a\max}}{\gamma}$ 为收缩段内的最大附加动水压强；$\overline{h}_k$ 为相对临界水深；q 为收缩段进口断面单宽流量；H_p 为收缩段作用的总水头；g 为重力加速度；L_a 为最大动水压强断面到收缩段进口断面的水平投影距离；L 为窄缝收缩段水平投影长度。

式（5.20）和式（5.21）的适用范围为：$2.5\leqslant B/b\leqslant 8$，$0.133\leqslant \mu\leqslant 0.194$，$0.0818\leqslant \overline{h}_k\leqslant 0.162$，$\omega=0°$。

因此，平底（$i=0$）、出口挑角 $\omega=0°$ 的直线收缩边墙窄缝收缩段内的最大动水压强计算公式为

$$\frac{p_{\max}}{\gamma}=h_1+\frac{p_{a\max}}{\gamma} \tag{5.22}$$

式中：h_1 为窄缝收缩段进口断面水深；其他符号意义同式（5.20）。

水力模型测试的平底（$i=0$）、出口挑角 $\omega=0°$ 的直线收缩边墙窄缝收缩段内的最大附加动水压强及其位置见表5.6。

5.4.3 反弧段动水压强计算

采用同心圆理论，可得出反弧段最大离心力压强的计算式为[26]

$$\frac{p_b}{\gamma}=\left[1-\left(\frac{R-h}{R}\right)^2\right](H_p-h) \tag{5.23}$$

式中：R 为反弧段曲率半径；h 为反弧段水深；H_p 为反弧段总水头。

挑坎出口挑角 $\omega=0°$ 的反弧段，其离心力压强最大值位置靠近反弧段出口处。

表 5.6　　　　　　　窄缝式挑坎段底部最大附加动水压强值 p_{amax} 及位置 L_a

μ	B/b	$q=37.96$		$q=50.6$		$q=63.2$		$q=75.9$	
		p_{amax}	L_a	p_{amax}	L_a	p_{amax}	L_a	p_{amax}	L_a
0.133	2.50	48.2	14.76	55.6	14.48	60.7	14.02	69.7	13.41
	3.08	67.5	16.82	76.5	16.28	89.5	15.52	101.2	15.05
	4.00	82.8	18.75	102.5	17.96	122.6	17.23	136.2	16.62
	5.41	118.4	20.03	141.6	19.46	165.1	18.86	181.4	18.43
	8.00	165.1	21.38	193.3	20.76	220.1	20.05		
0.167	4.00	84.3	14.68	106.7	14.02	123.9	13.45	141.2	12.88
	6.67	155.7	16.62	181.7	16.04	209.0	15.43	228.6	14.96
	8.00	175.7	16.86	208.7	16.25	235.8	15.84		
0.194	8.00	191.4	14.67	220.5	13.85	245.6	13.43	263.1	13.06

注　1. q 为收缩段进口断面单宽流量，m³/(s·m)。

2. p_{amax} 单位：kPa；L_a 单位：m。

3. $q=37.96\sim75.9$m³/(s·m) 相应的作用总水头 $H_p=47.56$m、49.08m、50.6m 和 51.83m。

对于设置在反弧段上的直线收缩边墙窄缝式挑坎段动水压强计算，根据式（5.20）和式（5.23），其挑坎段内最大动水压强 p_{max}/γ 计算公式可写为

$$\frac{p_{max}}{\gamma} = h_1 + \delta_a \frac{p_{amax}}{\gamma} + \frac{p_b}{\gamma} \tag{5.24}$$

式中：h_1 为收缩段进口断面水深；δ_a 为直线收缩边墙动水压强影响系数，一般取 $\delta_a=1.0\sim1.2$；p_{amax}/γ 为直线收缩边墙窄缝式挑坎内的最大附加动水压强；p_b/γ 为反弧段最大离心力压强，计算中的反弧段水深 h 可采用收缩段进口断面平均水深 h_1。

5.4.4　圆弧收缩边墙窄缝式挑坎动水压强计算

5.4.4.1　圆弧收缩边墙离心力压强计算

由图 5.10 的凹曲率圆弧边墙的收缩段流态分析可知，在水流冲击波交汇点的上游（即波阵面上游区），水流流线仍与收缩段中心线平行，而波阵面下游区水流受圆弧边墙的影响，流线产生弯曲，因此，收缩段内冲击波波阵面上游区水流对边墙离心惯性力的作用较小，对圆弧边墙产生离心惯性力主要是波阵面下游区水流。冲击波交汇之后，收缩段的整个过水断面流线都受到边墙曲率的影响，流线产生弯曲。由于圆弧收缩边墙窄缝式挑坎段的最大动水压强位置往往

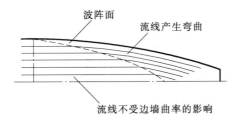

图 5.10　圆弧边墙窄缝挑坎段流态示意图

位于冲击波交汇点的下游，因此，圆弧收缩边墙窄缝式挑坎段的最大动水压强值可以看作直线收缩边墙收缩段最大附加动水压强 p_{amax}/γ 和边墙曲率引起的离心惯性力压强之和。

为了探讨凹曲率圆弧收缩边墙离心惯性力的计算方法，作以下的假设：①收缩段内水流冲击波交汇之后，边墙曲率对流线产生了充分的影响，两侧边墙区域的流线曲率径向分布符合同心圆的假设；②收缩段中心线水流不受两侧边墙曲率的影响，中心线上由边墙曲率引起的离心惯性力为零；③忽略波阵面下游区水流法向流速的影响，该区域水流中任意

点的流速采用断面平均流速来代替。

　　圆弧收缩边墙窄缝式挑坎段边墙的离心惯性力计算方法推导如下。如图 5.11 中，在圆弧收缩边墙窄缝式挑坎段内的波阵面下游区取单位水体 $1 \cdot dx \cdot dy$，列出径向方程：

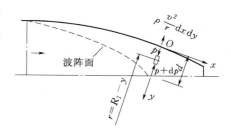

$$p\mathrm{d}x-(p+\mathrm{d}p)\mathrm{d}x-\rho\frac{v^2}{r}\mathrm{d}x\mathrm{d}y=0$$

简化为
$$\frac{\mathrm{d}(p/\gamma)}{\mathrm{d}y}=-\frac{v^2}{gr}$$

图 5.11　圆弧边墙离心惯性力计算简图

代入 $r=R_1-y$，积分得

$$\frac{p}{\gamma}=\frac{v^2}{g}\ln(R_1-y)+c$$

根据假设 $y=d$、$p/\gamma=0$，则有
$$c=-\frac{v^2}{g}\ln(R_1-d)$$

可得
$$\frac{p}{\gamma}=\frac{v^2}{g}\ln\frac{(R_1-y)}{(R_1-d)}$$

在圆弧边墙上 $y=0$，则有

$$\frac{p_\mathrm{c}}{\gamma}=\frac{v^2}{g}\ln\frac{R_1}{(R_1-d)} \tag{5.25}$$

以上式中：v 为最大动水压强断面平均流速；g 为重力加速度；R_1 为圆弧收缩边墙的曲率半径；$\frac{p_\mathrm{c}}{\gamma}$ 为圆弧收缩边墙的最大离心力压强；d 为边墙最大动水压强位置的边墙到中心线的径向长度；c 为积分常数，由边界条件确定。

　　由图 5.10 和图 5.11 分析可知，在给定的收缩段体型条件下，边墙最大动水压强位置的水垫厚度 d 随收缩段泄流单宽流量 q 增加而增大，而收缩段进口断面水深 h_1 也随泄流单宽流量 q 增加而增大，d 与 h_1 为同一量级数值。因此，为了简化式（5.25）的计算，可用 h_1 代替 d 值，计算结果的误差较小；同理，为了便于计算和工程的安全性，式（5.25）中的 v 值可采用收缩段进口断面的平均流速值代替。

5.4.4.2　圆弧收缩边墙总动水压强计算

　　由式（5.20）和式（5.25），可得出平底（$i=0$）、出口挑角 $\omega=0°$、凹曲率圆弧收缩边墙窄缝式挑坎边墙底部最大动水压强计算公式为

$$\frac{p_\mathrm{max}}{\gamma}=h_1+\frac{p_\mathrm{amax}}{\gamma}+\delta_\mathrm{c}\frac{p_\mathrm{c}}{\gamma} \tag{5.26}$$

式中：h_1 为窄缝收缩段进口断面水深；p_amax/γ 为直线收缩边墙窄缝式挑坎内的最大附加动水压强，计算中的收缩率 μ 可取直线收缩边墙收缩率 $\mu=(B-b)/2L$ 和圆弧收缩边墙收缩率 $\mu=L/R_1$ 的较大值（图 5.2 和图 5.11）；δ_c 为圆弧收缩边墙动水压强的影响系数，可根据圆弧收缩边墙的形式和布置等确定，一般取 $\delta_\mathrm{c}=1.1\sim1.2$。

　　文献［27］和文献［28］通过大量的水力模型试验研究，得出平底（$i=0$）、出口挑角 $\omega=0°$、对称收缩的凹曲率圆弧边墙的窄缝式挑坎内最大动水压强相对位置 L_b/L 的计

算公式为

$$\frac{L_b}{L} = 0.965 + \frac{h_1}{R_1} - 1.4\overline{h}_k \tag{5.27}$$

式中：L_b 为圆弧收缩边墙窄缝收缩段最大动水压强断面到收缩段进口断面的水平投影距离；L 为圆弧收缩边墙窄缝收缩段的水平投影长度；h_1 为窄缝收缩段进口断面水深；其他符号意义可参见式（5.21）和式（5.25）。

5.4.5　算例

5.4.5.1　算例 1

参照广东省老炉下水库溢流坝制作的 1∶30 正态模型（图 5.12 和图 5.13），其陡坡段宽度 $B=11.5\mathrm{m}$，其两侧边墙由反弧段起点往下游直线收缩成窄缝式挑坎，两方案的窄缝式挑坎段体型参数如下[2]：

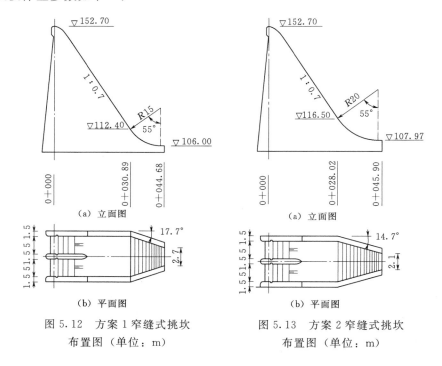

图 5.12　方案 1 窄缝式挑坎　　　　图 5.13　方案 2 窄缝式挑坎
布置图（单位：m）　　　　　　　　布置图（单位：m）

（1）方案 1 反弧段起始断面高程为 112.40m，反弧半径 $R=15\mathrm{m}$，窄缝式挑坎出口断面宽 $b=2.7\mathrm{m}$，收缩段水平投影长度 $L=13.79\mathrm{m}$，收缩比 $B/b=4.26$，收缩率 $\mu=0.319$，出口挑角 $\omega=0°$。

（2）方案 2 反弧段起始断面高程为 116.50m，反弧半径 $R=20\mathrm{m}$，窄缝式挑坎出口断面宽 $b=2.1\mathrm{m}$，收缩段水平投影长度 $L=17.88\mathrm{m}$，收缩比 $B/b=5.48$，收缩率 $\mu=0.263$，出口挑角 $\omega=0°$。

两方案运行的水力参数见表 5.7。水力模型测试的方案 1 和方案 2 窄缝式挑坎段底板的最大动水压强值及位置见表 5.8 和表 5.9，方案 2 的窄缝式挑坎段底板沿程动水压强分布如图 5.14 所示。

表 5.7 窄缝式挑坎的水力参数

q /[m³/(s·m)]	方案 1			方案 2		
	H_p/m	$\overline{h}_k$	h_1/m	H_p/m	$\overline{h}_k$	h_1/m
30	52.15	0.0865	1.25	50.18	0.0899	1.29
35	52.64	0.0950	1.38	50.67	0.0987	1.43
40	53.18	0.1028	1.55	51.21	0.1067	1.60

注 H_p 为反弧段底部断面作用的总水头。

表 5.8 方案 1 窄缝式挑坎段最大动水压强值及位置

q /[m³/(s·m)]	h_1 /kPa	p_{amax} /kPa	p_b /kPa	p_{max}/kPa		L_S/m	
				计算值	试验值	计算值	试验值
30	12.25	97.27	79.67	189.19	181.99	11.64 (0+042.53)	11.50 (0+042.39)
35	13.52	106.36	88.18	208.06	204.62	11.47 (0+042.36)	11.35 (0+042.24)
40	15.19	114.94	99.17	229.3	229.81	11.32 (0+042.21)	11.24 (0+042.13)

注 1. 式（5.24）中，取 $\delta_a=1.0$。

2. L_S 为最大压强值断面到收缩段进口断面的水平投影长度，采用式（5.21）计算，括号内数值为桩号。

3. 1m 水柱＝9.8kPa。

表 5.9 方案 2 窄缝式挑坎段最大动水压强值及位置

q /[m³/(s·m)]	h_1 /kPa	p_{amax} /kPa	p_b /kPa	p_{max}/kPa		L_S/m	
				计算值	试验值	计算值	试验值
30	12.64	116.21	59.81	200.28	200.51	15.00 (0+043.02)	14.73 (0+042.75)
35	14.01	127.08	66.54	220.34	223.34	14.78 (0+042.80)	14.52 (0+042.54)
40	15.68	137.26	74.68	241.35	250.59	14.58 (0+042.60)	14.33 (0+042.35)

注 1. 式（5.24）中，取 $\delta_a=1.1$。

2. L_S 为最大压强值断面到收缩段进口断面的水平投影长度，采用式（5.21）计算，括号内数值为桩号。

3. 1m 水柱＝9.8kPa。

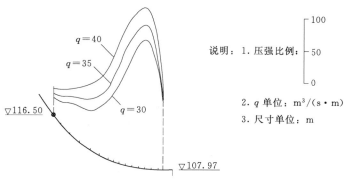

图 5.14 方案 2 收缩段动水压强分布图

由式（5.20）、式（5.21）、式（5.23）和式（5.24）等计算的窄缝式挑坎内底板最大动水压强值及其位置见表 5.8 和表 5.9。由计算值与水力模型试验值比较分析可知：①式（5.24）中的系数 δ_a 可取 1.0～1.2，视窄缝式挑坎段收缩比 B/b 的增大而取较大值；②窄缝式挑坎段收缩率 μ 远比 B/b 值小，故式（5.20）和式（5.21）收缩率 μ 的适用范围可比该式的适用范围增大一些。

5.4.5.2　算例 2

一平底窄缝式挑坎段进口断面宽度 $B=8\text{m}$，出口断面宽度 $b=1.6\text{m}$，$B/b=5$；其两侧边墙为凹曲率圆弧收缩边墙，曲率半径 $R_1=48\text{m}$，收缩段长度 $L=18\text{m}$；挑坎段泄流水力参数为：挑坎段作用总水头 $H_p=50.6\text{m}$，收缩段进口断面泄流单宽流量 $q=63.25$ $\text{m}^3/(\text{s·m})$、平均水深 $h_1=2.12\text{m}$[27-28]；计算挑坎段边墙底部承受的最大动水压强值及相应的位置。

（1）由窄缝收缩段体型参数、水力参数等，计算得：直线边墙收缩率 $\mu_1=(B-b)/2L=0.178$，圆弧收缩边墙收缩率 $\mu_2=L/R_1=0.375$，相对临界水深 $\bar{h}_k=0.1466$；由 $\mu_2=L/R_1=0.375$ 及式（5.20）计算得直线边墙收缩段最大附加动水压强值 $p_{a\max}=186.15\text{kPa}$。

（2）根据 $R_1=48\text{m}$，取 $d=h_1=2.12\text{m}$、进口断面平均流速 $v=29.83\text{m/s}$ 等，由式（5.25）计算得 $p_c=40.2\text{kPa}$。

（3）由式（5.26）和式（5.27）可计算得圆弧收缩边墙底部的最大动水压强值 $p_{\max}=251.2\text{kPa}$（取系数 $\delta_c=1.1$），最大动水压位置 $L_b=14.48\text{m}$（距收缩段进口断面）。水力模型（1：40 正态模型）测试的圆弧收缩边墙底部的最大动水压强值为 236.8kPa，计算值与模型试验值较符合。

5.4.6　不规则收缩边墙的挑坎段动压计算

以广东省张公龙水电站溢流坝除险改造工程水力模型试验为例，对不规则收缩边墙和非矩形出口断面的窄缝式挑坎段边墙底部动水压强进行计算和分析。

5.4.6.1　工程布置

张公龙水电站原布置有三孔溢流坝段，采用挑流消能；坝址区域河道呈 V 形峡谷，河床狭窄。原布置溢流坝经泄洪能力复核计算，不能满足设计规范的要求，需进行除险改造。除险改造工程设计方案在现有溢流坝左侧新增加一孔溢流闸孔，经水力模型试验论证后，新增闸孔溢流坝挑坎采用非对称收缩边墙、梯形出口断面的窄缝式挑坎[13]（图 5.15 和图 5.16）。

（1）溢流堰顶高程 163.00m，堰顶净宽 12m；其左、右侧边墙从溢流堰面切点（桩号 0+018.51）分别以 6.87° 和 5.16° 收缩角往下游收缩至反弧段末端断面（桩号 0+035.12），反弧段末端下游为平底窄缝式挑坎段，其底板高程为 144.00m，出口挑角 $\omega=0°$。

（2）平底挑坎段左边墙在反弧段末端 A 点以半径 $R_1=22\text{m}$、转角 $\theta_1=22.03°$ 往下游作挑坎段圆弧边墙（AB 段）；圆弧边墙段末端作切线往下游延伸 6.05m 至挑坎出口断面，圆弧段和直线段（BC 段）边墙顶高程为 152.00m，挑坎段末端长 2.05m（CD 段）边墙顶高程为 150.00m。

（3）平底挑坎段右边墙在反弧段末端以 E 点顺延伸至出口断面 H 点，其长度为

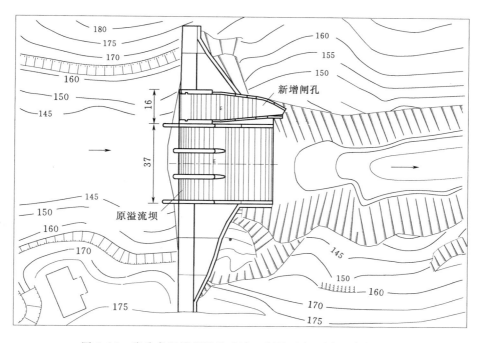

图 5.15 张公龙溢流坝除险改造工程平面布置图（单位：m）

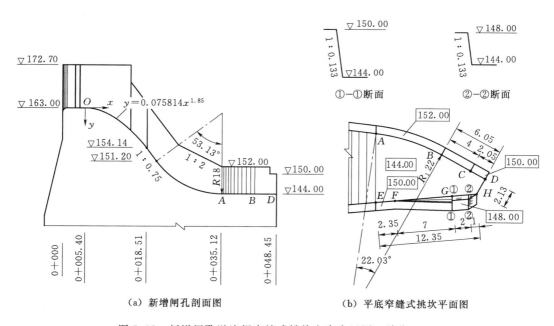

（a）新增闸孔剖面图　　　　　　（b）平底窄缝式挑坎平面图

图 5.16 新增闸孔溢流坝窄缝式挑坎方案布置图（单位：m）

12.35m，其中间布置 7m 长扭曲段（FG 段），扭曲段和其上游直线段边墙顶高程为
150.00m；扭曲段下游出口段（GH 段，长度为 3m）内边墙为斜坡面边墙（即梯形断
面），坡面坡度为 1∶0.133，墙顶高程为 148.00m，并在距离出口断面 1m 处的墙顶以
1∶4 坡度削角与出口断面底板 H 点连接。

（4）窄缝式挑坎段下游出口断面底宽为 2.13m。

5.4.6.2 边墙动水压强计算

根据新增闸孔窄缝式挑坎段的体型，在洪水频率 $P=0.2\%$ 流量泄流运行时（泄洪流量 $Q=566\text{m}^3/\text{s}$，库水位 $Z_a=172.05\text{m}$），计算其左边墙底部承受的最大动水压强值。

（1）窄缝式挑坎段体型参数选择为：①收缩段进口断面宽度 $B=12\text{m}$，出口断面为梯形断面，断面底部宽度为 2.13m，顶部宽度为 2.66m（取至右边墙顶 148.00m 高程位置），计算中取出口断面底部和顶部宽度的平均值为 $b=2.4\text{m}$，则 $B/b=5$；②收缩段长度 L 取整个收缩段的水平投影长度 29.43m；水平挑坎段左边墙上游段为凹曲率圆弧边墙，为了简化计算，暂不考虑该圆弧边墙产生的离心惯性力影响，由 $\mu=(B-b)/2L$，计算得收缩段的收缩率 $\mu=0.1631$。

（2）窄缝式挑坎段总水头 $H_p=172.05\text{m}-144.00\text{m}=28.05\text{m}$，收缩段进口断面单宽流量 $q=47.17\text{m}^3/(\text{s}\cdot\text{m})$、平均水深 $h_1=3.05\text{m}$，计算得相对临界水深 $\overline{h}_k=0.2175$［本工程 $\overline{h}_k$ 值比式（5.20）的适用范围略大，为了探讨不规则收缩边墙挑坎段动水压强的计算方法，仍采用式（5.20）进行计算］。

由式（5.20）计算得窄缝式挑坎段左边墙底部最大附加动水压强值 $p_{a\max}=113.9\text{kPa}$（11.63m 水柱），由式（5.22）可计算得左边墙底部承受的最大动水压强值 $p_{\max}=143.8\text{kPa}$。

水力模型测试的挑坎段左边墙底部最大动水压强为 156kPa，其位置为距离左边墙出口断面约 5.4m[27]，位于圆弧边墙下游直线段边墙的底部。本工程动水压强计算值略小于水力模型试验值，其原因分析为水平挑坎段左边墙上游段为凹曲率圆弧收缩边墙，计算中没有考虑圆弧边墙产生的离心惯性力对其下游直线段边墙的影响，因此，动水压强计算值略小于水力模型试验值的结果是合理的。

5.5 窄缝式挑坎段边墙动水压强特性

水力模型测试的一组窄缝收缩段边墙动水压强沿水深分布如图 5.17 所示。由众多的水力模型试验资料分析可得[1,17]：

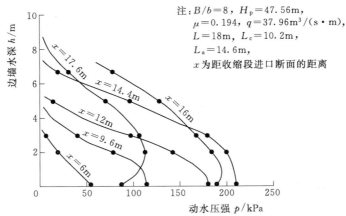

注：$B/b=8$，$H_p=47.56\text{m}$，
$\mu=0.194$，$q=37.96\text{m}^3/(\text{s}\cdot\text{m})$，
$L=18\text{m}$，$L_c=10.2\text{m}$，
$L_a=14.6\text{m}$，
x 为距收缩段进口断面的距离

图 5.17 窄缝收缩段边墙动水压强沿水深分布图

（1）在收缩段急流冲击波交汇点的上游，边墙上沿水深的动水压强分布受收缩段离心惯性力的影响相对较小，边墙上动水压强沿水深分布近似为三角形分布，因此，可按静水压强分布规律计算收缩边墙沿水深的动水荷载［式(5.28)］，两者相对差值一般小于5%。

$$P = \frac{1}{2} \frac{p_d}{\gamma} h \tag{5.28}$$

式中：P 为收缩段边墙上单宽动水压力（荷载）；p_d/γ 为收缩边墙底部动水压强；h 为边墙水深。

（2）在收缩段急流冲击波交汇之后，受收缩段水流离心惯性力的影响相应增大，沿水深的边墙动水压强分布与静水压强分布规律的差异明显加大，在冲击波交汇点至收缩段最大动水压强点之间（即 L_c 至 L_a 之间），按静水压强分布规律计算的动水荷载比水力模型试验值小约10%～20%。因此，这一间距范围内的边墙动水荷载可在式（5.28）计算的基础上，乘以一修正系数1.1～1.2。

（3）在收缩段的最大动水压强点（断面）的下游（即 L_a 断面的下游段），边墙上沿水深的最大压强值的位置往往不在边墙底部，而是往边墙上部偏移（图5.17），动水压强沿水深分布的下部区域的压强值有均化的现象，这种现象随收缩比 B/b 增大及越靠近收缩段出口断面更加明显。因此，建议在窄缝收缩段的最大动水压强点的下游，边墙底部的动水压强值仍按收缩段内的最大压强取值，然后按边墙的实际水深，由式（5.28）计算边墙沿水深的动水荷载。

5.6　窄缝收缩段边墙底部动水压强分布计算简图

5.6.1　现有的研究成果

图5.9给出了平底（$i=0$）、直线收缩边墙的窄缝收缩段底板中心线和边墙底部沿程动水压强分布，两者分布特性和数值较相近，因此可采用收缩段底板中心线的沿程动水压强分布计算其边墙底部沿程动水压强。文献［17］对窄缝收缩段底板中心线沿程附加动水压强分布规律进行了分析和探讨（图5.18），提出了相应的计算公式。

1. 收缩段最大动压断面上游段

在计算出收缩段最大附加动水压强值 p_{amax} 和断面位置 L_1 之后，收缩段最大附加动水压强断面上游段的相对动压值 p_i/p_{amax} 分布特性可用式（5.29）来描述（图5.18）。

$$\frac{p_i}{p_{amax}} = \exp\left[m\left(\frac{x}{L_1}\right)^w \right] \tag{5.29a}$$

$$m = 56.288 \overline{h}_k - 11 \tag{5.29b}$$

$$w = 7.224\mu + 0.591 \tag{5.29c}$$

其中

$$\overline{h}_k = \sqrt[3]{q^2/g} / H_p$$

式中：p_{amax} 为窄缝收缩段内最大附加动水压强值；L_1 为最大附加压强断面到收缩段进口断面的水平距离，平底收缩段 $L_1 = L_a$；$\overline{h}_k$ 为收缩段进口断面的相对临界水深；μ 为收缩段的收缩率；其余符号意义见式（5.20）。

2. 收缩段最大动压断面下游段

在最大附加动水压强断面的下游段（$x<0$），各种收缩体型和来流条件下的相对附加压强分布有相似的分布规律、数值相近。这是由于在收缩段的下游出口段区域，动水压强分布特性主要受出口射流的影响，而不同收缩体型和来流条件的影响作用相对不明显。窄缝收缩段最大附加动水压强下游段的相对压强 p_i/p_{amax} 分布特性可以采用式（5.30）来描述：

$$\frac{p_i}{p_{amax}}=\exp\left[-\left(\frac{|x|}{L_2}\right)^{2.5}\right] \tag{5.30}$$

其中

$$L_2=L-L_1$$

式中：L_2 为最大附加动水压强断面到收缩段出口断面的水平距离；其余符号的意义见式（5.29）和图 5.18。

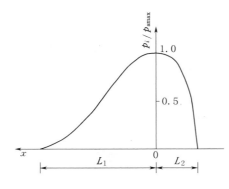

图 5.18 窄缝挑坎段附加动水压强
分布示意图

式（5.30）一般适用于 $0\leqslant|x|/L_2\leqslant0.7$。在 $|x|/L_2>0.7$ 之后，由于收缩段内附加动水压强衰减的速率加快，因此可把 $|x|/L_2=0.7$ 断面上计算的相对附加动水压强值与出口断面的零压强值用一直线连接，作为该段的相对附加动水压强分布。

5.6.2 窄缝收缩段动水压强分布计算简图

为了方便计算窄缝收缩段边墙底部沿程动水压强，根据水力模型测试的收缩段边墙底部沿程动水压强分布特性分析可知[17,28]（图 5.9）：

（1）在相同的收缩比 B/b 和收缩率 μ 的条件下，随着窄缝收缩段泄流单宽流量 q（q 为收缩段进口断面的单宽流量，下同）的增大，收缩段内最大附加动水压强断面距收缩段进口断面的距离 L_1 值减小，L_1/L 值也相应减小。

（2）在相同的收缩率 μ 和泄流单宽流量 q 的条件下，随着收缩比 B/b 的增大，L_1 值相应增大，但 L_1/L 值变化较小。

（3）在相同的收缩比 B/b 和泄流单宽流量 q 的条件下，随着收缩率 μ 的增大，L_1 值减小，L_1/L 值也相应减小。

根据上述分析，并结合窄缝收缩段内边墙底部的动水压强分布特性，得出窄缝收缩段动水压强分布计算简图（图 5.19），供工程设计参考：

（1）在最大动水压强 p_{max}/γ 的上游段（即 L_1 段），在最大动水压强 p_{max}/γ 值（纵坐标）往上游

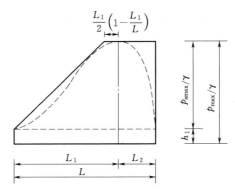

图 5.19 收缩段边墙底部动水压强
分布计算简图

作一长度为 $\dfrac{L_1}{2}\left(1-\dfrac{L_1}{L}\right)$ 的水平线，此水平线上游端点与收缩段进口断面的压强值连接，作为收缩段上游段边墙底部动水压强分布，并结合窄缝式挑坎段边墙动水压强沿水深的分布特性［式（5.28）］，计算收缩段上游段各断面边墙的动水压力荷载。

（2）在最大动水压强 p_{max}/γ 的下游段（即 L_2 段），根据前述的窄缝式挑坎段边墙动水压强特性的分析，边墙上沿水深的最大压强值的位置住往不在边墙底部，而是往边墙上部偏移（图 5.17），动水压强沿水深分布的下部区域的压强值有均化的现象。因此，从工程运行安全角度出发，建议该段的边墙底部动水压强值仍按 p_{max}/γ 取值，并根据边墙实际水深，由式（5.28）计算边墙的动水荷载。

5.7 窄缝式挑坎段水流脉动特性

文献［17］、文献［28］及文献［29］等对平底（$i=0$）、直线收缩边墙的窄缝收缩段水流脉动特性进行试验研究。本节主要介绍窄缝收缩边墙的水流脉动压强及其频率特性等。

5.7.1 点脉动压强和频率特性
5.7.1.1 点脉动压强特性
图 5.20 是水力模型测试的窄缝收缩段边墙底部的沿程点脉动压强分布，分析表明：

（1）在各种收缩体型及来流的条件下，收缩边墙上各部位的点脉动强度 σ_p 值较小，一般约占其总水头 H_p 的 1%。

（2）收缩边墙上的脉动压强占其相应的时均动水压强的比值较小，并且随收缩段的收缩比 B/b 及来流单宽流量 q 的增大而减小。例如，在收缩比 $B/b=8$（收缩率 $\mu=0.194$）的窄缝式挑坎体型中，当来流单宽流量 $q=63.2\mathrm{m^3/(s\cdot m)}$（总水头 $H_p=50.6\mathrm{m}$），其边墙上最大时均压强达其总水头 H_p 的 52.4%，而最大脉动压强值只占其总水头 H_p 的 1.2%。

综合现有文献的研究成果，窄缝收缩段边墙的脉动荷载对其边墙结构应力影响较小。

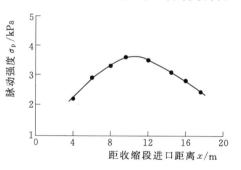

图 5.20　窄缝收缩段边墙底部脉动
强度 σ_p 分布图

注：$B/b=8$，$H_p=49.08\mathrm{m}$，$\mu=0.194$，
$q=50.6\mathrm{m^3/(s\cdot m)}$，$L=18\mathrm{m}$，
$L_c=8.84\mathrm{m}$

5.7.1.2 点脉动频率特性
采用随机数据处理方法对水流脉动讯号进行处理，就可以得出表征水流脉动能量分布特征的功率谱密度函数，功率谱密度函数中能量最大所对应的频率通常被称为最优频率[30]。

水力模型试验资料表明[1,28-29]，窄缝收缩段边墙各部位的点脉动最优频率值较低，在各种的收缩体型中，脉动最优频率一般在 1Hz 以下，水流脉动能量主要集中在极低的频率范围内。

水力模型测试的一组窄缝收缩段边墙底部的脉动最优频率沿程分布见表 5.10,由分析可知:①在收缩段进口断面至水流冲击波交汇点之间,各测点的脉动最优频率值较小,且变化不大;②在冲击波交汇点的下游,最优频率值有略增大的趋势。

　　由于窄缝收缩段内流态的复杂性,其收缩边墙上不同部位的脉动压强有不同的频率特性,功率谱密度函数大致可以分为两种类型(图 5.21):①为频率的单峰值函数;②有两个以上的多峰值。

表 5.10　　　　　　　　　　窄缝收缩边墙底部脉动最优频率分布

收缩段体型	q /[m³/(s·m)]	脉动最优频率/Hz								冲击波交汇点断面 L_c/m
		$x=4$	$x=6$	$x=8$	$x=9.6$	$x=12$	$x=14.4$	$x=16$	$x=17.6$	
$\dfrac{B}{b}=2.5$, $\mu=0.133$	63.20	0.19	0.19	0.19	0.19	0.57	0.57	6.51	4.02	12.80
$\dfrac{B}{b}=4$, $\mu=0.167$	63.20	0.38	0.38	0.38	0.38	1.15	0.38	0.38	0.38	10.44
$\dfrac{B}{b}=8$, $\mu=0.194$	37.96	0.19	0.19	0.19	0.19	0.19	0.38	0.38	0.38	10.00
	50.60	0.19	0.19	0.19	0.19	0.38	0.38	0.38	0.38	8.84
	63.20	0.38	0.38	0.19	0.38	0.19	0.38	0.77	0.38	8.12

　　注　1.　x 为距收缩段进口断面的距离,m。
　　　　2.　收缩段底坡 $i=0$,长度 $L=18$m。

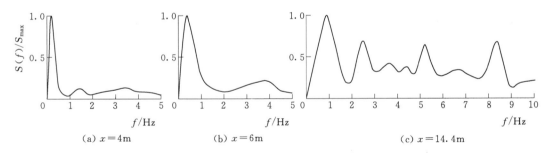

(a) $x=4$m　　　　　　　　(b) $x=6$m　　　　　　　　(c) $x=14.4$m

图 5.21　窄缝收缩段边墙底部脉动相对谱密度 $S(f)/S_{max}$ 与频率 f 的关系
注:$B/b=4$, $H_p=47.56$m, $\mu=0.167$, $q=37.96$m³/(s·m), $L_c=12.6$m, x 为距收缩段进口断面的距离

　　在收缩段进口断面至水流冲击波交汇点之间,各测点的功率谱密度函数多为频率的单峰值函数;在水流冲击波交汇点的下游,功率谱密度函数图形中出现了两个以上的多峰值,优势峰值频率范围数值增大,含较大脉动能量范围增加,这种现象反映了窄缝式挑坎边墙近壁水流紊动的状况。

　　水流脉动压力的特性与水流内部结构密切相关,一般可将其分为两类:第一类是受水流紊流边界层内小涡体的影响作用,脉动压力频率高而振幅小,其主要产生在平顺的水流条件下;第二类为自由流区的大涡体紊动惯性作用,其脉动压力频率低但振幅较大,主要发生在有离解和漩涡的水流中。

　　就窄缝收缩段内的水流而言,在收缩段进口附近区域,收缩边墙受到高速来流的惯性作用，在边墙附近区域产生了急流冲击波。此时，水流与边墙、相邻水股之间相互碰撞与顶托，边墙上的脉动压力的主要影响因素为大涡体的紊动惯性作用，故脉动压力的优势频率较低。在冲击波交汇之后，水流的紊动不断加剧，一方面由于边墙继续收缩、断面缩窄，沿程水深增大，流速减小，水流的惯性作用减小，同时涡体尺寸受到两侧边墙的限制，较大的涡体不断破碎分裂为较小的涡体；另一方面，冲击波交汇后的水流对两侧边墙而言相对较平顺。所以，水流中大小涡体并存，因为不同尺寸涡体的振幅、频率各不相同，所含的有效能量也不相同，故反映到功率谱密度函数中，就呈现多峰值的图形，但起主要作用的仍是大涡体的紊动惯性作用。

5.7.2　面脉动压力和频率特性

文献［28］和文献［29］将收缩比 $B/b=4$ 和 8（收缩率 $\mu=0.194$）等窄缝式挑坎收缩边墙分为上、下游两段，分别测试了其上、下游段收缩边墙的面脉动荷载和频率。试验成果表明：

（1）上、下游段收缩边墙的面脉动荷载约为相应收缩段承受的时均动水荷载的 0.9％之内，这表明窄缝式挑坎收缩边墙整体承受的脉动荷载比其点脉动压强值计算的脉动荷载要小一些。

（2）面脉动的功率谱密度函数是一单峰值函数，其最优频率值较低，在各种收缩段体型和来流条件下，其最优频率值约为 0.1～0.3Hz。这表明窄缝式挑坎收缩边墙的面脉动特性比点脉动大为均化，虽然收缩段内水流中存在着大小不同尺寸的涡体，但起主导作用的仍是大涡体的紊动。

5.7.3　振幅分布规律

现有的文献和资料研究表明[1,28-29]，窄缝收缩段边墙水流脉动压强振幅概率分布呈正态性。

5.8　窄缝式挑坎下游河床冲刷特性

5.8.1　下游河床冲刷特性

溢洪道下游挑流鼻坎采用窄缝式挑坎的目的是减轻其挑射水流对下游河床的冲刷，确保工程的安全运行。现有的研究成果表明[1,28,31-32]，溢洪道窄缝式挑坎的下游河床冲刷深度比常规等宽挑坎的下游河床冲刷深度减少约 20％～40％，尤其是窄缝式挑坎下游形成横向宽度小、纵向长度长的挑射水舌，因此，窄缝式挑坎特别适用于高水头、狭谷河段水利工程的泄水建筑物。

大量的水力模型试验研究表明[28]，影响溢洪道窄缝式挑坎下游河床冲刷的主要因素是其收缩比 B/b、泄流水力参数（如泄流单宽流量 q，上、下游水位差 Z）等。

图 5.22 是一组水力模型试验的不同收缩比 B/b（$B/b=2.5$，4，8）的直线收缩边墙窄缝式挑坎（平底 $i=0$，挑角 $\omega=0°$）、等宽挑坎（$B/b=1$，出口挑角 $\omega=30°$）的下游河床冲刷深度对比图[28,32]。试验表明，在相同的泄流水力条件下，选取合理的收缩比 B/b 的窄缝式挑坎，可大大减轻其挑射水流对下游河床的冲刷深度。

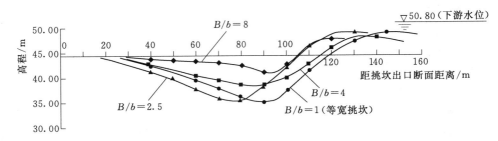

图 5.22　溢洪道挑坎下游河床冲刷剖面图 $[q=50.60\mathrm{m^3/(s \cdot m)}；Z=58.28\mathrm{m}]$

（1）收缩比 $B/b=2.5$ 时，其下游河床冲刷深度与等宽挑坎（$B/b=1$，$\omega=30°$）的冲刷深度相近，但其挑距减小，不利于工程的安全运行。

（2）收缩比增大至 $B/b=4$ 时，其下游河床冲刷深度约为等宽挑坎的 82%。

（3）收缩比 $B/b=8$ 时，下游河床冲刷深度约为等宽挑坎的 61%。

因此，选取合理的收缩比 B/b 的窄缝式挑坎，对减轻其下游河床冲刷的效果是较显著的。

5.8.2　下游河床冲刷深度计算

5.8.2.1　等宽溢洪道挑坎下游河床冲深计算

常规的溢洪道下游河床冲刷深度可采用式（5.31）进行计算[4]：

$$T=Kq^{0.5}Z^{0.25} \tag{5.31}$$

式中：T 为下游河床冲刷坑深度，m，由下游河道水位与冲坑底高程之差计算；q 为挑坎出口单宽流量，$\mathrm{m^3/(s \cdot m)}$；Z 为泄流上、下游水位差，m；K 为下游河床岩基冲刷系数。

5.8.2.2　窄缝式挑坎下游河床冲深计算

现阶段的窄缝式挑坎下游河床冲刷深度计算主要是通过水力模型试验资料的总结和分析，得出相应的经验或半经验计算公式。本章介绍两个计算公式，供工程设计参考。

（1）文献 [28] 对大量的水力模型试验资料进行分析和计算，得出窄缝式挑坎下游河床冲刷深度的计算公式为

$$\frac{T}{Z}=K\left(0.523\frac{b}{B}+13.67\overline{h}_k^{2.2}\right) \tag{5.32}$$

式中：$\overline{h}_k$ 为相对临界水深，见式（5.20）和式（5.21）；B 为收缩段进口断面宽度；b 为挑坎出口断面宽度；其余符号意义见式（5.31）。

式（5.32）的适用范围为：$2.5 \leqslant B/b \leqslant 8$，$0.1 \leqslant \overline{h}_k \leqslant 0.162$，$\omega=0°$。

（2）根据量纲分析方法及水力模型试验，得到窄缝式挑坎下游河床冲刷坑深度 T 的估算公式为[3]

$$T=KK_sq^{\frac{m}{2}}Z^{1-\frac{3}{4}m}g^{\frac{1}{4}(1-m)} \tag{5.33a}$$

其中

$$m=0.38\frac{b}{B}+0.316 \tag{5.33b}$$

$$K_s=1.43\left(\frac{b}{B}\right)^2-0.07\frac{b}{B}+0.27 \tag{5.33c}$$

式中：m 和 K_s 为经验系数；g 为重力加速度；其余符号意义参见前面公式。

式（5.33b）和式（5.33c）适用范围为：$0.3 \leqslant b/B \leqslant 0.5$，$Fr_1 = 5.5 \sim 10.1$。

5.8.2.3 算例

一溢洪道堰顶高程为 100.00m，其窄缝式挑坎为平底挑坎，高程为 60.00m，收缩段进口断面宽度 $B=8$m，出口断面宽度有两种：$b=2$m 和 $b=1.48$m；溢洪道泄流水力条件为：库水位 $Z_a = 109.08$m，下游河道水位 $Z_t = 50.80$m，泄洪流量 $Q = 404.8\text{m}^3/\text{s}$；下游河床岩基冲刷系数 $K=0.9$。分别计算其等宽挑坎和窄缝式挑坎的下游河床冲刷深度。

由已给参数可计算得：① $B/b = 4$ 和 $B/b = 5.41$；② $q = 50.6\text{m}^3/(\text{s} \cdot \text{m})$，$Z = 58.28$m，$H_p = 49.08$m，$\overline{h}_k = 0.1303$。本算例中的 $B/b = 4 \sim 5.41$，略大于式（5.33）的适用范围，为了探讨窄缝式挑坎下游河床的冲刷特性，仍近似采用式（5.33）进行计算。

由式（5.31）～式（5.33）计算的挑坎下游河床冲刷深度见表 5.11。计算结果表明：

表 5.11　　　　溢洪道等宽挑坎和窄缝式挑坎下游河床冲刷深度 T 比较

q /[m³/(s·m)]	Z/m	B/b	下游河床冲刷深度 T/m				
			T_1［式（5.31）计算出的 T 值］	T_2［式（5.32）计算出的 T 值］	T_2/T_1	T_3［式（5.33）计算出的 T 值］	T_3/T_1
50.6	58.28	4.00	17.69	14.96	0.846	16.06	0.908
		5.41		13.17	0.744	14.97	0.846

（1）溢洪道窄缝式挑坎下游河床冲刷深度比常规等宽挑坎冲刷深度要小，并随收缩比 B/b 的增大，下游河床冲刷深度 T 相应减小。因此，可通过选择合理的窄缝式挑坎收缩比 B/b 值，以达到减轻下游河床冲刷、确保工程安全运行的目的。

（2）由于影响溢洪道窄缝式挑坎下游河床冲刷深度的因素较复杂，且现有的各种公式试验条件和适用范围各有差异，因此，对较重要和较复杂工程的窄缝式挑坎下游河床冲刷深度的计算，建议通过水力模型试验进一步确认。

5.9　结　　语

本章对溢洪道窄缝式挑坎的体型布置、急流冲击波特性、收缩段边墙沿程水深、收缩段边墙动水压强及脉动特性、下游河床冲刷特性等进行研究和探讨，取得的主要成果和认识如下：

（1）自 20 世纪 80 年代以来，窄缝式挑坎在国内水利工程泄水建筑物得到了越来越广泛的应用。选取合理的窄缝收缩比，可大大减轻对挑坎下游河床的冲刷，因此，窄缝式挑坎特别适用于高水头、狭谷河段水利枢纽的泄水建筑物。本章列举的国内部分工程的窄缝式挑坎体型参数（表 5.1），可供工程设计参考。

（2）溢洪道陡坡收缩段的底坡对其急流冲击波特性影响较大，其波阵面上、下游水力参数是沿程变化的。根据急流冲击波理论，对溢洪道陡坡收缩段边墙沿程水深计算方法进行研究，计算方法中考虑了陡坡段边墙转角 θ、坡角 α 和激震水跃段水体重量 G 等因素，提出了溢洪道陡坡收缩段边墙沿程水深的初步计算方法，计算结果与水力模型试验成果较符合。

（3）陡坡收缩段的冲击波激震水跃段长度的影响因素较复杂，本章根据试验研究成果对其进行初步探讨，今后需进一步研究和完善。

（4）窄缝式挑坎段内底板和两侧边墙承受的动水压强比常规挑坎动水压强大得多。本章对直线收缩边墙、设置在反弧段上的收缩边墙、凹曲率的圆弧收缩边墙、不对称收缩边墙和梯形出口断面等窄缝式挑坎段边墙的动水压强计算方法进行研究，可供类似工程设计和运行参考。

（5）对窄缝收缩段边墙底部沿程动水压强分布特性进行研究，提出了窄缝收缩段边墙底部沿程动水压强分布计算简图，可供工程设计参考。

（6）由于不对称收缩和非矩形出口断面的窄缝式挑坎段的流态较复杂，其挑坎段动水压强特性要比直线对称收缩边墙、矩形出口断面的窄缝式挑坎段动水压强要复杂得多。在设计计算中，可对复杂体型的窄缝式挑坎段作适当的简化，选择合适的参数采用本章的方法进行相应的计算，并对计算结果乘以一安全系数，以确保工程的安全运行。

（7）窄缝收缩段边墙的脉动荷载占其边墙上相应的动水荷载的比值较小，对边墙的结构应力和稳定不会产生较大的影响；窄缝收缩段边墙主要受水流的大涡体系动惯性作用，属于低频脉动；窄缝收缩段边墙的脉动压强振幅概率分布符合正态性。

（8）溢洪道窄缝式挑坎下游河床冲刷深度比常规等宽挑坎冲刷深度要小，并随窄缝式挑坎收缩比 B/b 的增大，下游河床冲刷深度相应减小。因此，可通过选取合理的窄缝式挑坎收缩比 B/b 值，以达到减轻下游河床冲刷、确保工程安全运行的目的。

（9）由于溢洪道窄缝收缩段的流态较复杂，其体型设计和水力参数计算方法仍需不断深入地研究和完善，因此，对较重要和较复杂的溢洪道窄缝收缩段体型布置和水力设计，建议借助水力模型试验给予进一步优化和确定。

参 考 文 献

［1］　高季章. 窄缝式消能工的消能特性和体型研究［C］// 中国水利水电科学研究院科学研究论文集（第 13 集）. 北京：水利电力出版社，1983：213－236.

［2］　黄智敏，何小惠，朱红华，等. 窄缝式挑坎体型及动水压强特性分析［J］. 中国农村水利水电，2006（5）：69－71，74.

［3］　武汉大学水利水电学院水力学流体力学教研室. 水力计算手册［M］. 2 版. 北京：中国水利水电出版社，2006.

［4］　SL 253—2000　溢洪道设计规范［S］. 北京：中国水利水电出版社，2000.

［5］　肖兴斌. 窄缝式消能工在高坝消能中的应用与发展综述［J］. 水电站设计，2004，20（3）：76－81.

［6］　杨首龙. 福建省泄水建筑物应用的新技术及其作用［J］. 水力发电学报，2004，23（1）：84－90.

［7］　南晓红，聂源宏，梁宗祥，等. 窄缝式消能工在重力拱坝坝面溢流中的应用［J］. 中国农村水利水电，2004（6）：54－56.

［8］　曾红，余玉亮. 双河口水电站窄缝式挑流消能鼻坎体型设计［J］. 人民长江，2013，44（20）：4－6.

［9］　陈宏，李社风. 大花水水电站泄洪建筑物结构布置设计［J］. 贵州水力发电，2007，21（2）：

14 - 17.

[10] 陈尧隆，李守义，戴振霖. 石砭峪水库泄洪洞体形研究 [J]. 水利学报，1995 (2)：35 - 39，11.

[11] 诸亮，徐春燕. 柳树沟水电站泄洪消能试验研究 [J]. 西北水电，2009 (3)：23 - 26.

[12] 黄智敏，钟伟强，钟勇明. 老炉下水库溢流坝工程布置和试验优化 [J]. 水利水电工程设计，2005，24 (3)：47 - 48，51.

[13] 黄智敏，钟勇明，何小惠，等. 张公龙水电站溢流坝除险改造消能试验研究 [J]. 广东水利水电，2012 (4)：6 - 8，22.

[14] ＡＴ伊本. 急流力学（高速水流论文译丛，第一辑第二册）[M]. 萧世泽，译. 北京：科学出版社，1958.

[15] 王康柱，张彦法. 窄缝挑坎急流冲击波的分析计算 [J]. 陕西水力发电，1991 (3)：46 - 55，28.

[16] 黄智敏，翁情达. 窄缝挑坎收缩段急流冲击波特性的探讨 [J]. 水利水电技术，1989 (8)：11 - 15.

[17] 黄智敏，翁情达. 窄缝消能工动压及脉动特性 [J]. 广东水电科技，1986 (3)：27 - 36.

[18] 刘韩生，倪汉根，梁川. 对称曲线边墙窄缝挑坎的体型设计方法 [J]. 水利学报，2000 (5)：70 - 75.

[19] 倪汉根，刘韩生，梁川. 兼使水流转向的非对称窄缝挑坎 [J]. 水利学报，2001 (8)：85 - 89.

[20] 樊有锋，刘韩生，姬春利. 对称直线收缩段急流冲击波的水力计算 [J]. 中国农村水利水电，2009 (10)：121 - 124.

[21] 韩守都，刘韩生，倪汉根. 直线边墙窄缝挑坎的水力计算 [J]. 水利水电科技进展，2012，32 (2)：54 - 56.

[22] 黄智敏，付波，周成永. 溢洪道陡坡收缩段边墙水深计算和研究 [J]. 中国农村水利水电，2016 (4)：158 - 161.

[23] 成都科学技术大学水力学教研室. 水力学 [M]. 北京：人民教育出版社，1979.

[24] SL 265—2016 水闸设计规范 [S]. 北京：中国水利水电出版社，2016.

[25] 华东水利学院. 水工设计手册：第六卷 泄水与过坝建筑物 [M]. 北京：水利电力出版社，1982.

[26] 张林夫，徐杰. 二元明流反弧段的水力特性及空化物性 [J]. 水利学报，1984 (6)：19 - 27.

[27] 黄智敏. 复杂收缩边墙的窄缝式挑坎动水压强研究 [J]. 中国农村水利水电，2013 (9)：111 - 114.

[28] 黄智敏. 窄缝消能工特性的探讨 [D]. 武汉：武汉水利电力学院，1984.

[29] 黄智敏，翁情达. 窄缝消能工脉动壁压的研究 [J]. 武汉水利电力学院学报，1987 (4)：28 - 33.

[30] 丁灼仪. 水流脉动压力的数据处理及其特性的初步探讨 [J]. 人民长江，1979 (3)：24 - 38.

[31] 李桂芬，高季章，刘清朝. 窄缝挑坎强化消能的研究和应用 [J]. 水利学报，1988 (12)：1 - 7.

[32] 黄智敏. 窄缝式挑坎下游河床冲刷特性研究 [J]. 广东水利水电，2016 (11)：1 - 4.

第6章　水利水电工程进水口水力学研究

6.1　概　　述

水利水电工程进水口包括水电站进水口、抽水蓄能电站进出水口、泄洪孔（包括引水隧洞等）进水口、河床式水电站进水口等，其多为有压进水口。水利水电工程进水口设计可参照有关的设计规范[1-2]和现有的研究成果等。

本章以广东省乐昌峡水电站进水口及其溢流坝泄洪闸孔、广州抽水蓄能电站进出水口、高陂水利枢纽电站上游进水渠等工程水力模型试验研究成果，介绍电站进水口和溢流坝泄洪闸孔防涡消涡、减小水头损失、改善入流流态等的工程措施。

6.2　进水口运行流态的基本要求

水利水电工程进水口应满足下列基本要求：

（1）要有足够的进水能力。在任何工作水位下，进水口都应保证按照设计要求引进所需的流量。因此，在枢纽工程总体布置时，必须合理安排进水口的位置和高程，选用足够的过水断面尺寸。

（2）进水口入流不产生有害的吸气漩涡。

（3）电站进水口水质要符合要求。不允许有害泥沙进入引水道和水轮机，因此进水口要设置拦污、拦沙、沉沙、防冰及冲沙、排冰等设施。

（4）水头损失要小。进水口的位置应合理，外形轮廓应平顺，库区（或河道）水流能够通畅地经进水口进入引水道内；进水口断面尺寸应足够，使流速控制在允许范围内，尽可能减小其水头损失。

（5）可控制和调节流量。进水口需设置闸门，便于进水和引水系统的检修，并可进行紧急事故关闭，截断水流，避免事故扩大。

（6）满足水工建筑物的一般要求。进水口结构要有足够的强度、刚度和稳定性，并且结构简单、施工方便、造型美观，便于运行、检修和维护等。

6.3　进水口入流漩涡类型和产生条件

6.3.1　进水口入流漩涡的类型及危害

6.3.1.1　进水口入流漩涡类型

水电站及泄洪孔（洞）进水口、抽水蓄能电站上库和下库进出水口入流、导流隧洞进水口、抽水泵站进水口等前沿水面极易发生漩涡，其入流漩涡一般可以分为不吸气漩涡和吸气漩涡两大类，而工程又将其主要分为以下 3 种类型[3-6]（图 6.1）：

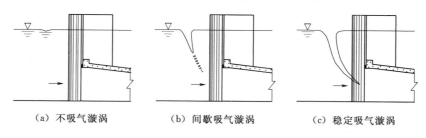

（a）不吸气漩涡　　　　（b）间歇吸气漩涡　　　　（c）稳定吸气漩涡

图 6.1　进水口漩涡分类示意图

（1）不吸气漩涡：进水口前沿水面出现环流、轻微凹陷漩涡，水面漩涡不会进入进水口内。

（2）间歇吸气漩涡：进水口前沿水面出现凹陷较深、带有尾部的漩涡，该尾部由成串的气泡组成，并延伸至进水口进口处，形成了间歇串通漩涡，时而吸气进入进水口处。

（3）稳定吸气漩涡：进水口前沿水面漩涡出现稳定的串通状态，漩涡的吸气量大，并伴随有噪声，影响进水口的安全运行。

6.3.1.2　进水口入流漩涡的主要危害

（1）水面吸气漩涡会吸入水面的漂浮物，堵塞进水口，减小进水口的过流能力，增大电站的水头损失，减小电站的发电量。

（2）进水口入流中挟带着空气，吸入空气的水体在洞身内形成气囊，恶化洞身的流态，增加了洞身的脉动压力；泄洪孔（引水隧洞等）进水口带入空气，有可能会引起控泄的闸门振动。

（3）泄水洞身内挟带的气体在压力变化时，引起气体的缩胀，产生噪声，造成振动和空化。

6.3.2　入流漩涡产生条件

现有的文献对电站进水口入流漩涡产生的条件进行了大量的分析[3-6]。在实际的工程中，诱导进水口前沿水面产生漩涡的因素较多，主要有以下 3 个方面：

（1）不对称来流边界影响。通常，若进水口前沿地形和进水口平面布置不对称等，均会造成进水口前沿平面流速分布不均匀，使得水流产生较明显的流速梯度，流束之间产生剪力，形成环流，使水流产生旋转、形成漩涡。

（2）进水口自身的水力条件。主要包括进水口的入流量、进口流速、进口处的淹没深度等。当进水口的入流量和进口流速较大、进口处的淹没水深较小时，进水口水面易产生漩涡。

（3）闸墩绕流影响。当进水口闸孔的闸墩（中墩或边墩）伸入库区内，墩头两侧存在着流速差，低流速一侧水流绕墩头进入高流速区，高、低流速水流汇合处易形成漩涡。

6.4　进水口防涡消涡措施

6.4.1　合理设计进水口

增大进水口的淹没水深，适当减小进水口入流流速，在对称的地形条件修建进水口或将进水口上游进水渠按对称布置，尽量减小进水口进口轴线与来流流向的夹角等，但这些方法有可能会增加进水口的工程投资，需经过综合比较和分析之后，才能最终确定。

6.4.2 优化进水口运行方式

若进水口的调度运行方式许可，尽量在高水位工况下运行，以保证进水口有一定的淹没水深，减少入流漩涡出现的概率。

6.4.3 加大进水口的淹没深度

当进水口上方有足够的淹没水深时，就可以避免或减弱进水口水面发生吸气漩涡。20世纪60—70年代以来，许多学者对不产生吸气漩涡的进水口淹没水深进行研究，取得了较丰富的成果[7-10]。

Gordon提出进水口不出现吸气漩涡的最小淹没水深 H_s 计算公式为[7]

$$H_s = CvD^{0.5} \tag{6.1}$$

式中：H_s 为从进水口顶算起的水深；v 为进水口入流流速；D 为进口高度；C 为系数，正向取水取 $C=0.55$，边界复杂和侧向取水取 $C=0.73$。

Pennino等提出（文献［11］和文献［12］中引用），进水口入流弗劳德数 $Fr<0.23$ 时，一般不易出现吸气漩涡［式（6.2），图6.2］：

$$Fr = \frac{v}{\sqrt{gH_e}} < 0.23 \tag{6.2}$$

式中：v 为进水口入流流速；g 为重力加速度；H_e 为进口中心线以上的淹没水深。

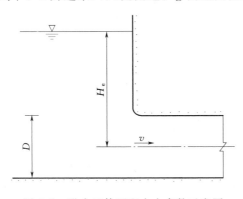

图6.2 进水口体型和水力参数示意图

如广州抽水蓄能电站下库进出水口的淹没水深 H_s 和入流弗劳德数 Fr 见表6.1，且满足不出现吸气漩涡的判别条件［式（6.1）和式（6.2）］，但水力模型试验进水口出现较严重的漩涡形态，预计原型工程极可能产生吸气漩涡[11]。

因此，以进水口的临界淹没水深和入流弗劳德数来判别具体工程进水口是否会出现吸气漩涡尚难准确，这是由于进水口前沿的行进流态和进水口的几何形状是进水口入流漩涡形成的十分重要条件，又是难于定量的条件。因此，水力模型试验仍是现阶段判别进水口是否会产生吸气漩涡的重要手段。

表6.1 广州抽水蓄能电站下库进出水口进口水力参数

进口平均流速 v/(m/s)	进口高度 D/m	进水口最小淹没水深 H_s/m		进水口入流弗劳德数 Fr	
		设计值	临界值 ［式（6.1）］	设计值	临界值 ［式（6.2）］
0.82	9	2	1.35	0.056	0.23

6.4.4 修建防涡工程设施

1. 防涡梁

防涡梁是常规电站进水口、抽水蓄能电站进出水口采用最多的防涡工程设施,其工程措施是在进水口进口上方设置几根有一定间隔的水平梁。防涡梁作用为当漩涡涡带随入流穿过防涡梁时,防涡梁隔断涡带,阻碍漩涡进入进水口内。

防涡梁通常设置在进水口的最低运行水位附近,或者梁底与进水口进口顶部齐平。防涡梁之间的间距 s 要适合,若 s 太小,漩涡会转移至防涡梁上游的前方,进入进水口内,防涡梁无法切断涡带,起不到防涡的作用;若 s 太大,漩涡涡带穿过防涡梁的间缝,进入进水口内。防涡梁尺寸和其间距 s 等可参考有关的设计手册和研究成果[3-6,13]。文献[13]提出的防涡梁体型尺寸和布置如图 6.3 所示:防涡梁布置范围总宽度为 L,防涡梁梁高 $h \geq 1.5\text{m}$,梁宽为 b 且 $\sum b \geq 0.5L$,防涡梁间距 $s < 1.5\text{m}$。

当进水口前沿引水渠行进流速较大、入流漩涡较强烈时,可采用双层或阶梯式防涡梁的布置形式[3,14]。

2. 进口上部倾斜胸墙(图 6.4)

文献[13]等研究认为,进水口顶上方斜向 30°角范围内,为极易产生漩涡区域。因此,可在进水口顶上方设置 30°~45°的斜板,消除进水口的入流漩涡[15]。进水口上部设置的倾斜胸墙相当于把进水口上方可能出现漩涡的水体用建筑物隔离起来,使进水口向外延伸,相应扩大了进水口进口断面,减小了进口流速和速度梯度,降低了漩涡发生的可能性。

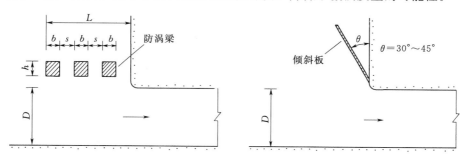

图 6.3 进水口防涡梁布置示意图   图 6.4 进水口顶倾斜板布置示意图

3. 浮体法

在发生漩涡的进水口水面上放置漂浮格栅、浮板、浮筒等浮体,可防止或减弱漩涡的发生。浮体可视为刚体,它可破坏进水口水面的环量,阻碍漩涡的发生。为了避免浮体物被进水口水流带入进水口内,需设置专门机构固定浮体。

6.5 模型试验漩涡与原型工程的相似性分析

目前,水利水电工程进水口漩涡大多数通过水力模型试验来模拟和研究。水力模型采用重力相似律设计,试验采用的流体与原型相同(即采用自然界的水)。因此,采用重力相似律设计的水力模型无法同时满足水流雷诺数 Re 和韦伯数 We 相似,按弗劳德重力相似律设计的模型进水口的漩涡强度比原型工程漩涡往往要偏弱，应考虑模型水流黏滞力和表面张力不相似的影响。

为了消除或减弱水力模型水流黏滞力和表面张力不相似的影响，许多学者进行了大量的研究，其主要成果如下：

1. 采用较大尺度的正态水力模型

尽量采用较大尺度的正态水力模型，增大模型水流的雷诺数 Re 和韦伯数 We，减小 Re 和 We 不相似产生的误差。

2. 加大进水口模型试验的流量

由分析可知，模型进水口水流的雷诺数 Re 比原型工程水流雷诺数小 $\lambda_L^{1.5}$ 倍（λ_L 为水力模型的几何比尺），模型水流的黏滞力和表面张力比原型工程水流相应要大。因此，按重力相似律设计的进水口模型的入流漩涡状况与原型工程并不完全相似，模型比尺 λ_L 越大，相似性越差。目前，国内外较普遍采用加大进水口模型试验的流量，使进水口模型的雷诺数 Re 达到或超过某一临界值，从而减小模型水流黏滞力和表面张力不相似的影响。一些学者和文献建议的进水口模型的水流雷诺数 Re 临界值见表 6.2。

表 6.2　进水口水力模型试验的雷诺数 Re 临界值

文　　献	[13]	[16]，[17]
雷诺数 Re 临界值	$2\times10^4\sim4\times10^4$	$>3\times10^4$

3. 原型运行观测检验

文献 [16] 对一些进水口（包括众多的抽水蓄能电站进水口）的水力模型试验成果与原型资料进行了比较，见表 6.3。

表 6.3　模型与原型漩涡比较

漩　涡　比　较	模型试验弗劳德数 Fr		总数
	$Fr=1$	$2<Fr<4.5$	
（a）原型漩涡强度或持续时间大于模型值	5	0	5
（b）原型与模型漩涡基本相似	14	2	16
（c）原型漩涡强度弱于或产生次数少于模型值		1	1

（1）在（a）类原型漩涡强度或持续时间大于模型值的 5 个工程，其水力模型是在弗劳德比尺流量条件下试验的，并且其雷诺数 Re 不小于 3×10^4。

（2）（b）类的 16 个工程显示了令人满意的原型与模型的比较结果，其中有 2 个工程的模型流量增加到 2～4.5 倍弗劳德比尺的流量时，与原型的结果较符合，其余 14 个工程是在弗劳德比尺流量下进行试验，其大多数在水力模型中只出现微弱的涡流和漩涡。这表明水力模型试验弱漩涡的缩尺影响可以忽略。

6.6　乐昌峡水电站进水口优化研究

6.6.1　工程概况

乐昌峡水利枢纽工程位于广东省乐昌市境内的北江一级支流武水乐昌峡河段内，是以防洪为主，结合发电、灌溉、供水、改善航运等综合利用的 Ⅱ 等大（2）型工程。枢纽工程设计洪水位为162.20m，正常蓄水位154.50m，汛限水位144.50m，极限死水位138.50m。

枢纽工程电站引水系统布置在挡水大坝的左侧，主要由电站进水口、引水隧洞、厂房、尾水隧洞、出水口等建筑物组成（图6.5）。电站安装3台水轮发电机组，总装机容量为132MW，发电设计流量为$3 \times 118.04 \mathrm{m}^3/\mathrm{s}$。

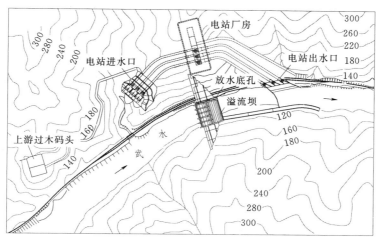

图6.5 乐昌峡水利枢纽工程平面布置图（单位：m）

在枢纽电站引水系统的初步设计阶段，电站进水口进行了两种布置方案的水力模型试验比较，水力模型为1:60的正态模型[18]。

6.6.2 进水口方案1试验

6.6.2.1 方案布置

电站进水口位于坝轴线上游约200m的左岸处，三台机组的三个进水口并排布置，各机组隧洞中心线间距为21.5m，引水隧洞直径为6.2m。

方案1电站进水口为侧式进水口，三台机组进水口体型相同，进水口进口底板高程为124.90m，进水口段由渐缩段和闸门井段组成，其长度为31.7m，如图6.6所示：

（1）电站进水口前沿进水渠底高程为124.90m，底宽为64.5m。各进水口渐缩段进口断面设分流墩分为2孔，每孔孔口净宽8.6m、高8.2m，分流墩厚1.3m；进水口前缘布置有拦污栅。

（2）各进水口渐缩段为2孔方形钢筋混凝土结构，长度18.5m；各渐缩段平面以直线形式渐缩至1孔，渐缩段平面总收缩角42.05°；立面顶部由进口高度8.2m收缩至末端6.2m，收缩角为6.71°。

（3）进水口渐缩段下游接闸门井段，闸门井为明露塔式结构，过水断面为6.2m×6.2m矩形断面，设有一道事故闸门和一道检修闸门，闸门井顶部高程为163.70m。闸门井段下游接方变圆管段，方变圆管段下游接弯管段与引水隧洞。

6.6.2.2 进水口入流漩涡及防涡工程措施

1.进水口入流漩涡形态

在发电设计流量（$Q = 3 \times 118.04 \mathrm{m}^3/\mathrm{s}$）运行时，库水位从高水位（$Z_a = 162.20\mathrm{m}$）

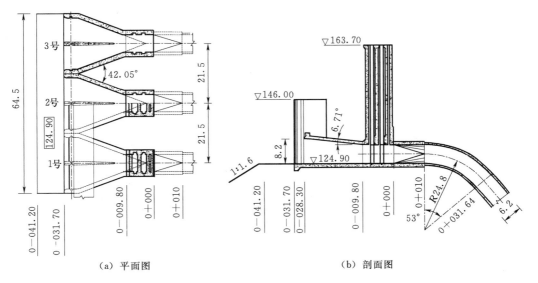

（a）平面图　　　　　　　　　　　（b）剖面图

图 6.6　电站进水口方案 1 布置图（单位：m）

开始下降，1 号～3 号机组进水口水面出现较大范围顺时针旋转环流；库水位降至约 150.00m 时，进水口水面环流范围和强度逐渐增大，并出现凹陷漏斗状漩涡，尤其是 1 号机组进水口水面漩涡状况较为明显，漩涡直径约 1.5～2.0m，此现象直至库水位降至极限死水位 138.50m 以下。

2. 防涡工程措施及运行流态

参考国内外有关电站进水口防涡工程措施[13,19]，经试验比较，进水口的防涡梁布置和体型为：进水口进口前缘上方布置 3 道防涡梁，防涡梁高 2.2m、宽 1.6m，3 号防涡梁与进水口上盖板横梁的间距为 1.4m，其余各道防涡梁间距为 1.3m，防涡梁顶部高程为 137.10m（图 6.7）。

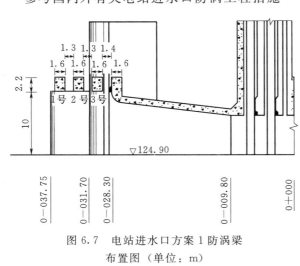

图 6.7　电站进水口方案 1 防涡梁
布置图（单位：m）

6.6.2.3　进水口运行流态

电站进水口设置了防涡梁之后，在发电设计流量运行时（$Q = 3 \times 118.04\text{m}^3/\text{s}$），进水口水面较平静和平稳，进水口（1 号～3 号机组）前沿水面出现顺时针旋转的环流。当库水位 $Z_a < 150.00\text{m}$ 运行时，各机组进水口水面偶尔出现游动性小漩涡，无较明显的凹陷漩涡出现。

6.6.2.4　模型进水口入流漩涡相似问题

方案 1 进水口在发电设计流量运行时，其雷诺数 Re（$Re = vD/\nu$，式中 v 为进水口入流平均流速，D 为进水口进口高度，ν 为水流运动黏滞系数）原型值 Re_P 约 7.6×10^6，模

型 Re_M 约 1.63×10^4，明显小于表 6.2 中有关学者建议的临界值。因此，模型进水口施放了 3 倍发电流量（$Q=3\times3\times118.04\mathrm{m}^3/\mathrm{s}$）运行的试验，模型进水口入流 Re_M 约 4.9×10^4，可达到众多学者提出的模型 Re_M 临界值的要求（表 6.4）。

表 6.4　　　　　　　　　　乐昌峡水电站进水口雷诺数 Re 比较

方　案	原型 Re_P 值	模型 Re_M 值	
		设计流量 Q	$3Q$（或 $2Q$）
1	7.6×10^6	1.63×10^4	4.9×10^4（$3Q$）
2	2.1×10^7	4.52×10^4	9.04×10^4（$2Q$）

模型进水口施放 3 倍发电设计流量运行试验表明，各级库水位运行的各机组进水口水面的环流范围和强度略增大，进水口水面出现凹陷小漩涡，但没有形成较明显的漏斗状漩涡。

6.6.2.5　进水口前沿库区流态和进口流速分布

电站进水口前沿区域来流较平顺，水流较平稳，无较明显偏流和回流区。各进水口各通道的入流流速分布较均匀，流态良好。

6.6.2.6　进水口段水头损失

电站进水口段水头损失可采用式（6.3）和式（6.4）计算：

$$h_j=(Z_a-Z_i)-\frac{\alpha v^2}{2g} \tag{6.3}$$

$$K=h_j\bigg/\left(\frac{\alpha v^2}{2g}\right) \tag{6.4}$$

式中：h_j 为进水口段水头损失，m；Z_a 为库水位，m；Z_i 为管道测量断面测压管水位，m；v 为管道测量断面平均流速，m/s；α 为断面流速分布系数，取 $\alpha=1$。

经测试和计算，进水口段（包括进口渐缩段、闸门井段、方变圆管段等，总长度 41.7m）的水头损失值为 0.18m，水头损失系数 K 为 0.23。因此，电站进水口方案 1 的水头损失较小。

6.6.3　进水口方案 2 试验

6.6.3.1　方案布置

为了满足工程区域河流生态的要求，电站进水口应尽量引取水库上层水温较高的水体，经发电后输回到下游河道。因此，工程设计将电站进水口的体型修改如下（图 6.8）：

（1）电站进水口的位置和进洞点与方案 1 相同，进水口段由隔水门段、进水口闸门井段、方变圆段三部分组成。

（2）进水口底高程仍为 124.90m。隔水门段（桩号 0－031.70～0－014.80）主要由闸墩、拦污栅、隔水门等组成，每台机组的隔水门段分为两孔，每孔净宽 8.6m。进水口闸门井段为方形管段（桩号 0－014.80～0＋000），进口断面高度为 10m，进口断面顶盖板由 1/4 椭圆曲线渐缩为进口高度 6.2m（桩号 0－009.80）；进口断面左、右两侧墙采用半径 $R=2.48$m 的 1/4 圆弧曲线连接。

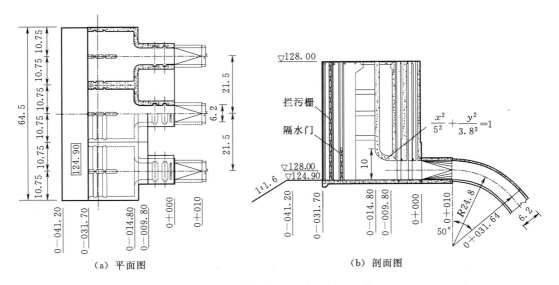

（a）平面图　　　　　　　　　（b）剖面图

图 6.8　电站进水口方案 2 布置图（单位：m）

6.6.3.2　进水口运行方式

（1）当水库蓄水至死水位 141.50m 时，电站开始取水发电。在汛期，当库水位上升至汛限水位 144.50m 时，放下隔水门（隔水门顶高程为 135.40m，每孔设置有 3 块隔水门板，每块高度 3.5m），电站取表层水发电，直至水库蓄水至正常蓄水位 154.50m；当库水位由正常蓄水位降至汛限水位 144.50m 时，隔水门顶高程维持为 135.40m 不变。

（2）在库水位由汛限水位 144.50m 下降至死水位 141.50m 的过程中，将隔水门逐块吊起，保持隔水门顶有 9～10m 水深运行，降低隔水门顶上的入流流速。

6.6.3.3　进水口入流漩涡及防涡工程措施

　　1．进水口入流漩涡

（1）在三台机组满发运行时（$Q = 3 \times 118.04 \text{m}^3/\text{s}$），放下隔水门（门顶高程 135.40m），库水位从高水位（162.20m）开始下降，右侧 1 号机组进水口的右侧库区来流绕其右边墩进入进水口右侧通道，1 号机组进水口的右通道（即隔水门段右边孔）水面出现较明显的漏斗状漩涡，漩涡直径约 2.0～2.5m；2 号～3 号机组进水口水面出现较明显的环流和凹陷小漩涡，但没有出现较明显的漏斗状漩涡（图 6.9）。

（2）当库水位 $Z_a < 144.50$m 运行时，将隔水门逐块吊起（保持隔水门顶上入流水深 $h \geqslant 9$m），各机组进水口水面出现环流，水面出现游动性凹陷漩涡，漩涡直径约 1.0m，此现象直至库水位降至极限死水位 138.50m 以下。

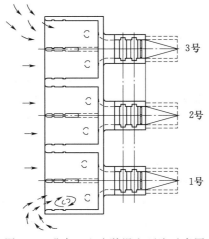

图 6.9　进水口入流漩涡和环流示意图

　　2．防涡工程措施及运行流态

经多方案试验比较之后，得出方案 2 电站进水口防涡梁布置为：①各机组进水口的各通道进口前缘上方设置两道水平防涡梁，防涡梁高2.0m、宽1.6m，梁顶高程为138.00m，各防涡梁水平间距为1.3m；②在1号机组隔水门段右通道的拦污栅槽与隔水门槽之间上方设置三道防涡横梁，防涡横梁高2.0m、宽1.2m，各防涡横梁高度间隔为1.2m，防涡横梁布置的高程范围为154.00～145.60m（图6.10）。

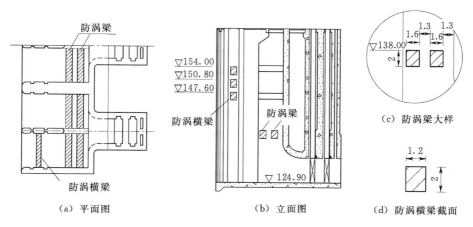

（a）平面图　　　　　（b）立面图　　　　　（d）防涡横梁截面

图6.10　电站进水口方案2防涡梁布置图（单位：m）

在发电设计流量（$Q=3\times118.04\text{m}^3/\text{s}$）运行条件下（表6.4），方案2进水口原型雷诺数$Re_P$为$2.1\times10^7$，模型雷诺数$Re_M$为$4.52\times10^4$，比方案1进水口模型雷诺数明显增大，因此方案2进水口进行了加大1倍设计流量运行的试验。发电设计流量和2倍发电设计流量（$Q=2\times3\times118.04\text{m}^3/\text{s}$）的运行试验表明：

（1）在库水位162.20～145.60m运行时，1号机组进水口右通道（右边孔）水面环流中心偶尔出现游动性凹陷漩涡，漩涡直径约0.8～1.0m，环流在两门槽之间的防涡横梁阻隔作用下，无法形成漏斗状漩涡；2号～3号机组进水口水面出现以顺时针方向旋转为主的环流。

（2）在库水位145.60～144.50m运行时，各机组进水口正向入流流速相应增大，1号机组进水口右通道入流受右边墩的影响作用减小，水面环流减弱，各机组进水口水面出现游动性凹陷小漩涡，漩涡没有出现漏斗状和串通。

（3）当库水位$Z_a<144.50$m运行时，将隔水门逐块吊起，保持隔水门顶上入流水深$h\geq9$m，各机组进水口水面出现较明显环流和游动性凹陷小漩涡，但漩涡没有出现漏斗状和串通，此现象直至库水位降至极限死水位138.50m以下。

因此，电站进水口设置了防涡梁之后，不会出现有害的吸气漩涡，工程运行是安全的。

6.6.3.4　进水口前沿库区流态和进口入流流速分布

（1）当库水位$Z_a\geq144.50$m运行时，各隔水门孔和进水口进口断面的垂线流速分布较均匀。汛限水位144.50m运行的隔水门顶和进水口进口断面流速分布如图6.11所示，各隔水门顶垂线流速分布特性为面流速小、底流速大，流速值0.7～1.2m/s；各进水口进

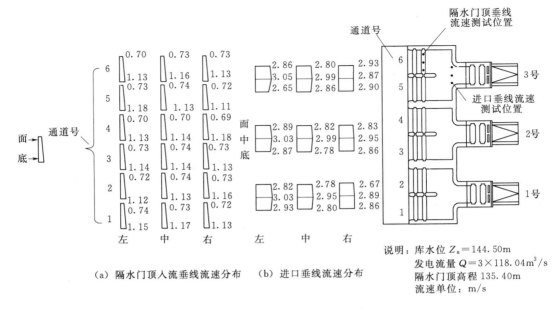

（a）隔水门顶入流垂线流速分布　　（b）进口垂线流速分布

图 6.11　电站进水口垂线流速分布图

口断面入流的各垂线平均流速 2.7～3.0m/s。

（2）在库水位 Z_a<144.50m 运行时，将隔水门逐块吊起，各隔水门孔入流较均匀，流速降低；各进水口进口断面的流速分布特性与汛限水位（144.50m）运行的流速分布相近。

6.6.3.5　进水口段水头损失

电站进水口段设置了隔水门，进水口段水头损失值与库水位 Z_a 有关。经测试和计算，有、无隔水门的进水口段（桩号 0-031.70～0+010）水头损失 h_j 与库水位 Z_a 关系如图 6.12 所示。

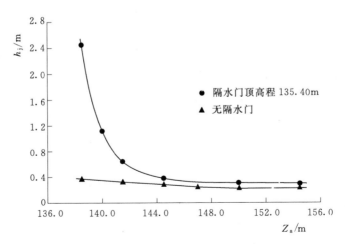

图 6.12　电站进水口段水头损失 h_j 与库水位 Z_a 关系

试验表明：

（1）在设置隔水门条件下，电站进水口段的水头损失比无隔水门工况运行的水头损失增大，如隔水门顶水深 h 分别在 4.6m 和 3.1m 运行时，进水口段的水头损失值分别为1.12m 和 2.45m；在隔水门顶水深 $h \geqslant 9m$ 的运行条件下，进水口段的水头损失值 $h_j <$0.4m。因此，在工程实际运行中，应尽量保持隔水门顶水深 $h \geqslant 9m$ 的条件下运行。

（2）在无隔水门运行条件下，电站进水口段的水头损失 $h_j < 0.4m$，水头损失值相应较小。

6.6.4 小结

（1）在乐昌峡水电站进水口两种布置方案水力模型试验研究的基础上，提出了改善电站进水口运行流态、消除入流漩涡、减小水头损失等的工程措施和方法，优化了进水口的体型。

（2）方案 1 进水口的进口入流流速、水头损失均较小，水力特性较优，但由于其无法取用水库上层水温较高的水体，不能满足河流生态的要求。方案 2 进水口设置了隔水门段之后，发电取水可满足河流生态的要求，但其进水口段水头损失相应增大。本节对方案 2进水口水头损失的影响因素和变化规律进行水力模型试验及分析，提出了减小电站进水口水头损失的运行措施。

6.7 乐昌峡水电站溢流坝泄洪闸孔消涡研究

6.7.1 工程概况

乐昌峡水电站的溢流坝布置在坝址河道中间，设 5 孔泄洪孔口，每孔净宽 12m，中墩和边墩厚 3m，溢流坝段总宽度为 78m。溢流坝堰顶采用双胸墙与弧形闸门共同挡水的形式，溢流堰顶高程为 134.80m，泄洪孔孔口胸墙底缘高程为 145.50m，单孔孔口尺寸为12m（宽）×10.7m（高）（图 6.13）。

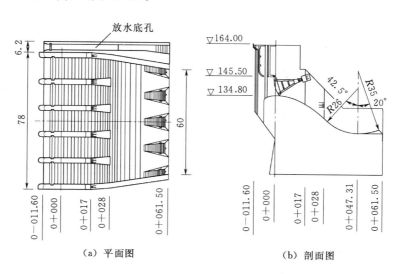

（a）平面图　　　　　　　　（b）剖面图

图 6.13　乐昌峡溢流坝体型布置图（单位：m）

坝址附近两岸地形较对称，河谷呈 V 形，河道微弯，断面狭窄，河床面高程90.00～92.00m。水库的正常蓄水位为 154.50m，设计洪水标准为 100 年一遇（$P=1\%$），泄洪流

量 $Q=3900\mathrm{m^3/s}$；校核洪水标准为 1000 年一遇（$P=0.1\%$），泄洪流量 $Q=8470\mathrm{m^3/s}$。

溢流坝水力模型试验表明[6,20]：在泄放设计洪水频率至校核洪水频率流量运行时（相应库水位 $Z_a=162.20\sim163.00\mathrm{m}$），溢流坝右端 5 号泄洪孔进口上游水面出现较明显的漏斗状漩涡，在原型运行中有可能会形成吸气漩涡，不但会影响溢流坝的泄流能力，而且有可能会引起闸门振动，危及工程的安全运行。

6.7.2　溢流坝进水口入流漩涡和分析

6.7.2.1　进水口入流漩涡形态

在各级洪水流量泄流运行时，库区的上游来流较平顺地进入溢流坝前沿，溢流坝各泄洪孔入流较平顺，溢流坝泄洪孔上游进口运行流态如下：

（1）在水库正常蓄水位 154.50m 的各级闸门开度 $e(e\leqslant4\mathrm{m})$ 泄流运行时，溢流坝各泄洪孔上游水面较平稳、无较明显的环流和漩涡出现。

（2）当溢流坝泄洪流量达到和超过设计洪水频率流量时（库水位 162.20m，$Q\geqslant3900\mathrm{m^3/s}$，闸门开度 $e\geqslant4.15\mathrm{m}$），溢流坝上游前沿库区的行进流速增大，其右端 5 号泄洪孔进口靠右边墩侧水面出现一个顺时针旋转的漩涡；随着闸门开度 e 及泄洪流量 Q 的增加，漩涡的尺寸和强度逐渐增大。当泄洪流量 $Q=6860\mathrm{m^3/s}$（库水位 162.20m，闸门开度 $e=7.3\mathrm{m}$）运行时，5 号孔口上游水面漩涡直径达约 3m，漩涡呈漏斗状，并串通进入溢流坝的泄洪孔内，其余孔口上游水面出现阵发性的游动小漩涡（图 6.14）；此现象一直存在至校核洪水频率流量（库水位 163.00m，$Q=8470\mathrm{m^3/s}$，闸门开度 $e=9.0\mathrm{m}$）的泄流运行工况。

6.7.2.2　漩涡产生原因分析

由分析，本工程溢流坝泄洪孔左、右两侧入流边界条件不相同，左端 1 号闸孔左边墩连接放水底孔（放水底孔迎水面宽度为 6.2m），放水底孔孔口（孔口底部高程为 110.00m）上方挡水墙迎水面与溢流坝闸墩上游端齐平（桩号 0−011.60），相当于 1 号闸孔左边墩厚度增加了 6.2m（图 6.5 和图 6.13）；而右端 5 号闸孔右边墩为一悬臂闸墩，其上游端墩头与右侧挡水坝上游坝面（桩号 0+000）相距 11.6m，右边墩墩头两侧存在着较大的流速差，右边墩外缘区域（近挡水坝一侧）低流速水流绕 5 号闸孔右边墩墩头进入高流速的泄洪孔口，在 5 号闸孔靠右边墩区域形成漏斗状漩涡，影响工程的正常运行（图 6.14）。

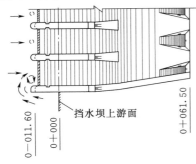

图 6.14　溢流坝右端 5 号泄洪孔
入流漩涡示意图

6.7.3　泄洪孔进水口消涡措施

1. 消涡工程措施

为了消除进水口的入流漩涡，通常可在进水口上部设置防涡梁和斜向遮板，或在进水口水面放置漂浮栅格等浮体，以减弱水面的环流及隔断漩涡的涡心等，达到防涡和消涡的目的，但这些防涡和消涡设施会不同程度阻碍溢流坝泄洪孔的泄洪，且溢流坝泄洪孔进口区域的入流流速较大，设置防涡和消涡设施的结构稳定难度较大。因此，需寻求一种符合本工程溢流坝运行实际的消涡工程措施。

根据本工程溢流坝泄洪孔进口入流漩涡产生原因的分析，为了消除或减弱溢流坝 5 号泄洪孔进口水面的漏斗状漩涡，经水力模型试验比较之后，在 5 号闸孔右边墩外侧设置一迎水面宽度为 3m 的隔墩，隔墩的高度为 12m（高程为 152.00～164.00m），以隔断或减弱绕右边墩墩头进入 5 号泄洪孔前沿水面的环流（图 6.15）。

试验表明，溢流坝 5 号泄洪孔右边墩外侧设置一宽度为 3m 的隔墩之后，在各级洪水频率流量泄流运行时，5 号泄洪孔进口上游水面的漏斗状漩涡已消失；在洪水流量 $Q \geqslant 6860\mathrm{m}^3/\mathrm{s}$（库水位 $Z_a = 162.20 \sim 163.00\mathrm{m}$）泄洪运行时，溢流坝各泄洪孔进口上游水面只出现游动性小漩涡，对溢流坝正常泄洪和闸门安全运行影响甚微。

2. 漩涡相似性分析

乐昌峡溢流坝泄洪孔在泄放设计洪水频率至校核洪水频率流量（$Q = 3900 \sim 8470\mathrm{m}^3/\mathrm{s}$）运行时，其原型和模型的 Re 数见表 6.5（$Re = ve/\nu$，v 为进水口入流平均流速，e 为进水口闸门开启高度，ν 为水流运动黏滞系数；如图 6.16 所示），模型进水口入流 $Re_M \geqslant 1.5 \times 10^5$，远超过众多学者提出的模型 Re 数临界值的要求（表 6.2）。因此，本工程泄洪孔入流漩涡特性与原型工程具有良好的相似性，水力模型试验推荐的防涡工程措施可供工程设计和运行参考。

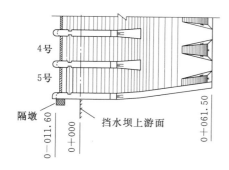

图 6.15 5 号泄洪孔右边墩外侧隔墩　　图 6.16　溢流坝进口体型和水力参数示意图
布置示意图

表 6.5　　　　　　　　　　　　　溢流坝泄洪孔进口雷诺数 Re 比较

洪水频率 P	闸门开度 e/m	泄流量 $Q/(\mathrm{m}^3/\mathrm{s})$	Re 原型值 Re_P	模型值 Re_M
1%	4.15	3900	7.22×10^7	1.55×10^5
	7.3	6860	1.27×10^8	2.73×10^5
0.1%	9.0	8470	1.57×10^8	3.37×10^5

6.7.4　小结

通过水力模型试验，对乐昌峡水电站溢流坝泄洪闸孔进口入流漩涡形态及其产生的原因、漩涡相似性等进行分析，提出了相应的消涡工程措施。试验研究成果已得到工程设计和施工的采用，可供类似工程设计和运行参考。

6.8　广州抽水蓄能电站下库进出水口试验研究

6.8.1　工程概况

广州抽水蓄能电站（简称广蓄电站）是我国 20 世纪 80 年代开始兴建的第一座大型抽水蓄能电站，工程位于广东省广州市从化区吕田镇境内。

广蓄电站一、二期工程分别装机 1200MW，上、下库水头差约 527m，电站一期工程于 1994 年建成投入运行，二期工程于 2000 年竣工投入运行。运行多年来，电站一、二期工程进出水口运行状况良好，达到了工程设计的要求。以广蓄电站上、下库一期工程进出水口试验研究成果为主要内容编写的《广州抽水蓄能电站水力学问题研究》，获得 1995 年度广东省科技进步二等奖。由于电站上、下库进出水口体型相同，本节主要介绍下库一、二期工程进出水口水力模型试验研究成果[19,21]。

下库库区及一、二期进出水口位置及模型布置如图 6.17 所示，进出水口体型如图 6.18 所示。一、二期进出水口体型为侧式进出水口，采用一管四机（4×300MW）的布置形式。进出水口入流（抽水工况）为渐缩式四通道进水口，出流（发电工况）为渐扩式四通道出水口。拦污栅处各通道进出口高度为 13m，宽度为 7.5m（拦污栅处各通道口尺寸为 7.5m×13m，各通道由进水口入流方向从左往右编号）。

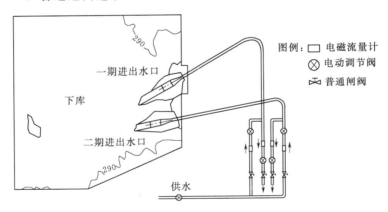

图 6.17　广蓄电站下库一期、二期进出水口位置及模型布置示意图

下库正常蓄水位为 287.40m，设计洪水位（$P=0.1\%$）为 289.61m，死水位为 275.00m。下库尾水隧洞洞径为 9m，进出水口中心线高程为 265.50m。单机发电流量为 68.25m³/s，抽水流量为 55.58m³/s。

抽水蓄能电站进出水口具有双向水流运行功能，电站运行期间库水位变幅较大和较频繁，故进出水口流态较复杂。因此，抽水蓄能电站进出水口的设计需借助水力模型试验研究，优化进出水口体型和尺寸。

抽水蓄能电站进出水口设计和水力模型试验研究要解决的主要问题如下：

（1）进口入流要避免产生有害的吸气漩涡。

（2）进出水口各通道的流量分配和流速分布较均匀。

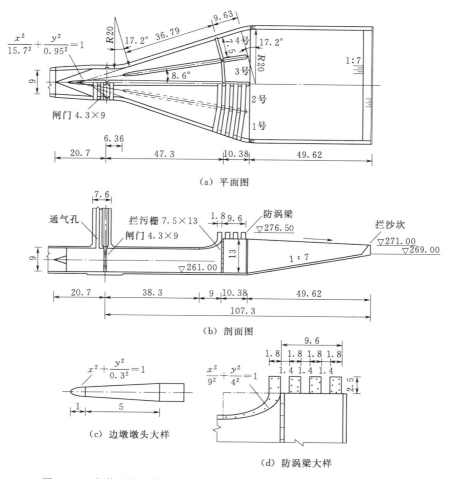

图 6.18　广蓄电站下库一期、二期进出水口体型示意图（单位：m）

（3）进出水口的入流和出流水头损失较小。

（4）库区运行流态良好。

6.8.2　模型设计和制作

6.8.2.1　模型设计

抽水蓄能电站进出水口水力模型设计的重点要考虑进水口入流漩涡相似的问题，而进出水口的流量分配、流速分布及水头损失等的模拟，只要按照弗劳德重力相似律设计为正态模型即可满足要求。

6.8.2.2　模型制作

广蓄电站下库一、二期工程的进、出水口及库区水力模型为 1:50 的正态模型（图 6.17 和彩图 15）。模型库区面积为 $(20 \times 20) m^2$，约为相应模拟原型库区面积的 1/2，模型库区足够大。模型库区内不另设置供水和排水设施，进水口（抽水入流）和出水口（发电出流）进出流量由电磁流量计、电动调节阀和计算机系统自动控制。因此，模型进出水口和库区运行流态与原型工况极为相似。进、出水口流速和库区流场由多点同步测速仪系

169

统采集和数据处理。

6.8.3　进水口入流漩涡问题

6.8.3.1　进水口无防涡梁运行状况

由于下库一、二期工程进出水口体型相同，且地形条件相似，入流时一、二期进水口水流相互影响较小。因此，本节着重对一期进水口入流漩涡问题进行分析。

四台机组满负荷抽水运行时（$Q=4\times55.58\mathrm{m^3/s}$），库水位从正常蓄水位 287.40m 开始下降，进水口水面出现两个基本对称的环流，一个以 1 号通道进口为中心，呈顺时针环流，另一个以 4 号通道进口为中心，呈逆时针环流；在库水位下降的过程中，在 1 号和 4 号通道进口水面出现凹陷漩涡，漩涡直径约 1～1.5m，呈漏斗状，但漩涡没有串通至进水口通道内；当库水位下降至 279.00～278.00m 时，上述漩涡消失，进水口水面只出现间断性的微凹小漩涡，直至库水位降至死水位 275.00m。因此，无防涡梁的进水口在原型工程运行时，有可能会产生有害的吸气漩涡。

6.8.3.2　进水口加防涡梁运行状况

经多方案试验比较之后，在进水口前缘设置三道防涡梁（图 6.18）。库水位从正常蓄水位 287.40m 下降过程中，进水口水面较平静，进水口水面环流范围和流速较小，无明显的漩涡产生，进水口水面偶尔出现间断性的微凹小漩涡。

6.8.3.3　2.5 倍设计流量条件下运行状况

设置防涡梁的进水口在 2.5 倍设计流量（$Q=2.5\times4\times55.58\mathrm{m^3/s}$）运行时，在库水位下降过程中，进水口进口水面的环流中心区域（相应原型直径 20～30m 区域的范围）的水面明显凹陷，环流中心出现凹陷漏斗状的漩涡，但漩涡没有串通。

6.8.3.4　入流漩涡状况分析

由上述资料分析可知，广蓄电站进水口设置防涡梁是非常必要的。为了以防不测，模型进水口设置防涡梁之后，仍施放 2.5 倍设计流量进行试验，模型进水口入流的雷诺数 Re 可达到众多学者提出的模型试验 Re 数临界值的要求（表 6.6）。

表 6.6　　　　　　　　　　下库进水口雷诺数 Re（$Re=vD/v$）

雷诺数原型值 Re_{P}	雷诺数模型值 Re_{M}	
	$Q=4\times55.58\mathrm{m^3/s}$	$Q=2.5\times4\times55.58\mathrm{m^3/s}$
7.3×10^6	2.1×10^4	5.3×10^4

综上所述，广蓄电站一管四机方案进水口设置防涡梁设施之后，水力模型在设计流量运行的漩涡形态（间断性微凹小漩涡）在一定程度上可反映原型的运行状况，模型进水口施放 2.5 倍设计流量的漩涡形态，可以预测到原型工程出现的漩涡形态的各种可能性。广蓄电站工程建成后运行表明，进水口入流的水面较平静，不出现明显凹陷漩涡和有害的吸气漩涡，这表明水力模型试验研究成果是合理的。

6.8.4　进出水口流速分布和流量分配

抽水蓄能电站进出水口要求其进出水流流速分布和流量分配较均匀，以有利于进出水口处拦污栅安全运行，并使进出水口段的水头损失较小。

6.8.4.1 广蓄电站下库进出水口段布置特点

（1）广蓄电站下库进出水口段采用短渐扩（缩）段，其长度为 $4.5D_0$（$D_0=9\mathrm{m}$，为尾水隧洞直径），渐扩（缩）段两侧边墙的总水平扩散角为 $34.4°$，边墩与中墩轴线的夹角为 $8.6°$，体型布置较为紧凑和合理（图 6.18）。

（2）广蓄电站进出水口段中墩伸入闸门槽井段前方，两侧边墩头部布置在渐扩段起始断面（也称喉道断面）附近区域。此布置的优点为渐扩（缩）段内四通道的流速分布和流量分配较易调整和控制，缺点为闸门井段需设置两个闸门，闸门操作运行较为不方便。

6.8.4.2 试验成果

（1）广蓄电站进出水口及其他一些电站进出水口试验研究成果表明，四通道的进出水口入流运行时，各通道流量分配率与喉道附近区域的分流墩头部处对应的通道过水面积占总过水面积的百分率较符合，而与分流墩头部的位置关系不大；而出流工况的流量分配与分流墩头部位置关系较密切。

在广蓄电站进出水口设有长分流中墩的情况下，喉道部位中孔过水面积约占 23%，边孔过水面积约占 27%，边墩头部越靠近渐扩段起始断面，出流流量分配越均匀（表 6.7，设计、修改和推荐方案的边墩头部距渐扩段起始断面分别为 5m、3.5m 和 1m）。

表 6.7   广蓄电站下库进出水口各流道流量分配百分率

工况	方案	通道编号			
		1	2	3	4
4 台抽水入流	设计	27.5	23.2	22.9	26.4
	修改	28.1	22.2	22.8	26.9
	推荐	26.8	22.9	22.9	27.4
4 台发电出流	设计	20.5	29.9	33.6	16.0
	修改	25.8	23.4	29.7	21.1
	推荐	26.5	25.7	25.0	22.8

（2）抽水蓄能电站进出水口入流运行时为渐缩段，入流流态较易达到设计的要求，各通道入口（拦污栅断面）中心垂线各点平均流速分布较均匀，流态良好。

（3）抽水蓄能电站进出水口出流运行时为渐扩段，出流流态较复杂。由于受经济管径选择的影响，渐扩段进口处（喉道位置）入流流速较大（$v=4\sim6\mathrm{m/s}$），而渐扩段出口断面（拦污栅断面）流速宜小于 $1.0\mathrm{m/s}$，过栅流速分布不均匀系数（即最大流速与平均流速之比）不宜大于 1.5。广蓄电站进出水口渐扩段纵剖面采用基本对称布置，纵剖面体型布置与渐扩段进口处水流特性较适应，各通道出口断面的过栅流速可满足设计规范的要求[1]（图 6.19）。

（4）根据文献［13］的介绍，渐扩段出口断面最大点流速 v_{max} 与隧洞平均流速 v_0 之比 $v_{max}/v_0=0.5$ 时，若渐扩段两侧边墙的总水平扩散角为 $40°$，则四通道的渐扩段长度 L 约需要 4.8 倍的隧洞直径 D_0（即 $L/D_0=4.8$）。广蓄电站下库进出水口推荐方案的渐扩段长度约为 4.5 倍隧洞直径时，出流已达到了较均匀扩散的要求[22]，这表明广蓄电站推荐方案的进出水口体型较优。

6.8.5 进出水口水头损失

进出水口水头损失 h_j 主要为进出水口段的局部水头损失，水头损失系数 K 为水头损

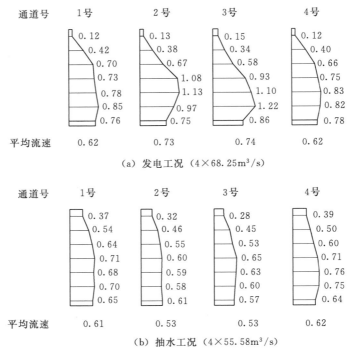

图 6.19　进出水口拦污栅断面垂线平均流速分布（单位：m/s）

失值 h_j 除以隧洞的流速水头 $v_0^2/2g$（v_0 为隧洞的平均流速）。

进出水口作入流运行时，水流一般不易脱离边界，水头损失系数较小，水头损失系数 K_1 约为 0.2～0.3；作出流运行时，渐扩段内水流较易脱离边界，水头损失系数 K_2 较大，其值约为 0.4～0.6。影响进出水口水头损失的主要因素为：平面扩散角，纵断面形状，扩散度 $\beta = A_1/A$（A_1 为分流墩头部或闸门井段过水面积，取小值者；A 为隧洞过水面积），分流墩的数目、位置、排列及头部形状，雷诺数 Re，渐扩段进口处隧洞来流的流速值及分布等。

广蓄电站下库进出水口入流水头损失系数 $K_1 = 0.20$，出流水头损失系数 $K_2 = 0.39$，其水头损失系数在国内外同类型电站的体型中是较小的。根据广蓄电站进出水口的水力模型试验成果，可得到以下认识：

（1）抽水蓄能电站侧式进出水口的总水平扩散角一般为 $30° \sim 40°$，为了防止水流脱离边界，改善水流状况，进出水口内一般设置 2～3 道分流墩。对入流运行工况，减少分流墩的数目，有利于降低进水口水头损失；但对出流运行工况，则希望布置多一些分流墩，减小出流的扩散角（扩散角一般以 $7° \sim 10°$ 为宜），分流墩把渐扩段进口断面（即喉道位置）中心部位较高流速水体的一部分导向边壁区域，使水流分离区缩小或消失，降低渐扩段的水头损失。

（2）进出水口的扩散度 β 对水头损失的影响较大，当渐扩段进口闸门井段和分流墩头部过水面积分别为隧洞过水面积约 1.2 倍（即 $\beta \approx 1.2$）时，则进出水口段入流水头损失系数 $K_1 = 0.2 \sim 0.22$、出流水头损失系数 $K_2 < 0.4$ 是可以实现的。

6.8.6　工程应用

广蓄电站下库一、二期进出水口水力模型试验研究成果在工程设计和施工中得到采用，工程建成后的运行状况良好，达到了工程设计的要求。工程运行表明，进水口水面无明显凹陷漩涡产生，进出水口各通道流量分配较均匀，拦污栅断面流速分布较均匀，水头损失值在设计范围内，一、二期进出水口运行相互干扰较小，库区运行流态良好，证明了广蓄电站进出水口水力模型试验研究成果是合理的和先进的，研究成果可为类似的工程设计和运行参考（彩图 16）。

6.9　高陂水利枢纽电站上游进水渠优化研究

6.9.1　工程概况

高陂水利枢纽工程位于广东省大埔县境内的韩江中游，是以防洪和供水为主，兼顾发电、航运、灌溉、改善下游河道生态等综合效益的水利枢纽工程（图 6.20）。

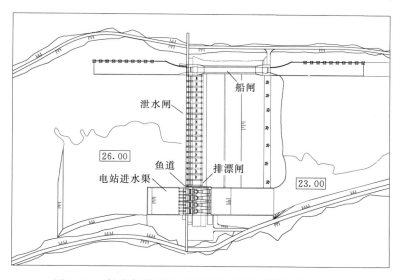

图 6.20　高陂水利枢纽工程平面布置示意图（单位：m）

高陂水利枢纽工程为Ⅱ等大（2）型工程，枢纽主要建筑物由泄水闸、电站、船闸、排漂闸、鱼道、挡水坝以及两岸连接建筑物等组成。枢纽正常蓄水位为 38.00m，发电最低运行水位为 30.00m。

高陂水电站为低水头河床式电站，布置在坝址河道的右岸，电站与鱼道、排漂闸孔、泄水闸等连接（从右往左排列）。电站安装 4 台贯流式灯泡机组，单机额定容量 25MW，总装机容量为 100MW，多年平均发电量为 40142.3 万 kW·h。电站运行的上游水位为正常蓄水位 38.00m，电站 4 台机组满发流量为 1361.8m³/s。电站发电运行最大水头为 13.5m，最小水头为 2.5m。

高陂水电站上游进水渠试验研究是在高陂水利枢纽整体水力模型上进行[23]，模型为 1∶85 的正态模型。

6.9.2　电站进水渠设计初拟方案试验

6.9.2.1　设计初拟方案布置

（1）电站上游进水渠宽度为 88m，电站进水口进口底板高程为 9.22m，进水渠进水斜坡段坡度为 1:5，进水渠斜坡段上游河床面高程为 26.00m（图 6.21）。

（2）进水渠左导墙顶高程为 39.00m，长度为 107m；拦沙坎布置在进水渠的进口断面（即左导墙的上游端断面），拦沙坎顶高程 27.20m。

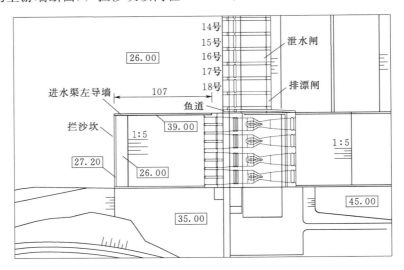

图 6.21　电站设计初拟方案平面布置示意图（单位：m）

6.9.2.2　设计初拟方案运行试验

电站 4 台机组满发运行的试验表明（闸上游水位 38.00m、$Q=1361.8\text{m}^3/\text{s}$）：

（1）泄水闸上游河道水流进入电站进水渠时，受电站进水渠左导墙（墙顶高程 39.00m）阻水的影响，进水渠进口断面左侧水流绕左导墙上游端头部、斜向进入进水渠内，进水渠内约 1/3 过水断面为回流区，回流流速较大值约为 1.0m/s，渠内主流偏于右侧，明显减小了进水渠的入流断面，增大了进水渠与其上游河道的水位差，增加了进水渠段的水头损失（图 6.22）。

（2）电站上游拦沙坎布置在进水渠的进口断面（拦沙坎顶高程为 27.20m），减小了进水渠进口断面的过水面积，测试的拦沙坎顶入流流速约为 1.9～2.4m/s，入流流速较大，增大了进水渠段的水头损失；测试的电站进水渠上游河道至电站进水口前沿的水位差值为 0.47m，水头损失值较大（图 6.22）。

（3）由于泄水闸闸址区域河道弯曲，电站上游进水渠左导墙设置较长和较高，在电站停机、泄水闸泄流运行时（上游河道洪水来流量

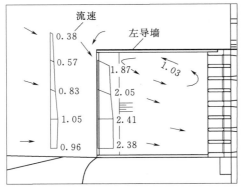

图 6.22　初拟方案进水渠流态和流速分布示意图（单位：m/s）

$Q_0 \geqslant 6700\text{m}^3/\text{s}$），泄水闸上游河道右岸区域来流受到进水渠左导墙阻水作用，进水渠左导墙上游端头部产生较明显的壅水和绕流，泄水闸右端 17 号～18 号闸孔及排漂闸前沿上游区域形成较明显的回流区，明显减小了泄水闸右端闸孔的入流流速（图 6.23）。如在 20 年一遇洪水频率流量（$P=5\%$，$Q_0=12930\text{m}^3/\text{s}$）泄流运行时，泄水闸右端 17 号～18 号闸孔的入流流速约为各闸孔入流平均流速的 40%～50%，泄水闸泄流能力不能满足设计的要求。

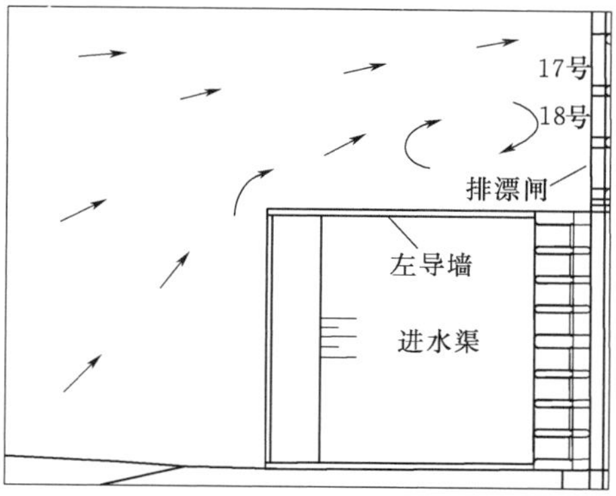

图 6.23　泄水闸运行右端闸孔流态示意图

6.9.3　上游进水渠修改方案试验

6.9.3.1　修改思路

为了改善电站进水渠发电运行流态，减小电站进水渠段的水位落差，同时满足泄水闸泄流能力的要求，修改思路如下：

（1）降低进水渠左导墙的高程或缩短其长度。

（2）将进水渠实体左导墙设置为过水的闸孔。

（3）将拦沙坎往进水渠上游河道移动，增大拦沙坎的过流断面面积。

6.9.3.2　修改方案布置

参考已有文献的研究成果[24-25]，将进水渠左导墙修改为 10 孔拦污栅闸孔，其总长度 112m；为了兼顾泄水闸泄流和电站上游进水渠段拦沙的要求，将左导墙下游段 1 号～4 号闸孔进口底部高程设置为 33.50m，上游段 5 号～10 号闸孔进口底部高程设置为 290.00m，各拦污栅闸孔净宽 7.5m，中墩厚 2.0m 和 3.0m（图 6.24）。

拦沙坎布置在进水渠左侧拦污栅闸孔的上游，其轴线与闸坝轴线呈 55°夹角。拦沙坎顶布置 15 孔拦污栅闸孔，单孔闸净宽 10m，闸进口底部高程为 27.00m，各闸孔的中墩厚 2.0m 和 3.0m（图 6.24）。

6.9.3.3　修改方案试验

（1）在电站 4 台机组满发运行时，上游河道水流较平顺进入电站进水渠内，电站进水渠左侧 1 号～4 号拦污栅闸孔入流流速约为 1.3～1.5m/s（中心垂线平均流速，下同），5 号～10 号拦污栅闸孔入流流速约为 1.5～1.0m/s；斜向拦沙坎顶的拦污栅闸孔（11 号～25 号）入流流速约为 1.0～0.3m/s，由其下游端闸孔（11 号）往上游端闸孔（25 号）逐渐减小；进水渠内水流较平顺，上游进水渠段的水位差值为 0.09m，水头损失值相应较小（图 6.25）。

（2）在电站停机、泄水闸闸门全开泄流运行时（$Q_0 \geqslant 6700\text{m}^3/\text{s}$），由于电站上游斜向拦沙坎拦污栅闸孔（11 号～25 号）的各闸墩组成一类似长条的实体墙，其布置对上游河道右岸区域来流有斜向导流作用，在排漂闸孔和泄水闸 17 号～18 号闸孔上游前沿形成回流区，相应减小了泄水闸右端闸孔的入流流速和泄水闸的泄流能力。

因此，修改方案进水渠布置的缺陷为：①左侧 1 号～10 号拦污栅闸孔入流流速较大，

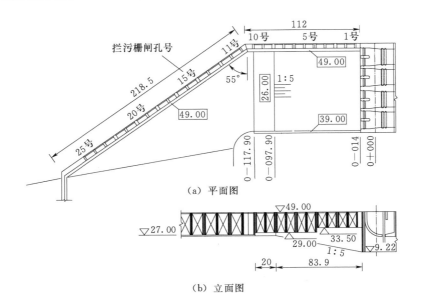

（a）平面图

（b）立面图

图 6.24　高陵电站上游进水渠修改方案布置示意图（单位：m）

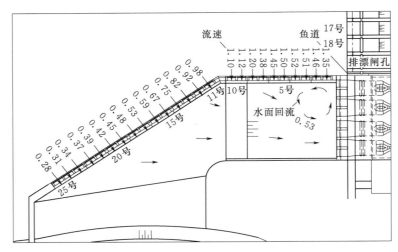

图 6.25　修改方案进水渠拦污栅闸孔入流流速分布示意图（单位：m/s）

注：库水位 $Z_a = 38.00$；发电流量 $Q = 1361.8 \text{m}^3/\text{s}$

易吸入污杂物、堵塞栅孔，增大过栅水头损失，甚至会造成栅条压弯破坏，不利于拦污栅闸孔正常运行[1]；②上游斜向拦沙坎拦污栅闸孔（11 号～25 号）的斜向导流作用，在排漂闸孔和泄水闸 17 号～18 号闸孔上游前沿形成回流区，降低泄水闸的泄流能力，需优化拦沙坎拦污栅闸孔轴线与泄水闸坝轴线的夹角；③在鱼道的过鱼期，鱼道上游出口的鱼类易从进水渠左侧下游端拦污栅闸孔进入进水渠和电站进水口内，不利于鱼道的正常运行。

6.9.4　上游进水渠推荐方案试验

6.9.4.1　试验优化及推荐方案布置

（1）为了减小上游斜向拦沙坎拦污栅闸孔（11 号～25 号）闸墩对上游河道右岸区域

水流的斜向导流作用，经试验比较后，兼顾泄水闸右端闸孔入流流速和尽量减小斜向拦沙坎拦污栅闸孔的长度，确定的上游斜向拦沙坎拦污栅闸孔轴线与闸坝轴线的较优角度为65°（图6.26）。

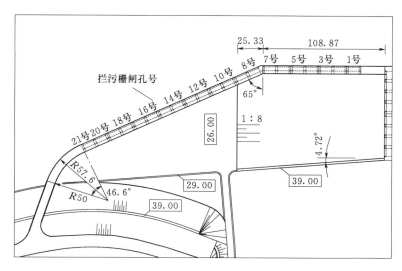

图6.26　上游进水渠推荐方案平面布置示意图（单位：m）

（2）由分析可知，上游进水渠段流速由上游往下游电站进水口处是沿程增大的，为了降低进水渠左导墙下游端拦污栅闸孔的入流流速，使各拦污栅闸孔入流流速分布较均匀，应尽量降低进水渠内的流速值。

经试验比较后的优化措施为：①将上游进水渠斜坡段坡度由1∶5修改为1∶8，电站进口进水渠右导墙以4.72°往上游扩宽，以增大进水渠的过流断面；②适当增大拦污栅闸孔净宽，减少其闸孔数，因此进水渠左侧布置7孔拦污栅闸孔，单孔净宽10m；斜向拦沙坎顶布置14孔拦污栅闸孔，单孔净宽10m；1号～9号闸孔底高程为29.00m，其余闸孔（10号～21号）底高程为27.00m（图6.26）。

（3）在进水渠左侧1号～3号拦污栅闸孔布置活动闸门，兼顾电站发电运行和过鱼期鱼道运行的要求。

6.9.4.2　推荐方案试验

仍以电站4台机组满发（$Q=1361.8m^3/s$）运行工况进行比较和分析（图6.27）：

（1）电站进水渠左侧1号～7号拦污栅闸孔入流流速约1.0～1.2m/s（表6.8），斜向拦沙坎拦污栅闸孔（8号～21号）入流流速约1.0～0.4m/s，拦污栅闸孔入流流速分布比修改方案相对较均匀，左侧1号～7号拦污栅闸孔入流流速比修改方案相应流速减小约20%，有利于拦污栅闸孔的正常运行。

（2）进水渠内各断面流速分布较均匀，电站左端1号、2号机组进口前沿水面回流较弱，回流流速约0.3m/s；测试的上游进水渠段的水位差值为0.08m，水头损失较小。

（3）在电站停机、泄水闸闸门全开泄流运行时（$Q_0 \geqslant 6700m^3/s$），泄水闸上游河道右岸区域水流穿过电站上游进水渠拦污栅闸孔，泄水闸各闸孔的入流流速较均匀，泄水闸泄流能力满足设计的要求。

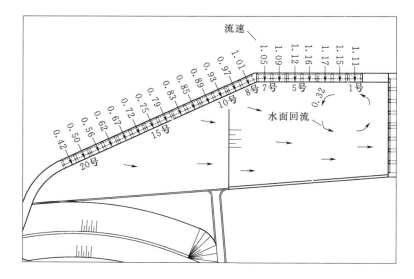

图 6.27　上游进水渠推荐方案运行流态和流速分布示意图（单位：m/s）

注：库水位 $Z_a=38.00m$；发电流量 $Q=1361.8m^3/s$

6.9.4.3　电站发电运行与鱼道过鱼协调

为了兼顾电站发电运行和过鱼期鱼道运行要求，进水渠拦污栅闸孔调度运行方式如下：

（1）在每年的过鱼期（3—8 月），1 号～3 号拦污栅闸孔放置活动闸门、不过流，减小鱼道上游出口的鱼类进入电站上游进水渠的可能性。1 号～3 号拦污栅闸孔封堵后，上游进水渠流态和流速分布与 21 孔拦污栅闸孔全开运行相近，左侧 4 号～7 号拦污栅闸孔入流流速略增大（1 号～3 号闸孔不过流），电站进口左端 1 号～2 号机组前沿水面回流范围略增大，回流流速约为 0.6m/s，进水渠段的水位差值（水头损失）为 0.16m（表 6.8）。

（2）在非过鱼期（9 月至次年 2 月），进水渠 21 孔拦污栅闸孔全部运行，尽量减小拦污栅闸孔入流流速和进水渠段的水头损失（表 6.8）。

表 6.8　　　　　　　　　　　进水渠左侧拦污栅闸孔入流平均流速值

开启闸孔数	闸孔中心垂线入流平均流速/(m/s)							进水渠段水位差/m
	1 号	2 号	3 号	4 号	5 号	6 号	7 号	
21	1.11	1.15	1.17	1.16	1.12	1.09	1.05	0.08
18				1.38	1.47	1.39	1.26	0.16

注　电站发电流量 $Q=1361.8m^3/s$。

6.9.5　试验成果小结

水闸枢纽工程的电站上游进水渠布置应综合考虑进水渠运行流态、泄水闸泄流能力、拦污、鱼道运行及工程投资等因素，在工程条件许可时，应尽量增大进水渠四周的入流断面、减小进水渠进水斜坡段的坡度等。

本节对高陂水利枢纽电站上游进水渠布置进行了多方案的试验研究，取消了设计初拟方案的电站进水渠实体左导墙，将进水渠左导墙和拦沙坎修改为多孔拦污栅闸孔布置，将进水渠进水斜坡段坡度由 1：5 修改为 1：8，并扩大了进水渠的宽度，明显改善了进水渠的入流条件和进水渠的运行流态，减小了进水渠段的水头损失，满足了泄水闸的泄流能力；同时在进水渠左导墙 1 号～3 号拦污栅闸孔设置活动闸门，协调电站发电运行与鱼道过鱼的矛盾，满足了鱼道运行的要求。水力模型试验研究成果得到了工程设计的采用，可供类似工程设计参考。

类似的工程还有广东省连州市龙船厂航电枢纽的电站上游进水渠等[25]。龙船厂航电枢纽重建工程为Ⅱ等大（1）型工程，重建工程泄洪闸正常蓄水位为 89.81m。重建工程电站布置在河道的左端凹岸侧，电站安装两台单机容量为 7.5MW 水轮发电机组，总装机容量为 15MW，单机额定流量为 172.55m³/s。电站发电额定水头为 5.1m，最大水头 7.38m，最小水头 2.5m。

水力模型试验推荐方案的电站上游进水渠右导墙和拦沙坎布置如下（图 6.28 和图 6.29）：

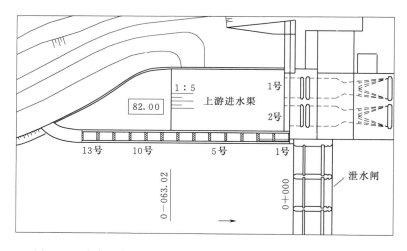

图 6.28　龙船厂航电枢纽电站上游进水渠平面布置图（单位：m）

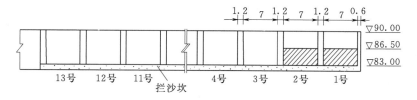

图 6.29　电站进水渠右导墙和拦沙坎顶拦污栅闸孔立面示意图（单位：m）

（1）根据电站左岸区域河岸地形，为了便于拦污栅前缘漂浮物的清理，将上游进水渠右导墙和拦沙坎连接成一直线布置，右导墙和拦沙坎段共布置 13 孔拦污栅闸孔，单孔闸净宽 7m，闸孔中墩厚 1.2m、边墩厚 0.6m。

（2）为了满足引水渠的入流运行流态，同时兼顾引水渠右导墙和拦沙坎段的拦沙要求，将右导墙 1 号～2 号拦污栅闸孔底高程设置为 86.50m，其上游拦沙坎顶的 11 孔拦污栅闸孔底高程设置为 83.00m。

电站上游进水渠推荐方案得到了工程设计和施工的采用，工程于 2015 年建成投入运行，运行情况良好。

6.10　结　　语

（1）水利水电工程进水口的设计应考虑其有足够的进水能力、入流不产生有害的吸气漩涡、水头损失小、可控制和调节流量、结构简单、施工方便、运行管理方便、美观等，在满足设计规范要求的同时，应尽量借鉴现有工程的成功经验。

（2）本章对广东省乐昌峡水电站进水口及其溢流坝泄洪闸孔、广州抽水蓄能电站下库进出水口、高陂水利枢纽电站上游进水渠等工程水力模型试验研究成果进行总结，介绍了电站进水口、溢流坝泄洪闸孔、水闸枢纽电站上游进水渠等防涡消涡、减小水头损失、改善运行流态等的工程措施。

（3）影响水利水电工程进水口入流漩涡产生的因素较多，进水口入流漩涡不仅与进水口的水力条件有关，而且与进水口来流边界条件有关。在进水口的工程设计中，在借鉴现有的不产生吸气漩涡的进水口淹没水深和入流弗劳德数的研究成果基础上，应使进水口体型布置对称、进水口前沿的来流条件对称和均匀。建议重要工程的进水口布置和水力设计成果应经过水力模型试验论证。

参　考　文　献

［1］ SL 285—2003 水利水电工程进水口设计规范［S］. 北京：中国水利水电出版社，2003.

［2］ DL/T 5398—2007 水电站进水口设计规范［S］. 北京：电力出版社，2008.

［3］ 党媛媛，韩昌海. 进水口漩涡问题研究综述［J］. 水利水电科技进展，2009，29（1）：90-94.

［4］ 夏毓常. 进水口漩涡问题的探讨［C］// 泄水工程与高速水流. 长春：吉林科学技术出版社，1998.

［5］ 段文刚，黄国兵，张晖，等. 几种典型水工建筑物进水口消涡措施试验研究［J］. 长江科学院院报，2011，28（2）：21-27.

［6］ 黄智敏，钟勇明，付波，等. 乐昌峡水电站溢流坝闸孔进水口消涡研究［J］. 广东水利水电，2015（9）：1-3.

［7］ GORDON J L. Vortices at intakes structures［J］. Water Power，1970，22（4）：137-138.

［8］ DAGGETT L L，KEULEGAN G H. Similitude condition in free-surface vortex formations［J］. Journal of the Hydraulics Division，ASCE，1974，100（11）：1565-1581.

［9］ JAIN A K，RANGARAJU K G，GARDE R J. Vortex formation at vertical pipe intakes［J］. Journal of the Hydraulics Division，ASCE，1978，104（10）：1429-1448.

［10］ 胡去劣. 低水头进水口的布置及漩涡试验研究［R］. 南京：南京水利科学研究院，1985.

［11］ 黄智敏，丘宜平，万鹏，等. 抽水蓄能电站侧式进水口体型及若干水力学问题［C］// 第四届全国海事技术研讨会文集. 北京：海洋出版社，1998.

［12］ 梅祖彦. 抽水蓄能技术［M］. 北京：清华大学出版社，1988.

［13］ 福原华一. 抽水蓄能电站进水口、泄水口的水力设计［J］. 庞埁，译. 上海水利水电技术，1988

（1）：32 - 43.

[14] 邹敬民，高树华，李宝红，等. 荒沟抽水蓄能电站上池侧式进口和出口水力学试验研究 [J]. 水利水电技术，1999，30（3）：42 - 44.

[15] 陈亮雄，黄智敏. 泵站进水口消涡工程研究 [J]. 人民珠江，1998（5）：17 - 19，38.

[16] George E Hecker，Model - prototype comparison of free surface vortices [J]. Journal of the Hydraulics Division，ASCE，1981，107（10）：1243 - 1259.

[17] ANWAR H O，WELLER J A，AMPHLETT M B. Similarity of free - vortex at horizontal intake [J]. Journal of the Hydraulic Engineering，ASCE，1978，16（2）：95 - 105.

[18] 黄智敏，何小惠，钟勇明，等. 乐昌峡水电站进水口水力模型试验研究 [J]. 水电站设计，2011，27（2）：73 - 77.

[19] 黄智敏，张从联，朱红华，等. 抽水蓄能电站侧式进、出水口的体型研究 [J]. 水电站设计，2007，23（2）：22 - 24，28.

[20] 黄智敏，何小惠，钟勇明，等. 乐昌峡水利枢纽工程溢流坝泄洪消能研究 [J]. 长江科学院院报，2011，28（5）：18 - 22.

[21] 黄智敏，何小惠，朱红华，等. 广州抽水蓄能电站下库进出水口试验研究 [J]. 水电能源科学，2005，23（1）：4 - 7.

[22] 广东省水利水电科学研究所. 广州抽水蓄能电站上下库库盆及进出水口（一管四机）水工模型试验研究报告 [R]. 广州：广东省水利水电科学研究所，1988.

[23] 广东省水利水电科学研究院. 广东省韩江高陂水利枢纽工程急弯束窄型河道枢纽区流态及通航条件水力模型试验研究项目水工整体模型试验研究报告 [R]. 广州：广东省水利水电科学研究院，2016.

[24] 陈卓英，黄智敏，钟勇明，等. 广州市人和拦河坝重建工程电站布置优化试验研究 [J]. 广东水利水电，2010（4）：29 - 31.

[25] 黄智敏，陈卓英，朱红华，等. 龙船厂航电枢纽电站布置优化试验研究 [J]. 广东水利水电，2014（7）：1 - 3.

第7章 水工水力学专题研究

7.1 乐昌峡水电站鹅公带滑坡体滑坡涌浪影响研究

7.1.1 概述

若水库库岸的岩体存在着断层、裂隙、风化以及软弱夹层等恶劣地形地质条件，工程建设后水库蓄水位变化及出现降雨、地震等情况时，极易使滑坡体产生滑动，其至形成大面积或大体积滑动崩塌，在极短的时间内，巨大方量的山体滑进库区内，滑坡体在库区形成的巨大涌浪，对水库库区两岸、挡水大坝等产生巨大的涌浪水浪和动水压力，危及大坝及枢纽工程的安全；同时涌浪会翻越大坝，给大坝下游建筑物及城镇居民造成严重的灾害。

我国的柘溪水电站、雅砻江唐古栋、三峡库区等曾发生滑坡崩塌事件。我国的白龙江碧口水电站、乌江渡水电站、三峡水电站等工程库区的库岸存在着不稳定的岩体，有可能会形成滑坡崩塌，因此，在工程建设的前期，开展了相关的滑坡涌浪模型试验研究，并对不稳定的岩体进行处理[1]。

因此，根据具体工程存在的滑坡体情况，开展相关库区库岸滑坡涌浪影响水力模型试验研究是十分必要的。本节在对国内现有的滑坡体滑坡模拟试验方法总结的基础上，介绍一种"滑坡模拟控制系统"技术及其在广东省乐昌峡水电站鹅公带滑坡体滑坡涌浪影响研究的应用，供类似工程滑坡水力模型试验研究参考。

7.1.2 国内滑坡模拟试验方法简介

国内有关工程库区或河道的滑坡体滑坡模拟试验多采用玻璃球活动板、滑动面铺设钢轨配合小车下滑、水泥砂浆滑动面配合滑动箱下滑等方法，并在滑动区域安装示波仪、电接触点、行程开关等，通过测试滑坡体下滑过程中不同位置的速度信号，再换算成下滑速度。

1. 碧口水电站青崖岭滑坡体[1]

该滑坡体滑坡模型试验中，将滑坡体材料（砂卵石）放在滑车上，滑车从水泥砂浆抹成的滑动面下滑；同时在滑坡面上安设电接触点，由示波仪记录滑速。

2. 黄河小浪底水库[2]

一、二号坝址滑坡体模拟：在滑坡面上铺设由白铁皮镶嵌直径 $d = 2.5$cm 的玻璃球活动板（玻璃球间距 5cm），模拟滑动面；同时，在玻璃球活动板上铺设一块白铁皮，作为滑坡体的底面，其上放置滑坡体材料。

大、小西沟滑坡体模拟：在滑动面上铺设钢轨，上面放置滚珠轴承小车，车上堆放滑坡体材料，模拟不稳定山体滑动情况。滑速测量采用光电管讯号装置，以示波器记录讯号，再换算出沿程滑速。

3. 河海大学水利水电科学研究所研究成果[3]

将滑坡体设计为两个半箱组合体，同时将滑坡面设计为可在 30°～90°范围调整的活动板，以模拟不同的滑速；并在滑坡面的滑道上装有行程开关，以量测滑坡体的下滑速度。

由分析可知，上述的滑坡体滑坡模拟方法对于位于库水位水面上方的滑坡体下滑模拟是较准确的，而模拟库水位水面以下的滑坡体下滑过程，则会产生一定的误差。

7.1.3 滑坡模拟控制系统技术简介

7.1.3.1 滑坡模拟控制系统组成

如图 7.1、彩图 17 和彩图 18 所示，这种滑坡体滑坡模拟控制系统主要由计算机测控系统、空气压缩机、机械推动装置等组成[4-6]。各部分的主要组成和作用如下：

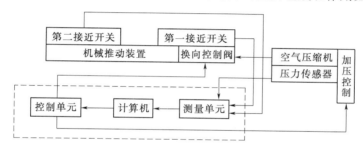

图 7.1　滑坡模拟控制系统示意图

（1）计算机测控系统包括控制单元、测量单元和计算机等。该系统由计算机设定滑坡体滑坡的工作参数，并经控制单元控制空气压缩机的加压压力值；该压力值经测量单元反馈到计算机之后，再由计算机通过控制单元开启机械推动装置的换向控制阀对空气压缩机的压缩气体进行导向，使气缸的推杆启动，推动滑坡体下滑运动（图 7.1、彩图 17 和彩图 18）。

（2）空气压缩机是整个系统的动力来源，是将电动机的机械能转换为空气压力能的装置。空气压缩机上设置有压力传感器和加压控制等。

（3）机械推动装置包括有气缸、推杆（以及与推杆连接的推板）、倾斜度调整装置、推杆支撑装置和底座等。机械推动装置的换向控制阀通过气管连接空气压缩机，换向控制阀对压缩气体进行导向，决定气缸中推杆的启动、停止和运行方向；机械推动装置推杆行程的两端各安装一个接近开关，作为控制推杆行程的行程开关，同时兼作推杆启动和停止的信号输出开关，以计算推杆完成整个行程所需的时间及推杆运行的速度；两接近开关的信号输出端均用信号电缆连接至测量单元。

7.1.3.2 滑坡模拟控制系统工作原理

在给定库区或河道岸坡滑坡体的方量、滑动面坡度、滑动面摩擦系数、下滑速度等参数的条件下，经率定之后，将满足上述滑动过程的参数输入计算机内，由控制单元将计算机工作参数转为信号输入到空气压缩机的加压控制端，确定空气压缩机加压的压力；空气压缩机的压力传感器将压力信号传送到测量单元，进一步反馈到计算机；若空气压缩机加压压力与计算机设定的压力值一致，则计算机通过控制单元开启换向控制阀对空气压缩机的压缩气体进行导向，使气缸中推杆启动，推动滑坡体下滑运动。

因此，本模拟控制系统采用计算机测控系统、空气压缩机和气缸推杆系统的组合形式，操作方便和简单，既能产生较大的推力和较高的滑动速度，同时成本又相对低廉。

7.1.3.3　滑坡模拟控制系统的工作参数

（1）推杆的最大推动力 P 约为 25kN。

（2）滑坡体的滑动速度根据试验需要可调，最大滑动速度 $u=2\text{m/s}$。

（3）可根据滑坡的坡度调整推动的角度，系统的角度调整范围为 $0\sim35°$。

（4）推动的行程根据试验需要可调，推杆最大行程为 1.6m。

（5）模拟试验结果数据（如滑坡体重量、滑坡速度、滑动行程、坡度等）由计算机实时记录并显示。

7.1.4　工程概况

乐昌峡水利枢纽工程位于广东省乐昌市境内的北江一级支流武水乐昌峡河段内，为Ⅱ等大（2）型工程。枢纽工程设计的正常蓄水位为 154.50m，设计洪水位为 162.20m，总库容 3.392 亿 m^3。

水库库区位于峡谷河段，河面狭窄，库区范围内山高坡陡，山顶高程约 300.00～900.00m，山坡坡度多为 $40°\sim60°$，近坝址区域河床高程约 95.00～100.00m，正常蓄水位（154.50m）相应的库区水面宽约 120～400m；两岸沟谷发育，出露的地层为震旦、寒武系浅变质砂岩、板岩，受构造强烈挤压形成近南北向紧闭倒转褶皱，岩体破碎、劈理发育，变形边坡及崩塌体分布较普遍，植被发育，岸坡稳定条件较差。

根据工程的资料，在坝址上游库区已发现多处不良或失稳的岸坡体，其中最大的滑坡体——鹅公带滑坡体位于水库大坝上游约 1.3km 处。鹅公带滑坡体的总方量约 240 万 m^3，分布高程约 100.00～295.00m，滑坡体在平面图上呈椭圆形，长约 400m，平均宽约 240m，中、下部厚度约 50～60m，上部厚度约 15～20m；周边山脊边坡较陡，地形完整，下部地势较缓；上部后缘地势较陡，坡度约 $40°\sim45°$。滑坡体主要为全风化绢云母石英砂岩、全风化粉砂质板岩，含有较多强风化岩块，呈碎石土状、密实，碎石土层约 35%～40%，强风化岩块约占 60%～65%，局部测得产状 $\text{N}50°\sim70°\text{W/NE}\angle40°\sim70°$，与周边正常产状明显不一致（图 7.2 和图 7.3）。

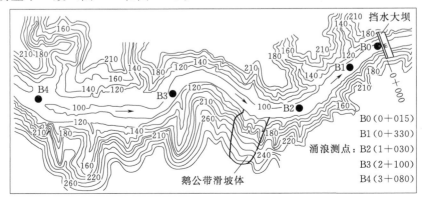

图 7.2　乐昌峡库区鹅公带滑坡体位置示意图（单位：m）

7.1.5 滑坡涌浪水力模型试验简介
7.1.5.1 模型比尺和范围
参考国内部分类似工程研究成果[1-3,7]，本项目水力模型为1：150正态模型，模型范围包括坝址及其上游约6km长的库区（彩图19）。

7.1.5.2 滑坡体模拟材料和量测仪器设备
模型滑坡量根据设计计算的滑坡量，按照模型比尺换算为模型的滑坡量进行模拟。

模型试验的滑坡涌浪浪高和挡水大坝动水压强采用DJ800型多功能监测系统测量。该系统由计算机、多功能监测仪和各种传感器组成的数据采集和数据处理系统，测量传感器主要有电容式波高仪、压力传感器。库区内安装了多点电容式波高仪（图7.2），对库区的滑坡涌浪进行测试；挡水大坝上游坝面左、中、右侧安装了压力传感器，测试上游坝面承受的涌浪附加动水压强（图7.4）。

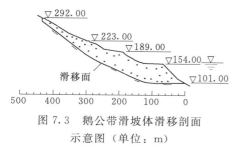

图7.3 鹅公带滑坡体滑移剖面示意图（单位：m）

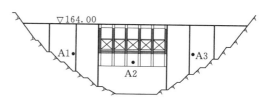

图7.4 上游坝面涌浪动水压强测点布置示意图

注：A1～A3为压力传感器测点

7.1.6 滑坡涌浪浪高及其传播
鹅公带滑坡体滑坡量约240万 m^3，滑坡体下游端滑移到对岸山体坡脚的距离约70m，若滑坡体整体以滑坡速度约4.0～16.0m/s下滑，从开始滑动到滑坡停止，历时约4～18s。试验表明：

（1）库岸滑坡体向下滑动后，滑坡体冲击和排挤库区的水体，库区激起巨大的涌浪，涌浪在对岸山坡产生涌浪爬高，并向下游坝址和上游库区传播。在水库正常蓄水位154.50m和设计洪水位162.20m条件下，测试的滑坡区域对岸山坡产生的涌浪爬高值见表7.1和表7.2。

表7.1　　　鹅公带滑坡体滑坡区域对岸山坡的涌浪爬高（正常蓄水位154.50m）

滑坡速度 u/(m/s)	3.9	5.5	7.4	8.0	9.8	11.0	13.2	14.8	16.0
涌浪爬高高程 Z_0/m	163.50	168.00	172.00	173.50	177.00	180.00	185.00	188.00	191.00
涌浪水面爬高 ξ/m	9.0	13.5	17.5	19.0	22.5	25.5	30.5	33.5	36.5
漫坝水量/万 m^3	0	0	0	0.38	0.76	1.12	1.72	2.16	2.55

表7.2　　　鹅公带滑坡体滑坡区域对岸山坡的涌浪爬高（设计洪水位162.20m）

滑坡速度 u/(m/s)	4.5	6.2	8.0	9.8	12.3	13.5	16.0
涌浪爬高高程 Z_0/m	171.00	175.00	179.00	183.00	188.30	191.00	195.80
涌浪水面爬高 ξ/m	8.8	12.8	16.8	20.8	26.1	28.8	33.6
漫坝水量/万 m^3	7.8	11.8	15.2	18.6	22.3	25.5	28.7

库水位较高时，滑坡涌浪受水库水体的阻滞作用增大，库区的涌浪浪高、对岸山坡产生的涌浪爬高均减小。在水库正常蓄水位和设计洪水位运行时，若鹅公带滑坡体以 $u=8.0\text{m/s}$ 的速度下滑，滑坡区域对岸山坡产生的涌浪爬高高程 Z_o 分别达约 173.50m 和 179.00m，水面爬高 ξ 值分别约 19m 和 16.8m（表 7.1、表 7.2 和图 7.5）。

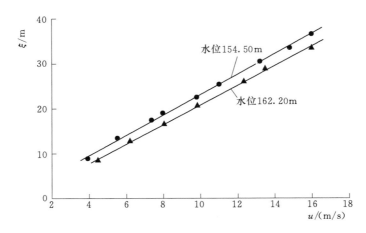

图 7.5　滑坡区域对岸山坡涌浪爬高 ξ 与滑坡速度 u 的关系

（2）滑坡体下滑区域库区激起巨大的涌浪后，呈衰减状向上、下游库区传播，滑坡体滑坡速度越大，则库区的涌浪水位越高。在以滑坡速度 $u=4.0\sim16.0\text{m/s}$ 下滑时，一般在 2min 内，滑坡涌浪的第一个波峰传播到下游的挡水大坝；受挡水大坝顶托后，涌浪的动能转化为势能，大坝上游面涌浪迅速爬高，大坝上游面承受着较大的涌浪动水压强，涌浪翻越坝顶，形成涌浪水量。

在水库正常蓄水位（154.50m）条件下，测试的各种滑坡速度 u 相应的挡水大坝坝前（B0 测点）及上游库区 B1、B2 测点涌浪水位见表 7.3。在以滑坡速度 $u=8.0\text{m/s}$ 下滑时，库区 B0、B1 和 B2 测点的涌浪过程线如图 7.6 所示。由表 7.3 和图 7.6 可见，坝前 B0 测点的涌浪受挡水大坝顶托的影响，其涌浪水位高于库区 B1 和 B2 测点的涌浪水位。

表 7.3　　　　　　　　　　坝前及库区的涌浪高程（库水位 154.50m）

滑坡速度 $u/(\text{m/s})$	涌浪峰值高程/m			滑坡速度 $u/(\text{m/s})$	涌浪峰值高程/m		
	坝前 B0 测点	库区 B1 测点	库区 B2 测点		坝前 B0 测点	库区 B1 测点	库区 B2 测点
3.9	158.86	157.56	158.27	11.0	163.32	160.58	161.97
5.5	160.05	158.15	159.06	13.2	164.83	161.61	163.23
7.4	161.25	158.92	159.96	14.8	165.77	162.47	164.06
8.0	161.84	159.19	160.25	16.0	166.68	163.27	165.15
9.8	162.67	159.93	161.21				

注　B0 测点桩号 0+015，B1 测点桩号 0+330，B2 测点桩号 1+030（图 7.2）。

（3）库区的涌浪水位衰减较快，一般约在历时 6min 之内，库区涌浪的水位壅高值 $\Delta Z < 2.0$m（图 7.6）。

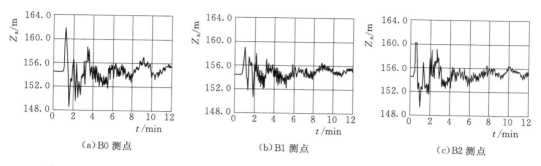

图 7.6　库区 B0、B1 和 B2 测点涌浪过程线（正常蓄水位 154.50m，滑坡速度 8.0m/s）

7.1.7　涌浪漫坝水量

（1）在水库正常蓄水位（154.50m）条件下，鹅公带滑坡体以滑坡速度 $u \geqslant 7.8$m/s 下滑时，坝前涌浪漫越坝顶，滑坡速度越大，涌浪漫过坝顶的水量越大。当滑坡速度 $u \geqslant 12.0$m/s 下滑时，库区涌浪会出现第二次、第三次漫过坝顶的现象。在以滑坡速度 $u = 8.0 \sim 16.0$m/s 下滑时，测试的涌浪漫过坝顶的水量约 0.38 万～2.55 万 m³（表 7.1）。

（2）在设计洪水位（162.20m）条件下，滑坡体以各种滑坡速度下滑时，库区涌浪会出现较明显的 2～3 次漫越坝顶的现象，涌浪漫越坝顶的水量明显增加。在滑坡速度 $u = 4.5 \sim 16.0$m/s 下滑时，涌浪漫过坝顶的水量约 7.8 万～28.7 万 m³（表 7.2）。

（3）涌浪漫过大坝坝顶时，由于坝顶上的水位较高，翻越坝顶水流到下游坝面和坝脚的落差可达约 30～70m，下游坝面及两岸坡、坝趾将遭受高速水流的冲刷，冲刷流速可达约 20～35m/s，会危及大坝的安全。

7.1.8　坝体的涌浪动水压强

7.1.8.1　涌浪动水压强特性

库区内滑坡体下滑之后，快速传播的涌浪受到下游挡水大坝阻挡，涌浪的动能迅速转变为势能，挡水大坝上游坝面承受着巨大的涌浪动水荷载。试验表明，挡水大坝上游坝面承受的涌浪动水压强波型与作用于坝面涌浪波型基本一致，但涌浪压强峰值略小于涌浪峰值。

由于乐昌峡水库的河道断面较狭窄、河道弯曲，受河道涌浪传播和反射的影响，挡水大坝上游坝面左、中、右侧的涌浪动水压强值有所差异，大坝左侧动水压强值（A1 测点）大于右侧动水压强值（A3 测点），两者一般相差约 10%。在实际分析计算中，可采用挡水大坝中心断面的涌浪动水压强值（A2 测点）作为挡水大坝承受的涌浪动水压强平均值。

7.1.8.2　坝体涌浪动水压强值

在库水位 154.50m 和 162.20m 的各种滑坡速度 u 下滑时，库水位较高者，库区涌浪浪高减小，故挡水大坝上游坝面承受的涌浪动水压强值相应减小（图 7.7）。水库正常蓄水位 154.50m 的挡水大坝上游坝面承受的涌浪动水压强值见表 7.4，其涌浪动水压强特性分析如下：

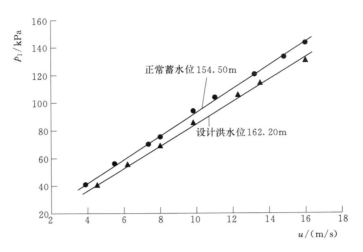

图 7.7　挡水大坝涌浪动水压强 p_1 与滑坡速度 u 的关系

表 7.4　　　　　　　　上游坝面的涌浪动水压强值（库水位 154.50m）

滑坡速度 u/(m/s)	上游坝面的涌浪动水压强值/kPa			滑坡速度 u/(m/s)	上游坝面的涌浪动水压强值/kPa		
	高峰 p_1	波谷 p_2	变幅（p_1-p_2）		高峰 p_1	波谷 p_2	变幅（p_1-p_2）
3.9	41.2	−30.2	71.4	11.0	103.8	−36.8	140.6
5.5	55.9	−35.9	91.8	13.2	120.8	−39.5	160.3
7.4	70.4	−35.5	105.9	14.8	133.2	−40.6	173.8
8.0	76.1	−35.8	111.9	16.0	143.6	−40.7	184.3
9.8	94.6	−35.8	130.4				

（1）以滑坡速度 $u＝3.9\sim16.0$m/s 下滑时，大坝上游坝面承受的涌浪动水压强峰值 p_1 约 $41.2\sim143.6$kPa，坝体承受的涌浪动水压强相应于库水位瞬时间蹿升了约 $4.2\sim14.7$m，相应挡水大坝上游坝面的库水位水面以下每平方米增加约 $41.2\sim143.6$kN 动水荷载。经计算，正常蓄水位 154.50m 以下的大坝上游坝面挡水面积约 11000m^2，故整个挡水大坝承受的涌浪动水荷载达约 $4.5\times10^5\sim15.8\times10^5$kN。

（2）涌浪动水压强峰值 p_1 明显高于水库的静水面相应的水压强，而涌浪动水压强波谷 p_2 则低于静水面相应的水压强，在以滑坡速度 $u＝3.9\sim16.0$m/s 下滑时，挡水大坝上游坝面的涌浪动水压强变幅（p_1-p_2）约 $71.4\sim184.3$kPa，相应水面瞬时变幅达约 $7.3\sim18.8$m，挡水大坝上游两岸山坡有可能会产生严重的冲刷，影响岸坡的稳定，应引起工程设计和运行的重视。

7.1.9　滑坡区域涌浪浪高及其爬高计算

7.1.9.1　滑坡初始涌浪浪高

文献 [8]～文献 [10] 等分别提出和列出了水平滑坡初始涌浪浪高和垂直滑坡初始涌浪浪高的计算公式：

（1）水平滑坡初始涌浪浪高：

$$\frac{\xi_0}{H_a} = 1.17 \frac{u}{\sqrt{gH_a}} \tag{7.1}$$

$$\frac{\xi_0}{H_a} = 1.32 \frac{u}{\sqrt{gH_a}} \tag{7.2}$$

式中：ξ_0 为滑坡初始涌浪浪高，m；u 为滑坡体滑速，m/s；H_a 为水库水深，m。

（2）垂直滑坡初始涌浪浪高：

$$\frac{\xi_0}{\lambda} = f\left(\frac{u}{\sqrt{gH_a}}\right) \tag{7.3}$$

当 $0 < u/\sqrt{gH_a} < 0.5$ 时，$\xi_0/\lambda = u/\sqrt{gH_a}$；当 $0.5 < u/\sqrt{gH_a} < 2$ 时，$\xi_0/\lambda \sim f(u/\sqrt{gH_a})$ 关系呈曲线变化（图 7.8）；当 $u/\sqrt{gH_a} > 2$ 时，$\xi_0/\lambda = 1$；λ 为滑坡体的厚度。

7.1.9.2 滑坡涌浪波的传播和反射

水库中滑坡所形成的涌浪是一个孤立波，涌浪波在库内传播过程中，不断发生变形和衰减。当涌浪发生在一个半无限水体的岸边时，涌浪波高 ξ 与距离 R 的关系为

$$\xi = \frac{\xi_0}{\pi R} \Delta L \tag{7.4}$$

式中：ξ_0 为初始涌浪波高；R 为计算点距滑坡体的距离；ΔL 为滑坡体的宽度。

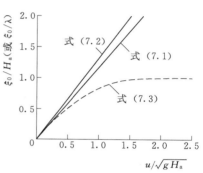

图 7.8 ξ_0/H_a（或 ξ_0/λ）- $u/\sqrt{gH_a}$ 关系

考虑到库区滑坡体产生的涌浪波是一连串由小到大的孤立波组成，受库区水深等变化影响，涌浪传播过程中会发生变形。文献［9］根据碧口水电站青崖岭滑坡涌浪试验资料，提出了库区中的涌浪波高 ξ 与滑坡体位置距离 R 的关系式：

$$\xi = \frac{\xi_0}{\pi R^{0.95}} \Delta L \tag{7.5}$$

当涌浪波遇到对岸山坡边界后，停止前进，涌浪动能迅速转换为位能。滑坡体对岸山坡的涌浪波高 ξ_b 可采用式（7.6）计算：

$$\xi_b = (1+k)\xi \tag{7.6}$$

式中：ξ_b 为滑坡涌浪传播到滑坡对岸的波高；k 为反射系数，垂直、光滑、不透水的岸壁 $k=1$，不透水的粗糙面 $k=0.7 \sim 0.9$，抛石斜面 $k=0.3 \sim 0.6$。

7.1.9.3 滑坡涌浪计算方法分析

1. 初始浪高计算分析

（1）水平滑坡初始涌浪浪高计算式（7.1）和式（7.2）的形式相同，但系数不相同，式（7.2）的计算值比式（7.1）要大。由分析可知，对于狭谷型山区河道水库而言，库区河道较狭窄，库岸滑坡体滑坡后涌浪往库区扩散和传播比宽阔河道相应较缓慢，其初始涌浪浪高应相应大一些。因此，经分析比较[4]，狭谷型山区河道滑坡体的滑坡初始涌浪浪高可采用式（7.2）计算。

（2）由图 7.8 的水平滑坡初始涌浪和垂直滑坡初始涌浪浪高特性分析可知，斜坡上滑

坡体滑坡产生的初始涌浪浪高不会超出式（7.1）或式（7.2）的水平初始涌浪浪高。因此，对不同坡角（θ）的斜坡上滑坡体滑坡产生的初始涌浪浪高，可近似采用其水平和垂直滑坡涌浪浪高的加权平均值。

2. 对岸山体涌浪爬高计算边界条件分析

由式（7.4）或式（7.5），可以计算出库区内距离滑坡体 R 处的涌浪波高 ξ 值。对于库岸滑坡体底部在库水位之下的滑坡涌浪，其滑坡体水面边界的确定对库区的涌浪波高 ξ 值计算影响较大。文献［4］、文献［11］等经水力模型试验比较之后，提出了以滑坡体底部高程与滑坡体岸坡水边线（图7.9中B点）的平均高程位置（图7.9中A点）作为滑坡体区域计算的起始边界，并由式（7.4）～式（7.6）计算出距离该起始边界 R 处的库区涌浪波高。

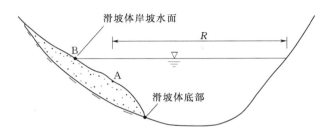

图 7.9　滑坡体滑坡涌浪计算示意图

7.1.9.4　计算实例

乐昌峡库区鹅公带滑坡体厚度约 50m，纵向长度约 400m，平均宽度约 240m，滑坡体底部高程约 101.00m，滑坡体滑坡量约 240 万 m^3。综合滑坡体滑动面坡度，取其平均坡度为 30°，在水库正常蓄水位 154.50m 时，滑坡体区域两岸河道水面宽度约 260～320m，滑坡区域水深 $H_a = 57m$（滑坡区域河床面高程 97.50m），计算滑坡体以下滑速度 $u = 8.0m/s$ 滑坡后的初始涌浪浪高和对岸山坡涌浪爬高。

1. 计算初始涌浪浪高

（1）由式（7.2）计算水平初始涌浪浪高 $\xi_{0H} = 25.47m$。

（2）取 $\lambda = 50m$，由式（7.3）计算垂直初始涌浪浪高 ξ_{0V}，因为 $u/\sqrt{gH_a} = 0.338 < 0.5$，所以 $\xi_{0V} = u\lambda/\sqrt{gH_a} = 16.92m$。

（3）采用加权平均法，计算得初始涌浪浪高 $\xi_0 = 22.62m$ ［即 $\xi_0 = \xi_{0H}\left(1 - \dfrac{\theta}{90}\right) + \xi_{0V}\dfrac{\theta}{90}$，$\theta$ 为滑坡体的坡角］。

2. 计算对岸涌浪浪高

（1）对岸河道涌浪高。计算中考虑：①鹅公带滑坡体库区水面宽度约 220～300m，与碧口水电站青崖岭滑坡体库区水面宽度（约 350m）相近[9]，以式（7.5）计算鹅公带滑坡体滑坡涌浪的对岸涌浪浪高；②由于鹅公带滑坡体底部已伸入库区正常蓄水位以下，取滑坡体底部（101.00m）与正常蓄水位（154.50m）的平均高程（127.80m）位置水面为滑坡体区域起始边界，以此水面边界计算滑坡体到对岸山坡水面的距离。

鹅公带滑坡体平均宽度约240m，将滑坡体分为10个等宽单元，每单元滑坡体宽度$\Delta L = 24$m，式（7.5）计算结果见表7.5：

表7.5 各分段的对岸河道涌浪高

分段	1	2	3	4	5	6	7	8	9	10
距离 R_i/m	215	213	210	216	243	216	256	260	285	262
涌浪高 ξ_i/m	1.05	1.06	1.07	1.05	0.94	1.05	0.89	0.88	0.80	0.87

$$\xi = \sum_{i=1}^{10} \xi_i = \sum_{i=1}^{10} \left(\frac{\xi_0}{\pi R_i^{0.95}} \Delta L_i \right) = 9.66\text{m}$$

（2）对岸山坡的涌浪爬高。鹅公带滑坡体区域对岸山体坡度约50°，为不透水的粗糙面，取反射系数$k=0.9$，则由式（7.6）计算得

$$\xi_b = 1.9\xi = 18.35\text{m}$$

水力模型试验测试的鹅公带滑坡体滑坡对岸山坡的涌浪爬高高程为173.50m，相对涌浪爬高为19m，与计算值18.35m较接近。鹅公带滑坡体其他滑坡速度u下滑的对岸山坡涌浪爬高计算值与试验值比较见表7.6。除了滑坡速度$u=5.5$m/s时对岸山坡涌浪爬高计算值与试验值相对误差（−6.3%）较大之外，其余滑坡速度的对岸山坡涌浪爬高计算值与试验值较符合。

表7.6 鹅公带滑坡体滑坡区域对岸山坡涌浪爬高计算值与试验值比较

库水位 Z_a/m	滑坡速度 u/(m/s)	初始涌浪浪高 ξ_0/m	对岸山坡涌浪爬高/m		
			试验值 ξ_1	计算值 ξ_2	$\dfrac{\xi_2-\xi_1}{\xi_1}\times100\%$
	5.5	15.55	13.5	12.65	−6.3%
	8.0	22.62	19.0	18.35	−3.4%
154.50	11.0	31.11	25.5	25.3	−0.78%
	14.8	41.51	33.5	33.76	0.78%
	16.0	44.67	36.5	36.27	−0.63%

7.1.10 库区淤积情况

在库水位154.50m和162.20m条件下，滑坡体以各种滑坡速度下滑时，崩塌的滑坡体一般滑移至河道中心线附近区域和对岸的坡脚区域，崩塌的滑坡体堵塞了库区的河道，库区河道的淤积高程达约140.00~150.00m，严重影响水库的安全和正常运行。

7.1.11 滑坡涌浪水力模型试验小结

（1）根据乐昌峡库区鹅公带滑坡体分布的特点，研制和采用了滑坡模拟控制系统，模拟了滑坡体下滑过程，开展了鹅公带滑坡体滑坡涌浪水力模型试验，对其滑坡体滑坡涌浪的浪高及传播、漫坝涌浪水量、挡水大坝的涌浪动水压强特性、库区河道淤积等进行分析，成果可供工程设计和运行参考。

（2）乐昌峡水库为狭谷型河道库区，库区鹅公带滑坡体滑坡会产生巨大涌浪冲击其对岸山坡，并产生较大的涌浪爬高，有可能会影响对岸山体的稳定，应引起工程设计和运行

的高度重视。

（3）通过乐昌峡库区鹅公带滑坡体滑坡涌浪试验成果，对有关文献的滑坡涌浪浪高、涌浪波传播及其反射计算方法的边界条件进一步完善，成果可供狭窄河道库区的滑坡涌浪初始浪高及其对岸山坡涌浪爬高计算参考。

7.2　潮州供水枢纽西溪截流水力特性研究

7.2.1　工程概况

7.2.1.1　基本情况

潮州供水枢纽工程位于广东省韩江下游潮州市区仙洲岛下游东溪和西溪的两溪口处，是韩江干流梯级开发中的最末一个梯级枢纽。潮州供水枢纽工程建设的主要目的是解决韩江下游三角洲地区的供水、灌溉和水资源调配，改善水环境，并兼顾发电和航运等综合利用（图 7.10）。

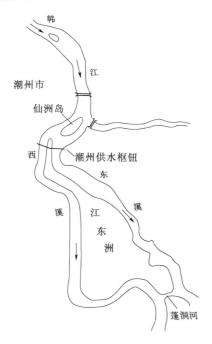

图 7.10　潮州供水枢纽工程河道示意图

岸向左岸进占合龙。

潮州供水枢纽为 I 等大（1）型工程，枢纽工程主要由东溪和西溪坝线枢纽组成，枢纽工程坝址控制流域面积 29084km²，多年平均年径流量 251.7 亿 m³，多年平均年输沙量 824.2 万 t；设计正常蓄水位为 10.50m，相应库容为 4900 万 m³。

7.2.1.2　枢纽施工截流方案

枢纽工程采用分两期导流的方式：

（1）2002 年 10 月初进行西溪河道截流，江水由东溪分流，进行西溪枢纽建筑物施工。

（2）2004 年 10 月初，进行东溪河道截流，江水由已建成的西溪拦河水闸泄流，再进行东溪枢纽建筑物施工。

7.2.1.3　西溪截流戗堤布置

西溪截流戗堤位于西溪河口处。设计初拟方案截流戗堤位置如图 7.11 所示，戗堤堤顶高程 8.10m，堤顶宽 15～25m，戗堤上、下游边坡坡度分别为 1：1.25 和 1：1.5。其施工程序为：戗堤从左岸向右岸预进占 100m，形成龙口宽度 265m，然后戗堤从右

7.2.2　工程河道和水文泥沙特性

7.2.2.1　工程河道特性

韩江下游在潮州市仙洲岛被分隔形成左、右两汊河道，左、右两汊河道在仙洲岛末端汇合后，在其下游约 500m 经江东洲又分隔成东溪和西溪。因此，枢纽工程河段在平面上呈 X 形分汊河道，水流条件十分复杂（图 7.11）。

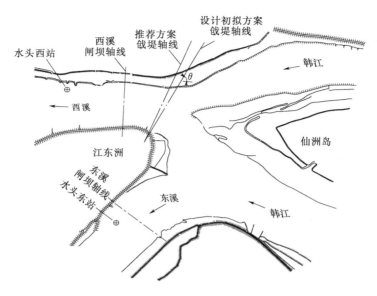

图 7.11 西溪截流戗堤轴线布置示意图

坝址处东溪河道宽约 500m，河床高程 1.50～2.50m；西溪河道宽约 400m，河床高程 1.20～2.20m。20 世纪 90 年代后期以来，由于人为挖沙等原因，西溪河床高程较东溪河床低，西溪河道过流能力大于东溪。在东、西溪河口下游约 17km 处，两溪由一狭沟小河——蓬洞河连通，当工程一溪截流时，另一溪水流通过蓬洞河后，无法返回到截流的戗堤下游，截流戗堤下游若不计戗堤渗水，则视为干涸状态。

7.2.2.2 水文资料

坝址上游 5.3km 为潮安水文站，该站有 40 多年的水文实测资料，潮州供水枢纽工程水文资料以潮安水文站资料为设计依据。东、西溪坝址处的水位-流量关系分别采用其下游 2001 年实测的水头东站和水头西站的水位-流量关系。

根据坝址水文特性，工程设计确定的西溪施工截流采用 5 年一遇 10 月上旬旬平均流量 $Q=923\text{m}^3/\text{s}$ 为截流设计流量，截流校核流量为 10 年一遇 10 月上旬旬平均流量 $Q=1255\text{m}^3/\text{s}$。在截流设计流量 923m³/s 的水文条件下，设计水力计算的西溪截流龙口的主要水力参数为：龙口最大水位落差 4.4m，龙口轴线处最大平均流速 4.38m/s，龙口出口最大平均流速 7.66m/s。

7.2.2.3 坝址地质特性

西溪坝址河床面覆盖层为中粗沙，厚度约 2～4m，中值粒径 $d_{50}=0.68\text{mm}$，计算的覆盖层中粗砂的起动流速约 0.76m/s；覆盖层底部为淤泥质黏土或淤泥，厚度为 12～20m，经水力模型试验率定，其起动流速约 0.85～0.9m/s[12]。

7.2.3 施工截流技术发展和本工程截流施工特点

7.2.3.1 施工截流方法和发展

水利水电建设是一项涉及面广、影响因素多的复杂系统工程，工程建设实施阶段的首要问题就是施工导流问题，而施工截流又是导流工程中非常重要的一环。

施工截流的基本方法有立堵法和平堵法两种。20 世纪 40 年代之前，国外几乎都是采用平堵法截流，栈桥大多数采用桥墩式。20 世纪 50 年代之后，已大量采用大型自卸汽车运料立堵截流，立堵法截流发展很快，同时，截流理论和实践水平都有了较大的提高。目前，国内外施工截流技术发展的趋势是以立堵为主，并逐渐取代平堵。

　　在立堵截流施工前，不少工程还采用先抛投护底或平抛垫底的措施，其目的是为了防止龙口河床冲刷、投料的流失和堤头的坍塌等。如国内葛洲坝工程截流时，采用 30t 钢筋石笼和 17t 混凝土五面体护底，其目的是防止抛投料的流失；长江三峡截流工程平抛垫底，其目的是防止堤头坍塌。

　　新中国成立以来，我国的水利水电工程建设取得了举世瞩目的重大成就，兴建了大量的大中型水利水电枢纽工程，国内典型的水利水电工程施工截流水力参数见表 7.7。世界水利水电工程建设史上的 6 次大截流的水力参数见表 7.8[13]。

表 7.7　　　　　　　　　　国内典型的水利水电工程施工截流水力参数

工程名称	截流时间	截流方式	流量 /(m^3/s)	落差 /m	流速 /(m/s)
三门峡	1958 年 11 月	立堵	2030	2.97	6.86
丹江口	1959 年 12 月	平、立堵	310	2.88	—
青铜峡	1960 年 2 月	平、立堵	325~340	1.49	5.22
龙羊峡	1979 年 12 月	立堵	690	1.4	3.0
大化	1980 年 10 月	双戗立堵	1390	2.33	4.19
葛洲坝	1981 年 1 月	宽戗立堵	4720	3.23	7.0
岩滩	1987 年 11 月	上单戗立堵	1160	2.6	3.5
隔河岩	1987 年 12 月	立堵	210	2.7	7.0
漫湾	1987 年 12 月	双戗单向立堵	639	3.06	5.54
水口	1989 年 9 月	下戗双向立堵	760	0.95	3.0
李家峡	1992 年 10 月	立堵	620	5.0~6.0	5.5
二滩	1993 年 11 月	平、立堵	1440	3.83	7.14
三峡（大江）	1997 年 11 月	立堵	8480~11600	0.66	4.22
飞来峡	1998 年 8 月	立堵	910	0.46	3.07
潮州西溪	2002 年 9 月	单戗立堵	910	(4.4)	(7.66)
三峡（导流明渠）	2002 年 11 月	双戗立堵	8450~8600	2.17	3.1

注　括号内数值为计算值。

表 7.8　　　　　　　　　　世界水利水电工程建设 6 次大截流水力参数

工程名称	地点	截流时间	截流方式	流量 /(m^3/s)	落差 /m	流速 /(m/s)
达勒斯	美国 哥伦比亚河	1956 年 10 月	平、立堵	3280	1.50	3.7
斯大林格勒	苏联 伏尔加河	1958 年 10 月	浮桥平堵	4500	2.07	5.8

续表

工程名称	地点	截流时间	截流方式	流量/(m³/s)	落差/m	流速/(m/s)
伊泰普	巴西 巴拉那河	1978 年 10 月	四戗立堵	8100	3.76	5.0
三峡（大江）	中国长江	1997 年 11 月	立堵	8480～11600	0.66	4.22
葛洲坝	中国长江	1981 年 1 月	宽戗立堵	4720	3.23	7.0
三峡 （导流明渠）	中国长江	2002 年 11 月	双戗立堵	8450～8600	2.17	3.1

由表 7.7 和表 7.8 的工程截流参数分析可知：

（1）我国长江三峡工程截流、葛洲坝工程截流等都具有世界级水平，这些工程的截流流量、戗堤轴线水深、截流抛投强度等指标高于潮州供水枢纽西溪截流工程，但潮州供水枢纽西溪施工截流在截流落差、龙口流速等截流参数方面位居国内水利水电工程的前列。

（2）国内软基工程截流以丹江口、青铜峡、飞来峡等工程为代表，但是在复杂的分汊河道、深厚层软基地质条件等方面，潮州供水枢纽西溪截流工程的难度居国内大型水利水电工程的首位。所以，潮州供水枢纽西溪截流工程代表了国内高落差、深厚层软基地质条件的大型水利枢纽工程的截流施工新水平。

7.2.3.2　西溪施工截流的特点

1. 截流落差大

与国内大多数大型水利水电工程的单一河道分期施工导流的方法不同，潮州供水枢纽西溪截流施工利用东溪天然河道作导流，在西溪截流戗堤合龙过程中，随戗堤不断进占合龙，东溪泄流量不断增加，西溪泄流量、戗堤下游河道水位不断减小和降低，东溪和西溪的两溪口处水位（即戗堤上游河道水位）不断壅高，而戗堤龙口的单宽流量、落差、流速不断增大；至龙口合龙时，若不计戗堤的渗水，则西溪戗堤下游河床为干涸河床（东、西溪下游出海五闸联合运行水位为 2.15m，设计选取戗堤合龙后的下游河道水位为 2.21m）。因此，西溪截流龙口的落差为戗堤上游河道水位壅高与下游河道水位降低之和，设计计算的西溪截流龙口最大落差达 4.4m，为国内大型水利水电工程截流落差的第 2 位（表7.7）。

2. 龙口流速大

由于西溪戗堤龙口的截流落差较大，因此龙口的流速也相应增大，龙口轴线的平均流速达约 4.4m/s，龙口下游出口处流速达约 7.7m/s，增加了戗堤合龙的难度。

3. 深厚层软基河床

西溪截流戗堤直接修筑在河床的覆盖层上，河床表层覆盖层（中粗沙）厚约 2～4m，底部淤泥质黏土（或淤泥）厚度约 12～20m。由于河床覆盖层及其底层淤泥质黏土（或淤泥）起动流速小，易受冲刷，承载力小、易变形等，给截流戗堤基础稳定带来明显不利的影响。

7.2.4　试验研究的技术路线

由于西溪截流施工河段位于韩江仙洲岛东、西汊河道下游汇合处，东、西溪两溪口为 X 形分汊河道，受工程河段水流条件复杂、龙口截流落差大、深厚层软基地质条件等影响，西溪施工截流的水力模型试验研究较国内外已建的一些工程更为复杂。因此，根据"先平抛护底、后立堵"的施工截流的设计思想，采用以水力模型试验为主、结合理论分析的技术路线，开展西溪截流的试验研究。试验研究采用的技术路线如下：

（1）分析西溪施工截流工程河道的水文、水流、河床和地质条件等，建立施工截流的水力学物理模型，并进行相应的模型率定工作。

（2）由已建立的水力模型定床试验，测试戗堤进占不同龙口宽度的流态和流速分布（即相应龙口段河床冲刷前的流速值及其分布），并结合数学模型计算和分析，确定龙口段河床护底的材料和范围。

（3）进行戗堤进占合龙试验，测试各龙口段的水力参数和选取戗堤截流的抛投材料，优化龙口的护底方案。

（4）对步骤（3）进行多方案的试验比较后，确定出技术先进、施工安全和经济合理的施工截流方案。

7.2.5　水力模型设计和试验水文条件

7.2.5.1　水力模型设计

西溪截流水力模型包括 1∶80 和 1∶60 两个正态模型[14]，模型制作完成之后，进行了相似性率定试验。两模型均采用 2000 年下半年至 2001 年上半年测量的河道地形，按模型比尺缩制地形，并采用 2002 年年初新测量的东、西溪闸址附近区域河道地形进行复核。

1. 1∶80 模型

模型上边界为仙洲岛上游 2km 河道，下边界为东、西溪闸坝轴线下游各约 2km 的河道，模型模拟的工程段河道总长度约 7km，模型经 2001 年实测的中枯流量水文资料率定。

1∶80 模型的主要作用是测试不同截流流量的仙洲岛两侧东汊和西汊的分流量、流速值及其分布，为 1∶60 的截流模型提供上游水流边界条件。

2. 1∶60 模型

1∶60 截流模型上边界为东溪和西溪河口上游各约 1.2km（即仙洲岛下游段的东、西汊河道），下边界为东、西溪闸坝轴线下游各约 1.2km。

1∶60 模型在 1∶80 模型提供的上游水流边界条件的基础上，确定截流戗堤不同龙口宽度的龙口水位差、龙口河床流速、龙口段河床护底材料和范围、戗堤进占合龙过程中的抛投料大小和级配等。

7.2.5.2　试验水文条件

闸址下游河道水位-流量控制条件：潮州供水枢纽东、西溪闸址的上游来流量直接引用其上游的潮安水文站资料，闸址处的水位-流量关系采用 2001 年实测的东、西溪水头东站和水头西站的水位-流量关系资料（表 7.9）。

在戗堤合龙试验过程中，测试东溪和西溪（龙口）的分流量、下游河道水位，并调整使东、西溪分流量与其下游水头东站和水头西站的水位-流量关系相符合。

表 7.9 截流前东、西溪河道分流比和水位

上游流量 $Q/(m^3/s)$	东溪（水头东站）		西溪（水头西站）	
	$Q_1/(m^3/s)$	Z_{t1}/m	$Q_2/(m^3/s)$	Z_{t2}/m
923	175	4.50	748	4.49
1255	273	4.98	982	4.97

7.2.6 模型试验动床范围和模型沙选择

7.2.6.1 动床范围

西溪截流动床模拟范围为：戗堤轴线上游 30m 河道，下游 350m 河道。

7.2.6.2 模型沙选择

河道上的截流戗堤进占合龙过程中，缩窄了河道，增加了龙口段的水流落差和流速，龙口段区域及其下游河床将产生以底沙运动为主的冲淤变化。因此，西溪截流动床模型试验在满足水流运动相似的条件下，模型沙的选择还应满足以下的条件：

起动流速相似：
$$\lambda_{v0} = \lambda_v \tag{7.7}$$

单宽输沙率相似：
$$\lambda_p = \lambda_d \lambda_v \tag{7.8}$$

河床冲淤变形相似：
$$\lambda_t = \lambda_L^2 / \lambda_p \tag{7.9}$$

式中：λ_{v0} 为起动流速比尺；λ_v 为流速比尺；λ_p 为单宽输沙率比尺；λ_d 为床沙粒径比尺；λ_t 为冲淤时间比尺；λ_L 为模型几何比尺。

模型沙选配的原理和过程可参见文献［14］和文献［15］等。由于坝址河床覆盖层（中粗沙，厚约 2～4m）起动流速小于其底部的淤泥质黏土（或淤泥）。因此采用中粗沙进行西溪截流动床模型试验。中粗沙原型沙级配关系见表 7.10，其中值粒径 $d_{50} = 0.68mm$。模型沙选择和计算的各种比尺关系如下：

表 7.10 原型沙和模型沙级配

小于某一粒径所占重量百分比/%	原型沙粒径 d_P/mm	模型沙粒径 d_M/mm
90	2.70	0.66
60	0.92	0.51
50	0.68	0.45
30	0.42	0.33
10	0.28	0.18

1. 起动流速相似

原型沙起动流速可采用沙玉清公式计算[16]：

$$v_{0P} = \left[0.43 d^{0.75} + \frac{1.1(0.7-\varepsilon)^4}{d} \right]^{0.5} h_P^{0.2} \tag{7.10}$$

式中：ε 为孔隙率，一般取 $\varepsilon = 0.4$。

取原型沙 $d_{50} = 0.68mm$，可计算得 $v_{0P} = 0.579 h_P^{0.2}$。

模型沙选用广东省水利水电科学研究院加工制作的模型沙——株洲精煤，精煤容重为

$\gamma_s = 1.6 t/m^3$，中值粒径 $d_{50} = 0.45mm$，经率定其起动流速计算公式为

$$v_{0M} = 0.22 h_M^{0.2} \tag{7.11}$$

则起动流速比尺

$$\lambda_{v0} = \frac{v_{0P}}{v_{0M}} = \frac{0.579}{0.22} \lambda_L^{0.2} = 6$$

$\lambda_{v0} = 6$ 比水流流速比尺 $\lambda_v = \lambda_L^{0.5} = 60^{0.5} = 7.75$ 小一些，表明模型沙的起动流速略偏大。考虑到模型施工截流合龙试验的冲淤时间比原型施工截流过程相应延长（模型河床冲淤试验 1 小时相应原型约 12 天），模型河床的冲淤结果比原型实际情况偏于危险，因此，选用的模型沙的试验成果仍可以定性分析戗堤合龙过程中下游河床的冲淤情况。

由原型沙和模型沙的中值粒径，可计算得床沙粒径比尺为

$$\lambda_d = \frac{d_{50P}}{d_{50M}} = \frac{0.68}{0.45} = 1.51$$

2. 单宽输沙率比尺和冲淤时间比尺

由式（7.8）和式（7.9）计算可得

$$\lambda_p = \lambda_d \lambda_v = 1.51 \times 7.75 = 11.7$$

$$\lambda_t = \lambda_L^2 / \lambda_p = 60^2 / 11.7 = 308$$

取 $\lambda_t = 288$，即模型放水 1 小时正合原型 12 天。

7.2.6.3　抛投石料级配

设计抛投的材料分为两种，一种为石料，另一种为混凝土四面体。石料共有 4 种级配，按其粒径分类为：石渣 $D = 0.1 \sim 0.3m$，中石 $D = 0.3 \sim 0.7m$，大石 $D = 0.7 \sim 1.0m$，特大石 $D = 1.0 \sim 1.2m$。

7.2.7　龙口段平抛护底材料和范围

7.2.7.1　西溪施工截流方案

工程设计综合考虑枢纽坝址河道地形、河床地质、施工截流水力条件等，提出了"先平抛护底、后立堵"的西溪施工截流设计思路；此外，考虑施工交通运输、施工备料等因素，先在戗堤轴线左岸预进占 100m 戗堤，形成龙口段并平抛护底，然后采用以右岸抛投进占为主的戗堤合龙方式。

7.2.7.2　平抛护底材料和范围

1. 龙口段流速

为了确定戗堤龙口段河床护底材料和范围，在定床模型测试了设计初拟方案戗堤轴线不同龙口宽度的戗堤轴线处及其下游堤脚区域的河床流速（相应于龙口段河床覆盖层冲刷前的流速值，见表 7.11），以此选择龙口段河床护底材料和范围。

2. 龙口段河床护底材料

龙口段护底材料的尺寸或重量取决于龙口的流速。对块石（岩块）材料而言，常用的不冲流速计算公式为

$$v = C \sqrt{\frac{2g(\gamma_s - \gamma)}{\gamma} D} = K \sqrt{D} \tag{7.12}$$

式中：v 为不冲平均流速，m/s；D 为块石粒径，m；g 为重力加速度，m/s^2；γ_s、γ 分别为块石和水的容重，t/m^3；C 为反映块石稳定状况的无量纲系数；K 为系数，$m^{0.5}/s$。

表 7.11   **不同龙口宽度相应的龙口流速（截流流量 $Q=923\text{m}^3/\text{s}$）**

龙口宽度 B/m	龙口流速 v/(m/s)	
	戗堤轴线	戗堤下游堤脚区域
265	1.5～2.0	2.0～2.3
200	2.2～2.5	2.5～3.0
150	2.8～3.3	3.0～3.5
100	3.2～3.6	3.5～4.0
70	3.6～4.0	4.0～4.5
40	4.0～4.5	5.0～6.0
20	5.0～5.6	6.5～7.0

国内外大量的原型观测和模型试验资料表明，式（7.12）中的系数 K 一般可取 5～7。肖焕雄等在江海截流混合粒径群体抛投石料稳定性研究中[13,17]，得出各类抛石抗冲稳定流速计算公式如下：

单个抛投石块：
$$v=0.89\sqrt{\frac{2g(\gamma_s-\gamma)}{\gamma}D} \qquad (7.13)$$

群体抛投混合石块：
$$v=0.93\sqrt{\frac{2g(\gamma_s-\gamma)}{\gamma}D} \qquad (7.14)$$

群体抛投均匀石块：
$$v=1.07\sqrt{\frac{2g(\gamma_s-\gamma)}{\gamma}D} \qquad (7.15)$$

取块石容重 $\gamma_s=2.7\text{t}/\text{m}^3$，由式（7.13）～式（7.15）可计算出各类抛石抗冲稳定流速计算公式为

$$v=(5.14\sim6.18)\sqrt{D} \qquad (7.16)$$

因此，本试验选取 $K=5$ 计算护底块石的粒径 D 值。由式（7.12）及参考国内外有关工程的资料，可得出龙口段护底块石粒径与龙口流速的关系，见表 7.12。

表 7.12   **龙口护底块石粒径 D 与龙口流速 v 的关系**

龙口流速 v/(m/s)	护底块石粒径 D/m
<2.0	<0.2（石渣料）
2.0～3.0	0.2～0.4（小石料）
3.0～4.0	0.4～0.7（中石料）
4.0～4.5	0.7～0.9（大石料）
4.5～5.0	0.9～1.2（特大石料）（或用 2.5～3t 混凝土四面体）
5.0～5.5	3～5t 混凝土四面体
5.5～6.0	5～7t 混凝土四面体
6.0～6.5	7～10t 混凝土四面体
6.5～7.0	10～13t 混凝土四面体
≥7.0	≥13t 混凝土四面体

7.2.8　设计初拟方案戗堤轴线龙口护底方案研究

为了寻求龙口段护底方案的合理性，进行了多个护底方案的试验研究。本节介绍设计初拟方案戗堤轴线的护底方案 1 和方案 2 的试验成果；戗堤轴线修改后，介绍护底推荐方案试验成果[14,18]。

7.2.8.1　护底方案 1

护底方案 1 左岸先预进占 120m 的戗堤，在预进占的左岸戗堤堤头进行防护后，形成 265m 宽的龙口段。根据不同龙口宽度相应的流速值和设计的截流施工方案，将龙口段划分为 7 个区（Ⅱ～Ⅷ区，如图 7.12 所示）。各区域护底段顺水流方向长度范围、抛投石块粒径等由右岸往左岸预进占堤头逐渐增大。

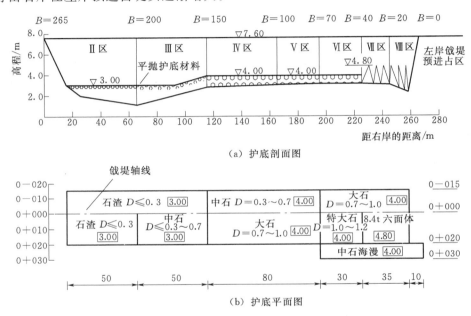

（a）护底剖面图

（b）护底平面图

图 7.12　龙口段河床护底方案 1 布置示意图（单位：m）

护底方案 1 的范围和材料见表 7.13 和图 7.12。试验表明：

（1）由于右岸区域（Ⅱ～Ⅲ区）护底高程低于其他区域护底高程，因此龙口段主流偏于右岸区域，护底段右岸下游河床区域流速约 3.3～3.6m/s。

（2）在戗堤进占合龙过程中，龙口段的单宽流量不断增大，护底段下游河床不断冲刷下切，各区域护底段末端有不同程度的塌陷；在水流的渗流和淘刷作用下，Ⅵ～Ⅷ区护底的大石、特大石和混凝土六面体底部覆盖层被冲刷和淘刷，大石、特大石和混凝土六面体不断沉陷。当戗堤进占至龙口宽 40～20m 时，Ⅶ和Ⅷ区护底的混凝土六面体和大石沉陷至 3.00～3.50m 高程；在龙口宽度 20～10m 时，已沉陷至约 2.50～3.00m 高程。此时，龙口水流落差 $\Delta Z > 3.0$m，龙口中心垂线平均流速达约 6m/s，明显增加了戗堤合龙的难度。

（3）在龙口护底段下游边界（长度）突变处 [见图 7.12 的Ⅴ区和Ⅵ区护底段下游边界（长度）突变处]，水流相对集中，下游河床形成较深的冲刷坑。

表 7.13   **护底方案 1 的护底范围及材料**

区号	进占龙口宽度 B/m	戗堤轴线上游			戗堤轴线下游		
		长度/m	材料	高程/m	长度/m	材料	高程/m
I	左岸戗堤预进占						
II	265~200	15	石渣	3.00	20	石渣	3.00
III	200~150	15	石渣	3.00~4.00	20	中石	3.00~4.00
IV	150~100	15	中石	4.00	20	大石	4.00
V	100~70	15	中石	4.00	20	大石	4.00
VI	70~40	15	大石	4.00	20	特大石	4.00
VII	40~20	15	大石	4.00	20	混凝土六面体	4.80
VIII	20~0	15	大石	4.00	20	混凝土六面体	4.80
VI~VIII	70~0				下游铺设 10m 长中石海漫,高程 4.00m		

注   VII~VIII 区抛投 8.4t 混凝土六面体 130 个(各护底方案相同)。

(4)戗堤合龙后,VI~VIII 区下游河床形成较大范围的冲刷坑,冲刷坑顺水流方向长度约 160~170m,冲刷较深处高程达约 −8.00m。

因此,护底方案 1 存在的主要问题为:护底材料的大石、特大石、混凝土六面体等直接抛投在河床面上,在水流的渗流和淘刷作用下,护底材料底部的覆盖层(泥沙)易被冲走,引起护底材料的沉陷,增大龙口泄流量和流速,增加龙口截流的难度。

7.2.8.2 护底方案 2

在护底方案 1 的基础上,改进的护底方案 2 内容如下:

(1)在护底段各区域的河床面先铺垫一层厚 30cm 的石渣(原来抛投石渣料的区段除外)。

(2)为了降低龙口段平抛护底的施工难度,将 II~III 区护底高程降低为 2.00m,IV~VI 区护底高程降低为 3.50m,VII~VIII 区戗堤轴线下游的混凝土六面体高程降低至 4.20m。

(3)将龙口护底段下游端边界平顺连接,并将各区域护底段往下游延长 5~10m。

试验表明:①龙口段护底河床面抛投 30cm 厚的石渣垫层后,有效减小了护底材料的不均匀沉陷,增加了护底材料的稳定性,明显减小龙口截流的难度;②护底段下游末端边界平顺连接后,基本消除了护底段末端突变处水流集中的现象,减轻了下游河床的冲刷;③设计初拟方案戗堤轴线与河道右岸线的夹角 θ 约 70°,在戗堤初始进占时,右岸护底段的泄流较为集中,右岸坡产生顶冲,岸边流速达 3.6~4.5m/s。

7.2.8.3 护底方案 1 和方案 2 试验小结

(1)龙口段护底河床面的石渣料垫层起到反滤的作用,有效地减小了护底材料的不均匀沉陷,增加了护底材料的稳定性。

(2)龙口段各区域护底段的下游末端边界应平顺连接,以消除或减轻边界突变处水流相对集中的现象,减轻龙口下游河床的冲刷。

(3)在设计初拟方案戗堤轴线的各护底方案试验中,当左岸戗堤预进占 120m、形成 265m 宽龙口段和平抛护底之后,漫过护底段的主流偏于右岸,戗堤轴线下游右岸坡及近岸区域河床流速达 3.6~4.5m/s,对下游右岸坡及近岸区域河床产生较严重的冲刷。其原因分析为：①戗堤右岸为原河床的深槽，在考虑戗堤合龙龙口合理位置和满足小流量时龙口段通航要求等情况下，右岸区域（Ⅱ～Ⅲ区）的护底高程比其他区域护底高程低，因此，右岸护底段水流较集中，单宽流量较大，增大了护底段下游右岸坡及近岸区域河床的流速；②设计初拟方案的戗堤轴线与河道右岸线的夹角 θ 约 70°，漫过右岸区域护底段的水流（水流方向近似垂直于戗堤轴线）顶冲下游右岸坡，增加了水流对右岸坡的冲刷作用。因此，应将右岸端戗堤轴线往下游移动，增大戗堤轴线与右岸线的夹角，减轻泄流对戗堤轴线下游右岸坡的顶冲和冲刷。

7.2.9　龙口护底推荐方案试验

7.2.9.1　护底方案布置

经设计初拟方案戗堤轴线的多个护底方案试验资料的分析，并结合西溪枢纽工程布置的优化，龙口护底推荐方案如下（图 7.13）：

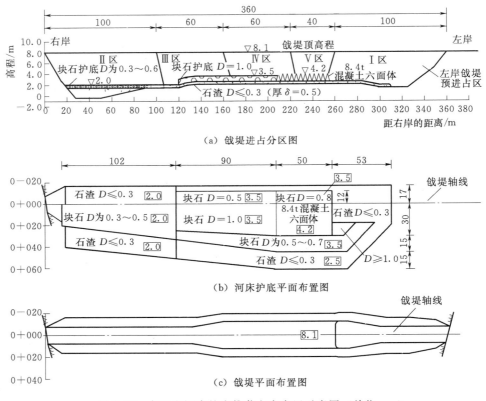

图 7.13　龙口段河床护底推荐方案布置示意图（单位：m）

（1）将右岸端戗堤轴线往右岸下游移动 36m，左岸端轴线往左岸下游移动 3m，戗堤轴线较设计初拟方案缩短了 25m，增大了戗堤轴线与左、右两岸线的夹角，减小了护底段右岸区域水流与右岸线的夹角。

（2）推荐方案将设计初拟方案的左岸预进占 120m 戗堤缩短为 100m，形成 260m 宽的龙口。

（3）龙口护底段的材料、范围和高程分为三个区域：①龙口右岸段较低部位的河床

（长度 102m），采用粒径 $D \leqslant 0.3$m 石渣和 $0.3 \sim 0.5$m 的块石护底，高程为 2.00m；②龙口段中部长度 90m 的河床，河床底部采用厚 50cm 石渣层垫底，其上部抛投 $D = 0.5 \sim 1.0$m 的块石，高程为 3.50m；③龙口段左端区域河床，长度 50m，河床底部仍采用厚 50cm 的石渣垫底，轴线上游抛 $D = 0.8$m 块石，高程为 3.50m，轴线下游抛投 8.4t 的混凝土六面体，高程为 4.20m。

7.2.9.2　试验成果

戗堤轴线修改后，改善了西溪戗堤轴线上游的进水条件，戗堤预进占结束形成 260m 宽龙口时，漫过龙口护底段的主流仍偏于右岸区域，但漫越护底段水流对下游右岸坡的顶冲作用明显减弱，戗堤轴线下游右岸坡区域流速约 3m/s，减轻了对下游右岸坡及近岸区域河床的冲刷。

在戗堤合龙试验中，采用拟定的抛投料（石渣、中石、大石）抛投，均具有良好的稳定性，可以较顺利完成龙口合龙。

7.2.10　戗堤进占龙口水力特性研究

7.2.10.1　戗堤进占合龙试验方案

左岸戗堤预进占和龙口段平抛护底方案实施后，立即进行戗堤进占合龙试验。试验研究过程中，先以截流设计流量（5 年一遇 10 月上旬旬平均流量 923m³/s）对各护底方案及其戗堤进占合龙方案进行比较，再用截流校核流量（10 年一遇 10 月上旬旬平均流量 1255m³/s）进行验证，最后得出技术先进、安全可行、经济合理的最优方案。

在戗堤进占过程中，分别观察和测试了不同龙口宽度的流速、水位、落差、分流量、护底段材料稳定性、抛投料粒径和稳定等。初始进占时，先向戗堤头部上游角抛投，形成明显的凸起，跟进戗堤头部下游角的抛投，使上游角抛石稳定，整个抛投过程循环向前进占。进占过程初始用石渣料，当抛投料出现流失量大、塌方、滑坡、抛投困难时，就改变抛投石料级配，按石渣→中石→大石→特大石→混凝土四面体的顺序改变抛投。首先在堤头的上游角改变石料级配，然后在下游角用比上游角级配小一级的石料抛投。

试验表明，龙口段平抛护底方案实施后，影响龙口段水力参数（如龙口流量、流速、单宽功率等）和戗堤进占抛投材料的主要因素是龙口护底段顶部高程及其结构的稳定性，因此，以护底方案 1 和推荐方案来分析戗堤进占合龙水力特性的优劣。

7.2.10.2　护底方案 1 合龙水力试验

在截流设计流量 $Q = 923$m³/s 条件下，护底方案 1 各龙口宽度戗堤进占抛投材料情况如下：

（1）戗堤进占至龙口宽 40m 之前，戗堤上游角以中石和石渣配合抛投，下游角以石渣为主跟进抛投。

（2）当戗堤由龙口宽 40m 向 20m 进占时，由于护底的大石和混凝土六面体沉陷至约 $3.00 \sim 3.50$m 高程，堤头上游角以大石、特大石抛投，下游角用中石和大石跟进抛投。

（3）龙口宽度 20m 向 10m 进占为截流最困难段，此时，龙口护底的大石和混凝土六面体已沉陷至约 $2.50 \sim 3.00$m 高程，实测截流落差 $\Delta Z > 3$m，龙口中心垂线平均流速达约 6m/s，戗堤堤脚断面流速达约 7.2~7.5m/s；堤头上游角抛投 5.5t 混凝土四面体约 30 个，下游角用特大石跟进，两种抛投材料均有流失。此后，改用 8t 混凝土四面体抛投，共抛投 8t 混凝土四面体 10 个，下游仍用特大石跟进；当戗堤进占至龙口宽度 7~8m 时，龙口段已形成三角形断面，截流难度逐渐减小，抛投大石至合龙。

戗堤合龙后，龙口宽 40m 范围内的下游河床形成较大范围的冲刷坑，冲刷坑长度约 150~160m，冲刷坑底高程低于 −2.00m，最大冲深高程约 −8.00m。

护底方案 1 的龙口宽度 70m、40m 和 20m 的截流水力指标见表 7.14。

表 7.14　护底方案 1 截流各项水力指标

龙口宽度 B/m	龙口上游水位 Z_a/m	龙口单宽流量 q/[m³/(s·m)]	龙口落差 ΔZ/m	轴线龙中平均流速 u/(m/s)	龙口单宽功率 N/9.8kW
70	5.72	7.1	1.77	4.35	12.57
40	5.96	10.1	2.18	4.73	22.02
20	6.22	13.4	2.91	5.36	38.99

7.2.10.3　护底推荐方案合龙水力试验

按截流流量 $Q=923\text{m}^3/\text{s}$ 和 $1255\text{m}^3/\text{s}$ 进行龙口合龙试验，采用拟定的抛投材料进占合龙，抛投材料和护底材料具有良好的稳定性，可以较顺利完成龙口的合龙。戗堤进占抛投石料情况见表 7.15，龙口合龙的水力指标见表 7.16。

表 7.15　护底推荐方案戗堤进占抛投石料表

流量 Q/(m³/s)	龙口宽度 B/m	抛投石料	
		戗堤上游角	戗堤下游角
923	260~100	中石：石渣（1:2）	石渣
	100~60	中石：石渣（1:1）	石渣
	60~20	中石：石渣（2:1）	中石：石渣（1:2）
	20~0	以中石为主，加少量大石和石渣	中石：石渣（1:1）
1255	260~200	中石：石渣（2:1）	中石：石渣（1:2）
	200~100	中石：石渣（2:1）	中石：石渣（1:2）
	100~40	中石：石渣（2:1）	中石：石渣（1:2）
	40~20	中石：石渣（2:1）	中石：石渣（1:1）
	20~0	大石：中石：石渣（2:2:1）	中石：石渣（2:1）

试验表明：在截流设计流量 $Q=923\text{m}^3/\text{s}$ 条件下，当龙口宽度为 20m 时，测试的龙口轴线龙中平均流速为 3.65m/s，戗堤脚断面（桩号 0+020）平均流速为 4.2m/s；戗堤合龙时，龙口最大落差为 4.45m。

在龙口宽度 260~20m 进占过程中，戗堤堤头最大垂线平均流速一般不超过 3m/s（$Q=923\text{m}^3/\text{s}$），因此，戗堤进占上游角以中石为主，下游角以石渣为主跟进抛投。龙口宽 20m 时，采用中石为主，配合少量大石和石渣的抛投方式，抛投材料和护底材料具有良好的稳定性，可以较顺利完成龙口合龙。

表 7.16　　　　　　　　　　　　　护底推荐方案截流各项水力指标

流量 $Q/(\mathrm{m^3/s})$	龙口宽度 B/m	龙口上游水位 Z_a/m	龙口单宽流量 $q/[\mathrm{m^3/(s \cdot m)}]$	龙口落差 $\Delta Z/\mathrm{m}$	轴线龙中平均流速 $u/(\mathrm{m/s})$	龙口单宽功率 $N/[(\mathrm{t \cdot m})/(\mathrm{s \cdot m})]$
923	260	4.91	2.65	0.51	2.27	1.35
	200	5.12	3.18	0.85	2.20	2.70
	150	5.43	3.65	1.41	2.33	5.15
	100	5.75	4.08	2.05	2.96	8.36
	70	5.98	4.69	2.56	3.05	12.00
	40	6.32	5.25	3.27	3.26	17.17
	20	6.47	6.50	3.75	3.65	24.38
	0	6.66		4.45		
1255	260	5.33	3.64	0.53	2.60	1.93
	200	5.62	4.40	0.92	2.65	4.05
	150	6.07	5.06	1.56	2.93	7.89
	100	6.37	6.35	2.25	3.35	14.29
	70	6.62	7.07	2.73	3.46	19.30
	40	6.92	8.13	3.52	3.75	28.62
	20	7.18	8.75	4.23	4.12	37.01
	0	7.45		5.24		

　　在戗堤进占合龙过程中，龙口护底段下游约 80m 范围内河床有不同程度的冲刷，冲刷坑底部高程 −2.00～−3.00m，冲刷区域较深处高程达 −5.00～−6.00m，护底段下游海漫有不同程度的塌陷，但护底材料总体是稳定和安全的。

　　综上所述，护底推荐方案的截流难度已比方案 1 大为减小，安全可靠度显著提高。

7.2.10.4　龙口合龙的水力特性分析

1. 龙口流态

　　戗堤轴线修改后，减小了龙口平抛护底段泄流与河岸线的夹角，改善了西溪戗堤轴线上游进水条件。左岸戗堤预进占结束形成 260m 龙口时，漫过护底段的主流仍偏向右岸区域，但龙口护底段下游右岸坡受上游水流顶冲的现象明显减弱，戗堤轴线（0+000）至桩号 0+150 的下游右岸近岸区域流速约 3m/s，减轻了对右岸坡及近岸区域河床的冲刷。

　　龙口段的平抛护底方案实施后，东溪河道流量增加，西溪河道流量相应减小，龙口护底河段的流态与宽顶堰的泄流流态相似。随着戗堤进占、龙口宽度的缩窄，龙口流量逐渐减少，龙口下游河道水位降低，龙口护底河段的泄流逐渐转变为自由出流。出龙口后，水流迅速扩散，部分水流绕左、右端戗堤脚向两侧扩散，因此，应注意水流对左岸预进占戗堤脚的淘刷。

　　随着龙口宽度不断缩窄，龙口段水面坡降增大，流速增加。在戗堤进占形成宽约 140m 龙口时，由于石渣海漫段高程较块石护底段高程低 1.0m，在块石（$D=0.5～0.7\mathrm{m}$）护底段末端处形成明显的跌水，因此施工中应注意使护底的块石段与石渣段平顺连接。

当截流流量 $Q=923\mathrm{m^3/s}$ 时，龙口宽度 70～20m 的中石海漫（$D=0.5～0.7\mathrm{m}$ 块石）护底末端流速达 4.6～5.5m/s，护底末端的中石被水流冲到下游的石渣海漫上，形成堆丘。当截流流量 $Q=1255\mathrm{m^3/s}$ 时，龙口宽度 140～70m 的中石护底末端流速达 5～5.7m/s，部分中石被冲落在石渣海漫上；当龙口宽度 70～20m 时，中石护底段末端流速达约 5.8m/s，被冲落掉的中石落淤在石渣海漫上，形成高低不平的堆丘，水面起伏汹涌。

2. 龙口流量

试验表明，随龙口段护底高程的抬高，其上游水位相应上升，东溪河道分流量增加，西溪河道的分流量减小，因此，在工程施工条件许可下，应尽量把龙口护底段的高程抬高，减小龙口截流的难度。戗堤进占合龙试验表明，龙口流量随龙口宽度的缩窄而减小，但龙口的单宽流量随龙口宽度缩窄而增大。水力模型测试的龙口单宽流量与龙口宽度的关系见表 7.16。

3. 龙口流速

随着戗堤进占、龙口宽度不断缩窄，龙口的流速不断增大，测试的戗堤轴线龙中垂线平均流速与龙口宽度的关系见表 7.16。当截流流量 $Q=923\mathrm{m^3/s}$ 和 $1255\mathrm{m^3/s}$、合龙至龙口宽度 20m 时，测试的龙中垂线平均流速分别为 3.65m/s 和 4.12m/s、戗堤堤脚断面（桩号 0+020）流速分别为 4.2m/s 和 4.8m/s。

4. 龙口落差

随戗堤不断进占合龙，龙口过流断面不断缩窄，上游水位逐渐壅高，下游水位逐渐降低。戗堤合龙后，下游河床基本为干涸状。合龙前以戗堤上游（桩号 0-100）和水头西站的水位差为龙口落差；合龙后，以桩号 0-100 水位和下游河道水位 2.21m 的落差为龙口落差。截流流量 $Q=923\mathrm{m^3/s}$ 和 $1255\mathrm{m^3/s}$ 时，测试的龙口截流水位最大落差分别为 4.45m 和 5.24m。两级流量的龙口落差与龙口宽度的关系见表 7.16。

由龙口护底段的水流特性分析可知，护底段将龙口的总落差分为两部分，一部分为护底段水流与上游河道水位的落差，此落差为影响龙口泄流量和流速的有效水头；另一部分为护底段水流与下游河道水位的落差，此落差主要作用于冲刷下游河床和消耗在河道摩阻损失上。由表 7.16 分析可知，当截流流量 $Q=923\mathrm{m^3/s}$、龙口宽度为 20m 时，护底推荐方案的龙口总落差为 3.75m，而龙口上游河道水位与护底段（桩号 0+040）水面的水位差只有 2.49m。因此，龙口段护底后，大大减小了龙口段的截流落差，降低了戗堤进占合龙的难度。

5. 龙口单宽功率

龙口单宽功率是综合反映龙口截流难易的一个重要指标。试验表明，龙口单宽功率随龙口宽度的缩窄而增大。当龙口宽度为 20m 时，截流流量 $Q=923\mathrm{m^3/s}$ 和 $1255\mathrm{m^3/s}$ 的龙口单宽功率分别为 24.38×9.8kW 和 37.01×9.8kW。各级截流流量的龙口单宽功率与龙口宽度的关系见表 7.16。

6. 龙口下游河床冲淤

在戗堤进占合龙过程中，龙口护底段下游约 80m 范围内河床形成不同程度的冲刷。当截流流量为 $Q=923\mathrm{m^3/s}$ 时，冲刷坑底部高程约 -2.00～-3.00m，局部区域较大冲深高程达 -5.00～-6.00m，护底段下游海漫段有不同程度塌陷。当截流流量为 $Q=$

1255m³/s 时，戗堤下游河床冲刷趋势与流量 923m³/s 冲刷状况相近，冲刷坑冲深相应增加约 1~2m。

试验表明，在截流流量为 923m³/s 和 1255m³/s 时进行龙口合龙，推荐方案的护底材料是稳定和安全的。

7.2.11　西溪截流工程实施

西溪截流工程于 2002 年 6 月 28 日开始实施，基本按照水力模型试验推荐方案及施工程序进行。先后进行左岸预进占戗堤和龙口段护底抛投施工，龙口Ⅳ和Ⅴ区域护底的 9t 混凝土六面体实际高程为 2.70~3.00m。

9 月 28 日上午，进行最后 60m 宽的龙口段进占抛投，由上游潮安水文站测试的截流实际流量为 910m³/s，接近设计流量 923m³/s。在合龙的最后阶段（龙口宽度 $B \leqslant 30m$），采用 10t 和 15t 混凝土四面体和特大石、大石材料抛投，于当晚 21 时 50 分顺利合龙。

实测的截流龙口最大落差为 3.6m，比设计值和试验值要小，其差异的主要原因为：①合龙过程中，东溪河床冲刷下切，其实际分流能力不断增大；②戗堤上、下游河道槽蓄的调节作用；③戗堤和基础渗漏等。

龙口护底段下游约 60m 范围内的河床普遍刷深了 1~2m，局部区域河床冲刷高程达 -2.00~-3.00m。龙口段护底材料稳定，合龙戗堤抛投的石料流失量较少。截流原型观测资料与水力模型试验成果定性上是符合的，数量上也是较接近的。

7.2.12　西溪施工截流试验研究成果评价

由于潮州供水枢纽西溪施工截流工程的 X 形分汊河道复杂水流条件、截流落差大、龙口流速大、河床深厚层软基地质条件等因素，较之国内其他已建的软基河床截流工程复杂得多，西溪施工截流水力模型试验在龙口平抛护底工程措施、戗堤进占、截流龙口水力特性等方面取得了重要的研究成果，为西溪施工截流工程设计和施工提供了科学依据。水力模型试验研究成果得到了原型施工截流的检验，为确保西溪顺利施工截流作出了重要的贡献。

西溪施工截流水力模型试验研究的主要成果如下：

（1）在深入研究西溪截流工程分汊河段的水流特性、河床地质条件等的基础上，根据"先平抛护底、后立堵截流"的设计思想，试验研究提出了"平抛护底、立堵截流"的施工截流优化方案，试验研究成果得到了工程实践的检验，为西溪顺利施工截流提供了可靠的保证。

（2）为了较准确地模拟工程河段的复杂水流条件、软基河床地质条件、龙口段护底和戗堤进占抛投材料和级配等，采用了 1:80 和 1:60 正态水力模型试验，较准确地模拟截流工程实施过程中遇到的各种问题，为截流工程设计和施工提供了科学依据。

（3）对龙口段平抛护底措施进行了多方案的试验研究，研究提出的龙口段抛投材料底部设置石渣垫层、护底段下游末端边界应平顺连接等措施，较好地解决了龙口护底段抛投材料的稳定，减轻了龙口下游河床的冲刷。

（4）通过一系列不同的龙口平抛护底方案的试验研究，测试了不同截流流量的各龙口宽度的截流落差、流量、流速、单宽功率、戗堤进占抛投材料和级配、下游河床冲刷等重要数据，为西溪截流工程实施提供了科学依据。西溪施工截流工程的实践证明，水力模型试验研究成果与原型实测资料较符合，试验研究成果是合理的。

7.3　虹吸溢洪道水力特性研究

7.3.1　概述

虹吸溢洪道是利用虹吸原理泄放水库多余水量的一种泄洪建筑物。在一般情况下，虹吸溢洪道可利用的泄洪水头比开敞式溢流堰和闸孔出流的泄水建筑物大得多，泄流量相应明显增大。因此，虹吸溢洪道通常用作为扩大泄水建筑物泄流量的一种重要的工程措施。

据有关文献的报道，国外（如美国、苏联、法国、印度、意大利等）均建有不少虹吸溢洪道，我国主要在黄河下游建有较多的虹吸管道。国内已建的较大型的虹吸溢洪道为贵州省贵阳市花溪水库虹吸溢洪道[19]，其最大泄流单宽流量 $q = 21\text{m}^3/(\text{s} \cdot \text{m})$，该溢洪道自1961年建成后，运行正常。

虹吸溢洪道虽然已得到了工程的应用，但有关虹吸溢洪道的研究成果却所见不多。国外有关虹吸溢洪道的专著和文献大多数为20世纪30—40年代出版的，而国内的研究成果较为少见。国内外已建成的虹吸溢洪道陡坡段管道的坡度一般较陡（坡度 $i \geqslant 1:1$），而坡度较缓的虹吸溢洪道的研究和应用成果尚未曾所见。因此，本节开展了不同坡度的虹吸溢洪道水力特性和体型设计方法的研究，具有重要的研究价值和实际意义。

7.3.2　虹吸溢洪道泄流流态

7.3.2.1　泄流流态

虹吸溢洪道是利用虹吸管原理，使溢洪道在较小的堰顶水头下可以获得较大的泄流量。虹吸溢洪道的运行特点为，当水库水位上升漫过虹吸溢洪道喉道底部（堰顶）时，溢洪道开始泄流；当库水位继续上升并淹过上游通气孔进口断面时，虹吸溢洪道管道内下游挑坎将水流挑向对面的管顶壁，封堵下游管道的断面，水流将上游管道内空气挟带排走，使上游管道内产生真空，形成虹吸泄流（图7.14）。

虹吸溢洪道的水力模型试验表明[20-21]，当虹吸溢洪道的体型和尺寸确定之后，根据水库上游来流量 Q_0 的大小，虹吸溢洪道泄流流态通常可分为四种形态：堰流、"虹吸启动—停止"虹吸泄流、吸气虹吸泄流、满虹吸泄流，各种泄流形态的特性分析如下（图7.15）：

1. 堰流（$Q_0 < Q_s$）

当水库上游来流量 Q_0 较小时（$Q_0 < Q_s$），库水位逐渐上升淹过虹吸溢洪道堰顶形成泄流，管道内下游挑坎水流开始挑射，由于溢洪道的泄流量较小，挑坎上的挑射水舌无法封堵下游管道断面，挑坎上游管道内无法形成真空，无虹吸泄流产生。

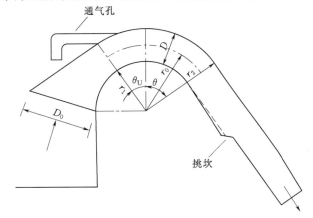

图7.14　虹吸溢洪道剖面示意图

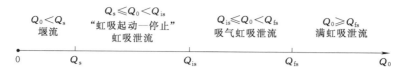

图 7.15 虹吸溢洪道泄流流态示意图

注：Q_s—形成虹吸泄流的下界流量；Q_{is}—形成吸气虹吸的下界流量；
Q_{fs}—形成满虹吸泄流的下界流量

2. "虹吸起动—停止"虹吸泄流$(Q_s \leqslant Q_0 < Q_{is})$

随着上游来流量 Q_0 逐渐增大，库水位继续上升，虹吸管道内泄流量增加，下游挑坎上的水深加大、流速增加，挑射水舌逐渐封堵下游管道的断面，水流带走挑坎上游管道内的空气，管道内形成真空，虹吸开始起动，虹吸管道由上游进口往下游出口逐渐形成满虹吸泄流（或吸气虹吸泄流）。形成虹吸泄流后，由于虹吸管道内的虹吸泄流量 Q 大于水库的上游来流量 Q_0，因此，库水位又开始逐渐下降。当库水位下降至上游通气孔进口断面高程附近时，通气孔吸入空气，虹吸管道内真空被破坏，虹吸泄流停止。

虹吸泄流停止后，若上游来流量 Q_0 保持在 Q_s 与 Q_{is} 之间某一个流量值，库水位又继续上升，重复出现上述的虹吸泄流过程。

综合现有的一些虹吸溢洪道水力模型试验成果表明[19-22]，各种体型的虹吸溢洪道的虹吸起动水头 H_M 约为 $D/4 \sim D/2$（H_M 为堰顶水头，D 为堰顶喉道断面的高度，见图 7.14）。据有关文献的报道，原型虹吸溢洪道的虹吸起动水头 H_s 大大小于水力模型试验值 H_M，如贵州省花溪水库虹吸溢洪道原型实测的虹吸起动水头 $H_s = 0.3m$，为其喉道高度 D 的 1/8.3，而水力模型试验值 $H_M = 0.65m$（$H_M/D = 1/3.8$）[19]。据分析，水力模型与原型虹吸溢洪道虹吸起动水头相差较大的主要原因为：受模型缩尺的影响，水力模型虹吸管道内流速比原型流速低，其水流挟气能力较弱，模型管道内产生真空所需的时间相应长一些，则水力模型形成虹吸起动的库水位相应高一些。由于水力模型和原型虹吸起动水头之间的关系较复杂，现阶段还无法准确地得出两者之间的关系，因此，水力模型与原型虹吸溢洪道虹吸起动水头的关系仍需要进一步探讨。

3. 吸气虹吸泄流（$Q_{is} \leqslant Q_0 < Q_{fs}$）

随着水库来流量 Q_0 继续增大，虹吸溢洪道形成虹吸起动泄流之后，库水位不再下降，此时，虹吸溢洪道的泄流量 Q 与水库来流量 Q_0 相等（即 $Q = Q_0$），但由于库水位仍较低，上游通气孔进口断面的淹没水深 h 较小，而虹吸溢洪道管道内负压值较大[23]，因此，上游通气孔间歇地吸入空气，虹吸管道沿程各断面上部形成气囊状的空腔，形成了吸气虹吸泄流状态。

4. 满虹吸泄流（$Q_0 \geqslant Q_{fs}$）

随着水库来流量 Q_0 继续增大，库水位继续上升，虹吸溢洪道的虹吸泄流量相应增大，虹吸溢洪道上游通气孔的吸气量逐渐减少。水力模型试验表明，当上游通气孔进口断面淹没水深 $h \geqslant 0.25m$ 时，空气不易从通气孔进入虹吸管道内，虹吸管道内形成满虹吸泄流，并随水库来流量增大和库水位上升，虹吸溢洪道泄流量也相应增大。因此，由水力模型试验可初步确定虹吸溢洪道上游通气孔进口断面淹没水深 $h=0.25\mathrm{m}$ 相应的泄流量为满虹吸的下界流量 Q_{fs}。

综合上述，在虹吸溢洪道泄流的四种形态中：①堰流、吸气虹吸阶段的虹吸溢洪道泄流量 Q 与水库来流量 Q_0 相等；②"虹吸启动—停止"虹吸泄流阶段的虹吸溢洪道泄流量 Q 大于水库来流量 Q_0；③满虹吸泄流时，虹吸溢洪道泄流量 Q 等于或小于水库来流量 Q_0。因此，准确地区分虹吸溢洪道各种泄流形态是非常必要的。

7.3.2.2 各阶段泄流形态临界流量的区分和计算

1. 虹吸启动泄流下界流量 Q_s

据分析，虹吸溢洪道虹吸启动水头 H_s 值主要与虹吸溢洪道堰顶喉道高度 D、陡坡段管道坡角 θ、下游挑坎形式和尺寸等有关。受模型缩尺的影响，水力模型测试的虹吸启动水头难于反映出原型工程的实际情况，综合现有的文献，初步可取虹吸溢洪道虹吸启动水头 $H_s=(D/8\sim D/6)$ 相应的水位为虹吸启动库水位，由此计算出形成虹吸启动泄流的下界单宽流量 q_s。

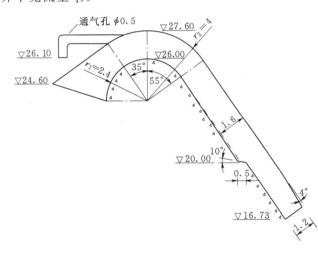

图 7.16 虹吸溢洪道剖面图（单位：m）

在图 7.16 的虹吸溢洪道体型中，若取其虹吸启动水头 $H_s=D/6=0.27\mathrm{m}$，则可根据实用堰泄流量计算公式（取流量系数 $m=0.4\sim0.5$），计算出溢洪道形成虹吸泄流的下界单宽流量 $q_s\leqslant0.32\mathrm{m}^3/(\mathrm{s\cdot m})$。由此可见，虹吸溢洪道形成虹吸启动泄流的单宽流量 q_s 一般较小。

2. 吸气虹吸泄流下界流量 Q_{is} 和满虹吸泄流下界流量 Q_{fs}

水力模型试验表明[20]，当水库上游来流量 Q_0 为 $Q_{is}\leqslant Q_0<Q_{fs}$ 时，库水位在上游通气孔进口断面附近波动（孔口断面淹没水深 $h<0.25\mathrm{m}$），通气孔吸入空气，虹吸管道内形成吸气虹吸泄流流态；当上游通气孔进口断面淹没水深 $h\geqslant0.25\mathrm{m}$ 时，空气不易从上游通气孔进入虹吸管道内，虹吸管道形成满虹吸泄流。因此，在初步计算中：①以上游通气孔进口断面高程与虹吸管道下游出口断面水位相应的水头差计算 Q_{is}；②以通气孔进口断面淹没水深 $h=0.25\mathrm{m}$ 处的水位与虹吸管道下游出口断面水位相应的水头差计算 Q_{fs}。

如图 7.16 所示的虹吸溢洪道，其堰顶高程 26.00m，上游通气孔进口断面高程 26.10m，堰顶喉道高度 $D=1.6\mathrm{m}$，宽度 $B=4\mathrm{m}$，溢洪道陡坡段管道坡角 $\theta=55°$，下游出口断面面积 $A_D=4.62\mathrm{m}^2$，虹吸管道下游为自由出游，上游通气孔进口断面至下游出口断面中心线落差为 9.03m。水力模型试验测试的虹吸溢洪道满虹吸泄流的流量系数 $\mu=0.843$，吸气虹吸泄流的下界流量 $Q_{is}=46\mathrm{m}^3/\mathrm{s}$，满虹吸泄流的下界流量 $Q_{fs}=52\mathrm{m}^3/\mathrm{s}$[20]；由计算可得 $Q_{is}=51.8\mathrm{m}^3/\mathrm{s}$，$Q_{fs}=52.5\mathrm{m}^3/\mathrm{s}$[21]。

计算表明，Q_{fs} 的计算值（52.5m³/s）与试验值（52m³/s）较接近，而 Q_{is} 的计算值（51.8m³/s）与试验值（46m³/s）相差较大，其原因为，当虹吸管道为吸气虹吸泄流时，虹吸溢洪道沿程管道断面上部出现气囊状的空腔，其泄流流量系数比满虹吸泄流流量系数相应小一些，按满虹吸泄流流量系数计算的吸气虹吸泄流的下界流量 Q_{is} 比实际值略大些，因此，可将吸气虹吸泄流的下界流量计算值乘以折减系数 0.9，作为实际的吸气虹吸泄流下界流量 Q_{is}。

7.3.3　陡坡和缓坡虹吸溢洪道区分

根据水力模型试验成果[20,24]，一般可根据虹吸溢洪道陡坡段与水平线夹角 θ 的大小，区分为缓坡虹吸溢洪道和陡坡虹吸溢洪道，当 $\theta < 30°$ 时，为缓坡虹吸溢洪道；$\theta \geq 30°$ 时，为陡坡虹吸溢洪道。这两种坡度的虹吸溢洪道有截然不同的水力特性（图 7.17 和图 7.18，$\theta_U = 35°$）。

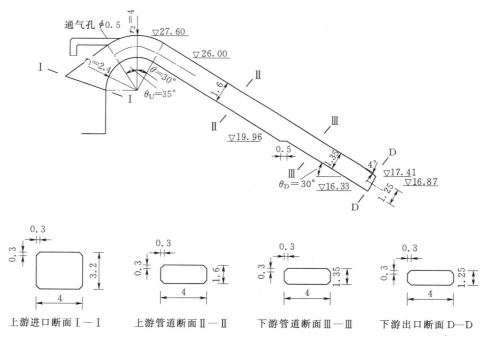

图 7.17　陡坡虹吸溢洪道布置图（单位：m）

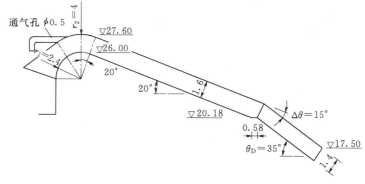

图 7.18　缓坡虹吸溢洪道布置图（单位：m）

虹吸溢洪道工作原理表明，进入虹吸溢洪道水流经下游挑坎挑射、封堵挑坎处对面的管壁后，虹吸溢洪道很快地形成虹吸启动泄流。因此，挑坎处管道的坡角不宜太小，否则无法封堵管道断面、难于形成虹吸泄流。水力模型试验表明，当 $\theta < 30°$ 时，为了促使虹吸溢洪道挑坎处水流较易封堵管道的断面，应使挑坎下游管道与水平线夹角 $\theta_D \geqslant 30°$、下游管道与上游管道的相对转角 $\Delta\theta < 20°$ 为宜，其原因为：①当 $\theta_D < 30°$ 时，挑坎的挑射水流较难于封堵挑坎处的管道断面，形成虹吸泄流较困难；②为了使挑坎上、下游管道水流较平顺衔接过渡，下游管道与上游管道的相对转角 $\Delta\theta$ 不宜太大，否则挑坎处水流较混乱，挑射水流撞击对面管壁后，甚至会出现向上游上窜的旋转流。

文献 [20]、文献 [24] 通过大量的试验研究，对缓坡度虹吸溢洪道（$\theta < 30°$）布置提出以下的建议：

$$\theta_D \geqslant 30° \tag{7.17}$$

$$\Delta\theta < 20° \tag{7.18}$$

在实际工程设计和运行中，虹吸溢洪道陡坡段的坡角 θ 一般大于 $10°$，则式（7.17）和式（7.18）可满足虹吸溢洪道体型设计的要求。

7.3.4 陡坡虹吸溢洪道泄流量计算

7.3.4.1 泄流量计算公式

虹吸溢洪道的体型设计方法可参考文献 [25] 等。在虹吸溢洪道体型确定的条件下，虹吸溢洪道泄流量的计算公式为

$$Q = \mu A_D \sqrt{2gH_e} \tag{7.19}$$

自由出流时：

$$\mu = \frac{1}{\sqrt{1 + \left(\sum \xi_{fi} + \sum \xi_{ji}\right)\left(\dfrac{A_D}{A_i}\right)^2}} \tag{7.20}$$

淹没出流、下游河道水流流速水头可忽略时：

$$\mu = \frac{1}{\sqrt{\left(\sum \xi_{fi} + \sum \xi_{ji}\right)\left(\dfrac{A_D}{A_i}\right)^2}} \tag{7.21}$$

淹没出流、下游河道水流流速水头不能忽略时：

$$\mu = \frac{1}{\sqrt{\left(\dfrac{A_D}{A_t}\right)^2 + \left(\sum \xi_{fi} + \sum \xi_{ji}\right)\left(\dfrac{A_D}{A_i}\right)^2}} \tag{7.22}$$

以上式中：μ 为虹吸溢洪道流量系数；g 为重力加速度；H_e 为虹吸溢洪道上、下游水头差；A_D 为虹吸管道下游出口断面面积；A_i 为虹吸管道各管段断面面积；$\sum \xi_{fi}$、$\sum \xi_{ji}$ 分别为虹吸管道断面为 A_i 时的各管段沿程水头损失系数 ξ_f 之和与局部水头损失系数 ξ_j 之和；A_t 为虹吸管道下游河道过水断面面积。

由式（7.19）～式（7.22）分析可知，在虹吸溢洪道体型尺寸和管壁材料确定的条件下，其沿程水头损失和局部水头损失也随之确定，由此可计算出虹吸溢洪道的流量系数及泄流量。实际工程运行的虹吸溢洪道管道内的流速 v 一般较大（v 约为 $7 \sim 10\text{m/s}$），管道内水流雷诺数 Re 可达 $10^6 \sim 10^7$ 量级以上，水流处于阻力平方区内，因此，可采用谢才公

式计算虹吸溢洪道的沿程水头损失。

7.3.4.2 虹吸溢洪道水头损失系数

根据式（7.19）～式（7.22），要计算虹吸溢洪道的泄流量，关键要确定虹吸溢洪道的各部位水头损失系数（图7.19）。参考有关文献[24,26-27]，可得出虹吸溢洪道各位置的水头损失系数见表7.17。

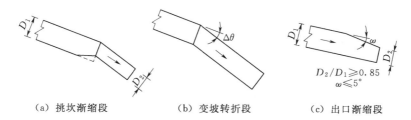

（a）挑坎渐缩段　　　　　　（b）变坡转折段　　　　　（c）出口渐缩段

图 7.19　管道体型示意图

表 7.17　　　　　　　　　　　　虹吸溢洪道管道水头损失系数

序号	位　　置	水头损失系数 ξ 或计算公式
1	进口断面	$\xi = 0.2 \sim 0.3$
2	进口渐缩段	$\xi = 0.03 \sim 0.05$
3	堰顶弯管段	$\xi = \sin\theta_0 \left[0.124 + 3.1 (D/2r_0)^{3.5} \right]$ （图 7.14：θ_0 为弯管段的角度，$\theta_0 = \theta_U + \theta$；$D$ 为弯管段的高度；r_0 为弯管段中心线半径）
4	挑坎渐缩段（图 7.19）	$\xi = \dfrac{1}{8} \left(1 - \dfrac{A_2}{A_1} \right)$ （A_1 为挑坎上游管道面积；A_2 为挑坎下游管道面积）
5	变坡转折段（图 7.19）	$\xi = 0.02 \sim 0.05 (\Delta\theta = 10° \sim 20°)$
6	出口渐缩段（图 7.19）	$\xi = 0.03 \sim 0.05$
7	管段沿程水头损失	$\xi = 2gn^2 L/R^{4/3}$（n 为管段壁面糙率，R 为水力半径）

7.3.4.3 泄流量计算

图 7.17 的虹吸溢洪道上游喉道（堰顶圆弧管道）和上游管道高度 $D = 1.6\text{m}$，挑坎下游管道高度为 1.35m，出口断面高度为 1.25m，宽度为 4m；管道壁面糙率 $n = 0.014$；堰顶圆弧管道中心线半径 $r_0 = 3.2\text{m}$，堰顶圆弧管道段角度 $\theta_0 = 65°$，陡坡段管道与水平线夹角 $\theta = 30°$，上游进口断面高度 $D_0 = 2D$。在库水位 $Z_a = 28.00\text{m}$ 时，库水位与管道下游出口中心线落差 $H_e = 28.00 - 16.87 = 11.13(\text{m})$，计算虹吸溢洪道的泄流量。

由上述参数计算可得：上游管道进口面积 $A_{\text{I}} = 12.62\text{m}^2$，上游管道面积 $A_{\text{II}} = 6.22\text{m}^2$，水力半径 $R_{\text{II}} = 0.592\text{m}$；下游管道面积 $A_{\text{III}} = 5.22\text{m}$，水力半径 $R_{\text{III}} = 0.523\text{m}$；下游管道出口面积 $A_{\text{D}} = 4.82\text{m}$。因此，可得 $(A_{\text{D}}/A_{\text{I}})^2 = 0.146$、$(A_{\text{D}}/A_{\text{II}})^2 = 0.6$、$(A_{\text{D}}/A_{\text{III}})^2 = 0.853$。各管段的水头损失计算见表7.18。

由式（7.19）和式（7.20）可计算得

$$\mu = \frac{1}{\sqrt{1 + \sum\xi}} = \frac{1}{\sqrt{1 + 0.346}} = 0.862$$

表 7.18　　　　　　　　　　　　　　　虹吸溢洪道参数计算

位　置	水　头　损　失	
	图 7.17 虹吸溢洪道（陡坡）	图 7.18 虹吸溢洪道（缓坡）
1. 进口断面 ξ_{j1}	$0.3 \times 0.146 = 0.044$	$0.3 \times 0.184 = 0.055$
2. 渐缩段 ξ_{j2}	$0.05 \times 0.6 = 0.03$	$0.05 \times 0.759 = 0.038$
3. 堰顶弯管段 ξ_{j3}	$0.134 \times 0.6 = 0.081$	$0.121 \times 0.759 = 0.092$
4. 挑坎渐缩段 ξ_{j4}	$0.02 \times 0.6 = 0.012$	$0.016 \times 0.759 = 0.012$
5. 变坡转折段 ξ_{j5}	0	$0.035 \times 0.759 = 0.027$
6. 出口渐缩段 ξ_{j6}	0.05	0
7. 堰顶圆弧段沿程水头损失 ξ_{f7}	$0.028 \times 0.6 = 0.017$	$0.024 \times 0.759 = 0.018$
8. 上游管段沿程水头损失 ξ_{f8}	$0.091 \times 0.6 = 0.055$	$0.133 \times 0.759 = 0.101$
9. 下游管段沿程水头损失 ξ_{f9}	$0.066 \times 0.853 = 0.057$	$0.059 \times 1 = 0.059$
总　　和	$\sum 0.346$	$\sum 0.402$

$$Q = \mu A_{\mathrm{D}} \sqrt{2gH_e} = 0.862 \times 4.82 \times \sqrt{2g \times 11.13} = 61.4 (\mathrm{m^3/s})$$

计算结果与水力模型试验结果 60.7m³/s 较接近[20]。

7.3.5　缓坡虹吸溢洪道泄流量计算

图 7.18 的虹吸溢洪道的上游喉道（堰顶圆弧管道）和上游管道高度 $D = 1.6$m，挑坎下游管道高度为 1.4m，宽度为 4m；堰顶圆弧管道中心线半径 $r_0 = 3.2$m，堰顶圆弧段角度 $\theta_0 = 55°$，上游进口断面高度 $D_0 = 2D$；库水位 $Z_a = 28.00$m，堰顶水深为 2m，库水位与管道下游出口中心线落差 $H_e = 11.07$m；下游出口断面面积 $A_{\mathrm{D}} = 5.42$m²。计算虹吸溢洪道的泄流量。

由上述参数计算：上游管道进口面积 $A_{\mathrm{I}} = 12.62$m²，上游管道面积 $A_{\mathrm{II}} = 6.22$m²，水力半径 $R_{\mathrm{II}} = 0.592$m；下游管道断面面积 $A_{\mathrm{III}} = A_{\mathrm{D}} = 5.42$m，水力半径 $R_{\mathrm{III}} = 0.537$m。因此，$(A_{\mathrm{D}}/A_{\mathrm{I}})^2 = 0.184$，$(A_{\mathrm{D}}/A_{\mathrm{II}})^2 = 0.759$。各段水头损失计算见表 7.18。

由式（7.19）和式（7.20）可计算得

$$\mu = \frac{1}{\sqrt{1 + \sum \zeta}} = \frac{1}{\sqrt{1 + 0.402}} = 0.845$$

$$Q = \mu A_{\mathrm{D}} \sqrt{2gH_e} = 0.845 \times 5.42 \times \sqrt{2g \times 11.07} = 67.5 (\mathrm{m^3/s})$$

计算结果与水力模型试验结果 65.7m³/s 较接近[20]。

7.3.6　虹吸溢洪道压强特性和计算

7.3.6.1　堰顶断面流速分布

在分析虹吸溢洪道堰顶喉道断面流速分布特性的基础上，可推导出堰顶喉道断面压强分布的计算公式。根据现有工程的设计资料，虹吸溢洪道堰顶的弯曲管段多设计为一同心圆弧管段。根据同心圆旋流的势流原理，假设虹吸溢洪道堰顶喉道断面上各点流速 u 与曲率半径 r 的乘积为一常数 T（图 7.20）：

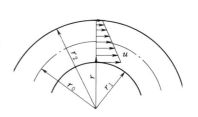

图 7.20　堰顶喉道断面流速分布图

$$ru = T \tag{7.23}$$

则堰顶断面平均流速 v 和单宽流量 q 为

$$v = \frac{1}{D}\int_{r_1}^{r_2} u\,\mathrm{d}r = \frac{T}{D}\ln\frac{r_2}{r_1} \tag{7.24}$$

$$q = vD = T\ln(r_2/r_1) \tag{7.25}$$

则：

$$T = vD/\ln(r_2/r_1) \tag{7.26}$$

7.3.6.2 堰顶断面压强分布计算公式

如图 7.21 所示的虹吸溢洪道堰顶圆弧曲线段，水流质点在做曲线运动时受到离心惯性力的作用，离心惯性力的方向与重力沿 y 轴方向相反，取 y 坐标原点于堰顶，方向向上，列出图 7.21 所示的沿 y 轴方向微分柱的受力平衡方程：

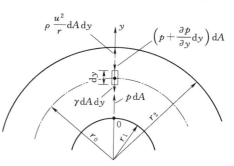

$$p\,\mathrm{d}A + \rho\frac{u^2}{r}\mathrm{d}A\,\mathrm{d}y - \gamma\,\mathrm{d}A\,\mathrm{d}y - \left(p + \frac{\partial p}{\partial y}\mathrm{d}y\right)\mathrm{d}A = 0$$

可推导出[20,23]

图 7.21 堰顶流体微分柱受力图

$$\frac{p}{\gamma} = \frac{p_1}{\gamma} - y + \frac{T^2}{2gr_1^2}\left[1 - \frac{r_1^2}{(r_1+y)^2}\right] \tag{7.27}$$

其中

$$T = vD/\ln(r_2/r_1)$$

式中：p_1/γ 为堰顶喉道断面底部压强。

7.3.6.3 堰顶管道断面压强计算公式

如图 7.22 所示的虹吸溢洪道堰顶断面上任一点压强值 p/γ（距离堰顶高度为 H_i），列出图 7.22 的 1—1 断面和 2—2 断面水流能量方程：

$$H_{\mathrm{d}} = \left(H_i + \frac{p}{\gamma}\right) + \alpha\frac{v^2}{2g} + \sum h_{\mathrm{w}} \tag{7.28}$$

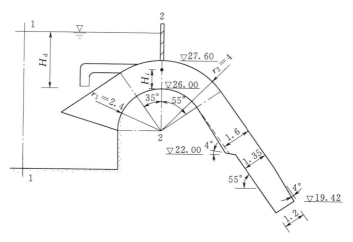

图 7.22 虹吸溢洪道堰顶压强计算示意图（单位：m）

当 $H_i = 0$ 时，式（7.28）为

$$\frac{p_1}{\gamma} = H_d - \alpha \frac{v^2}{2g} - \sum h_w \tag{7.29}$$

将式（7.29）代入式（7.27）得

$$\frac{p}{\gamma} = (H_d - y) - \left(\alpha \frac{v^2}{2g} + \sum h_w\right) + \frac{T^2}{2gr_1^2}\left[1 - \frac{r_1^2}{(r_1 + y)^2}\right] \tag{7.30}$$

式中：H_d 为堰顶水头；y 为堰顶以上测点的高度；α 为流速水头系数；$\sum h_w$ 为从管道进口到测点断面的总水头损失；r_1、r_2 分别为堰顶圆弧管段的内、外圆周半径。

采用式（7.30），可以计算出虹吸溢洪道堰顶弯管段喉道断面上任意一点压强值。对于虹吸溢洪道堰顶圆弧曲线段而言，其堰顶的负压值最大，可采用式（7.29）计算其堰顶的最大负压值。

7.3.6.4 流速水头系数 α 的分析和计算

对式（7.28）~式（7.30）中的流速水头系数 α 分析为：由堰顶喉道断面的压强 p/γ 和流速 u 分布特性可知，喉道断面的负压值 p/γ 和流速 u 分布特性同为底部大、上部小，该断面的负压值与流速值呈正比关系，因此，喉道断面底部最大负压值 p_1/γ 与底部最大流速 u_{max} 值有必然的关联。

由式（7.23）得
$$u = \frac{T}{r} \quad u_{max} = \frac{T}{r_1} = \frac{vD}{r_1 \ln(r_2/r_1)}$$

因为
$$\frac{p_1}{\gamma} \propto u_{max} \quad \frac{p_1}{\gamma} \propto v$$

所以，α 值与 $\dfrac{D}{r_1 \ln(r_2/r_1)}$ 有关，经过对水力模型实测资料的分析和计算，α 值初步可采用式（7.31）计算：

$$\alpha = \frac{kD}{r_1 \ln(r_2/r_1)} \quad (k = 1.15 \sim 1.20) \tag{7.31}$$

由分析可知，堰顶喉道断面为急流过流断面，水流受离心惯性力的影响较大，因此，该断面流速水头系数 α 值与堰顶圆弧管道的曲率半径 r 有关，r 较大时，水流受离心惯性力的影响相应较小，则负压值 p_1/γ 减小，α 值也相应较小，所以，式（7.31）的 α 值计算是符合堰顶喉道断面水流特性的。

7.3.6.5 虹吸溢洪道压强分布特性

一虹吸溢洪道（图7.22）在库水位 $Z_a = 28.00\text{m}$（堰顶水头 $H_d = 2\text{m}$）、堰顶喉道断面平均流速 $v = 8.6\text{m/s}$ 条件下，水力模型测试的虹吸管道沿程压强分布如图7.23所示[20]。

由大量的水力模型试验资料分析可知[20]，对于下游挑坎挑角 β 为负值（即挑坎倾斜向下布置）的虹吸溢洪道，其上游进口渐缩段和堰顶弯管段的负压值较大，堰顶喉道断面底部和顶部的负压值往往分别为其沿程管道底部和顶盖板的最大负压值，陡坡段管道负压值由上游往下游逐渐减小，下游挑坎及其下游管段局部区域有可能出现正压。由此可知，虹吸溢洪道沿

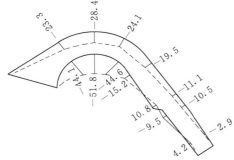

图 7.23 虹吸溢洪道沿程压强分布示意图（单位：kPa）

程管道以承受负压为主。

7.3.6.6 堰顶喉道断面最大负压值计算

（1）如图 7.22 所示的虹吸溢洪道进口体型，溢洪道宽度为 4m，其进口至堰顶喉道断面的水头损失系数计算见表 7.19，取式（7.31）的 $k=1.175$，可计算得流速水头系数 $\alpha=1.533$；根据式（7.29），堰顶喉道断面底部（即堰顶）最大负压值计算式为

$$\frac{p_1}{\gamma}=H_d-(\alpha+\sum\xi)\frac{v^2}{2g}=2-1.924\frac{v^2}{2g}$$

表 7.19　　　　　　　　虹吸溢洪道体型参数及水头损失系数计算表

进 口 体 型		图 7.22：$D=1.6m$，$r_1=2.4m$，$r_0=3.2m$，$r_2=4m$	安地水库（图 7.24）：$D=3m$，$r_1=5m$，$r_0=6.5m$，$r_2=8m$
堰顶水头 H_d/m		2	3.56
堰顶断面平均流速 v/(m/s)		8.6	8.87
流速水头系数 α		1.533（$k=1.175$）	1.47（$k=1.15$）
水头损失系数	进口 ξ_1	0.25	0.20
	渐缩段 ξ_2	0.04	0.03
	堰顶弯管段局部损失 ξ_3	0.085（$\theta_U=35°$）	0.071（$\theta_U=30°$）
	堰顶弯管段沿程损失 ξ_4	$\xi_4=2gn^2L/R^{4/3}=0.016$	0.011
	$\sum\xi$	0.391	0.312

注　θ_U 为堰顶弯管段上游进口断面至堰顶断面间的角度；n 为管壁糙率，取 $n=0.014$；L 为管段长度；R 为管道水力半径。

在堰顶水头 $H_d=2m$ 的情况下，堰顶最大负压的计算值与水力模型试验值[20]比较见表 7.20，两者均较符合。

表 7.20　　　　　图 7.22 体型堰顶最大负压计算值与水力模型试验值比较

堰顶喉道断面平均流速 v/(m/s)		7.72	8.36	8.60	9.36	9.93	10.56
压强 p /kPa	计算值 p_1	−37.7	−47.6	−51.5	−64.7	−75.3	−87.7
	试验值 p_2	−37.8	−47.5	−51.8	−61.4	−72.0	−85.5
$\frac{p_1-p_2}{p_2}\times100\%$		−0.26%	0.21%	−0.58%	4.70%	4.58%	2.57%

（2）安地水库虹吸溢洪道体型如图 7.24 所示[28]：堰顶喉道高度 $D=3m$，$r_1=5m$，$r_2=8m$；当堰顶水头 $H_d=3.56m$ 时，水力模型测试的溢洪道泄流单宽流量 $q=26.61m^3/(s\cdot m)$，堰顶最大负压值为 −33.3kPa。由表 7.19 的计算参数，可计算得堰顶最大负压值 $p=-35.2kPa$，与水力模型试验值较符合。

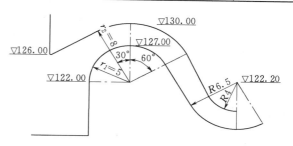

图 7.24　安地水库虹吸溢洪道剖面
示意图（单位：m）

217

7.3.6.7 堰顶喉道断面顶部压强计算

由式（7.30）可计算出堰顶喉道断面顶部的负压值，图 7.22 虹吸溢洪道和安地水库虹吸溢洪道进口段堰顶喉道断面顶部的负压计算值与水力模型试验值较为接近（表 7.21）。

表 7.21 喉道断面顶部压强计算值与水力模型试验值比较

方案	堰顶水头 H_d/m	喉道断面平均流速 $v/(m/s)$	喉道断面顶部压强 p/kPa	
			计算值	试验值
图 7.22	2	8.60	-26.9	-28.4
安地水库	3.56	8.87	-25.6	-22.3

7.3.6.8 虹吸管道内负压值的限制

根据文献［25］等的规定，虹吸管道内任意点的真空压强 p_i/γ 必须小于临界真空压强 $(p/\gamma)_{cr}$，$(p/\gamma)_{cr}$ 值的计算公式为

$$\left(\frac{p}{\gamma}\right)_{cr} = \frac{p_a}{\gamma} - \frac{Z_d}{900} - \frac{p_v}{\gamma} \tag{7.32}$$

式中：p_a/γ 为大气压强；Z_d 为虹吸溢洪道堰顶海拔高度；p_v/γ 为水的饱和蒸汽压强。

一般而言，为了确保虹吸溢洪道的安全运行，虹吸管道内最大真空压强 $(p_i/\gamma)_{max}$ 与 $(p/\gamma)_{cr}$ 的比值 $(p_i/\gamma)_{max}/(p/\gamma)_{cr} \leqslant 0.7$ 为宜。若堰顶喉道断面负压值过大，可改变喉道尺寸（如增大喉道高度 D 等），或缩小虹吸溢洪道下游出口断面，务必使负压值处于安全范围之内。

7.3.7 虹吸溢洪道水力特点和体型参数设计
7.3.7.1 虹吸溢洪道水力特点及应用分析

（1）虹吸溢洪道泄流量大，由式（7.19）可见，虹吸溢洪道在较小的堰顶水头情况下，可宣泄较大的洪水流量。因此，在溢洪道泄流能力不足，且堰顶水头较小及堰顶宽度拓宽较困难的情况下，虹吸溢洪道无疑是增大溢洪道泄流能力的一种有效方法。

（2）虹吸溢洪道自动启动泄流及停止泄流，可省去闸门及启闭设备，节省运行管理费用。

（3）虹吸溢洪道沿程管道以承受负压为主，尤其是上游进口渐缩段及堰顶圆弧管段的负压值较大，因此，其管道多用钢筋混凝土结构，施工技术要求较高；若虹吸管道陡坡段坡度较缓，其工程量和投资相应会增加。

（4）在"虹吸启动—停止"周期性虹吸泄流阶段，虹吸溢洪道的泄流量 Q 明显大于水库上游洪水来流量 Q_0，因此，在汛期小洪水流量运行时，虹吸溢洪道的下游河道将会经常承受较大洪水流量的防洪压力之中，其解决的方法为：①根据虹吸溢洪道泄洪流量和堰顶宽度，将其布置为多孔溢洪道，各孔的堰顶和通气口布置在不同高程上，在小洪水流量运行时，可避免多孔虹吸管道同时启动虹吸泄洪，减轻下游河道的防洪压力；②虹吸溢洪道最好与辅助溢洪道（如开敞式陡槽溢洪道等）结合运行，并将虹吸溢洪道堰顶高程布置稍高于辅助溢洪道的堰顶高程，一些常遇的小洪水流量由辅助溢洪道泄洪，在遇到较大的洪水流量时，则由虹吸溢洪道与辅助溢洪道共同泄洪。

（5）虹吸溢洪道形成满虹吸泄流之后，随泄流量 Q 的增加，库水位上升的速率明显

加快，这表明虹吸溢洪道满虹吸泄流之后，超泄能力较低。因此，采用虹吸溢洪道作为主溢洪道时，最好配以辅助溢洪道或非常溢洪道，方能充分发挥效益，确保工程安全运行[25]。

7.3.7.2 虹吸溢洪道体型设计

根据本节的试验研究成果及参考有关文献[20,25]，对虹吸溢洪道布置和体型设计分析如下：

（1）据工程设计的水文条件（正常蓄水位、设计洪水位或校核洪水位、下游河道水位、设计洪水泄流量等），选择虹吸溢洪道的堰顶高程和出口断面高程。通常，可选择水库的正常蓄水位为虹吸溢洪道的堰顶高程，下游出口断面应以下游出流为自由出流为宜。

（2）由设计洪水流量 Q 和管道断面平均流速 $v=8\sim9\text{m/s}$ 来初步选取喉道断面尺寸和管道断面尺寸。虹吸溢洪道断面高度为 D，宽度为 B，一般取 $B=(2\sim3)D$。

（3）虹吸溢洪道上游进口断面高度为 D_0，一般取 $D_0=2D$。堰顶通常采用圆弧曲线段，圆弧中心线曲率半径 $r_0=(1.8\sim2)D$，r_0 较大者，其堰顶水流较平顺，喉道断面的负压值较小，但虹吸溢洪道断面尺寸较大，工程量增加。因此，工程设计应综合考虑虹吸溢洪道堰顶圆弧段流态、喉道断面底部负压值、地形和地质条件等，选择较优值。

（4）虹吸溢洪道上游通气孔面积约为堰顶喉道断面面积的 $2.5\%\sim3\%$，通气孔进口断面一般取高于堰顶高程 $0.1\sim0.2\text{m}$ 为宜；虹吸溢洪道上游进口断面顶盖伸入堰顶以下高度为 $h_u=q^2/(2gD_0^2)$（式中：q 为溢洪道泄流单宽流量；D_0 为溢洪道上游进口断面高度）。根据文献［20］的研究成果，为了减轻上游进口水面的环流和漩涡的强度，一般可取 $h_u=1.1q^2/(2gD_0^2)$。

（5）根据工程的地形和地质条件，选择虹吸溢洪道陡坡段的坡角 θ。综合考虑虹吸溢洪道的运行流态和工程投资等因素，其陡坡段坡角 $\theta=40°\sim50°$ 较优。

（6）若虹吸溢洪道陡坡段坡角 $\theta<30°$，为了使其挑坎射流较易封堵挑坎处的管道断面，使挑坎上游和下游管道水流较平顺衔接过渡、形成虹吸泄流，建议挑坎下游管段的坡角 $\theta_D\geqslant30°$，上、下游管段的相对转角 $\Delta\theta<20°$。

在实际工程设计和运行中，虹吸溢洪道陡坡段的坡角 θ 一般大于 $10°$（即 $\theta>10°$，$i>1:5.6$），则式（7.17）和式（7.18）可以满足各种缓坡度虹吸溢洪道体型设计的要求。

（7）虹吸溢洪道挑坎处上、下游管道收缩率 $D_2/D_1\geqslant0.8$ 为宜（式中：D_1 为上游管道高度；D_2 为下游管道高度），陡坡段管道坡角 θ 较小者，D_2/D_1 可取较大值[20]。

（8）虹吸管道下游挑坎一般为水平挑坎或小负角度的挑坎，其水平投影长度 L 可根据 D_2/D_1 值或 $L\geqslant0.5\text{m}$ 的条件来确定；挑坎位置距下游出口断面顶盖最低点的高度 y_e 可按式（7.33）选取，挑坎下游坡角 θ_D 较小者，y_e 可取较大值。

$$y_e\geqslant(1\sim2.5)D_2 \tag{7.33}$$

式中：D_2 为挑坎下游管道的高度。

（9）计算出虹吸溢洪道的水头损失值之后，可计算出其流量系数 μ 和泄流量 Q，并复核计算值与设计值是否符合。

（10）计算虹吸溢洪道堰顶喉道断面底部的负压值 p_1，并校核其是否满足 $|p_1|/p_{cr}\leqslant0.7$（式中：p_{cr} 为临界真空压强）的条件。若喉道断面底部负压值 p_1 过大，则可以采

用缩窄下游管道出口断面高度（出口断面顶盖板收缩角 $\omega \leqslant 5°$）或增大喉道断面尺寸（将虹吸溢洪道断面高度 D 适当增大，以降低喉道断面及沿程管道的平均流速），降低喉道断面及沿程管道的负压值。

通过重复上述的方法，调整虹吸溢洪道的体型尺寸，使其泄流量和堰顶喉道断面的负压值满足设计的要求。

7.3.7.3　防止空蚀的措施

虹吸溢洪道内大部分区域呈负压状态，特别是其堰顶管段的负压值较大，因此，应防止管段内空蚀的现象。通常，减免管道表面空蚀的方法有：①控制管道表面的施工不平整度，将管道表面可能存在的突体坡度磨缓至防蚀的要求；②采用抗蚀能力强的材料等。

7.3.7.4　虹吸溢洪道下游消能问题

虹吸溢洪道泄流较集中，泄流单宽流量较大，应妥善解决其下游消能防冲的问题。在工程设计中，可根据虹吸溢洪道的泄流水头差、下游河道水位、下游河床地形和地质条件等，选择底流或挑流消能方式衔接过渡，以解决其上、下游水流衔接过渡的问题。

7.4　调压室模型糙率偏差引起试验成果误差的一种修正方法

7.4.1　问题提出

在实际的工程中，由于工程布置的需要，在水库与水电站之间需要设置较长的引水管道。当电站机组负荷突然变化时（如因事故突然丢弃负荷，或在较短的时间内启动机组等），电站机组流量急剧变化，引起引水管道内流速的变化，其管道内压力也随之发生变化，也即发生所谓的"水锤"，因此，电站负荷突然变化时，在引水管道中引起了非恒定流现象（即水锤过程）。当电站机组负荷变化较大且较急速时，引水管道内流速变化较大，管道内压力变化也相应较大，会对引水管道产生有害的影响，甚至会产生破坏。

通常，对于具有较长引水管道系统的水电站，常在靠近电站厂房的引水管道末端设置调压室（图 7.25）。调压室实际上是一个具有自由水面的筒式或井式建筑物，它的体积相对较大，它的作用如水库一样，当电站负荷变化产生水锤时，水锤波遇到调压室后产生反射，从而限制了水锤压力继续向上游引水管道传播，减弱或避免水锤压力对引水管道的影响。

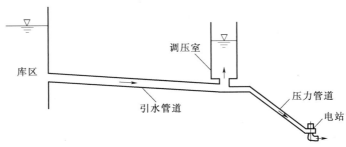

图 7.25　电站调压室系统布置示意图

由于调压室系统（水库—引水管道—调压室—电站等）水流条件较复杂，工程设计的调压室系统方案往往需经过水力模型试验或数学模型论证后，得出优化方案，为工程设计提供科学依据。

SL 655—2014《水利水电工程调压室设计规范》[29]指出，大型水电站调压室或结构复杂的调压室，宜进行局部模型试验或整体模型试验；对于调压室涌波试验模型，模型律应按照压力水道水流运动方程和调压室连续方程分析确定。

7.4.2 解决方法

如图 7.26 所示，水库—引水管道—调压室系统水流运动方程和连续方程为

$$\frac{L}{gf}\frac{dQ}{dt} - Z + h_f + h_z = 0 \tag{7.34}$$

其中

$$h_f = \frac{n^2 Q^2 L}{f^2 R^{4/3}}, \quad h_z = \eta \frac{Q_z^2}{\omega^2}$$

$$Q = q - F\frac{dZ}{dt} \tag{7.35}$$

以上式中：L 为引水管道长度；Z 为调压室水位；f 为引水管道的断面面积；Q 为引水管道的过流量，$Q = fv$；q 为压力管道的过流量；F 为调压室的断面面积；g 为重力加速度；h_f 为引水管道的沿程水头损失；n 为引水管道糙率；R 为引水管道水力半径；h_z 为水流通过阻抗孔的阻抗损失；η 为阻抗孔阻力系数；ω 为阻抗孔面积；Q_z 为通过阻抗孔的流量。

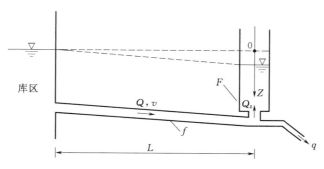

图 7.26 调压室体型和水力参数示意图

在调压室涌浪水力模型试验中，由水库—引水管道—调压室系统水流运动方程和连续方程［式（7.34）和式（7.35）］，选择合理的模型比尺和参数，使调压室系统的模型流态与原型流态相似，开展调压室涌浪试验研究，其试验研究成果可为工程设计提供科学依据。电站调压室系统水力模型相似性关系和比尺参数选取等可参考有关的文献[30-31]。

在调压室水力模型试验过程中，首先要精心设计和制作一座调压室系统模型，调压室系统模型的引水管道、调压室等多采用有机玻璃材料制作（图 7.26 和彩图 20）。当调压室模型修建好之后，需检验模型（主要是引水管道）的实际糙率与模型设计糙率（此糙率为工程设计的原型糙率按模型比尺关系换算）是否相符合。

一般而言，受模型材料、模型制作工艺和水平等条件的限制，调压室模型的实际糙率与要求的模型设计糙率无法完全相等，总会存在一定的偏差；其次，钢筋混凝土的引水管道表面糙率是在一定范围内变化的，其最小糙率与最大糙率的变化范围约为 0.012～

0.015。在实际工程运行中，应针对电站不同的运行工况选取不同的糙率进行研究，以满足工程的安全运行。为了便于分析，将调压室水力模型实际糙率 n_1 和设计糙率 n 均按模型比尺关系换算为原型糙率值。

为了简化问题，对形式最简单的调压井——圆筒式调压井进行研究，其水流运动方程和连续方程为

$$\frac{L}{g}\frac{\mathrm{d}v}{\mathrm{d}t} - Z + \frac{n^2 v^2}{R^{4/3}}L = 0 \tag{7.36}$$

$$Q = q - F\frac{\mathrm{d}Z}{\mathrm{d}t} \tag{7.37}$$

令 $g/L = A$，$g/R^{4/3} = B$，$f/F = C$，机组关闭后，$q = 0$；则式（7.36）和式（7.37）可写为

$$\frac{\mathrm{d}v}{\mathrm{d}t} - AZ + Bn^2 v^2 = 0 \tag{7.38}$$

$$\frac{\mathrm{d}Z}{\mathrm{d}t} = -CV \tag{7.39}$$

设调压室模型实际糙率 n_1 与设计糙率 n 差值为 Δn，有 $n_1 = n + \Delta n$，则引起调压室系统水力参数变化为：$v_1 = v + \Delta v$，$Z_1 = Z + \Delta Z$（式中：v、Z 为相应设计糙率的调压室系统引水管道流速和调压室水位；Δv、ΔZ 为模型实际糙率 n_1 与设计糙率 n 偏差而产生的变化值）。由 $v_1 = v + \Delta v$ 和 $Z_1 = Z + \Delta Z$ 代入式（7.38）和式（7.39），并忽略高阶微量得[31]

$$\frac{\mathrm{d}v}{\mathrm{d}t} + \frac{\mathrm{d}(\Delta v)}{\mathrm{d}t} - AZ - A(\Delta Z) + B[n^2 v^2 + 2nv^2(\Delta n) + \\ v^2(\Delta n)^2 + 2n^2 v(\Delta v) + 4nv(\Delta n \Delta v) + n^2(\Delta v)^2] = 0 \tag{7.40}$$

$$\frac{\mathrm{d}Z}{\mathrm{d}t} + \frac{\mathrm{d}(\Delta Z)}{\mathrm{d}t} = -Cv - C(\Delta v) \tag{7.41}$$

由式（7.40）和式（7.41）可得

$$\frac{\mathrm{d}v}{\mathrm{d}t} - AZ + Bn^2 v^2 = 0 \tag{7.42}$$

$$\frac{\mathrm{d}Z}{\mathrm{d}t} + Cv = 0 \tag{7.43}$$

$$\frac{\mathrm{d}(\Delta v)}{\mathrm{d}t} - A(\Delta Z) + B[2nv^2(\Delta n) + v^2(\Delta n)^2 + \\ 2n^2 v(\Delta v) + 4nv(\Delta n \Delta v) + n^2(\Delta v)^2] = 0 \tag{7.44}$$

$$\frac{\mathrm{d}(\Delta Z)}{\mathrm{d}t} + C(\Delta v) = 0 \tag{7.45}$$

由分析可知，式（7.42）和式（7.43）的解是满足模型实际糙率 n_1 与设计糙率 n 相等的解，在此不作详细的讨论。式（7.44）和式（7.45）是由于模型实际糙率 n_1 与设计糙率 n 不相等，产生的模型水力参数变化的规律。以下从电站发电甩荷的调压室涌浪波形图来分析模型糙率偏差所产生的影响。

假设调压室系统模型的实际糙率 n_1 大于其设计糙率 n，则在机组负荷变化之前的恒定流初始状态下（$v = v_{\max}$，$v_{\max}$ 为电站机组满负荷发电运行引水管道的平均流速），调压

室的实际水位（Z_{01}）低于其设计条件下的水位（Z_0），其差值为 ΔZ_0（图 7.27），ΔZ_0 可由计算得出。当机组全甩负荷时，设计糙率条件下的调压室涌浪第一振幅水位可达到 Z_n，其振幅值为 A_n；在实际糙率条件下，若不考虑实际糙率增大对非恒定流的影响，其振幅 A_1 也会达到 A_n（即 $A_{n1}=A_n$）。但实际上管道内涌向调压室的水流受管道糙率增大的影响，流速略有减小，管道水流的惯性作用减小，调压室涌浪第一振幅水位略有降低，设此时的调压室涌浪第一振幅水位为 Z_{n1}，则有

$$|Z_n - Z_{n1}| \geqslant \Delta Z_0$$

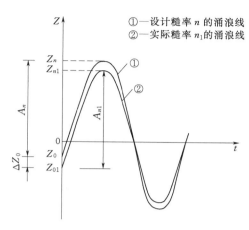

图 7.27　调压室涌浪振幅示意图

实际上，在管道沿程糙率增加不多的情况下，所增加的糙率对管道内的流速影响是微小的，若不考虑调压室涌浪过程中的糙率变化对管道内非恒定流的影响，则式（7.44）可写为

$$A(\Delta Z) = 2Bn(\Delta n)v^2 + B(\Delta n)^2 v^2$$

$$\Delta Z = \frac{2Bn(\Delta n)v^2 + B(\Delta n)^2 v^2}{A}$$

代入 $A=g/L$ 和 $B=g/R^{4/3}$，当 $v=v_{\max}$ 时，则有

$$\Delta Z_{\max} = \Delta Z_0 = \frac{n^2 v_{\max}^2 L}{R^{4/3}} \left[\frac{2\Delta n}{n} + \left(\frac{\Delta n}{n} \right)^2 \right] \tag{7.46}$$

式中：n 为调压室引水管道的设计糙率；$v_{\max}$ 为电站机组满负荷发电的引水管道流速；R 为引水管道水力半径；L 为引水管道的长度；Δn 为引水管道实际糙率 n_1 与设计糙率 n 的差值。

式（7.46）可近似计算由于水力模型糙率偏差引起的调压室水位波动第一振幅水位的偏差。

式（7.46）的意义如图 7.27 所示：

（1）图中①线是调压室系统设计糙率 n 条件下的涌浪线，②线是调压室系统实际糙率 n_1 条件下的涌浪线。

（2）由于两者糙率有偏差（图中设 $n_1 > n$），因此，在电站机组负荷变化之前的恒定流状态下（时间 $t=0$），调压室的实际水位②线低于①线水位，两者起始水位差值为 ΔZ_0。

（3）由于调压室系统模型试验中的实际糙率 n_1 与其设计糙率 n 偏差一般较小，糙率偏差对引水管道内不恒定流流速影响较小，若忽略调压室涌浪过程中的糙率偏差对管道内不恒定流流速的影响，则可认为①线和②线的涌浪第一振幅值相等（即 $A_n=A_{n1}$），两者第一振幅值水位差 $(Z_n - Z_{n1}) = \Delta Z_{\max} = \Delta Z_0$。

7.4.3　成果的应用和意义

7.4.3.1　成果应用

本成果在广州抽水蓄能电站（简称广蓄电站）上游调压室水力模型试验中得到了应

用。广蓄电站上游调压室水力模型引水管道实际糙率经率定 $n_1=0.014$（已换算为原型值），其原型设计糙率 $n=0.012\sim0.014$。在电站 4 台机组发电全甩负荷工况时，要求采用原型设计最小糙率 $n=0.012$，则 $\Delta n=0.002$；调压室系统的其他参数为：4 台机组运行的引水管道流速 $v=4.29\text{m/s}$，引水管道长度 $L=850\text{m}$，引水管道水力半径 $R=2.25\text{m}$；则由式（7.46）计算得 $\Delta Z_{\max}=0.28\text{m}$。

由于模型引水管道实际糙率 n_1 大于其设计糙率 n，水力模型试验的调压室涌浪第一振幅水位值比实际的涌浪第一振幅水位值低 0.28m，因此，在水力模型试验的第一振幅 Z_{n1} 加上 $\Delta Z_{\max}=0.28\text{m}$，就可以得出修正后的调压室涌浪第一振幅实际水位值，大大提高了试验成果的精度（图 7.27）。

7.4.3.2　成果意义

对于水力模型糙率偏差的调压室水力模型试验成果的修正，以往采用较多的是以图解法来检验试验成果的涌浪第一振幅是否合理，认为当图解法与水力模型试验值的相对误差不超过 5% 时，水力模型试验成果是满足要求的。由于图解法的过程较复杂和烦琐，工作量较大，同时也存在着误差传递和误差累积等问题，应用不够方便。

本节提出的调压室系统水力试验模型实际糙率 n_1 与模型设计糙率 n（即相应工程设计原型糙率）不相似造成的试验成果偏差的修正计算公式［式（7.46）］，具有计算成果精度较高、计算简单方便等优点，该方法在 1988 年得到了清华大学非恒定流专家王树人教授的高度赞赏，认为是一个创举。

7.5　抽水蓄能电站岔管群水力特性研究

7.5.1　概述

岔管是水电站管路系统的一个重要组成部分，当引水管路末端需连接多台机组时，管路必须设置分岔管，甚至形成岔管群。抽水蓄能电站与常规水电站不同，其具有发电和抽水两种不同的运行功能，因此，抽水蓄能电站岔管水力特性比常规水电站复杂得多。

广州抽水蓄能电站是我国已建成运行的第一座大型抽水蓄能电站，其一期工程安装 4 台单机容量为 300MW 抽水蓄能机组，在工程设计的前期，对其上游引水岔管段的水头损失、流态等进行了水力模型试验研究。本节介绍广蓄电站上游引水岔管群水头损失和流态等试验研究成果[32]。

7.5.2　广蓄电站一期上游岔管体型布置

广蓄电站一期工程上游引水岔管体型布置的 3 个方案如图 7.28 所示，该引水岔管采用一主管向四台机组供水的卜型高压分岔管群，各岔管的岔角 $\theta=60°$、支管管径 $d=3.5\text{m}$。设计的发电流量为 $4\times68.25\text{m}^3/\text{s}$，抽水流量为 $4\times55.58\text{m}^3/\text{s}$。

7.5.3　水力模型设计和试验设备

广蓄电站一期上游引水岔管水力模型为 1:35 的正态模型（图 7.29）。岔管段模型水流雷诺数 $Re=(4\sim20)\times10^4$，满足模型管道水流为充分紊流的要求。岔管段分岔点的上、下游管道的模拟长度 $L\geqslant25D$（D 为相应管段的直径）[32,33]。

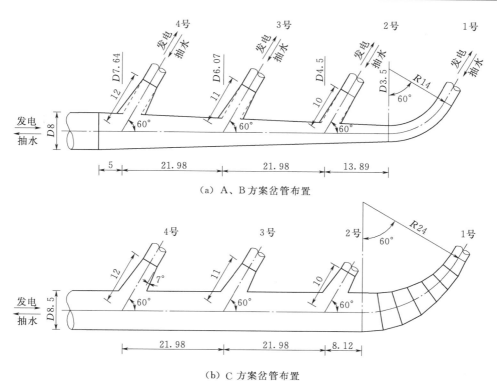

（a）A、B方案岔管布置

（b）C方案岔管布置

图7.28 广蓄电站一期工程上游引水岔管体型布置图（单位：m）

（a）B方案岔管　　　　　　　　　　　　　（b）C方案岔管

图7.29 广蓄电站上游引水岔管模型

岔管段模型采用有机玻璃管按几何比尺缩制，有机玻璃管壁糙率经率定为 $n_M = 0.085$，可满足原型混凝土隧洞壁面糙率（$n_P = 0.014 \sim 0.016$）相似的要求。

岔管段模型测压断面布置在管道断面压强和流速分布较均匀的断面上，岔管段管道内断面的流场采用 D3mm 微型毕托管，由管壁开口伸入管道内测试，测试时开口管壁作密封止水处理。

7.5.4　岔管段水头损失计算公式

采用伯努利水流能量方程，可计算出各岔管段的水头损失。

1. 发电工况

水头损失：
$$\Delta H_{mi} = H_m - H_i + \frac{v_m^2 - v_i^2}{2g} \tag{7.47}$$

水头损失系数：
$$K_{gi} = \frac{\Delta H_{mi}}{v_i^2 / 2g} \tag{7.48}$$

2. 抽水工况

水头损失：
$$\Delta H_{im} = H_i - H_m + \frac{v_i^2 - v_m^2}{2g} \tag{7.49}$$

水头损失系数：
$$K_{pi} = \frac{\Delta H_{im}}{v_i^2 / 2g} \tag{7.50}$$

式中：H_m、H_i 分别为岔管段主管和各支管测压断面压强水头值，$i=1$、2、3、4；v_m、v_i 分别为主管和各支管测量断面的平均流速；ΔH_{mi} 为主管流向支管的水头损失；ΔH_{im} 为支管流向主管的水头损失；K_{gi} 为发电工况；K_{pi} 为抽水工况。

在式（7.47）和式（7.49）计算的水头损失中，包含了岔管段的沿程水头损失，但其占相应的岔管段局部水头损失的比例较小，计算中一起归入岔管段的局部水头损失中。

7.5.5　A 方案岔管段水头损失

7.5.5.1　岔管布置

A 方案岔管的主管段上游段管径 $D=8m$，经下游长 62.85m 管段后，管径收缩至 3.5m。2 号～4 号支管与主管段连接的分岔角 $\theta=60°$、支管管径 $d=3.5m$，支管无锥；在 2 号岔管的下游主管收缩段末端，以半径 $R=14m$、圆心角 60°的圆弧段与 1 号支管连接，1 号支管管径 $d=3.5m$（图 7.28）。

7.5.5.2　发电工况

不同机组组合运行的岔管群各岔、支管的水头损失系数见表 7.22。

表 7.22　　　　　　　　　　引水岔管水头损失系数

岔（支）管号	运行方式		水 头 损 失 系 数					
			发电工况			抽水工况		
			A 方案	B 方案	C 方案	A 方案	B 方案	C 方案
4 号	单机		0.59	0.20	0.20	0.93	0.40	0.44
	双机	4，3 号	0.48	0.20	0.17	0.90	0.38	0.43
		4，2 号	0.48	0.20	0.17	0.89	0.39	0.44
		4，1 号	0.49	0.20	0.17	0.89	0.39	0.42
	三机	4，3，2 号	0.49	0.27	0.20	0.75	0.31	0.37
		4，3，1 号	0.50	0.27	0.22	0.72	0.31	0.36
		4，2，1 号	0.50	0.27	0.21	0.72	0.30	0.37
	四机		0.65	0.33	0.25	0.56	0.20	0.32

续表

岔（支）管号	运行方式		水 头 损 失 系 数					
			发电工况			抽水工况		
			A方案	B方案	C方案	A方案	B方案	C方案
3号	单机		0.52	0.24	0.20	0.86	0.40	0.44
	双机	3，4号	0.54	0.27	0.19	0.70	0.36	0.40
		3，2号	0.50	0.29	0.18	0.73	0.37	0.45
		3，1号	0.50	0.30	0.18	0.79	0.39	0.43
	三机	3，4，2号	0.57	0.31	0.20	0.69	0.37	0.42
		3，4，1号	0.53	0.32	0.19	0.74	0.40	0.43
		3，2，1号	0.86	0.49	0.19	0.63	0.37	0.42
	四机		0.84	0.46	0.23	0.68	0.20	0.47
2号	单机		0.46	0.30	0.20	0.76	0.43	0.44
	双机	2，4号	0.44	0.29	0.23	0.74	0.40	0.42
		2，3号	0.47	0.31	0.22	0.77	0.49	0.43
		2，1号	0.86	0.74	0.20	0.92	0.65	0.34
	三机	2，4，3号	0.48	0.35	0.25	0.73	0.52	0.41
		2，4，1号	0.88	0.72	0.21	0.88	0.70	0.36
		2，3，1号	0.91	0.74	0.21	1.14	0.92	0.38
	四机		0.88	0.74	0.26	1.20	1.06	0.43
1号	单机		0.33	0.34	0.21	0.25	0.26	0.49
	双机	1，4号	0.36	0.36	0.22	0.23	0.22	0.43
		1，3号	0.35	0.37	0.22	0.26	0.29	0.44
		1，2号	0.39	0.42	0.22	0.67	0.71	0.47
	三机	1，4，3号	0.41	0.38	0.24	0.25	0.32	0.41
		1，4，2号	0.46	0.38	0.24	0.66	0.74	0.43
		1，3，2号	0.49	0.40	0.25	0.91	0.97	0.43
	四机		0.50	0.45	0.26	0.94	1.07	0.48
各方案平均水头损失系数 K_i			0.553	0.372	0.212	0.737	0.480	0.419
K_i/K_A			1.0	0.672	0.384	1.0	0.652	0.568

注　K_i 中 i 代表 A、B、C；K_i/K_A 代表 K_A/K_A、K_B/K_A、K_C/K_A。

（1）单机运行时，1号支管的水头损失最小，4号岔管的水头损失最大，其水头损失系数分别为 0.33 和 0.59，这表明管道内水流进入旁侧岔管产生的水头损失远大于进入弯管段的水头损失。

（2）双机运行时，以 4 号（或 3 号）机组与 1 号机组组合运行的水力条件较佳；三机运行时，以 4 号、3 号和 1 号机组组合运行的水力条件较佳。

（3）四台机组满发运行时，各岔、支管的水头损失系数达 0.5～0.88，其中 2 号岔管的水头损失最大（水头损失系数达 0.88），1 号支管的水头损失最小（水头损失系数为 0.5）。

7.5.5.3　抽水工况

（1）单机运行时，仍以 1 号支管的水头损失最小，4 号岔管的水头损失最大，其水头损失系数分别为 0.25 和 0.93；2 号、3 号岔管段水头损失系数分别达 0.76 和 0.86，水头损失仍较大。

（2）双机运行时，以 3 号（或 4 号）机组与 1 号机组组合运行的水力条件较佳；三机运行时，以 4 号、3 号和 1 号机组组合运行的水力条件较佳。

（3）四台机组满负荷运行时，各岔、支管的水头损失系数达 0.56～1.2，其中仍以 2 号岔管的水头损失最大（水头损失系数达 1.2），4 号岔管的水头损失最小（水头损失系数为 0.56）。

7.5.6　B 方案岔管段水头损失

7.5.6.1　岔管布置

在 A 方案的基础上，B 方案 4 号、3 号和 2 号岔管的锥角 α 分别为 7°、5°和 2.4°，1 号支管布置不变（图 7.28）。

7.5.6.2　发电工况

（1）岔管的支管加设锥角之后，4 号岔管的水力特性改善最大，其平均水头损失系数为 0.24（单机～四机运行工况，下同），只有 A 方案岔管相应水头损失的约 46%；3 号和 2 号岔管的平均水头损失系数（分别为 0.34 和 0.52）也分别只有 A 方案相应岔管的约 55% 和 78%。

（2）双机运行时，以 4 号和 3 号机组组合运行工况较佳；三机运行时，仍以 4 号、3 号和 1 号机组组合运行工况较佳。

（3）四台机组满发运行时，各岔、支管的水头损失系数达 0.33～0.74，其中 2 号岔管的水头损失系数达 0.74，4 号岔管的水头损失系数为 0.33；4 号～1 号岔、支管的平均水头损失系数为 0.5，只约为 A 方案的 69%。

7.5.6.3　抽水工况

（1）4 号岔管的平均水头损失系数为 0.34，只有 A 方案岔管水头损失的 42% 左右；3 号和 2 号岔管的平均水头损失也分别只有 A 方案相应岔管的约 50% 和 73%。

（2）双机运行和三机运行时，其较优组合的机组运行方式与 A 方案相同。

（3）四台机组满负荷运行时，各岔、支管的水头损失系数约为 0.2～1.07，其中 2 号和 1 号岔、支管的水头损失系数达 1.06～1.07，水头损失较大。

7.5.7　C 方案岔管段水头损失

7.5.7.1　岔管布置

C 方案岔管的主管段管径 $D=8.5\text{m}$，4 号、3 号和 2 号岔管的支管管径 $d=3.5\text{m}$，各岔管的锥角 α 为 7°；主管段在 2 号岔管的下游，经半径 $R=24\text{m}$、圆心角 60°的渐缩圆弧段与 1 号支管连接（图 7.28）。

7.5.7.2　发电工况

（1）在各种机组组合运行工况下，各岔、支管的水头损失明显比 A、B 方案相应的水头损失小得多，C 方案各岔、支管总平均水头损失分别只有 A、B 方案的约 38% 和 57%。

（2）四台机组满发运行时，各岔、支管的平均水头损失系数为 0.25，分别约为 A、B 方案相应水头损失的 35% 和 50%，减小岔、支管水头损失的效果较显著。

7.5.7.3 抽水工况

（1）在各种机组合运行工况下，C 方案各岔、支管水头损失值均较接近，其 4 号、3 号岔管的平均水头损失比 B 方案略大，约为 B 方案的 1.17～1.18 倍；而 2 号岔管和 1 号支管的平均水头损失分别约为 B 方案的 62% 和 78%。

（2）四台机组满负荷运行时，其平均水头损失系数为 0.43，约为 B 方案的 63%。

7.5.8 岔管段的流场

岔管段的管道分岔之后，水流从主管道进入旁侧岔管（发电工况）或从支管（岔管）进入主管（抽水工况），管道的水流边界条件急剧改变引起了水流结构剧烈的变化，水流被扰动，水流与管壁撞击，并产生漩涡（图 7.30）。

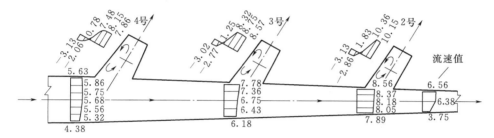

(a) 发电工况（流量：4×68.25m³/s）

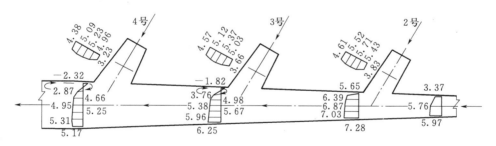

(b) 抽水工况（流量：4×55.58m³/s）

图 7.30 B 方案岔管段流场图（流速单位：m/s）

发电工况下，各岔口部的下游岔支管（或锥管过渡管段）上游侧（或称内侧）易产生涡流，A、B 方案各岔管的涡流区域范围和强度大于 C 方案。抽水工况下，由岔管进入主管段的水流在岔口部下游转折点的主管近壁区域极易产生涡流（主管段水流呈加速状态除外）。

由图 7.30 的 B 方案岔管段流场分析可知：

（1）发电工况下，各岔管的锥管过渡段上游侧产生了涡流，其中以 2 号岔管的涡流范围和强度较大，恶化了流态，增加了水头损失。

（2）抽水工况下，4 号、3 号岔管岔口部下游的主管近壁区域产生了局部涡流区，其回流流速约为 2～3m/s；2 号岔管水流进入主管呈加速状态，无涡流产生。

7.5.9　岔管段体型优化分析

试验表明，岔管段的分岔管道引起水流的局部水头损失是较大的。如广蓄电站上游引水岔管在发电和抽水工况下的局部水头损失，接近该电站进出水口段局部水头损失和约 1km 长的引水隧洞沿程水头损失之和[32]，由此造成的电站电能损失是较大的。

一般认为，岔管段水头损失较大的原因是水流进入岔管分岔区域后，受到几何形状急剧变化管壁的扰动，水流内部不断产生漩涡和漩涡的发展，水流紊动加剧，水流质点之间进行强烈的动量交换，因而造成较大的水流能量损失。由分析可知，减少"卜"形岔管群水头损失的方法如下：

（1）在发电和抽水工况下，主、岔管水流过渡应分别使水流处于缓慢地逐渐加速（发电分流）和减速（抽水汇流）状态。

C 方案岔管段发电和抽水工况下的主、岔管水流过渡，分别处于逐渐加速和减速状态，故 C 方案的各岔管水头损失较小。

在 A、B 方案中，其 4 号、3 号岔管水头损失比 2 号岔管小得多（B 方案尤其明显），由于 2 号岔管岔口上游的主管段过水断面较小，当 2 号与 1 号等多台机组联合运行时，发电工况主管水流向 2 号岔管、1 号支管过渡时为减速状态，而抽水工况 2 号岔管、1 号支管水流向主管过渡时为加速状态，恶化了岔管流态，尤其是主管向岔（支）管分流过渡处于减速状态更易产生漩涡，故增加了 2 号与 1 号岔、支管的水头损失。

（2）由试验分析可知，岔管群的主管分岔后有一锥管过渡段是非常必要的。在发电和抽水工况下，锥管过渡段的作用分别使主管水流较平顺地进入支管，并逐渐加速，或使支管水流较平顺地进入主管，并逐渐减速，减少岔管分岔区几何形状急剧变化对水流的强烈扰动；此外，分岔管的支管加锥角后，岔管水流的实际转角 θ_1 比其名义的岔角 θ 相对减小（θ_1 为分岔管上缘管线与主管段轴线的交角，如图 7.31 所示），有效地减小岔管段的水头损失。

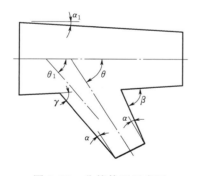

图 7.31　岔管体型示意图

如 B 方案发电和抽水工况的总平均水头损失分别约为 A 方案总平均水头损失的 67.2％和 65.2％，减小水头损失的效果较显著。但支管加锥角后，岔口处主管壁的破口面积加大，于结构不利。如 B 方案 4 号岔管发电和抽水工况的平均水头损失分别只有 A 方案的约 47％和 42％，但其岔口面积也比 A 方案增大 1 倍多。因此，分岔支管锥角 α 设置应综合考虑水力和结构两方面条件的利弊来选择。

（3）在岔管体型尺寸已确定的条件下，各岔管的局部水头损失与主、支管的流速比值有关。在广蓄电站的各方案岔管体型中，各岔、支管之间水流相互影响是较明显的，水流相互影响的程度取决于各岔管的间距和岔管段的流速值。文献［34］的研究认为，当岔管群各岔管相对间距 $S/D \geqslant 12.5$ 时（S 为岔管间间距，D 为相应主管的直径），各岔管之间水流相互影响已基本消失，各岔管的水力特性与单岔管相同。虽然 C 方案的主管管径相对 A、B 方案大一些，要减小 C 方案各岔、支管水流的相互影响，其各岔、支管的间距 S 应相对大一些，但由于 C 方案主管段内流速比 A、B 方案主管段内流速要小，故 C 方案各岔管间水流相互影响程度比 A、B 方案小一些。因此，岔管段的各岔、支管水流相互影响程度不仅与其相对间距 S/D 有关，而且与其主管段内的流速大小有关。

在发电工况下，各方案 4 号岔管的水力特性可近似看作单岔管，由图 7.32 各方案 4 号岔管水头损失系数 K_{g4}（下角 g 代表发电工况，4 代表 4 号岔管）与 v_4/v_m（v_4 为 4 号岔管支管的平均流速，v_m 为其上游主管的平均流速）关系可得：当 $v_4/v_m=2\sim3$ 时，K_{g4} 值一般较小；$v_4/v_m>3$ 时，K_{g4} 值逐渐增大，其中以支管无锥角（A 方案）的岔管 K_{g4} 值增加的速度较快，而支管有锥角（B、C 方案）的岔管 K_{g4} 值增加的速度较慢；当 $v_4/v_m<1.5$ 时，K_{g4} 值迅速增加。

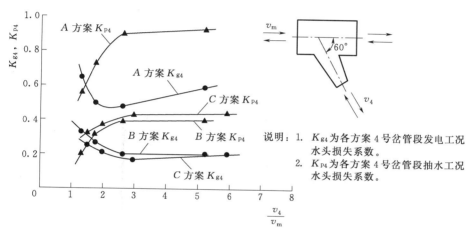

图 7.32 $K_{g4}-(v_4/v_m)$，$K_{p4}-(v_4/v_m)$ 关系图

在抽水工况下（图 7.32），当 $v_4/v_m>3$ 时，随 v_4/v_m 的增大，4 号岔管水头损失系数 K_{p4}（下角 p 代表抽水工况，4 代表 4 号岔管）增加的速率较小；当 $v_4/v_m<3$ 时，K_{p4} 值减小的速率加快，直至支、主管流速值接近时，K_{p4} 达较小值。虽然 3 号、2 号岔管的流态较复杂，但其水头损失变化规律与 4 号岔管的规律是相近的。

因此，抽水蓄能电站上游引水岔管群在发电（分流）和抽水（汇流）工况下，若各岔管、支管的平均流速分别为其相应主管段平均流速约 2～3 倍和 1 倍多时（图 7.32），岔管段的水头损失较小；若兼顾发电和抽水工况，一般可取 $v_i/v_m\approx2$（式中：v_i 为各分岔管支管的平均流速，$i=1$、2、3、4；v_m 为其上游主管的平均流速）。

（4）岔管体型设计的主要参数为（图 7.31）分岔角 θ、支管锥角 α、管壁顺流转角 γ 和岔裆角 β 等。采用较小的分岔角 θ 对岔管水流是有利的，但这必然会增大支管与主管壁切割的岔口面积，与结构要求有矛盾。通常，θ 是根据管道布置的要求、形式、功能和地质条件等预先确定的。当 θ 选定之后，γ 和 β 与 α 密切相关。

在发电工况下，宜采用较小的顺流转角 γ，过大的 γ 在岔口转折点后，极易产生涡流。有的文献认为，γ 不宜超过 $10°$，但此条件过于严格难于满足。在广蓄电站上游引水岔管各方案岔管群的各岔口下游支管内，均出现了涡流。通常，改善涡流问题的方法是，

当 θ 角已确定和满足结构条件的情况下，稍增大支管的锥角 α，或采用增加岔口上游侧管壁转折次数的方法，减小转角 γ。同理，采用较小的 β 角有利于分流，若 β 过大，则岔裆易与水流发生顶撞，但 β 对水流的影响不如 γ 显著。

在抽水汇流工况下，较小的转角 γ 有利于支管水流向主管过渡，减小岔口部转折点水流的顶撞和减弱或消除该处下游的涡流。岔裆角 β 对岔管流态的影响可能没有 γ 的影响明显。从广蓄电站试验成果可得，抽水汇流工况的各岔支管内不易出现涡流，在满足结构要求的条件下，可采用稍大的 α 角，有利于岔管的流态。

因此，当岔管群的各岔管分岔角 θ 已确定时，在满足结构要求的条件下，可适当选用稍大的支管锥角 α；当 θ、α 选定时，若主管段选用等直径的直管段或主锥角 α_1 较小的渐变收缩锥管段（图 7.31），对改善岔口附近区域的流态是有利的。

（5）在广蓄电站的三个岔管群体型布置方案中，无疑以 C 方案岔管群的水力特性较佳，其水头损失较小。但 C 方案岔管段的主管直径较大，其体型结构条件比 A、B 方案稍差一些。

抽水蓄能电站的工作水头一般较高，对于高水头电站而言，岔管内的动水压力较大，岔管段的局部水头损失占电站系统的总水头的比例相对较小，理应多考虑一些结构方面的问题。虽然 B 方案岔管体型的水头损失较大（包括主管段与各岔管的水头损失），但其结构条件较好，水流在主管段渐缩（发电工况）和渐扩（抽水工况），符合实际水流的运动变化规律，若将 B 方案 2 号支管岔口处的主管段管径稍增大，满足主管段向支管分流（发电工况）为逐渐加速和支管向主管段汇流（抽水工况）为逐渐减速的状态，则 B 方案岔管体型的水力特性会得到明显的改善。

7.6　白盆珠水电站溢流坝高速水流原型观测及研究

7.6.1　概述

白盆珠水电站溢流坝为双孔，采用开敞式溢流堰，堰顶高程 73.00m，进口净宽 $2 \times 12m$；溢流堰面为 WES 曲线实用堰，下接 $1:0.75$ 的陡坡段，陡坡段下游接曲率半径 $R=20m$ 的反弧段后，再接水平护坦段，护坦末端连接梯形差动式挑流鼻坎，差动式挑坎的高坎出口高程为 41.50m，低坎出口高程为 39.50m，高、低坎的挑角分别为 $30°$ 和 $14°$（图 7.33）。

水库正常蓄水位为 75.00m，设计洪水频率为 500 年一遇（$P=0.2\%$），校核洪水频率为 5000 年一遇（$P=0.02\%$）。

在 20 世纪 70 年代末，广东省水利水电科学研究所承担了白盆珠水电站溢流坝水力模型试验研究[35]，并根据工程运行和管理的要求，配合工程设计和施工单位在溢流坝安装了原型观测设施（如坝面测压和测速底座、边墙水尺等）。

1994 年 9 月 6 日，由广东省水利水电科学研究所、白盆珠水库工程管理局、武汉水利电力大学等单位联合对白盆珠水电站溢流坝进行水力学原型观测[36-38]，取得了大量的观测资料和研究成果，为电站的安全运行和充分发挥效益提供了重要和可靠的数据和资料（彩图 21）。

原型观测的起始库水位为 77.58m，超出水库正常蓄水位 2.58m，相应堰顶水头为 4.58m，最大泄流量为 491m^3/s。原型观测的组次和水力参数见表 7.23，每组次的观测时

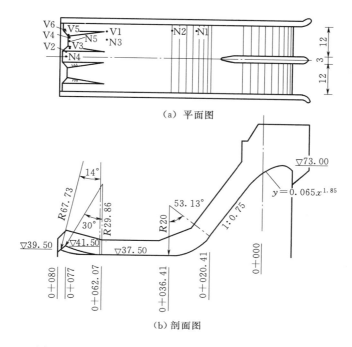

（a）平面图

（b）剖面图

图 7.33 白盆珠水电站溢流坝体型布置图（单位：m）

注：V1～V6 为底流速测点；N1～N5 为脉动压强测点

间为 30～40min。

表 7.23 原型观测的组次和水力参数

观测组次	闸门开度 e/m	库水位 Z_a/m	泄流量 $Q/(m^3/s)$	下游水位 Z_t/m
1	1.5	77.58	210	34.53
2	2.0	77.57	260	35.25
3	2.75	77.56	340	35.37
4	全开	77.56	491	35.43
5	0.3	77.54	50	35.38

7.6.2 水面线和挑射水舌

7.6.2.1 坝面流态和水面线

堰顶闸孔出流时（闸门初始开度 $e=1.5m$），闸门底缘出流沿水深方向略有收缩，闸门底缘扰动引起闸底出流水面出现水花和掺气，但影响范围较小；闸门两侧端出流因受闸门底缘及边壁的影响，两侧边墙近壁水流也出现水花，并顺边墙往下游流动形成掺气带，逐渐扩展。溢流坝中墩末端的左、右两泄洪孔水流交汇之后，中墩末端水流形成水冠，水冠表层的水花一直延伸至反弧段的末端，与护坦段水面水花融合在一起。反弧段中部水面开始出现白色水花，水面掺气已较明显，水流经反弧段之后，掺气更明显，紊动加剧。

随着闸门开度的增加（$e=2.0m$、$e=2.75m$），闸门底缘出流水面水花减少，至闸门全开时，溢流坝进口上游水面无明显跌落，水面较平稳和光滑，呈碧绿色，两侧边墙形成

233

的掺气带沿程扩散略有减弱，反弧段内水面出现白色水花的起始位置往下游移动。

差动式挑流鼻坎的高坎处水面凸起，其水位明显高于两侧低坎的水位，两个差动式高坎上的挑射水舌形成两条水脊，比低坎上的水流挑射得更高更远，挑流鼻坎下游的挑射水舌表面呈乳白色，掺气较明显。

泄流时，利用绘制在坝面两侧边墙上的水尺测读水深。溢流坝堰面曲线段、陡坡直线段和反弧段水流主要受重力的影响，流速沿程增加，水深沿程递减；在反弧段末端的护坦至挑流鼻坎出口，水流除受重力影响外，还受边壁摩阻和紊动掺气的影响，水深沿程递增。溢流坝沿程水面线观测成果及分析计算可见原型观测研究报告[36]。

7.6.2.2　挑射水舌轨迹

溢流坝挑射水舌外缘轨迹采用 T2 型经纬仪进行观测。实测的挑射水舌主要参数见表7.24，随着溢流坝泄流量的增大，挑射水舌的高程和射距也逐渐增加。

表 7.24　　　　　　　　　　　　　　溢流坝挑射水舌主要参数

泄流量 $Q/(\mathrm{m^3/s})$	单宽流量 $q/(\mathrm{m^2/s})$	水舌最高点高程 /m	水舌外缘挑距/m	
			桩号	射距
210	7.78	46.76	0+115.60	37.6
260	9.63	47.55	0+119.20	41.2
340	12.59	48.44	0+123.70	45.7
491	18.19	49.33	0+129.10	51.1

注　1. 高、低挑坎出口断面平均桩号为 0+078。
　　2. 水舌外缘挑距为水舌与下游水面交点的距离。

由实测的挑射水舌轨迹参数，根据物体斜抛运动方程的分析和求解[36]，可计算得出原型观测挑流鼻坎出口断面的流速系数 ϕ 与相对临界水深 $\overline{h}_k$ 的关系为

$$\phi = 1.4213(\overline{h}_k)^{0.2364} \tag{7.51}$$

其中

$$\overline{h}_k = \sqrt[3]{q^2/g}/H_p$$

式中：$\overline{h}_k$ 为相对临界水深；q 为泄流单宽流量；g 为重力加速度；H_p 为挑坎顶的总水头。

表 7.25 列出了文献［25］介绍的 4 个溢流坝反弧底流速系数 ϕ 计算公式与式（7.51）的计算结果比较，式（7.51）的计算值较接近各家公式计算结果的平均值。

表 7.25　　　　　　　　　　　各流速系数 ϕ 计算公式的计算结果比较

$\overline{h}_k$	式（7.51）	文献［25］介绍的计算公式			
		$1.16\,\overline{h}_k^{0.2}$	$\left(1-\dfrac{0.0684}{\overline{h}_k^{0.5}}\right)^{0.5}$	$1-\dfrac{0.00725}{\overline{h}_k^{1.12}}$	$(1.18+0.5251g\,\overline{h}_k)^{0.5}$
0.0495	0.698	0.636	0.832	0.790	0.703
0.0571	0.722	0.654	0.845	0.821	0.726
0.0682	0.753	0.678	0.859	0.853	0.753
0.0872	0.798	0.712	0.877	0.889	0.790

7.6.2.3　水舌挑距

溢流坝连续式挑坎的挑射水舌挑距计算公式为[39]（图 4.2）：

$$L=\frac{1}{g}\left[v_1^2\sin\theta\cos\theta+v_1\cos\theta\ \sqrt{v_1^2\sin^2\theta+2g(h_1\cos\theta+h_2)}\right] \tag{7.52}$$

式中：L 为自挑坎末端算起至下游河床面的挑流水舌外缘挑距，m；θ 为挑流水舌水面出射角，（°）；h_1 为挑坎末端法向水深，m；h_2 为挑坎坎顶至下游河床高程差，m，如计算冲刷坑最深点距挑坎的距离，该值可采用坎顶至冲刷坑最深点高程差；v_1 为坎顶水面流速，m/s，可按坎顶处平均流速 v 的 1.1 倍计算。

由第 4 章的差动式挑坎水力计算方法，取白盆珠溢流坝差动式高、低坎出口断面的平均高程为 40.50m，平均挑射角 $\theta=20.43°$（高坎挑射角 $\theta_1=30°$，低坎挑射角 $\theta_2=14°$，高坎出口断面宽度 $b_1=13m$，低坎出口断面宽度 $b_2=14m$），计算的各级泄流量挑射水舌到下游水面的挑距与实测值比较见表 7.26，两者较符合。

表 7.26　　　　　　　　　　挑射水舌挑距 L 观测值与计算值比较

泄流量 $Q/(m^3/s)$	库水位 Z_a/m	下游水位 Z_t/m	ϕ	挑坎出口水深 h_1/m	挑坎出口流速 $v_1/(m/s)$	h_2/m	水舌挑距 L/m		
							计算值 L_1	实测值 L_2	$\dfrac{L_1-L_2}{L_2}\times100\%$
210	77.58	34.53	0.698	0.42	19.45	5.97	36.94	37.6	-1.8%
260	77.57	35.25	0.722	0.50	20.22	5.25	38.25	39.7	-3.7%
340	77.56	35.37	0.753	0.62	21.27	5.13	41.39	43.1	-4.0%
491	77.56	35.43	0.798	0.85	22.47	5.07	45.40	47.6	-4.6%

注　h_2 为挑坎坎顶至下游河道水位的高差，见式（7.52）。

7.6.3　坝面底流速

溢流坝护坦和挑坎出口断面布置了 6 个底流速测点，底流速仪测速管口距坝面的高度分别为 3cm 和 13.5cm。图 7.34 是一组实测的护坦和鼻坎出口断面（低坎）的底流速分布，由实测资料可见，水流经护坦后的能量损失较明显。坝面的近底流速分布通常可采用对数分布律的卡门-普朗德公式来描述，将实测的坝面底流速代入卡门-普朗德公式，就可以求得坝面近底流速分布表达式[36]。坝面底流速值可作为计算水流空化数的参数，供工程空蚀问题分析参考。

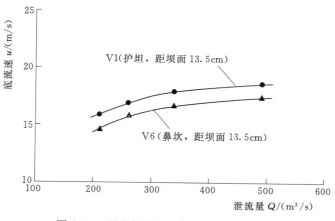

图 7.34　溢流坝护坦及鼻坎底流速分布图

通常，溢流坝面水流受到干扰区域的流速达 $12\sim15\text{m/s}$ 以上时，都有可能发生空蚀，流速越大，空蚀问题越严重。水流空化数一般采用式（7.53）计算，当空化数 $\sigma<0.3$ 时，应严格控制建筑物的体型和平整度。

$$\sigma=\frac{h_0+h_a-h_v}{v_0^2/2g} \tag{7.53}$$

$$h_a=10.33-\frac{Z_i}{900} \tag{7.54}$$

式中：h_0 为计算断面实际水深或时均动水压力水头，m；h_a 为大气压力水头，m；h_v 为相应水温的饱和蒸气压力水头，m；$v_0^2/2g$ 为相应突体高度处的流速水头或计算断面的平均流速水头，m；Z_i 为当地的海拔高度，m。

由原型观测的水力参数，按式（7.53）计算的护坦坝面 $\sigma>0.3$[36]。原型观测中注意到白盆珠溢流坝坝面的施工质量较好、坝面较平整，因此，其溢流坝面产生空蚀的可能性较小。

7.6.4　坝下游河床冲刷

溢流坝下游河床面高程约为 $30.00\sim35.00\text{m}$，河床比降约为 0.9%，河床基岩为弱风化至微风化石英斑岩，岩体较完整、坚硬、裂隙较发育。

水库于 1984 年 9 月下闸蓄水后，溢流坝经历了多次溢流泄洪，其中以 1986 年 7 月和 1994 年 8—9 月的泄洪流量较大。1986 年 7 月泄洪期间，上游最高库水位 77.88m，最大泄流量 $541\text{m}^3/\text{s}$，实测冲刷坑深坑底高程为 21.96m，冲刷深度为 13.84m（图 7.35）。按冲刷坑深度计算公式 $T=Kq^{0.5}Z^{0.25}$（式中：q 为鼻坎出口单宽流量；Z 为上、下游水位差；K 为岩基冲刷系数）反推计算得 $K=1.21$。

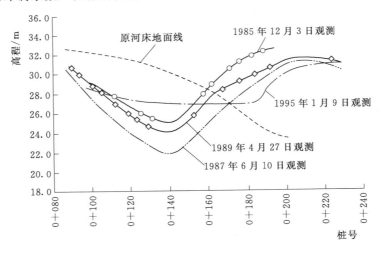

图 7.35　溢流坝下游河床冲刷坑纵断面示意图

1989 年 2 月，白盆珠水库工程管理局对下游河床电站尾水堆渣进行清淤，将电站尾水渠的堆渣填入河床的深坑处，使冲刷坑深坑处的地形有所抬高。此后的溢流坝多次泄洪流量均小于 1986 年 7 月泄洪组次，实测的下游河床地形变化较小（图 7.35）。1994 年

8—9月的泄洪过程中，闸门开度 e 大小相间，其最大泄洪流量（491～505m³/s）仅次于1986年7月的泄洪组次，但泄洪历时相应短些，溢流坝下游的回流将原冲刷坑内的堆渣淘刷输移，原型观测的下游河床冲刷坑底部较平坦，冲深位置往下游推移，冲刷坑的面积和体积有所增大。

由于溢流坝历次泄洪流量均小于其设计洪水和校核洪水频率的泄洪流量，因此，下游河床冲刷坑深度不是其最终的深度。由实测资料分析，若今后溢流坝遭遇较大洪水流量时，冲刷坑深坑将往下游河床深坑处发展，下游河床水垫消能率加大，挑射水舌不至于危及坝基及两岸坡的安全[36]。

2013年8月中旬，受强台风"尤特"的影响，白盆珠水库库区遭受强降雨袭击，16—19日的3天平均降雨量达792.3mm。水库水位迅速上涨，水库开闸泄洪。2013年8月16日中午，溢流坝闸门全开泄洪，实测的最高库水位为83.16m。由实测库水位83.16m计算的溢流坝最大泄洪流量约为1485m³/s（由于实测的溢流坝泄流流量系数比设计值略小，故计算的溢流坝泄洪流量比设计值略小一些），超过了工程设计的100年一遇洪水标准（$Z_a=82.70$m，$Q=1430$m³/s）[40]。泄洪期间，溢流坝等工程建筑物运行安全，证实了1994年9月的溢流坝原型观测研究成果分析和预测是合理和正确的。

7.6.5 坝面脉动特性

在溢流坝反弧段、护坦、鼻坎末端安装了5个点脉动压力传感器（图7.33），脉动压力传感器直径为2cm，自振频率在500Hz以上。实测结果表明：

（1）坝面各测点的脉动压强的均方根 σ_x 为4～15kPa，$(\sigma_x/\gamma)/(v^2/2g)=1\%～4\%$，略大于一些文献的测量值 $[(\sigma_x/\gamma)/(v^2/2g)\approx1\%]$，其原因初步分析为：一是流经反弧段下游的水流掺气较明显，水流紊动较剧烈；二是水流脉动压力是一种随机荷载，其各点的相位各不相同，脉动压力强度随面积增加而均化。本次原型观测的点脉动压力传感器的测压孔径较小，小面积传感器的脉动压强可为较大面积传感器的2～3倍[41]。

（2）各测点的脉动优势频率约为4～6Hz，脉动能量主要集中在较低的频率范围内。

7.6.6 小结

白盆珠水电站溢流坝自1984年蓄水运行以来，经历了多次泄洪运行考验，证明工程运行是安全的。通过1994年9月6日的水力学原型观测，对溢流坝泄流流态、水面线、挑射水舌、底流速、下游冲刷坑、坝面脉动压强等观测资料进行研究，可为溢流坝高速水流问题的设计和研究提供有价值的资料和成果，也可为相关的工程设计和运行借鉴和参考。

本项目成果"白盆珠水电站溢流坝高速水流原型观测及研究"获1998年度广东省科技进步三等奖。

7.7 结　语

本章介绍了乐昌峡水利枢纽工程库区库岸不稳定岩体滑坡涌浪影响、潮州供水枢纽西溪施工截流水力模型试验、虹吸溢洪道水力特性和体型设计、调压室水力模型糙率偏差引起试验成果误差的修正方法、广州抽水蓄能电站一期工程引水岔管水力特性、白盆珠水电站溢流坝高速水流原型观测及研究等成果，可为相应的工程设计、施工和运行等参考，也可为相关的专题研究提供借鉴和参考作用。

参 考 文 献

[1] 黄种为，董兴林. 水库库岸滑坡激起涌浪的试验研究 [C] // 中国科学院、水利电力部水利水电科学研究院科学研究论文集（13 集），北京：水利电力出版社，1983.

[2] 叶耀琪. 黄河小浪底水库滑坡涌浪试验介绍 [J]. 人民黄河，1982，4 (4)：20-24.

[3] 袁银忠，陈青生. 滑坡涌浪的数值计算及试验研究 [J]. 河海大学学报，1990，18 (5)：46-52.

[4] 广东省水利水电科学研究院. 乐昌峡水利枢纽工程库区库岸滑坡涌浪影响试验研究报告 [R]. 广州：广东省水利水电科学研究院，2013.

[5] 黄智敏，付波，钟勇明，等. 乐昌峡水库鹅公带滑坡体滑坡涌浪影响研究 [J]. 水资源与水工程学报，2013，24 (5)：215-218.

[6] 黄智敏，付波，钟勇明，等. 乐昌峡水库松山子滑坡体滑坡涌浪影响研究 [J]. 广东水利水电，2014 (4)：1-4.

[7] 陶孝铨. 李家峡水库正常运行期的滑坡涌浪试验研究 [J]. 西北水电，1994 (1)：42-45.

[8] 潘家铮. 建筑物的抗滑稳定和滑坡分析 [M]. 北京：水利电力出版社，1980.

[9] 哈秋舲，胡维德. 水库滑坡涌浪计算 [J]. 人民黄河，1980，2 (2)：30-36.

[10] Noda E. Water Waves Generated by Landslides [J]. Journal of Waterways, Harbors and Coastal Eng. Div. ASCE, 1970, 96 (4)：46-51.

[11] 黄智敏，付波，钟勇明，等. 乐昌峡库区鹅公带滑坡体滑坡涌浪爬高研究 [J]. 广东水利水电，2013 (4)：1-3.

[12] 广东省水利水电科学研究院. 潮州枢纽西溪导截流工程水工模型试验模型沙选配计算报告 [R]. 广州：广东省水利水电科学研究院，2002.

[13] 《长江三峡大江截流工程》编辑委员会. 长江三峡大江截流工程 [M]. 北京：中国水利水电出版社，1999.

[14] 广东省水利水电科学研究院. 潮州供水枢纽西溪截流试验研究报告 [R]. 广州：广东省水利水电科学研究院，2002.

[15] 王世夏. 水利枢纽下游附近冲淤问题的整体动床模型设计 [C] // 泄水建筑物消能防冲论文集. 北京：水利电力出版社，1979.

[16] 武汉水利电力学院河流泥沙工程学教研室. 河流泥沙工程学 [M]. 北京：水利出版社，1981.

[17] 肖焕雄. 施工导截流与围堰工程研究 [M]. 北京：中国电力出版社，2002.

[18] 黄智敏，陈灿辉，罗岸，等. 潮州供水枢纽工程西溪截流试验研究与实施 [J]. 长江科学院院报，2003，20 (5)：21-24.

[19] 张聪，卞祖铭. 花溪水库虹吸溢洪道布置及运行简介 [J]. 浙江水利科技，1986 (2)：26-28.

[20] 广东省水利水电科学研究所. 虹吸溢洪道水力特性试验研究 [R]. 广州：广东省水利水电科学研究所，2001.

[21] 黄智敏，朱红华. 虹吸溢洪道泄流特性及应用条件研究 [J]. 广东水利水电，2003 (6)：17-18，21.

[22] 黄智敏，朱红华，陈卓英，等. 虹吸溢洪道水力特性试验研究 [J]. 湖北水力发电，2002 (3)：30-33.

[23] 黄智敏，朱红华，陈卓英，等. 虹吸溢洪道压强特性分析和计算探讨 [J]. 广东水利水电，2002

（1）：24 – 26.

[24] 黄智敏，朱红华. 虹吸溢洪道泄流量模型试验与计算分析 [J]. 广东水利水电，2004（6）：12 – 13.

[25] 华东水利学院. 水工设计手册：第六卷 泄水与过坝建筑物 [M]. 北京：水利电力出版社，1982.

[26] 成都科学技术大学水力学教研室. 水力学 [M]. 北京：人民教育出版社，1979.

[27] 依德利契克. 实用流体阻力手册 [M]. 华绍曾，杨学宁，等，编译. 北京：国防工业出版社，1985.

[28] 卞祖铭，顾谦甫，车波. 安地水库虹吸溢洪道水工模型试验研究 [J]. 浙江水利科技，1986（2）：21 – 26.

[29] SL 655—2014，水利水电工程调压室设计规范 [S]. 北京：中国水利水电出版社，2014.

[30] 王树人. 关于水电站压力不稳定流的模型试验问题 [J]. 东北水力发电学报，1986（1）：19 – 24.

[31] 曾宪揆，黄智敏，宗秀芬. 抽水蓄能电站调压井模型试验问题 [J]. 广东水电科技，1989（1）：27 – 34.

[32] 黄智敏，宗秀芬，罗岸. 抽水蓄能电站岔管群特性的试验研究 [J]. 广东水电科技，1991（3）：28 – 35.

[33] 黄智敏. 广蓄一期工程尾水岔管水力学模型试验研究 [J]. 水电站设计，2005，21（4）：47 – 50.

[34] 张林夫，周锦宏. 岔管群水力特性的试验研究 [J]. 力学与实践，1985（6）：20 – 23.

[35] 广东省水利水电科学研究所. 西枝江水利枢纽工程整体模型水工试验报告 [R]. 广州：广东省水利水电科学研究所，1979.

[36] 广东省水利水电科学研究所等. 白盆珠水电站溢流坝高速水流原型观测研究报告 [R]. 广州：广东省水利水电科学研究所，1995.

[37] 黄智敏. 白盆珠水电站溢流坝水力学原型观测 [J]. 广东水利水电，1997（5）：21 – 24.

[38] 黄智敏. 白盆珠水库溢流坝下游河床冲刷原型观测与分析 [J]. 人民珠江，1997（4）：43 – 46，48.

[39] SL 253—2000，溢洪道设计规范 [S]. 北京：中国水利水电出版社，2000.

[40] 广东省水利水电科学研究院. 2013 年广东省水利工程典型案例防汛抢险应急措施后评价报告 [R]. 广州：广东省水利水电科学研究院，2013.

[41] 松辽水利委员会科学研究所，等. 水工建筑物水力学原型观测 [M]. 北京：水利电力出版社，1988.

第8章 工程研究和应用实例

8.1 惠州抽水蓄能电站上库溢流坝消能研究

8.1.1 工程概况

惠州抽水蓄能电站（简称惠蓄电站）是广东省兴建的第二座大型抽水蓄能电站，站址位于广东省惠州市博罗县城郊，距广州市区约112km。惠蓄电站一、二期工程总装机容量2400MW，电站上库为范家田水库，水库由库盆、一个主坝和四个副坝所组成。

上库主坝为碾压混凝土重力坝，溢洪道布置在主坝的溢流坝段。溢流坝堰顶高程为正常蓄水位762.00m，开敞式溢流堰分3孔，每孔净宽10m，堰面曲线方程 $y=0.3353x^{1.85}$；溢流堰段下接坡度 $i=1:0.78$、宽32m的陡坡段。

上库溢流坝原设计方案拟采用挑流消能方案，后因考虑到以下的因素：①溢流坝中心线与下游河道轴线呈约20°夹角，下游河道河床较狭窄，溢流坝鼻坎挑射水舌会对下游河道左岸坡产生严重的冲刷；②抽水蓄能电站上、下库发电和抽水工况切换较频繁，上、下库水流相互调节，因上库溢流坝采用无闸开敞式泄流方式，洪水期有可能会长时间出现小流量泄流的状况，使挑流鼻坎内出现漩滚、出坎水流为跌流状，淘刷鼻坎脚基础。因此，根据本工程河道地形、泄流等特点，经水力模型试验论证之后，将上库溢流坝挑流消能修改为底流消能方式。

惠蓄电站上库溢流坝设计洪水频率（$P=0.2\%$）泄流量 $Q=129.61\text{m}^3/\text{s}$，校核洪水频率（$P=0.02\%$）泄流量 $Q=186.69\text{m}^3/\text{s}$，消能设计洪水频率（$P=1\%$）泄流量 $Q=93.8\text{m}^3/\text{s}$。

惠蓄电站上库溢流坝水力模型为1:40的正态模型[1]。

8.1.2 底流消能设计初拟方案试验

8.1.2.1 方案布置

（1）溢流坝面上布置了45级连续的内凹式阶梯，阶梯高度按溢流坝碾压混凝土层高度0.3m的倍数布置，1~3级阶梯高0.6m、宽0.468m，4~45级阶梯高0.9m、宽0.702m。

（2）溢流坝下游河床基岩面高程约713.00~714.00m，其下游消力池池底面高程初步设定为714.00m。

（3）为了兼顾溢流坝泄流消能及水库泄水底孔消力池布置的要求，将溢流坝段桩号0+025.93处以15°收缩角往下游出口断面收缩，溢流坝下游出口断面（桩号0+038.97）的宽度为25m；溢流坝消力池末端尾坎布置在坝下游桩号0+065断面，该断面河中16m

宽的尾坎顶高程为 715.50m，两岸端尾坎隔墙顶高程 717.00m，左岸隔墙宽度约与泄水底孔消力池下游坡面宽度相等（图 8.1）。

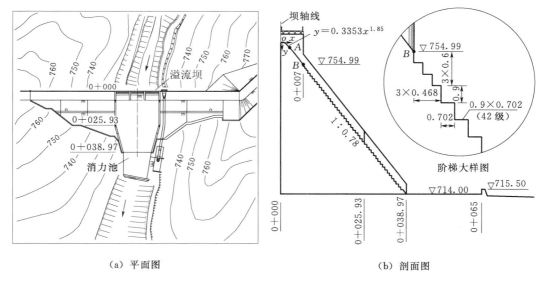

（a）平面图　　　　　　　　　　　　　（b）剖面图

图 8.1　惠蓄电站上库溢流坝消能设计初拟方案（单位：m）

8.1.2.2　试验成果

（1）在各级洪水频率流量泄流时，溢流坝的上游进口入流较平顺，泄流顺坝面急流直下。泄流进入阶梯坝面后，在阶梯的跌流、摩阻等作用下，加速水流的紊动和掺气，增大了水流消能率。在 100 年一遇（$P=1\%$）至 5000 年一遇（$P=0.02\%$）洪水频率流量泄流运行时，阶梯坝面的流速约为 $12.3\sim15.4\text{m/s}$，大大降低了进入下游消力池的流速和动能。

（2）在 5000 年一遇洪水流量（$P=0.02\%$，$Q=186.69\text{m}^3/\text{s}$）泄流时，桩号 0+038.97～0+055 的消力池段形成急流段，水层较薄（水深约 0.6～0.7m），消力池进口右侧水流冲向池左侧，压缩消力池左侧的水流，形成偏流，消力池左、右侧泄流在池内桩号约 0+055 断面交汇，交汇处水流壅高至约 5m 水深；桩号 0+039～0+065 的消力池右侧区域形成较明显的回流区，回流区宽度约占 1/2 的池宽，回流流速约为 3～4m/s，流态较差。

（3）在以设计洪水频率流量（$P=0.2\%$，$Q=129.61\text{m}^3/\text{s}$）泄流时，泄流进入消力池偏流程度略有减轻，消力池右侧的回流区末端约在池末端尾坎断面，回流宽度约占 1/3 池宽，回流流速仍达 3～3.6m/s。

（4）在以 100 年一遇洪水频率流量（$P=1\%$，$Q=93.80\text{m}^3/\text{s}$）泄流时，由于泄流单宽流量减小，消力池内的偏流程度减轻，池内右侧仍形成回流区，回流流速约为 2～2.5m/s。

由分析可知，溢流坝面设置连续式的内凹型阶梯之后，大大增加了溢流坝面泄流的消能率，降低了溢流坝进入下游消力池的流速，但设计初拟方案的消力池深度不够，使得溢流坝泄流在消力池内形成急流、偏流和回流等，因此，需对溢流坝下游消力池体型进行修改和优化。

8.1.3 阶梯溢流坝推荐方案试验

8.1.3.1 方案布置

（1）桩号 0+007 下游坝面布置 46 级连续的内凹式阶梯，1～3 级阶梯尺寸与设计初拟方案相同，4～46 级阶梯高 0.9m、宽 0.702m。

（2）为了避免泄流损坏坝面阶梯面下游端角，保护坝面的美观，将各阶梯面下游端角两边各削掉边长为 0.05m 的尖角体。

（3）消力池池底高程降低为 713.00m，池末端尾坎桩号及体型尺寸与设计初拟方案相同（图 8.2 和彩图 10）。

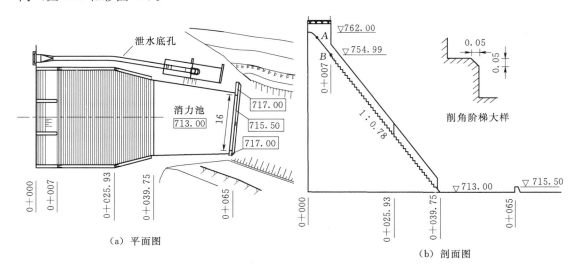

图 8.2　惠蓄电站上库溢流坝阶梯及消力池推荐方案布置图（单位：m）

8.1.3.2 试验成果

（1）测试的阶梯溢流坝面水面掺气起始断面位置、流速值范围、消力池内水跃跃尾桩号等见表 8.1。

表 8.1　　　　　　　　　　　　推荐方案阶梯溢流坝泄流特征值

洪水频率 P	泄流量 $Q/(\mathrm{m^3/s})$	水面掺气起始断面阶梯号	坝面流速 $v/(\mathrm{m/s})$	消力池内水跃跃尾桩号/m
10%	41.56	5～6	9.0～10.0	0+049
1%	93.80	7～8	12.7～13.8	0+053
0.2%	129.61	10～11	13.0～14.3	0+056
0.02%	186.69	14～15	13.0～15.7	0+061

（2）消力池内形成稳定的水跃，水流消能较充分，出池水流较平顺与下游河道水流衔接，流态良好。设计洪水频率（$P=0.2\%$）流量泄流运行的溢流坝下游消力池的流态和流速分布如图 8.3 所示。

（3）测试的坝面阶梯下游立面底部最大负压强绝对值 $|p| \leqslant 10\mathrm{kPa}$，且阶梯坝面水流紊动和掺气较明显，因此，阶梯坝面出现空蚀破坏的可能性较小。

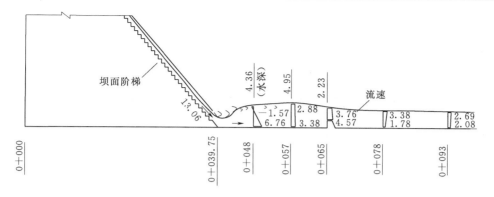

图 8.3　推荐方案溢流坝下游消力池运行流态和流速分布示意图

注：尺寸单位：m；流速单位：m/s；水深单位：m；泄流量 $Q=129.61\text{m}^3/\text{s}$

8.1.4　光滑溢流坝面比较方案试验

在推荐方案溢流坝下游消力池体型和布置的基础上，进行光滑溢流坝面的试验比较。试验显示：

（1）光滑和阶梯溢流坝末端流速和动能比较见表 8.2。在各级洪水频率（$P=10\%\sim0.02\%$）流量泄流运行时，光滑溢流坝下游末端的入池流速 $v_1=21.3\sim25.7\text{m/s}$，约为阶梯溢流坝相应流速的 1.9～2.4 倍；阶梯溢流坝末端泄流动能 $v_2^2/2g$ 只有光滑坝面相应动能的 17.7%～29.2%，阶梯坝面的相对动能消能率达约 71%～82%（图 8.4），可见阶梯坝面的泄流消能作用较明显。

（2）光滑坝面下游消力池内形成急流状流态（$P=0.2\%\sim0.02\%$），泄流直接撞击消力池末端尾坎后，跃起再跌落，出池水流汹涌紊乱，流态较差，无法满足设计的要求。

表 8.2　　　　　　　　　　光滑和阶梯坝面入池流速和动能比较

洪水频率 P	泄流量 $Q/(\text{m}^3/\text{s})$	光滑坝面		阶梯坝面		E_2/E_1	消能率 $(E_1-E_2)/E_1$
		$v_1/(\text{m/s})$	E_1/m	$v_2/(\text{m/s})$	E_2/m		
10%	41.56	21.33	23.21	8.97	4.11	0.177	0.823
2%	77.17	23.83	28.97	11.86	7.18	0.248	0.752
1%	93.80	24.27	30.05	12.28	7.69	0.256	0.744
0.5%	108.30	24.62	30.93	12.67	8.19	0.265	0.735
0.2%	129.61	24.97	31.81	13.06	8.70	0.273	0.727
	150.00	25.26	32.55	13.37	9.12	0.280	0.720
0.02%	186.69	25.68	33.65	13.89	9.84	0.292	0.708

8.1.5　工程应用

结合惠蓄电站上库溢流坝的泄流特性、运行条件、河道地形等特点，水力模型试验推荐的溢流坝"坝面削角阶梯＋底流消力池"联合消能方案得到了工程设计和施工的采用，工程已建成投入运行。

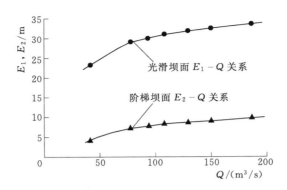

图 8.4　光滑和阶梯溢流坝入池动能比较

8.2　惠州抽水蓄能电站下库溢流坝消能研究

8.2.1　工程概况

惠州抽水蓄能电站（惠蓄电站）下库挡水主坝为碾压混凝土重力坝，坝顶高程236.17m，最大坝高 57.6m。下库溢流坝布置在主坝的主河槽段，溢流坝溢流堰顶高程为正常蓄水位231.00m，溢流堰为开敞式，分 3 孔，每孔净宽10m，中墩和边墩厚为1.0m，溢流坝段总宽度为34m；溢流堰顶下游堰面曲线方程为 $y=0.1965x^{1.85}$，下接 1∶0.78 的陡坡段。溢流坝中心线与下游河道轴线呈约 25°夹角，坝址河道较狭窄（图 8.5）。

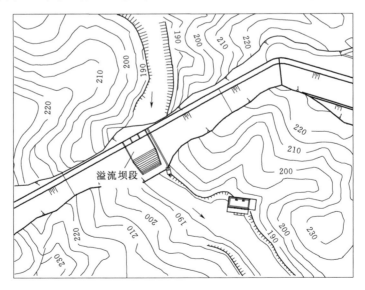

图 8.5　惠蓄电站下库溢流坝平面布置图（单位：m）

溢流坝 500 年一遇设计洪水频率（$P=0.2\%$）泄流量 $Q=329.83\text{m}^3/\text{s}$，5000 年一遇校核洪水频率（$P=0.02\%$）泄流量 $Q=435.45\text{m}^3/\text{s}$。惠蓄电站下库溢流坝水力模型为1∶40的正态模型[2-3]。

8.2.2　挑流消能方案运行试验

8.2.2.1　方案布置

溢流坝挑流消能方案在其陡坡段下游高程 199.93m 处接曲率半径 $R=18$m 的反弧段，在反弧段的桩号 0+028.77 处，两侧边墙以 10° 收缩角往下游出口断面收缩，反弧段挑坎出口挑角为 23.5°，出口断面宽度为 25.17m（图 8.6）。

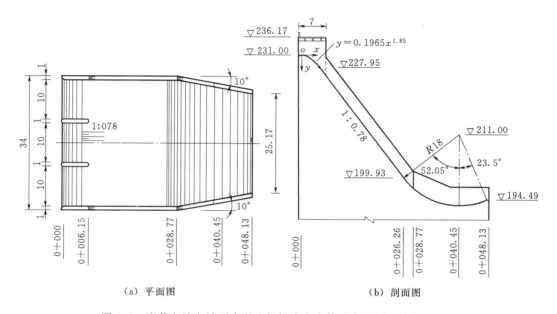

（a）平面图　　　　　　　　　　（b）剖面图

图 8.6　惠蓄电站电站下库溢流坝挑流方案体型布置图（单位：m）

8.2.2.2　试验成果

试验表明，在各级洪水流量泄流运行时，溢流坝上游进口入流较平顺，泄流顺陡坡段进入反弧段后往下游挑射，挑射水舌落入下游河道后，形成急流冲向右岸凸起的山体；挑射水舌右缘撞击下游河道右岸坡山体后，使其左岸电站区域河道约 2/5 河宽形成逆时针回流区（回流流速较大值达 7～8m/s），回流压缩了河道的过水断面宽度，使主流更加集中偏向于右岸区域（在设计洪水和校核洪水频率流量泄流运行时，电站对岸的右岸区域流速达 8～9m/s），不利于溢流坝下游河道右岸坡的稳定（图 8.7 和图 8.8）。

由于电站区域河道的回流和偏流，使得电站下游河道出现折冲水流等不利流态，水流极为紊乱，流态较差。水力模型试验对溢流坝挑流消能进行多方案的修改，但由于下游河道弯曲狭窄，溢流坝挑流消能方案无法避免挑射水舌撞击下游右岸坡山体和造成下游河道偏流、流态紊乱的缺陷。

8.2.3　坝面阶梯与消力池联合消能方案运行试验

8.2.3.1　方案布置

经水力模型试验比较，溢流坝取消了设计方案的挑流鼻坎，修改为坝面连续的内凹型阶梯与下游消力池联合消能的方式（图 8.8、图 8.9 和彩图 11）：

（1）在溢流坝闸墩下游出口断面（桩号 0+006.15，高程 225.70m）的下游坝面上布

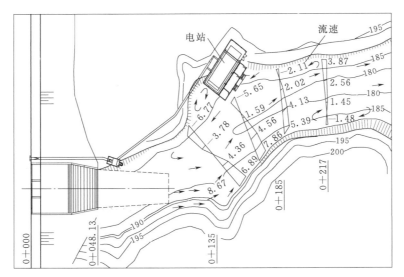

图 8.7 溢流坝挑流方案下游河道流态和流速分布示意图

注：洪水频率 $P=0.02\%$；泄流量 $Q=435.45\text{m}^3/\text{s}$；流速单位：m/s

（a）挑流消能方案 　　　　　　　　（b）阶梯坝面消能方案

图 8.8 惠蓄电站下库溢流坝挑流和阶梯坝面消能方案运行流态

置 49 级连续的内凹型阶梯，阶梯高度按溢流坝碾压混凝土层高度 0.3m 的倍数布置，其中 1~3 级阶梯高 0.6m、宽 0.468m，4~49 级阶梯高 0.9m、宽 0.702m。

（2）溢流坝段桩号 0+027.37 处两侧边墙以 14.46°收缩角收缩至下游出口断面，出口断面宽度为 25.65m，出口下游设置 20m 长混凝土水平护坦段（高程 182.00m），末端采用海漫与原河床地形连接。

8.2.3.2 试验成果

（1）泄流进入坝面阶梯跌坎之后，在阶梯间的跌流、阶梯顶端漩涡和阶梯下游立面漩涡的共同作用下，增大了阶梯坝面泄流能量的消耗，坝面沿程流速减小，水深加大，坝面的泄流水面呈乳白色的掺气状，泄流的消能效果较明显。

（2）溢流坝面设置了连续的内凹型阶梯之后，明显增大了坝面泄流能量的消耗，坝面

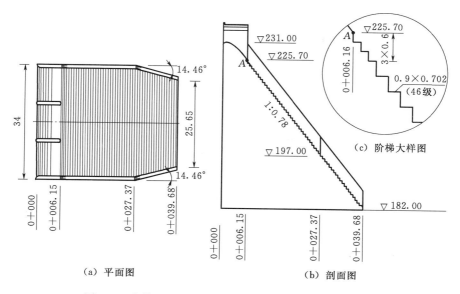

（a）平面图　　　　　　　　　　　（b）剖面图

图 8.9　惠蓄电站下库溢流坝面阶梯布置图（单位：m）

沿程流速减小：①取光滑坝面和阶梯坝面下游入水前断面流速分析比较（断面桩号 0+027.37），阶梯坝面泄流动能 $v_2^2/2g$ 只有光滑坝面相应动能约 $33.2\%\sim48.5\%$，阶梯坝面的相对动能消能率达约 $52\%\sim67\%$（表 8.3）；②阶梯坝面下游末端出流流速 $v<8\text{m/s}$，出流在下游河道较均匀扩散，下游河道流速分布较均匀，流态良好（图 8.8）。

表 8.3　　　　　　　惠蓄电站下库溢流坝光滑和阶梯坝面流速及动能比较

洪水频率 P	泄流量 $Q/(\text{m}^3/\text{s})$	光滑坝面		阶梯坝面		E_2/E_1	消能率 $(E_1-E_2)/E_1$
		$v_1/(\text{m/s})$	E_1/m	$v_2/(\text{m/s})$	E_2/m		
5%	153.09	22.52	25.88	12.97	8.58	0.332	0.668
1%	247.50	23.12	27.27	14.36	10.52	0.386	0.614
0.2%	329.83	23.57	28.34	15.45	12.18	0.430	0.570
0.02%	435.45	23.96	29.29	16.68	14.20	0.485	0.515

（3）在各级洪水流量的下游河道水位条件下，经过溢流坝面阶梯消能后的水流潜入坝趾处的流速 $v<8\text{m/s}$，因此，只要在坝趾下游一定范围内采取防护措施，就能够保证工程的安全运行。

（4）溢流坝泄流经坝面阶梯和下游水垫消耗大部分能量后，泄流在下游河道较均匀扩散，没有出现挑流消能方案的水流对右岸坡强烈冲击的现象，下游河道流速分布相对较均匀，流态较好（图 8.10）。

（5）下游电站厂房前沿区域流态比挑流消能方案有了明显的改善，电站前沿区域面流速较大值约 1m/s，底流速 $v_d<0.7\text{m/s}$，对下游电站发电运行的影响较小。

因此，阶梯坝面与下游消力池联合消能方案的消能效果较显著，流态良好，推荐此方案供工程设计参考。

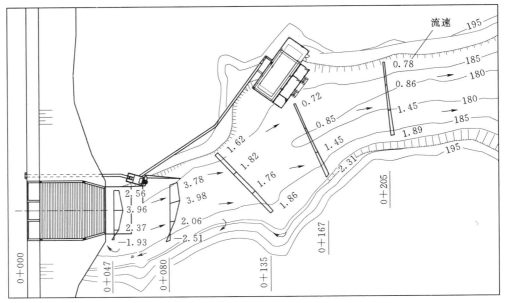

图 8.10　阶梯溢流坝下游河道流态和流速分布示意图

注：洪水频率 $P=0.02\%$；泄流量 $Q=435.45\text{m}^3/\text{s}$；流速单位：m/s

8.2.4　试验成果的应用

水力模型试验研究推荐的溢流坝"坝面阶梯＋下游底流消力池"联合消能的方案，得到了工程设计和施工的采用，工程已建成投入运行。

8.3　阳江抽水蓄能电站上库溢流坝消能研究

8.3.1　工程概况

阳江抽水蓄能电站（简称阳蓄电站）是广东省规划建设的第四座大型抽水蓄能电站，站址位于广东省阳春市与电白县交界的八甲山区的八甲河河源，属漠阳江流域，距广州市区距离约 230km。电站一、二期工程总装机容量为 2400MW。

上库主坝为碾压混凝土重力坝，最大坝高 103m。溢流坝段布置在原河床冲沟处，坝址处河床狭窄，谷宽约 15～30m，谷底基岩裸露，呈较对称开阔 V 形谷（图 8.11）。溢洪道为开敞式，其堰顶高程与正常蓄水位相同为 773.70m，溢流堰分为 3 孔，每孔净宽10m，中墩和边墩厚度为 1.2m，总宽度为 34.8m；溢流堰面曲线方程为 $y=0.1723x^{1.85}$，堰面曲线下游接 1:0.78 的陡坡段。

参考惠州抽水蓄能电站上、下库溢流坝的水力模型试验成果和工程建设经验，阳蓄电站设计初拟方案溢流坝拟采用"坝面阶梯与底流消能"的联合消能方案（图 8.12）。

阳蓄电站上库溢流坝设计洪水频率（$P=0.2\%$）泄流量 $Q=411\text{m}^3/\text{s}$，校核洪水频率（$P=0.02\%$）泄流量 $Q=511.6\text{m}^3/\text{s}$，消能设计洪水频率（$P=1\%$）泄流量 $Q=333\text{m}^3/\text{s}$。阳蓄电站上库溢流坝水力模型为 1:45 的正态模型[4]。

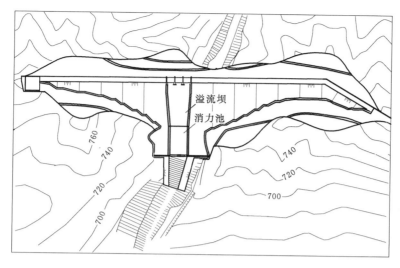

图 8.11　阳蓄电站上库溢流坝平面布置示意图（单位：m）

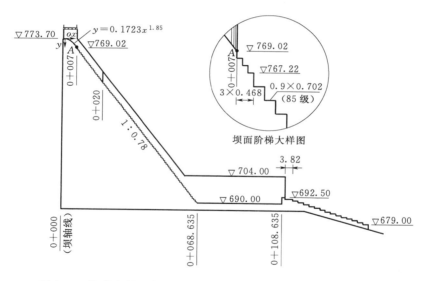

图 8.12　阳蓄电站上库溢流坝消能设计初拟方案布置图（单位：m）

8.3.2　设计初拟方案试验

8.3.2.1　方案布置

阳蓄电站上库溢流坝消能设计初拟方案布置如图 8.12 所示。

（1）为了增大溢流坝面泄流的消能率，在溢流坝面上布置了 88 级连续的内凹式阶梯，阶梯高度按溢流坝碾压混凝土层高度 0.3m 的倍数布置，1～3 级阶梯高 0.6m、宽 0.468m，4～88 级阶梯高 0.9m、宽 0.702m。

（2）溢流坝陡坡段由桩号 0+020 的断面宽度 32.4m 收缩到下游出口断面（桩号 0+068.635）宽度 25m；消力池池底高程为 690.00m，池长 40m，池深 2.5m，池末端尾坎顶高程 692.50m。

（3）消力池下游二道坝面上布置 15 级高度为 0.9m 的阶梯，阶梯面下游端角横向边线与溢流坝中心线呈 17°夹角，其中 1 号阶梯顶面宽度为 3.82m（中心线）、2 号~15 号阶梯顶面宽度均为 2.7m；二道坝两侧边墙坡度为 1:1.5，下游出口断面宽度为 12m。

8.3.2.2 试验成果

（1）在各级洪水频率流量泄流运行时，溢流坝上游进口入流较平顺，泄流顺阶梯坝面急流直下，加速水流的紊动和掺气，增大了泄流的消能率。在 100 年一遇（$P=1\%$）至 5000 年一遇（$P=0.02\%$）洪水频率流量泄流运行时，阶梯坝面的流速约 13.7~22.5m/s，大大降低了进入下游消力池的流速和动能。

（2）在洪水频率 $P=1\%$~0.02% 流量泄流运行时，虽然坝面的阶梯增加了泄流的消能率、降低了溢流坝进入下游消力池的流速，但由于溢流坝泄流单宽流量较大［入池相应单宽流量 $q=13.3$~$20.5\mathrm{m}^3/(\mathrm{s}\cdot\mathrm{m})$］，溢流坝末端的入池流速仍较大，消力池内无法形成正常的水跃，泄流呈急流撞击消力池末端尾坎后，翻滚跃起跌向下游，流态极为紊乱。这表明设计初拟方案的消力池不能满足泄洪消能的要求。

（3）溢流坝面设置阶梯之后，阶梯跌坎下游立面出现不同程度的漩涡，底部出现负压值，测试的阶梯下游立面底部负压强绝对值 $|p|<15\mathrm{kPa}$。因此，溢流坝面产生空蚀破坏的可能性较小。

由试验成果分析可知，溢流坝面设置连续的内凹型阶梯之后，增大了坝面泄流的消能率，降低了溢流坝进入下游消力池的流速，但设计初拟方案的消力池深度和长度不够，溢流坝泄流在消力池内形成急流状流态，流态较差。因此，需对溢流坝和消力池体型进行修改和优化。

8.3.3 修改方案试验

修改方案主要对溢流坝消力池体型尺寸及其辅助消能工进行试验比较。

在维持消力池末端尾坎桩号不变的条件下，对不同池深进行试验比较，测试消力池内各断面的流速及分布，并观测其流态。在池深 $d=4.5\mathrm{m}$ 条件下，测试的消力池下游段（桩号 0+093.635~0+108.635）区域的流速 $v<16\mathrm{m/s}$。因此，该区域可以设置消力墩等辅助消能工设施[5]，水力模型试验拟在消力池末端设置 T 形消力墩。

8.3.4 溢流坝推荐方案试验

8.3.4.1 推荐方案布置

（1）为了增加溢流坝阶梯坝面泄流的掺气，参考国内已有的工程经验，在溢流堰面曲线下游切点（桩号 0+006.129）至桩号 0+009.98 断面之间的闸墩上设置宽尾墩，宽尾墩收缩率 $\beta=B_2/B_1=0.75$（式中：B_1 为无宽尾墩的溢流闸孔净宽，$B_1=10\mathrm{m}$；B_2 为宽尾墩下游出口断面宽度，$B_2=7.5\mathrm{m}$），如图 8.13 和图 8.14 所示。

（2）为了便于工程施工，根据设计初拟方案试验成果，阶梯跌坎下游立面底部负压值较小，因此，可适当增大坝面阶梯的高度。在宽尾墩末端（桩号 0+009.98）下游坝面上布置 65 级内凹式阶梯，其中 3 级为高 0.6m、宽 0.468m 的阶梯，62 级为高 1.2m、宽 0.936m 的阶梯。

（3）溢流坝下游消力池池长为 38.05m（桩号 0+070.585~0+108.635），池深

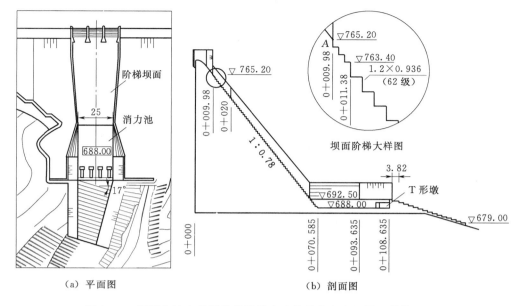

（a）平面图　　　　　　　　　　（b）剖面图

图 8.13　阳蓄电站上库溢流坝及消力池推荐方案布置图（单位：m）

4.5m；为了便于工程施工，消力池两侧高程692.50m以下边墙仍为直立边墙，将桩号0+093.635断面至尾坎末端（桩号0+110.635）的消力池两侧高程692.50m以上边墙修改为坡度为1∶1.5的梯形断面，桩号0+068.635～0+093.635断面采用扭曲面边墙过渡。

（4）为了减短水跃长度和池长，消力池末端对称布置4个T形消力墩：T形墩的前墩高3m、宽3.2m（与净距相同）、厚2m，支腿长5.7m、厚1.8m（图8.15）。

（5）消力池下游二道坝布置和体型与设计初拟方案相同。

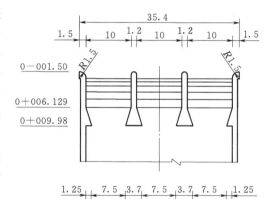

图 8.14　溢流坝进口宽尾墩平面
布置图（单位：m）

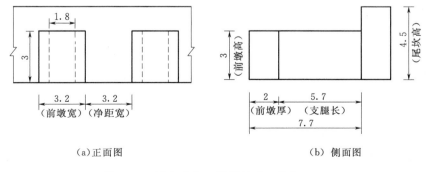

（a）正面图　　　　　　　　　　（b）侧面图

图 8.15　消力池内T形墩尺寸（单位：m）

8.3.4.2　推荐方案试验成果

（1）泄流进入溢流堰面下游宽尾墩之后，宽尾墩两侧导墙水面逐渐壅高，至出口断面形成两侧高、中间低的凹型水冠状，撞击下游的阶梯坝面，并且宽尾墩墩后下游面约4～6级的阶梯坝面呈无水状，其后为薄状掺气水流带，由此增加阶梯坝面泄流的掺气和紊动，相应增大了阶梯坝面泄流的消能率（图8.16）。

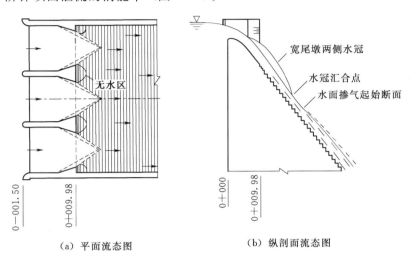

（a）平面流态图　　　　（b）纵剖面流态图

图8.16　宽尾墩和阶梯坝面流态示意图

（2）溢流坝面阶梯高度加大后，坝面流速值略有减小，但其减小的相对值一般在5%之内；测试的阶梯坝面水面掺气起始断面位置、流速值等见表8.4。

表8.4　　　　　　　　　　　　　　　阶梯溢流坝泄流特性

洪水频率 P	泄洪流量 $Q/(\mathrm{m}^3/\mathrm{s})$	水面掺气起始断面阶梯号	阶梯坝面流速 $v/(\mathrm{m}/\mathrm{s})$
20%	207.0	10～11	15.9～17.1
1%	333.0	14～15	18.0～18.9
0.2%	411.0	18～19	18.6～19.9
0.02%	511.6	21～22	18.8～20.9

（3）坝面阶梯高度加大之后，阶梯下游立面底部负压值比设计初拟方案的负压值略有增加，但负压的绝对值一般仍小于15kPa；消力池在各种运行工况下基本无负压出现。

（4）在各级洪水流量泄流运行时，光滑坝面和阶梯坝面的溢流坝下游末端入池流速比较见表8.5，阶梯溢流坝末端泄流动能（$E_2=v_2^2/2g$）只有光滑坝面相应动能（$E_1=v_1^2/2g$）的32.6%～39.7%，泄流相对动能消能率达60%以上，阶梯坝面泄流的消能作用较明显。

（5）消力池设置T型消力墩之后，有效减短水跃跃长和池长，消力池内形成稳定的强迫水跃，水流消能较充分。在洪水频率 $P=20\%\sim0.02\%$ 流量泄流运行时，消力池的消能率（入池与出池水流能量之比）达约68%～76%，消能效果较佳[4]。

（6）出池水流流经下游二道坝阶梯坝面之后，增大了泄流的紊动和掺气，相应降低了坝面的流速，增大了坝面的泄流消能率，减轻了对下游冲沟河床的冲刷。在各级洪水频率

表8.5　　　　　　　　　　　光滑和阶梯坝面入池流速和动能比较

洪水频率 P	泄洪流量 $Q/(\text{m}^3/\text{s})$	光滑坝面		阶梯坝面		E_2/E_1	消能率 $(E_1-E_2)/E_1$
		$v_1/(\text{m/s})$	E_1/m	$v_2/(\text{m/s})$	E_2/m		
20%	207.0	29.93	45.70	17.10	14.92	0.326	0.674
1%	333.0	31.57	50.85	18.86	18.17	0.357	0.643
0.2%	411.0	32.25	53.06	19.86	20.12	0.379	0.621
0.02%	511.6	33.16	56.10	20.90	22.29	0.397	0.603

（$P=20\%\sim0.02\%$）流量泄流运行时，测试的二道坝末级阶梯（15号阶梯）出口断面流速 $v=12.3\sim14.8\text{m/s}$。由于二道坝下游河床狭窄，坡度较陡，二道坝出口断面的流速仍较大，因此，应做好二道坝出口区域的加固防护工程措施（如将下游冲沟出露的基岩修整为阶梯跌坎状等），以确保工程的安全运行。

8.3.5　试验成果的应用

根据阳蓄电站上库溢流坝泄流特性、运行条件、下游河道地形等特点，经水力模型试验研究，推荐溢流坝及消能工采用宽尾墩与阶梯坝面、底流消力池与 T 型消力墩、消力池下游阶梯坝面的二道坝与下游冲沟河床连接等方案，妥善解决了溢流坝泄洪消能的问题，工程效果良好。水力模型试验研究成果得到了工程设计和施工的采用。

8.4　稿树下水库溢洪道加固改造消能研究

8.4.1　工程概况

稿树下水库位于广东省博罗县罗阳镇境内。水库主坝为土坝，坝顶高程 72.50m，最大坝高 42.5m。水库始建于 1961 年，水库坝址控制集雨面积约 391km²，总库容约 3096 万 m³，是以防洪和灌溉为主，兼顾发电、供水等综合利用的中型水库。水库设计洪水标准为 50 年一遇（$P=2\%$），校核洪水标准为 1000 年一遇（$P=0.1\%$）。

水库溢洪道位于主坝右侧山凹处，溢洪道进口为一无闸控泄的开敞式宽顶堰，堰顶高程 66.20m，宽度 30m，其后接坡度为 1:4.1 的陡槽段，陡槽段为梯形断面，底宽为 30～19.65m，两侧边墙坡度为 1:1。陡槽段下游设置两级消力池，一级消力池长度 11m，池底高程 34.10m，池内设置消力墩，池末端尾坎顶高程 36.50m；二级消力池长度 12.9m，池底高程 34.85m，池末端尾坎顶高程 36.00m。消力池设计洪水标准为 30 年一遇（$P=3.33\%$），相应泄洪流量 $Q=210.47\text{m}^3/\text{s}$（图 8.17）。

1994 年，在水库主坝加固改造的基础上，拟对溢洪道进行配套完善，并将溢洪道下游消力池设计标准提高为 50 年一遇（$P=2\%$）。

由于稿树下水库溢洪道是一座已建成多年的泄水建筑物，其陡槽段及下游消力池结构基本完好，因此溢洪道加固改造方案应在确保工程安全泄洪的前提下，尽量不对现状布置作较大的改动，使溢洪道加固改造的工程量最小，节省工程投资。

为了配合溢洪道加固改造的工程设计，开展了 1:35 的溢洪道水力模型试验[6]。

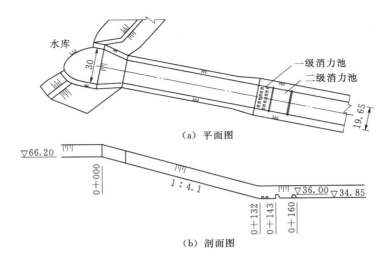

（a）平面图

（b）剖面图

图 8.17　稿树下水库溢洪道布置示意图（单位：m）

8.4.2　现状溢洪道运行流态

水力模型试验显示：

（1）陡槽段上游段底部宽度由 30m 缩窄至 19.65m，由于陡槽段边墙边界的改变，槽中急流从边界改变之处开始产生急流冲击波，造成水面局部壅高。

（2）溢流堰顶至一级消力池底高差达 32.1m，陡槽段末端泄流入池流速 $v>20\text{m/s}$，泄流直冲消力池内的消力墩，池内流速分布极不均匀，恶化了消力池流态，水流消能率低，无法满足消能防冲的要求；同时，由于消力池进口流速 $v>20\text{m/s}$，池内消力墩的冲击、振动、空蚀等问题较为严峻，消力墩、池底板的稳定性问题较突出。

8.4.3　阶梯消能工布置

经多方案的试验比较之后，在溢洪道陡槽段上设置了 26 级不连续的外凸型阶梯，阶梯高度 $a=0.25\text{m}$，除了第一级阶梯间距 $s=4.2\text{m}$ 之外，其余阶梯间距 $s=4.8\text{m}$（图8.18）。

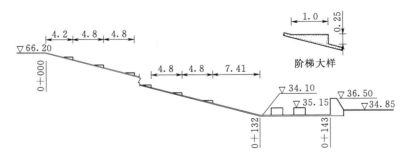

图 8.18　稿树下水库溢洪道陡槽段阶梯布置图（单位：m）

溢洪道陡槽段设置了外凸型阶梯之后：①消耗了陡槽段泄流的部分能量，基本消除了陡槽段的急流冲击波，改善了陡槽段的流态；②测试的阶梯下游立面底部最大负压值约为

—5kPa，陡槽面均为正压；③陡槽段末端的消力池入池流速 $v<16m/s$，大大减轻了消力池的消能压力，消力池内形成稳定的水跃，水流消能较充分，出池水流较平顺与下游河道水流衔接。

工程施工中，在原陡槽面上浇筑厚 25cm 的 C20 混凝土配 $\phi 10$ 的钢筋，槽面构筑外凸型阶梯。

8.4.4 工程应用和运行情况

溢洪道加固改造工程于 1996 年完成，并经历了多次泄洪运行[7]。

2006 年 7 月中旬，受热带风暴"碧丽丝"的影响，当地出现超 100 年一遇的强降雨，降雨量达 400.5mm。7 月 15 日凌晨，溢洪道开始泄洪，约中午 11 时，泄洪流量达约 164m³/s。泄洪运行过程中，可以观察到阶梯陡槽段泄流表层饱掺气体，呈乳白色水体状，表层水体水滴落在陡槽段内；陡槽段下游消力池水跃稳定，消能较充分，出池水流较平顺地与下游河道水流衔接（彩图 1）。整个泄洪历时约 10 小时。泄洪过后，对溢洪道进行全面检查，陡槽段及阶梯跌坎均完好无损，未产生空蚀破坏。

8.5 虎局水库溢洪道扩建改造消能研究

8.5.1 工程概况

虎局水库位于广东省丰顺县汤坑镇北部约 8km 处，属小（1）型水库，于 1960 年春建成运行。虎局水库原设计主要用于灌溉农田，随着当地经济发展的需要，虎局水库由单一农田灌溉转变为灌溉、供水等多功能的综合利用水库，因此，需对水库进行扩容加固和改建。水库扩容后，水库由小（1）型提高为中型水库，坝顶高程加高至 93.50m，防浪墙顶高程 94.10m，最大坝高 38.50m，水库正常蓄水位由原设计的 85.50m 提高至 90.50m，相应库容增加至 959.1 万 m³。

虎局水库主坝为土坝，溢洪道位于主坝的右侧，原布置的溢洪道上游进口闸室为宽顶堰，堰顶高程为 85.50m，进口闸室中心线与陡槽段中心线呈 10.73°的夹角，堰下游接两级陡槽段，陡槽槽身断面为梯形（两侧边墙坡度为 1:0.3），两陡槽段之间设置一消力池，末级陡槽下游设置一挑坎挑流消能。经多年的泄流运行，两陡槽段之间的消力池尾坎已部分损坏，挑坎下游已冲刷为坑底高程为 49.00～50.00m 的大深坑（图 8.19）。

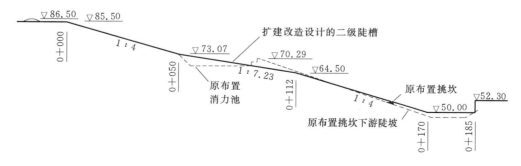

图 8.19 虎局水库溢洪道扩建改造设计方案布置图（单位：m）

水库扩容后，溢洪道的泄洪标准相应提高，需对溢洪道进行扩建改造。在扩建改造设计的比较阶段，考虑取消两陡槽段之间的消力池和陡槽段下游的挑坎，在陡槽末端设置消力池消能衔接过渡。设计计算表明，溢洪道泄洪时陡槽末端的流速达 $20 \sim 24\text{m/s}$，消力池内设置消力墩易遭受高速水流空蚀破坏，消力池工程量较大。因此，拟考虑在陡槽段上设置阶梯式消能工，消杀泄流部分能量，以减轻下游消力池的消能压力。

扩建改造工程设计的溢洪道 50 年一遇设计洪水（$P=2\%$）泄流量 $Q=140\text{m}^3/\text{s}$，1000 年一遇校核洪水（$P=0.1\%$）泄流量 $Q=339.2\text{m}^3/\text{s}$。

虎局水库溢洪道扩建改造工程水力模型为 $1:35$ 的正态模型[8]。

8.5.2　溢洪道改建工程布置

虎局水库溢洪道是一座扩建改造工程，为了节省工程投资和加快施工进度，不宜对原工程布置做太大的改动，溢洪道扩建改造工程的布置和尺寸（图 8.19）如下：

（1）溢洪道上游进口设置 2 孔闸，每孔净宽 6.5m，并在堰顶上修建高 1m、底宽 8m 的驼峰堰，驼峰堰顶高程为 86.50m。

（2）为了改善堰顶下游陡槽段泄流流态，对上游进口闸室进行改建，将进口闸室中心线与陡槽段中心线的夹角由 10.73°减小为 7°。

（3）取消陡槽段中间消力池和下游挑坎，上游陡槽段高程 73.07m 处与下游陡槽段高程 64.50m 处采用直线段连接，此陡槽段（称为第二级陡槽段）的坡度为 $1:7.23$，其上、下游陡槽段（分别称为第一级和第三级陡槽段）的坡度仍为 $1:4$。

（4）在陡槽段末端下游设置消力池，根据下游河床的地形，消力池底高程设置为 50.00m，水平段长度为 15m，池深为 2.3m。

（5）陡槽段设置不连续的外凸型阶梯，阶梯布置和尺寸由试验优化确定。

8.5.3　试验成果及分析

8.5.3.1　陡槽段阶梯布置和尺寸

根据虎局水库溢洪道扩建改造工程的特点，在陡槽段槽面和两侧边墙加固钢筋混凝土层的基础上，设置不连续的外凸型阶梯。

阶梯的布置和尺寸主要是选择阶梯高度 a 和间距 s。一般而言，阶梯高度 a 和间距 s 的选择要兼顾陡槽段的消能效果、流态、工程量大小等因素。阶梯高度 a 较大者，阶梯间的水流跌流落差相应增大，消能效果较佳，但在小流量泄流时，每级阶梯之间的水流跌落波动较大，水流表面掺气的水滴飞溅现象较为明显，因此，阶梯高度 a 应与陡槽段泄流特性相适应。合理的阶梯间距 s 应为阶梯坎顶下游立面底部产生稳定的低压漩涡，水面波动掺气较充分，水面波动跳跃和水滴飞溅现象不影响溢洪道的正常运行，工程量较省等。水力模型试验表明，当陡槽段坡度较陡时，阶梯间距 s 可适当选择小一些；陡槽段坡度较缓时，为了适当增加阶梯间的落差，阶梯间距 s 可适当选择大一些[9]。

经过多方案的试验比较之后，推荐采用的陡槽段阶梯布置和尺寸（图 8.20 和彩图 3）如下：

（1）第一级和第二级的阶梯高度 $a=0.3\text{m}$（阶梯间距 $s=3.5\text{m}$），其余各级阶梯高度均为 0.35m。

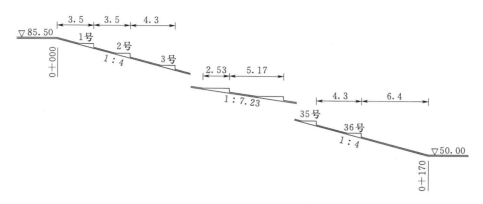

图 8.20 虎局水库溢洪道陡槽段阶梯布置示意图（单位：m）

（2）第一级和第三级陡槽段的阶梯间距 $s=4.3\text{m}$，第二级陡槽段的阶梯间距 $s=5.17\text{m}$。

（3）三级陡槽段共布置 36 级阶梯。

8.5.3.2 陡槽段运行流态

（1）当溢洪道下泄流量较小时，陡槽内的薄层水流由阶梯逐级跌落，跌落至下游槽面的水流通过与槽面（或坎顶面）产生碰撞和水流的紊动，消耗部分能量，然后，保持急流状往下游流动，又跌落至下一级阶梯。

（2）随溢洪道下泄流量逐渐增大，槽面和阶梯顶面的水层厚度增加，从阶梯坎顶出射水流的流速逐渐增大，水流从舌形跌落状逐渐转变为滑移状，阶梯对水流产生顶托和分离，阶梯下游立面底部产生漩涡，漩涡区内产生强烈漩滚，并与主流产生强烈混掺作用，加大了水流能量的消耗。

（3）在各级洪水流量泄流运行时，阶梯加剧了陡槽水流内部紊流边界层的发展，阶梯槽面水面掺气发生点的位置比光滑槽面明显上移，陡槽面上的水流表面碎裂、水滴飞溅，沿程水深增大，流速减小，水流能量耗散作用明显。

（4）溢洪道上游进口闸室段中心线与陡槽段中心线呈 7°的夹角，泄流由闸室进入光滑陡槽段之后，陡槽内产生冲击波，使得第一级陡槽段上游端的水深和流速分布不均匀，其右侧边墙（转角段外边墙）处的水深和流速大于左侧边墙处的水深和流速。陡槽段设置阶梯之后，阶梯消杀了陡槽段部分泄流能量，调整了陡槽段泄流流速分布，陡槽段的水深和流速分布明显改善。

8.5.3.3 陡槽段水深和压强特性

试验表明，陡槽段设置阶梯之后，水流掺气和波动加剧，下泄水流表面水滴飞溅，水深比光滑槽面的水深明显增加，阶梯槽面水深为水气混合的掺气水深。在各级洪水流量泄流时，水流表面水滴飞溅的高度一般在槽面上 4～6m。

由于按弗劳德重力相似律准则设计的水力模型忽略了水流表面张力的影响，水面碎裂水滴运动的模拟应考虑韦伯数 We 的影响。根据有关文献[10]，按重力相似律设计的模型，其水流韦伯数 $We>500$ 时，水流表面碎裂的水滴运动模拟效果良好。由计算可知，在各级洪水流量泄流条件下，计算的模型水流韦伯数 $We>600$，因此，初步分析溢洪道陡槽段泄流水面碎裂、水滴飞溅产生雾化现象的可能性较小,水滴跃移范围基本在陡槽段之内。为了减轻陡槽段泄流水面碎裂、水滴飞溅对两侧边墙外区域的影响,陡槽段两侧边墙外区域应设置排水设施。

试验表明,由于阶梯下游立面底部出现漩涡,其底部出现负压,但由于阶梯高度较小及水流掺气,其负压值较小。测试的阶梯下游立面底部负压强绝对值 $|p| < 10\text{kPa}$,槽面均为正压。因此,阶梯陡槽段出现空蚀破坏的可能性较小。

8.5.3.4 陡槽段流速和消能率

陡槽段设置阶梯后,阶梯陡槽面流速较光滑槽面流速明显减小。在各级洪水流量泄流运行时,阶梯陡槽面的底流速 $v_{d2} \leqslant 16\text{m/s}$,而光滑陡槽面底流速 $v_{d1} = 15 \sim 23\text{m/s}$,因此,陡槽段设置阶梯之后,对陡槽面避免遭受高速水流冲刷和增加消能效果是显著的。

采用陡槽段入池前的光滑和阶梯陡槽断面流速进行消能比较,各级洪水流量泄流的消能计算结果见表 8.6。陡槽段设置阶梯消能工之后,消能效果较显著,各级洪水流量泄流的相对动能消能率(与光滑陡槽面比较)一般都在 50% 以上,消能率随泄流量减小而增大,在 50 年一遇($P=2\%$)洪水频率流量泄流条件下,阶梯陡槽段的相对动能消能率达约 65.6%(图 8.21)。

表 8.6 虎局水库溢洪道光滑和阶梯陡槽段动能消能率比较

洪水频率 P	泄流量 $Q/(\text{m}^3/\text{s})$	单宽流量 $q/[\text{m}^3/(\text{s} \cdot \text{m})]$	光滑陡槽段		阶梯陡槽段		消能率 $\dfrac{E_1 - E_2}{E_1}$
			$v_1/(\text{m/s})$	$E_1 = \dfrac{v_1^2}{2g}/\text{m}$	$v_2/(\text{m/s})$	$E_2 = \dfrac{v_2^2}{2g}/\text{m}$	
20%	65.0	4.2	16.80	14.40	9.26	4.37	0.697
3.33%	110.0	7.1	18.86	18.15	10.70	5.84	0.678
2%	140.0	9.0	20.10	20.61	11.80	7.10	0.656
	216.0	13.9	22.10	24.92	14.05	10.07	0.596
	280.0	18.1	22.85	26.64	15.50	12.26	0.540
0.1%	339.2	21.9	23.50	28.18	16.70	14.23	0.495

注 光滑和阶梯陡槽段流速测试断面的桩号为 0+150.70。

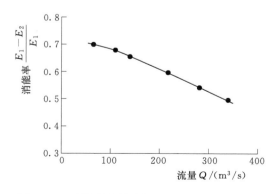

图 8.21 溢洪道阶梯陡槽段消能率与流量关系

8.5.3.5 消力池流态

(1)陡槽段设置阶梯之后,在各级洪水流量泄流运行时,陡槽段末端入池流速约为 $10 \sim 17\text{m/s}$,消能效果良好,陡槽段下游水跃的范围在消力池之内,池末端尾坎出池流速约为 $2 \sim 3.5\text{m/s}$,池后水面波动较小,扩建工程设计的消力池尺寸可满足要求。

(2)光滑陡槽段下游入池流速约为 $17 \sim 23\text{m/s}$,池内水流紊乱,水流波动、漩滚较强烈。尤其在校核洪水频率流量泄流时,陡槽段末端急流直接撞击消力池末端尾坎后,急窜涌高达 10 多米,再砸向下游河床,对下游河床消能防冲极为不利。

8.5.4 工程应用和运行情况

虎局水库溢洪道扩建改造于 1999 年底建成投入运行。

2000 年起，共进行了多次泄洪运行。2005 年 8 月 14 日晚，溢洪道敞泄泄洪的库水位约 87.20m，泄洪历时约 1 天。2006 年 7 月 16 日，受台风暴雨的影响，水库水位快速上涨，泄洪时的库水位为 89.58m，闸门开启开度 $e=0.5$m 泄洪。运行多年来，溢洪道陡槽面和阶梯跌坎均完整无损。

8.6 乌石拦河闸除险改造消能研究

8.6.1 工程概况

乌石拦河闸是广东省普宁市引榕灌区的枢纽工程，拦河闸于 1992 年重建，属Ⅲ等 3 级建筑物。拦河闸布置 15 孔闸，单孔闸净宽为 7.6m，总过水净宽 114m，闸室总宽度为 131.59m；闸室为开敞式宽顶堰，堰顶高程 13.00m；闸下游采用底流消能。拦河闸正常蓄水位为 17.00m，20 年一遇（$P=5\%$）设计洪水位 20.36m，泄流量 $Q=2660$m³/s；50 年一遇（$P=2\%$）校核洪水位 21.41m，泄流量 $Q=3500$m³/s。

1993 年 5 月重建工程竣工后，由于拦河闸下游河床人为无序过量采沙，河床明显下切（河床较低点高程已由 1993 年的 11.50m 降至 1999 年 12 月的 3.30m），引起水闸下游河道水位明显下降。2000 年实测的水闸下游河道水位-流量曲线比 1992 年设计采用的水位-流量曲线整体下降了约 5.5～6m。由于闸下游河道水文条件的改变，致使原有消力池偏短、池深偏小，出闸水流消能不充分，水闸出流对下游河床造成严重的冲刷，危及消力池及水闸的安全。

拦河闸闸址的地质情况由上层往下可分为冲积粗砾砂层、花岗岩层，花岗岩基岩埋藏深度变化较大，强风化的花岗岩层面高程为－3.50～1.60m；两岸基岩埋藏较浅、中间较深，成 U 形。据勘察，拦河闸消力池及其下游海漫段与河床砾砂层出现淘空现象。

针对乌石拦河闸泄流的下游消能状况，对拦河闸进行了除险改造工程设计和水力模型试验研究[11-12]。

8.6.2 除险改造设计方案及试验
8.6.2.1 闸下游河道水位-流量关系选取

由于拦河闸下游河道水位明显下降，除险改造工程设计以 2000 年实测的闸下游河道水位-流量曲线为基准，并考虑工程竣工后还可能会出现挖沙引起水位下降的情况，将实测水位-流量曲线按大流量水位降低 0.5m、小流量降低 2.5m 选用（图 8.22）。

8.6.2.2 除险改造工程设计方案

由分析可知，乌石拦河闸下游河道水位（水深）变幅较大，且拦河闸现状的闸室和消力池结构仍完好，可以加以利用。因此，综合考虑拦河闸的结构状况、水力和地质条件等，为了便于工程施工和施工的安全、节省工程投资等，拦河闸除险改造工程设计的消能方案仍采用底流消能。

乌石拦河闸下游消能工设计方案如图 8.23 所示：将现有的消力池加长扩建为一级消

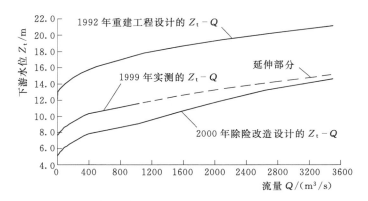

图 8.22　乌石拦河闸下游河道水位流量关系

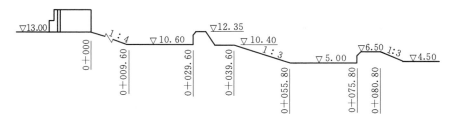

图 8.23　乌石拦河闸下游消能工设计方案布置图（单位：m）

力池，一级消力池水平段长 20m，池深 1.75m，并在一级消力池下游修建二级消力池；二级消力池水平段长 20m，池深 1.5m；消力池下游设置海漫和防冲槽等。

8.6.2.3　设计方案试验成果

（1）在 20 年一遇设计洪水频率（$P=5\%$）流量及以下各级洪水流量泄流运行时（$Q \leqslant 2660\text{m}^3/\text{s}$），由于闸下游河道水位较低，出闸水流均为自由泄流，一级消力池内水流波动大，水跃极不稳定，水流消能率较低。

（2）泄放校核洪水频率流量（$P=2\%$，$Q=3500\text{m}^3/\text{s}$）运行时，一级消力池无法形成正常的水跃，泄流呈急流状直冲撞击消力池末端尾坎后，跃起再跌入下游陡坡段，二级消力池及下游河道水面波动大，水流极为紊乱。

（3）当拦河闸泄洪流量 $Q<1580\text{m}^3/\text{s}$ 运行时，由于水闸下游河道水位较低，一级消力池池末出流与下游河道水流落差较大，一、二级消力池之间陡坡段及二级消力池入池流速较大（可达 12m/s 左右），二级消力池池深不足，二级消力池内的水流波动较大，消能不充分，且池末端尾坎跌流较明显。

8.6.3　除险改造推荐方案及试验

8.6.3.1　方案布置和设计

经过多方案的试验比选，乌石拦河闸下游消能工推荐方案布置为（图 8.24）：

（1）一级消力池内设置两排消力墩，消力墩呈梅花状排列，消力墩高 1.8m、宽 1.4m，墩之间净间距与墩宽相同。

消力墩布置于原消力池底板上，根据水力模型试验，第一排单个消力墩承受的冲击动

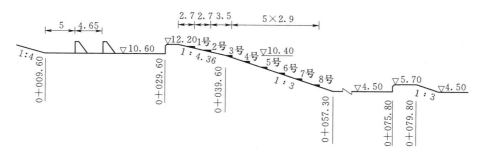

图 8.24 乌石拦河闸下游消能工推荐方案布置图（单位：m）

水荷载约 186kN，而单墩自重约 7.9t，不能满足稳定要求。工程设计采用 C20、ϕ700 的混凝土钻孔桩（桩伸入消力池底部至约 4.00m 高程，如图 8.25 所示），将消力墩与消力池底板及地基连接，将消力墩承受的动水冲击荷载由桩传至池底板及地基。

（2）一、二级消力池高差达约 6m，在中小洪水流量泄流运行时，陡坡面和下游入池流速较大，不利于二级消力池消能，因此，在陡坡段设置了 8 级外凸型阶梯，第 1 级和第 2 级阶梯高度为 0.3m，第 3～第 8 级阶梯高度为 0.35m。

工程施工中，在一、二级消力池之间陡坡面上构筑外凸型阶梯，坡面和阶梯采 C20 混凝土、双向 ϕ12 钢筋构筑，阶梯的结构布置如图 8.25 所示。

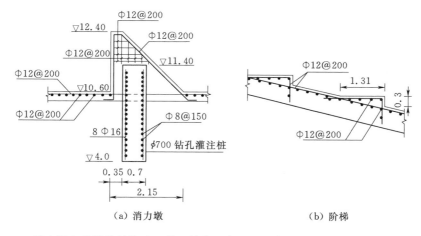

（a）消力墩 　　　　（b）阶梯

图 8.25 消力墩和阶梯的结构及配筋（单位：高程、尺寸为 m，钢筋直径、间距为 mm）

（3）为了使二级消力池出池水流更平顺地与下游河道水流衔接，并考虑到下游河床仍存在继续下切的可能性，将二级消力池池底和池末端尾坎顶高程分别设置为 4.50m 和 5.70m，比改造设计方案分别降低 0.5m 和 0.8m。

8.6.3.2 消能工运行流态

在各级洪水流量泄流运行时，一级消力池内形成稳定的水跃，水跃消能较充分，大大降低了一级消力池尾坎顶的出流流速。拦河闸泄洪流量 $Q \leqslant 1580 \text{m}^3/\text{s}$ 运行时，出池水流在一级消力池下游阶梯陡坡段自上而下逐级下跌，增加水流的紊动和掺气，消杀水流的部分能量，明显减轻了二级消力池的消能压力；当泄洪流量较大时（$Q > 1580 \text{m}^3/\text{s}$），下游河道水位逐渐淹没陡坡段的阶梯，一级消力池出池水流与下游河道水流较平顺衔接。

由于一级消力池下游阶梯陡坡段消杀水流的部分能量，降低了二级消力池的入池流速，二级消力池内水流消能较充分，且二级消力池末端尾坎顶降低之后，出池水流较平顺与下游河道水流衔接。

8.6.3.3 消力池消能率计算

经水力模型试验和计算（表 8.7），推荐方案拦河闸下游消能工的水流消能效果较显著，在设计洪水频率流量（$P=5\%$，$Q=2660\text{m}^3/\text{s}$）泄流时，两级消力池及阶梯陡坡段的水流消能率约 38.3%；在常遇洪水流量泄流时（$Q\leqslant1580\text{m}^3/\text{s}$），两级消力池及阶梯陡坡段的水流消能率大于 50%。

表 8.7   拦河闸下游消能工推荐方案的泄流消能率

洪水频率 P	泄流量 $Q/(\text{m}^3/\text{s})$	闸上游河道水流总能量 E_1			消力池下游河道水流能量 E_2			消能率 $\dfrac{E_1-E_2}{E_1}$
		Z_1/m	$\dfrac{v_1^2}{2g}/\text{m}$	E_1/m	Z_2/m	$\dfrac{v_2^2}{2g}/\text{m}$	E_2/m	
	932	11.41	0.30	11.71	4.39	0.13	4.52	0.614
20%	1580	12.46	0.47	12.93	6.14	0.20	6.34	0.510
5%	2660	13.94	0.70	14.64	8.76	0.27	9.03	0.383
2%	3500	14.91	0.88	15.79	10.14	0.35	10.49	0.336

注　1. Z_1、Z_2 分别为以下游海漫高程 4.50m 为基准计算的水闸上、下游河道相对水位。
　　2. v_1、v_2 分别为水闸上、下游河道平均流速。

8.6.4　工程实施及运行情况

乌石拦河闸除险改造工程在改造原消力池的基础上，在其下游增设了二级消力池。通过水力模型试验研究，在拦河闸下游的一、二级消力池之间陡坡段采用了外凸型阶梯消能工，泄流的消能效果较显著，妥善解决了拦河闸下游消能防冲的问题。

乌石拦河闸除险改造工程于 2001 年初建成投入运行。运行多年来，在中小洪水流量泄流条件下，虽然拦河闸下游河道水位比 2000 年设计的水位相应降低约 0.6~1m，但经过多次泄洪运行检验，证明工程除险改造方案是成功的。在 2006 年 6 月的"珍珠"台风期间，拦河闸泄洪流量达约 1830m^3/s，拦河闸下游一级消力池内水流形成稳定的水跃，泄流经一、二级消力池之间的阶梯陡坡段时，水流紊动和掺气加剧，大大降低了陡坡段泄流的流速，减小了进入下游二级消力池流速和动能，二级消力池内产生稳定的水跃，出池水流较平顺与下游河道水流衔接。

在常年的小洪水流量泄流运行时，泄流在一、二级消力池之间的阶梯陡坡段自上而下逐级下跌，水流表面掺气、呈乳白色状，水滴飞移，景色壮观，该工程泄洪已成为当地的一个景点，具有长远的社会效益（彩图 4）。

8.7　秋风岭水库溢洪道重建工程消能研究

8.7.1　工程概况

秋风岭水库位于广东省汕头市潮南区两英镇境内，属练江中游一级支流秋风水系，坝址以上集雨面积 105.1km²，总库容 6903 万 m³，是一座以防洪为主，结合灌溉、发电的中型水库。

枢纽工程由主坝、副坝、主坝溢洪道、副坝溢洪道等组成。主坝、副坝都为均质土坝。主坝长 1650m，最大坝高 28m，坝顶高程 48.00m。主坝溢洪道位于主坝段中间，设计洪水标准为 50 年一遇（$P=2\%$），相应泄洪流量 $Q=172\text{m}^3/\text{s}$；校核洪水标准为 1000 年一遇（$P=0.1\%$），相应泄洪流量 $Q=547.7\text{m}^3/\text{s}$。根据工程设计，当水库洪水流量达 172m³/s 时，溢洪道才开闸泄洪。因此，秋风岭水库主坝溢洪道具有泄流单宽流量较大的特点。

水库于 1959 年 11 月建成。秋风岭水库建成以来，在防洪、灌溉、供水等方面发挥了较重要的作用，效益较显著，但由于溢洪道原设计洪水标准偏低，溢洪道闸室及两侧边墙已破旧残缺，需对溢洪道进行重建。为了配合溢洪道重建工程的设计工作，开展了相应的水力模型试验研究，水力模型为 1∶35 的正态模型[13]。

8.7.2 设计方案试验

设计方案的溢洪道闸室设置 3 孔闸，每孔闸净宽 6.0m，闸墩厚度 1.2m，闸下游陡槽段平均宽度约为 21m。溢洪道采用两级消力池消能：一级消力池首端位于一级陡槽末端桩号 0+032.35 处，池长 25.92m，池深 2.5m；二级消力池首端位于二级陡槽末端桩号 0+105.85 处，池长 22m，池深 3.0m。二级消力池下游两岸设扭曲面边墙与下游河道岸坡连接，工程布置如图 8.26 所示。

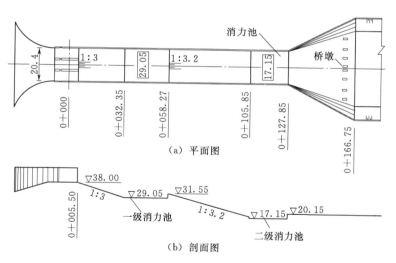

图 8.26 秋风岭水库溢洪道重建工程设计方案布置图（单位：m）

试验表明，在各级洪水流量泄流时，溢洪道闸室上游进口的入流较平顺，进口段两侧导墙之间入流流速分布较均匀。当溢洪道泄流量 $Q\geqslant451.9\text{m}^3/\text{s}$（大于等于 100 年一遇洪水流量）泄流运行时，一级消力池入池流速达 16~17m/s，水流呈急流状直冲一级消力池末端的尾坎，急流受尾坎顶托后跃起，再跌入下游二级陡槽段；在校核洪水频率流量（$P=0.1\%$，$Q=547.7\text{m}^3/\text{s}$）泄流时，一级消力池尾坎水流跃起的高程达约 39.50m，水流跃起后跌入二级陡槽的上游段，顺二级陡槽段进入下游二级消力池后，撞击二级消力池末端尾坎，在二级消力池内形成强迫水跃。

在 100 年一遇洪水（$P=1\%$）至校核洪水频率（$P=0.1\%$）流量泄流运行时，测试的二级消力池入池流速达约 16～17m/s，二级消力池末端尾坎跌流较明显，水流在下游河道得不到扩散，出池水流沿河道中心区域直冲下游河道，冲刷下游海漫和河床，危及下游桥梁的安全。因此，溢洪道的一级和二级消力池池长、池深不够，需要增大消力池规模或者增加辅助消能措施等。

8.7.3 修改方案试验

为了改善一、二级消力池的运行流态，消除一级消力池内的急流状水流，修改方案在一、二级消力池内各设置两排消力墩。一级消力池消力墩高度为 2.0m，墩宽和间距为 1.5m；二级消力池消力墩高度为 1.8m，墩宽和间距为 1.5m；一、二级消力池的消力墩均呈梅花状排列。

试验表明，在各级洪水流量泄流运行时，泄流仍以急流状冲击一、二级消力池内的消力墩，消力池内形成强迫水跃。在校核洪水频率（$P=0.1\%$）流量泄流时，一、二级消力池消力墩前缘水流壅高高程分别达到 39.90m 和 27.00m，一、二级消力池池内水深分别约为 10.9m 和 9.9m，消力池两侧边墙高度较高。由于二级消力池出池水流断面宽度较窄，出池水流与下游河道水流落差较大，在 100 年一遇洪水（$P=1\%$）和校核洪水频率（$P=0.1\%$）流量泄流时，二级消力池出池水流与下游河道水流水位落差分别达约 2.8m 和 4.5m，出池水流汹涌，危及下游海漫和桥梁的安全运行。

根据以往工程的经验，当消力池的入池流速 $v\geq16$m/s 时，池内设置的消力墩易产生空蚀破坏，且修改方案两级消力池的两侧边墙高度较高，两级消力池的消力墩修建在坝坡和坝脚的软基上，技术难度较大，明显增加了工程施工难度和工程投资。因此，此修改方案并非较佳方案。

8.7.4 推荐方案试验成果

8.7.4.1 方案布置

根据溢洪道的实际地形、泄流水力条件、施工条件等，经多方案试验比较之后，秋风岭水库溢洪道重建工程推荐方案（图 8.27 和彩图 5）如下：

（1）溢洪道上游进口闸室体型和布置不变，闸室设置 3 孔闸，每孔闸净宽 6.0m。

（2）取消陡槽段中间的一级消力池，将两级消力池消能修改为陡槽段末端的一级消力池消能。

（3）将陡槽段分为三级陡槽，为了减小陡槽段泄流的单宽流量，陡槽段首端宽度仍为 20.4m，陡槽段末端宽度（消力池首端）扩宽至 28m；三级陡槽段的坡度分别为 1：4、1：6.79 和 1：4。下游消力池水平段长度为 21m，其首端宽度为 28m，末端宽度为 33m，池底板高程由 17.15m 降至 16.15m，消力池尾坎顶高程降为 18.65m，其坎顶以坡度 1：10 的反坡与下游河床（高程 19.65m）连接。

（4）为了降低陡槽段的泄流流速，在陡槽段上设置不连续的外凸型阶梯：①第一级陡槽段设置 8 级阶梯，第一级阶梯高度 $a=0.35$m（间距 $s=2.6$m），其余阶梯高度 $a=0.5$m、间距 $s=4.2$m；②第二级陡槽段设置 6 级阶梯，阶梯高度 $a=0.4$m、间距 $s=5.66$m；③第三级陡槽段设置 4 级阶梯，阶梯高度 $a=0.4$m、间距 $s=4$m。

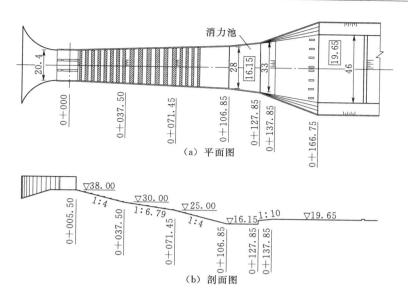

图 8.27　秋风岭水库溢洪道重建工程推荐方案布置图（单位：m）

8.7.4.2　试验成果及分析

（1）陡槽段扩宽和设置外凸型阶梯之后，减小了溢洪道沿程的泄流单宽流量，陡槽段槽面流速比光滑槽面流速明显减小，流态明显改善。在校核洪水频率（$P=0.1\%$）流量泄流时，阶梯槽面底流速 $v_d<15\text{m/s}$。随着泄洪流量的减小，陡槽段阶梯消能的作用更加明显。

根据图 8.27 溢洪道陡槽段布置，比较光滑和阶梯陡槽的泄流消能，取第三级陡槽段桩号 0+087 断面的流速（即进入消力池前的流速）比较计算的结果见表 8.8。陡槽段设置外凸型阶梯后，泄流消能的效果较显著，在 50 年一遇设计洪水频率（$P=2\%$）流量泄流时，阶梯陡槽段泄流相对动能消能率达约 62.4%。

表 8.8　　　　　　　　秋风岭水库溢洪道光滑和阶梯陡槽段动能消能率比较

洪水频率 P	泄洪流量 $Q/(\text{m}^3/\text{s})$	光滑陡槽段		阶梯陡槽段		消能率 $\dfrac{E_1-E_2}{E_1}$
		$v_1/(\text{m/s})$	$E_1=\dfrac{v_1^2}{2g}/\text{m}$	$v_2/(\text{m/s})$	$E_2=\dfrac{v_2^2}{2g}/\text{m}$	
2%	172.0	17.38	15.41	10.66	5.80	0.624
	283.2	18.03	16.59	12.36	7.79	0.530
1%	451.9	18.87	18.17	14.02	10.03	0.448
0.1%	547.7	19.18	18.77	15.43	12.15	0.353

注　流速测试断面桩号 0+087。

（2）陡槽段设置外凸型阶梯之后，水流掺气增加、波动加剧，下泄水流表面水滴飞溅，此现象在泄流量 $Q\leqslant283.2\text{m}^3/\text{s}$ 时较为明显，因此，考虑到水力模型试验的水流掺气波动与原型工程有一定的差异，溢洪道陡槽段两侧边墙高度应在水力模型测试的水面线基础上，考虑水流掺气的影响，并加上一定的安全超高。

（3）消力池出口扩宽至 33m 后，其最大泄洪单宽流量降至 $16.6m^3/(s \cdot m)$，池末端尾坎出流跌流现象明显减轻，在 100 年一遇洪水（$P=1\%$）至校核洪水频率（$P=0.1\%$）流量泄流运行时，消力池末端尾坎出池水流与下游河道水流水位落差降低至约 $0.6 \sim 0.7m$，出池水流较平顺与下游河道水流衔接。

（4）由于阶梯下游立面底部出现漩涡，阶梯下游立面底部出现负压，测试的阶梯跌坎下游立面底部负压强绝对值 $|p| < 16kPa$，槽面均为正压。

8.7.5　工程应用和运行效果

秋风岭水库溢洪道采用了"陡槽不连续的外凸型阶梯＋消力池"联合消能方案，水力模型试验成果是令人满意的，推荐方案的溢洪道水力特性较优，在工程设计和施工中被采用。

秋风岭水库溢洪道重建工程于 2006 年年初建成投入运行。2006 年 6 月 14—25 日，水库区域普降大雨，溢洪道上游库水位约 40.10 ~ 40.81m，闸门开启开度 $e=0.30 \sim 0.35m$ 泄洪，泄洪历时共达约 117 个小时。2008 年 8 月 4—7 日，溢洪道上游库水位约 41.00 ~ 41.36m，闸门开启开度 $e=0.30 \sim 0.50m$ 泄洪，泄洪历时约 82 个小时。多次泄洪的运行观察表明，工程运行效果良好（彩图 6）。

8.8　阳江核电水库溢洪道消能研究

8.8.1　工程概况

阳江核电水库位于广东省阳江市阳东县的东平镇境内，是阳江核电站的专用水库。水库枢纽工程由挡水坝、溢洪道等组成。

为使正向引水的溢洪道入流较顺畅，并减少溢洪道下游陡槽段工程的开挖量，设计方案的溢洪道顺应山谷冲沟走向布置，溢洪道堰顶轴线至下游主河道全长约 350m。溢洪道工程布置（图 8.28）如下：

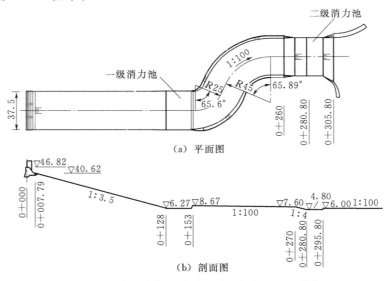

图 8.28　阳江核电水库溢洪道设计方案布置图（单位：m）

（1）溢洪道溢流堰为开敞式实用堰，溢流堰段为混凝土重力坝段，堰顶高程为46.82m，总宽度为37.5m，设3孔闸，单孔闸净宽11.5m，闸孔之间的闸墩（工作桥墩）厚1.5m。

（2）溢洪道陡槽段宽37.5m，一级陡槽段水平投影长度为120.21m，坡度为1:3.5；溢洪道下游采用两级消能：①一级消力池长度25m，池底高程6.27m，池末端尾坎顶高程8.67m；②一级消力池下游接117m长的弯道调整段与二级陡槽段连接，弯道调整段平面上有两个弯道，弯道转角分别为65.6°和65.89°，曲率半径分别为25m和45m，纵坡为$i=1:100$，断面底宽36m；③二级陡槽段水平投影长度为10.8m，坡度为1:4，二级消力池长度15m，池底高程4.80m，池深为1.2m，二级消力池下游接坡度为1:100的海漫段。

阳江核电水库溢洪道为Ⅱ级建筑，设计洪水频率为100年一遇（$P=1\%$），校核洪水频率为2000年一遇（$P=0.05\%$），消能设计洪水频率为50年一遇（$P=2\%$）。

阳江核电水库溢洪道水力模型为1:35的正态模型[14]。

8.8.2 设计方案试验成果

溢流堰顶至一级消力池底的高差达40.55m，各级洪水流量泄流的溢洪道和下游消力池运行流态和流速分布如下：

（1）在设计洪水频率流量（$P=1\%$，$Q=305.8\text{m}^3/\text{s}$）泄流运行时，水流过堰后急流直下，两中墩末端水冠、水花跃起高度4~5m，陡槽段末端断面流速18~19m/s，水流呈急流状撞击一级消力池末端尾坎后，形成强迫水跃，一级消力池内水流极为紊乱，池末端尾坎顶形成较明显的跌流，消力池下游弯道段的流态如下：

1）消力池出池水流受下游弯道的影响，出池水流呈急流流态撞击弯道调整段右边坡后、向弯道左岸侧方向折返，然后在桩号0+220附近与左岸侧水流汇合后冲向渠道下游段左岸侧。

2）消力池尾坎（桩号0+153断面）至0+230断面的左岸坡区域流速较右岸区域流速小，其水深较右岸区域水深大；测试的桩号0+230断面左岸区域流速约1.7m/s，右岸区域流速约7.1m/s，断面流速分布极不均匀；弯道段形成明显的折冲水流。

3）桩号0+240断面至0+270断面右岸区域水流为强回流区，右岸区域的强回流区压缩了渠道的过水断面宽度，使主流更加偏向左岸区域；二级陡槽段上游左岸区域入流较集中，泄流被压缩至左岸区域约2/3渠宽进入二级消力池，二级消力池内右岸侧约1/3池宽断面形成回流区，二级消力池左岸区域的单宽流量明显增大，左岸区域水流呈急流状撞击二级消力池末端尾坎后翻滚、沿池后海漫段冲向下游河床（图8.29）。

（2）在校核洪水频率流量（$P=0.05\%$，$Q=505.7\text{m}^3/\text{s}$）泄流运行时，其流态与设计洪水频率流量泄流运行的流态相似，由于泄流单宽流量相应增大，一、二级消力池末端跌流、弯道调整段流态等更为明显和恶化。

1）陡槽段末端断面流速较大值达约20~21m/s，水流呈急流状撞击一级消力池末端尾坎后，形成强迫水跃，水流跃起后再跌向消力池的下游，池末端水流涌高约达15.00m高程，比尾坎顶高出约6.3m。

2）弯道桩号0+230断面左岸侧流速约1.7m/s，右岸侧流速约8.7m/s；桩号0+240

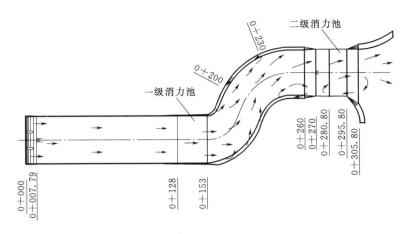

图 8.29　设计方案消力池下游弯道和二级消力池流态示意图

断面左岸侧水深约 3.7m，右岸侧水深约 0.7m，比左岸水深低 3m。

3）弯道段下游水流被压缩至左岸侧约 3/5 渠宽进入下游二级消力池，消力池内右侧约 2/5 池宽断面形成回流区；二级消力池及其下游海漫段流态与设计洪水频率流量泄流运行流态相近。

8.8.3　修改方案试验成果

（1）在溢洪道陡槽面上设置不连续的外凸型阶梯，对阶梯高度 a 和间距 s 进行试验比较，以获得消杀陡槽段泄流能量的较佳效果。

（2）为了减弱一、二级消力池之间弯道段水流冲击波和偏流的影响，进行了多个方案的试验比较：①在弯道调整段内设置斜向高低导流坎、导流墩等，试图改善弯道段的流态，但效果不佳；②将二级陡槽段进口堰顶高程抬高 1.6～2.0m，增加弯道调整段的水深，使一、二级消力池之间弯道段水流呈缓流衔接过渡，流态改善效果较明显。

8.8.4　推荐方案试验成果

8.8.4.1　方案布置

经多方案的修改试验比较之后，确定的溢洪道及其下游消能工布置的推荐方案（图 8.30）如下：

（1）从溢流堰桩号 0+003.72 至 0+007.79，将闸墩改为收缩率 $\beta=B_2/B_1=0.75$（式中：B_1 为无宽尾墩溢流孔净宽，$B_1=11.5$m；B_2 为宽尾墩下游出口断面的宽度，$B_2=8.62$m）的宽尾墩。

（2）一级陡槽段从 0+007.79 开始设置 27 级阶梯，其中第 1～第 5 级阶梯高度为 0.25m，第 6～第 27 级阶梯高度为 0.3m，阶梯间距均为 4m。

（3）弯道调整段末端的二级陡槽段上游堰顶加高 2.0m，其高程从 7.60m 抬高至 9.60m；堰顶宽度为 4.0m，堰顶末端以坡度 1:3 与原二级陡槽段（坡度 $i=1:4$）连接。

（4）二级消力池布置和尺寸与设计方案相同。

8.8.4.2　试验成果及分析

（1）溢流堰闸墩墩尾修改为宽尾墩之后，溢流堰的泄流能力与设计方案相同，可以满

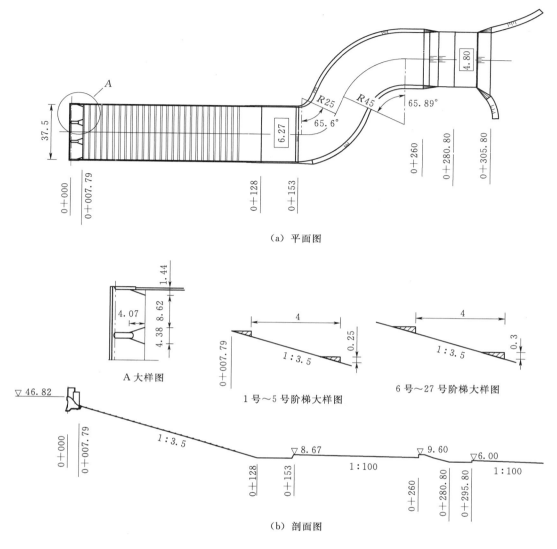

图 8.30 阳江核电水库溢洪道推荐方案布置图（单位：m）

足工程设计的要求。

（2）宽尾墩将堰面出流形成窄而高的收缩流态，墩尾无水冠、水花飞溅现象，收缩水流跌落和撞击陡槽段阶梯面上，而宽尾墩尾部下游陡槽面形成局部无水区域，增加出堰收缩水流与空气的接触面，增大陡槽面泄流的掺气和紊动（彩图 7）。

（3）一级陡槽段设置外凸型阶梯之后，泄流在阶梯槽面产生碰撞、紊动和掺气等，阶梯陡槽面的流速比光滑槽面流速明显减小，流态明显改善。在各级洪水流量泄流运行时，阶梯槽面流速 $v < 14\text{m/s}$。

将光滑陡槽段和阶梯陡槽段入池前流速进行比较（表 8.9），在洪水频率 $P = 2\% \sim 0.05\%$（$Q = 261.6 \sim 505.7\text{m}^3/\text{s}$）泄流运行时，阶梯陡槽段的泄流动能只约为光滑陡槽段动能的 $37\% \sim 41\%$，阶梯陡槽段的相对动能消能率 $\Delta E/E_1$ 达约 $59\% \sim 63\%$。

表 8.9 　　　　　　　阳江核电水库溢洪道光滑和阶梯陡槽段动能消能率比较

洪水频率 P	泄流量 $Q/(\text{m}^3/\text{s})$	光滑陡槽段		阶梯陡槽段		E_2/E_1	消能率 $(E_1-E_2)/E_1$
		$v_1/(\text{m/s})$	E_1/m	$v_2/(\text{m/s})$	E_2/m		
2%	261.6	18.39	17.25	11.15	6.34	0.368	0.632
1%	305.8	19.17	18.75	11.83	7.14	0.381	0.619
0.05%	505.7	21.98	24.65	14.05	10.07	0.409	0.591

（4）陡槽段泄流进入一级消力池后，产生淹没水跃，消能效果较佳，消力池池长和池深可满足工程设计的要求。

（5）一级消力池末端出流与下游弯道调整段水流较平顺衔接过渡，弯道调整段内各断面水深和流速分布较均匀，弯道内水流呈缓流衔接过渡，流态明显改善。

（6）泄流由二级陡槽段进入二级消力池后，池内产生稳定的水跃，水流消能较充分，出池水流较平顺与下游河道水流衔接。

8.8.5　结语

阳江核电水库溢洪道泄流落差较大，受工程区域地形条件的限制，一级消力池下游渠道为典型的弯曲渠道，流态较复杂。水力模型试验在一级陡槽段上采用"宽尾墩＋外凸型阶梯＋消力池"联合消能方式，增加了陡槽段泄流的消能率，减轻了一级消力池的消能压力；将二级陡槽段堰顶高程抬高 2.0m 之后，一、二级消力池之间弯道调整段内水流由急流衔接过渡转变为缓流衔接过渡，明显改善了弯道段的流态，二级陡槽段入流较平顺，二级消力池产生稳定的水跃，出池水流较平顺地与下游河道水流衔接。

水力模型试验推荐方案得到了工程设计和施工的采用，工程已建成投入运行，并经历了泄洪运行的检验（彩图 8）。

8.9　阳江抽水蓄能电站下库溢洪道消能研究

8.9.1　工程概况

阳江抽水蓄能电站下库由一座主坝和一座溢洪道组成。溢洪道布置在主坝右侧的垭口处，其溢流堰顶高程与正常蓄水位同为 103.70m，溢流堰分 4 孔，每孔净宽 10m。溢流堰下游主要由坡度 $i=1:100$ 的一级陡槽段、弯曲陡槽段（坡度 $i=1:20$，曲率半径 $R=125$m，转角 $\theta=42.289°$）、坡度 $i=1:3.75$ 的三级陡槽段等组成。溢流堰出口断面（桩号 $0+045$）宽度为 43.6m，其下游以扭曲面边墙过渡缩窄至桩号 $0+060$ 断面，桩号 $0+060$ 断面下游陡槽段断面为底宽为 37.6m、两侧边墙坡度为 $1:1.5$ 的梯形断面。陡槽段末端采用底流消力池消能（图 8.31）。

阳蓄电站下库溢洪道设计洪水频率为 500 年一遇（$P=0.2\%$），泄洪流量 $Q=889\text{m}^3/\text{s}$；校核洪水频率为 5000 年一遇（$P=0.02\%$），泄洪流量 $Q=1028\text{m}^3/\text{s}$；消能防冲设计洪水频率为 100 年一遇（$P=1\%$），泄洪流量 $Q=790\text{m}^3/\text{s}$。溢洪道水力模型为 1：45 的正态模型[15]。

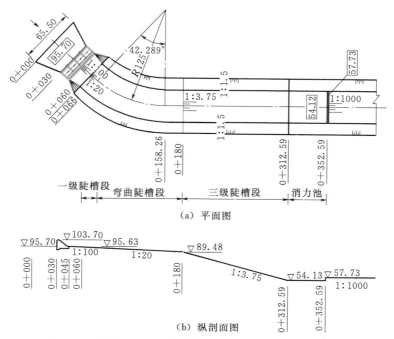

（a）平面图

（b）纵剖面图

图 8.31　阳蓄电站下库溢洪道设计方案布置图（单位：m）

8.9.2　弯曲陡槽段试验优化

8.9.2.1　设计方案试验成果

通常，急流通过弯道时产生横向冲击波，波横过槽身，左右反射，使得弯道外侧墙水深壅高、内侧墙水深降低。在各级洪水频率流量（$P=1\%\sim0.02\%$）泄流时，溢流堰泄流进入弯道进口断面（桩号 0+066）的流速约为 14~15m/s，弯道内形成急流冲击波，左侧墙水层极薄，右侧墙水深明显壅高，主流偏于弯曲陡槽段右侧区域。

在设计洪水频率（$P=0.2\%$）流量泄流时，弯道内约中部（桩号 0+112.20）断面左侧墙水深仅为 0.38m，右侧墙水深达 4.21m，两者相差达 11 倍多。急流冲击波明显恶化了弯曲陡槽段的流态，并使其下游三级陡槽段进口及陡槽段内水深和流速分布明显不均匀（表 8.10）。

表 8.10　　　　　　　　　　　　三级陡槽段进口断面水力参数比较

洪水频率 P	泄流量 $Q/(\text{m}^3/\text{s})$	设 计 方 案				推 荐 方 案			
		左侧墙		右侧墙		左侧墙		右侧墙	
		$v/(\text{m/s})$	h/m	$v/(\text{m/s})$	h/m	$v/(\text{m/s})$	h/m	$v/(\text{m/s})$	h/m
1%	790	0	0	17.95	3.38	12.82	2.35	11.50	2.33
0.2%	889		0.19	18.56	3.92	13.14	2.70	11.92	2.68
0.02%	1028		0.28	18.93	4.45	13.29	2.86	12.31	3.10

注　1.　v 为流速，h 为水深。

　　2.　设计方案左侧墙水深太小，无法测量流速值。

8.9.2.2　试验优化

为了消除或减弱弯道内急流冲击波的影响，通常可以采用缓和曲线法、底板超高法和斜槛法等方法[16]。本试验拟考虑在弯曲陡槽段断面上采用斜向高、低坎的消波措施，其优点为：①可以消除或减弱冲击波的影响；②可对弯道泄流起一定的消能作用，减轻下游陡槽段泄流的消能压力。

试验初拟在弯道内（桩号 0+066～0+158.26）6 等分设置 7 道斜向高、低坎，各断面左端坎高为 0，右端坎高为 2.2m。在各级洪水频率（$P=1\%\sim0.02\%$）流量泄流运行时，受弯道段斜向高、低坎的分流和调整作用，明显削弱弯曲陡槽段的急流冲击波，弯曲陡槽段及其下游三级陡槽段的断面水深和流速分布得到了明显的改善。但由于弯曲陡槽段进口区域的流速值较大（$v=14\sim15\text{m/s}$），进入弯曲陡槽段的泄流撞击第 1 道斜向高、低坎（桩号 0+066）之后，水流急速跃起壅高，再跌落至 2 号坎的下游，1 号和 2 号坎之间的最大水深壅高值达约 9.7m。

由分析可知，阳蓄电站下库溢洪道上游溢流堰堰顶至堰脚（一级陡槽段进口）高差达8.07m，弯曲陡槽段进口处流速较大，为了改善弯道斜向高、低坎的流态，应设法降低弯道进口断面的流速。经多方案试验比较之后，选定的溢流堰下游与弯曲陡槽段布置的优化方案如下：

（1）在溢流堰下游出口断面（桩号 0+045）按坡度 1∶100 延伸至桩号 0+065 断面（高程为 95.53m），为一级消力池底板；弯曲陡槽段下游末端断面（桩号 0+180）高程不变，将桩号 0+065～0+066 底板抬高至 98.00m 高程，为一级消力池尾坎，由此形成一个池长为 20m、池深约 2.5m 的一级消力池（图 8.32）。

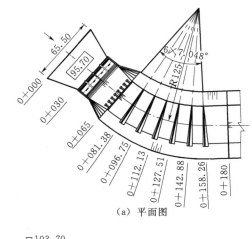

（a）平面图

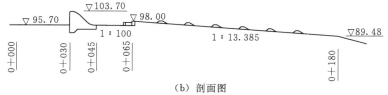

（b）剖面图

图 8.32　一级消力池和弯曲陡槽段推荐方案布置图（单位：m）

（2）为了使一级消力池内形成稳定的强迫水跃，减小水跃长度和池长，降低池内第二共轭水深，消力池末端采用 8 个 T 形消力墩，T 型消力墩尺寸为：前墩厚 1.2m，前墩高 1.8m，前墩宽 2.3m（与净间距相同），支腿长 3.6m、支腿厚 1.2m（图 8.33）。

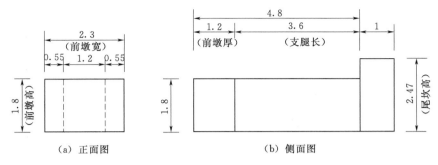

图 8.33　T 形消力墩结构图（单位：m）

（3）弯道进口断面（桩号 0＋066）抬高为 98.00m 高程后，弯曲陡槽段坡度由 1 : 20 增加为 1 : 13.385，弯曲陡槽段内按 6 等分布置 6 条斜向高、低坎，左端坎高为 0，右端坎高为 2.2m（图 8.34）。

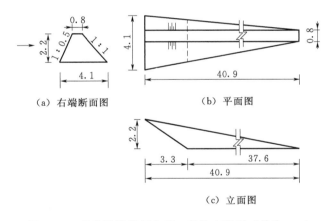

图 8.34　弯曲陡槽段斜向高、低坎布置图（单位：m）

试验表明，在各级洪水流量运行条件下，一级消力池内形成稳定的强迫水跃，消能效果良好，消力池内未出现负压，出池流速（桩号 0＋068 断面）降低至 5m/s 以下；进入弯道水流经 6 道斜向高、低坎调整和分流后，明显减轻了冲击波的影响，弯道内各坎顶及三级陡槽段进口的水深、流速分布较均匀，达到较佳的流态。测试的三级陡槽段进口断面（桩号 0＋180）左、右侧边墙区域水力参数见表 8.10。

因此，溢流堰下游至弯曲陡槽段内设置"一级消力池＋T 型消力墩"和 6 道斜向高、低坎之后，达到了较佳的运行流态和消能效果，且工程量较小，投资较省。

8.9.3　三级陡槽段及下游二级消力池体型优化

8.9.3.1　方案布置

三级陡槽段进口至下游二级消力池尾坎顶之间高差达 31.75m，消力池池长 40m，池

273

深 3.6m（图 8.31）。在弯曲陡槽段推荐方案的各级洪水频率（$P = 1\% \sim 0.02\%$）流量泄流运行条件下，二级消力池首端入池流速达约 $22 \sim 25$m/s，池内形成远驱水跃，泄流撞击消力池末端尾坎后，翻滚形成强迫水跃，再跌向尾坎下游渠道，消能效果较差。

为了增加三级陡槽段的泄流消能率，根据已有工程经验[6-9,13-14]和试验优化，在三级陡槽段内布置了 25 级高度 $a = 0.45$m、间距 $s = 4.35$m 的不连续外凸型阶梯（图 8.35）。

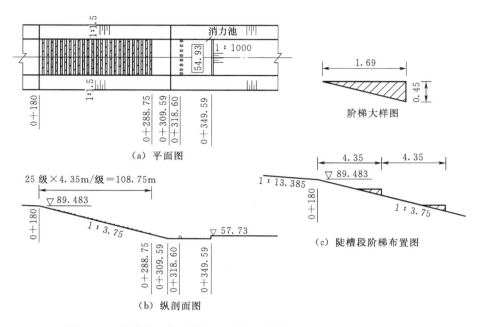

图 8.35　溢洪道三级陡槽段及消力池推荐方案布置图（单位：m）

8.9.3.2　试验成果

（1）三级陡槽段设置外凸型阶梯之后，加剧了泄流的紊动和掺气，降低了陡槽段泄流的沿程流速，明显增大了陡槽段泄流消能率。在各级洪水流量泄流运行时，陡槽段末级阶梯顶流速约为 $13.4 \sim 17.2$m/s，明显降低了下游消力池进口的入池流速。

（2）三级陡槽段下游入池前断面（桩号 0+288.75）的光滑槽面和阶梯槽面泄流动能消能率比较见表 8.11，在各级洪水频率（$P = 5\% \sim 0.02\%$）流量泄流运行时，阶梯陡槽段的泄流相对动能消能率超过 51%。

（3）在各级洪水流量泄流运行时，陡槽面阶梯下游立面底部出现漩涡，产生负压值。测试的阶梯下游立面底部负压强的绝对值 $|p| < 15$kPa，槽面均为正压，因此阶梯陡槽段产生空蚀破坏的可能性较小。

（4）陡槽段设置外凸型阶梯之后，消力池首端进口区域的流速 $v < 16$m/s，按照设计规范[5]，消力池内可以设置消力墩等辅助消能工设施。因此，经试验比较后，将消力池底板高程由 54.13m 抬高至 54.93m，池深为 2.8m，池长仍为 40m，并在消力池首部桩号 0+318.60 断面布置 8 个墩高为 2.5m、墩宽为 2.5m（墩之间净间距与墩宽相等）的消力墩（图 8.35）。试验表明，消力池内形成稳定的水跃，池内水流消能较充分，出池水流较平顺与下游河道水流衔接，满足了工程设计的要求。

表 8.11 **光滑槽面和阶梯槽面泄流动能消能率比较**

洪水频率 P	泄流量 $Q/(\mathrm{m^3/s})$	光滑槽面		阶梯槽面		$\dfrac{E_2}{E_1}$ /m	消能率 $\dfrac{E_1-E_2}{E_1}$
		v_1 /(m/s)	$E_1=\dfrac{v_1^2}{2g}$ /m	v_2 /(m/s)	$E_2=\dfrac{v_2^2}{2g}$ /m		
5%	483	22.26	25.28	13.38	9.13	0.361	0.639
1%	790	23.12	27.27	15.36	12.04	0.442	0.558
0.2%	889	23.87	29.07	16.28	13.52	0.465	0.535
0.02%	1028	24.56	30.78	17.19	15.08	0.490	0.510

8.9.4　结语

（1）在溢洪道的一级陡槽段和弯曲陡槽段上设置"底流消力池＋T形墩"的一级消力池和 6 道斜向高、低坎之后，降低了弯曲陡槽段的流速，明显减轻了弯曲陡槽段冲击波的影响，改善了弯曲陡槽段和三级陡槽段进口的流态。

（2）在溢洪道三级陡槽段上设置不连续的外凸型阶梯之后，降低了陡槽段泄流沿程流速，增大了陡槽段泄流掺气和消能率，大大减轻了其下游消力池的消能压力，工程效果较显著。

8.10　黄山洞水库溢洪道除险改造消能研究

8.10.1　工程概况

黄山洞水库位于广东省博罗县石坝镇内，是一座以灌溉为主，兼顾发电、养殖、供水等综合利用的中型水库。水库枢纽由大坝、开敞式溢洪道、坝后电站等主要建筑物组成。水库始建于 1958 年，运行多年来，溢洪道出现了安全隐患，如复核计算的溢洪道泄流能力不能满足工程设计要求，陡槽段槽面结构老化和开裂，下游河道河床下切和水位下降，消力池消能不充分，消力池下游河床产生较明显的冲刷等。这些不利因素危及了工程的安全运行，需对水库溢洪道进行除险改造。

根据工程设计资料，溢洪道为Ⅲ级工程，溢洪道设计洪水频率为 100 年一遇（$P=1\%$），泄流量 $Q=327.22\mathrm{m^3/s}$；校核洪水频率为 1000 年一遇（$P=0.1\%$），泄流量 $Q=476.1\mathrm{m^3/s}$。

溢洪道由进口段、控制段、陡槽段、消能段、出水渠等组成，全长约 680m。现状的溢洪道溢流堰顶高程为 95.56m，进口宽 33.5m；陡槽段分为两级，为变宽、变坡的梯形断面陡槽。一级陡槽段水平投影长度为 33.8m（桩号 0＋034.90～0＋068.70，坡度 $i=1:3.6$），二级陡槽段水平投影长度为 137.1m（桩号 0＋068.70～0＋205.80，坡度 $i=1:6.03$），一级陡槽段与二级陡槽段上游段的转弯、变坡陡槽面上设置三条导流墙。

除险改造工程设计拟对陡槽段下游消力池进行改造，将原消力池改造为两级消力池：①一级消力池池长 30m（桩号 0＋205.80～0＋235.80），池底高程为 63.42m，池末端尾坎顶高程为 65.92m，池深 2.5m，消力池前端设置 9 个高度为 1.26m 的消力墩；②二级消力池池长 18.5m（桩号 0＋235.80～0＋254.30），池底高程仍为 63.42m，池末端尾坎顶高程为 64.42m，池深 1.0m（图 8.36）。

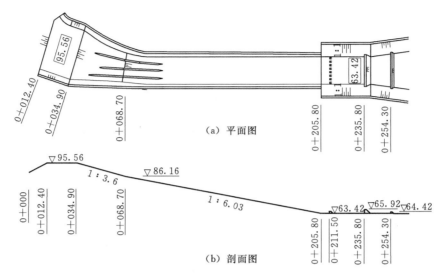

图 8.36　黄山洞水库溢洪道除险改造设计方案布置图（单位：m）

黄山洞水库溢洪道除险改造水力模型为 1：45 的正态模型[17]。

8.10.2　溢洪道泄流能力验证和改善

试验表明，在设计洪水频率（$P=1\%$）和校核洪水频率（$P=0.1\%$）流量泄流运行时，现状溢洪道库水位比设计值分别壅高 0.27m 和 0.33m（表 8.12），无法满足工程设计的要求。

为了增大溢洪道的泄流能力，在保持堰顶高程不变的条件下，将溢洪道控制段的平底宽顶堰修改为驼峰堰[18]。驼峰堰顶高程仍为 95.56m，堰高 0.9m，驼峰堰上、下游底板高程降低为 94.66m（图 8.37）。

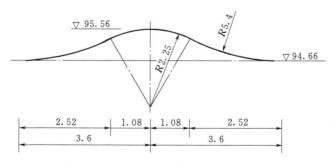

图 8.37　堰顶驼峰堰体型图（单位：m）

溢洪道溢流堰型修改之后，溢洪道泄流能力满足了工程设计的要求（表 8.12）。

洪水频率 P	泄流量 $Q/(m^3/s)$	库水位 Z_a/m		
		设计值	现状布置	驼峰堰方案
3.33%	234.17	98.10	98.33	98.05
1%	327.22	98.69	98.96	98.65
0.1%	476.10	99.52	99.85	99.39

表 8.12   溢洪道泄流能力比较

8.10.3 除险改造设计方案试验

（1）在各级洪水流量泄流运行时，溢洪道溢流堰上游进口入流较平顺，泄流受一级陡槽段及二级陡槽上游段的变宽度、变坡和弯道陡槽的影响，该区域产生较明显冲击波和折冲水流，虽经过三条导流墙调整后，各导流墙左侧面和溢洪道右边墙的水深都有不同程度壅高（在洪水频率 $P=3.33\%\sim1\%$ 流量泄流运行时，其壅高值约为 $0.3\sim0.6m$），并拍击各导流墙左侧面和溢洪道右边墙，流态较紊乱；受导流墙区域流态的影响，其末端下游的二级陡槽段泄流波动较明显，水流湍急。

（2）在洪水频率 $P=3.33\%\sim1\%$ 流量泄流运行时，陡槽段末端下游消力池进口流速达约 $19\sim21m/s$，下泄水流撞击一级消力池消力墩之后，急速跃起跌向池末端尾坎和下游二级消力池内，水流跃起高度达约 $9\sim16m$，二级消力池及其下游海漫呈急流流态，下游海漫段流速达约 $7\sim8.5m/s$，危及工程的安全运行（图 8.38）。

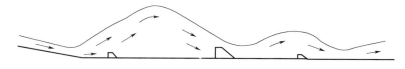

图 8.38   设计方案消力池运行流态剖面示意图

8.10.4 溢洪道推荐方案试验

8.10.4.1 溢洪道修改优化基本思路

（1）根据溢洪道一级陡槽段及二级陡槽上游段的变宽度、变坡和弯道陡槽布置的特点，应尽量降低该区域陡槽段的流速，减少冲击波和折冲水流等不利流态，改善一、二级陡槽段的运行流态。

（2）尽量降低陡槽段末端进入下游消力池的流速，减小下游消力池的长度和深度，降低工程投资。

（3）由于消力池下游河道河床下切和水位下降较明显，为了减小消力池末端出池流速，应尽量降低二级消力池末端尾坎顶高程，避免或减轻消力池下游海漫及下游河床的冲刷破坏。

8.10.4.2 推荐方案布置

（1）一级陡槽段内按等分布置 7 级不连续的外凸型阶梯，阶梯高度 $a=0.4m$、间距 $s=4.06m$。

（2）在现状的二级陡槽段坡面上覆盖一层新的混凝土层（厚度约 0.2m），陡槽段坡度修改为 1:6.96；二级陡槽段内布置 20 级不连续的外凸型阶梯，阶梯高度 $a=0.4m$、间距 $s=6.5m$。

（3）一级消力池进口断面桩号为 0+227.50，池底高程为 63.42m，池末端尾坎顶高程为 66.42m，池深 3.0m；池内桩号 0+233.30 断面布置 8 个消力墩，消力墩墩高 2.0m，墩宽和墩间距均为 1.15m。

（4）为了增加一级消力池内水深和消能率，将池末端尾坎顶加高至 66.42m，尾坎形成一座二道坝，其下游面坡度为 1:3，坡面上设置 6 级连续的内凹型阶梯，阶梯高 0.9m、宽 2.7m。二级消力池进口断面桩号为 0+281.76，进口断面宽 26m，池末端出口断面宽 28m，池底高程为 60.50m，池长 25m，池末端尾坎顶高程降低至 62.50m（图 8.39）。

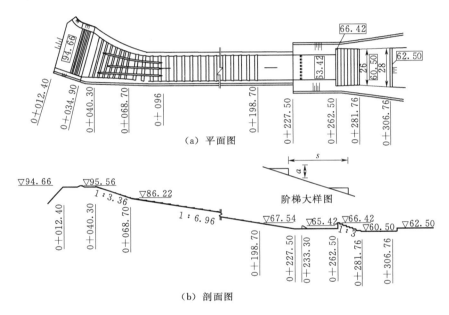

图 8.39　黄山洞水库溢洪道除险改造推荐方案布置图（单位：m）

8.10.4.3　试验成果

（1）溢洪道陡槽段设置外凸型阶梯后，降低了陡槽段的流速，大大削弱了一、二级陡槽弯道段的急流冲击波和折冲水流影响，陡槽段的三条导流墙之间水流分配较均匀，泄流较平顺。

（2）导流墙下游陡槽段各断面水流较平顺，沿程流速明显降低，陡槽段末端下游入池流速 $v<16m/s$。测试的光滑陡槽面和阶梯陡槽面的陡槽段末端流速和相对动能消能率比较见表 8.13。在设计洪水频率（$P=1\%$）和校核洪水频率（$P=0.1\%$）流量泄流运行时，阶梯陡槽段相对动能消能率分别达约 54.9% 和 46.8%，消能效果较显著。

（3）在各级洪水流量泄流运行时，一级消力池内形成稳定的水跃，水流消能较充分；一级消力池出池水流经二道坝阶梯坡面消杀部分能量后，进入下游二级消力池，二道坝坡面流速约为 8~11m/s，二级消力池内形成稳定的水跃，水流消能较充分，出池水流经池末端尾坎下游海漫及防冲槽调整和消杀部分余能后，较平顺与下游河道水流衔接。

表 8.13 溢洪道光滑陡槽段和阶梯陡槽段入池流速及动能消能率比较

洪水频率 P	泄流量 $Q/(\mathrm{m^3/s})$	光滑槽面		阶梯槽面		$\dfrac{E_2}{E_1}$	消能率 $\dfrac{E_1-E_2}{E_1}$
		v_1 $/(\mathrm{m/s})$	$E_1=\dfrac{v_1^2}{2g}$ $/\mathrm{m}$	v_2 $/(\mathrm{m/s})$	$E_2=\dfrac{v_2^2}{2g}$ $/\mathrm{m}$		
3.33%	234.17	19.65	19.70	12.50	7.97	0.405	0.595
1%	327.22	20.74	21.95	13.93	9.90	0.451	0.549
0.1%	476.10	21.67	23.96	15.80	12.74	0.532	0.468

8.10.5 工程应用

溢洪道除险改造工程的设计和施工均按照水力模型试验提供的推荐方案实施，溢洪道除险改造工程于 2007 年底建成投入运行，并经泄洪运行的检验，情况良好（彩图 2）。

8.10.6 小结

结合黄山洞水库溢洪道工程布置的特点，对溢洪道除险改造工程进行水力模型试验研究，提出的除险改造工程推荐方案如下：

（1）将原溢流宽顶堰修改为驼峰堰，满足了溢洪道泄流能力的要求。

（2）溢洪道陡槽段设置了不连续的外凸型价梯，大大增加了陡槽段泄流能量的损耗，降低了陡槽段沿程流速和下游消力池进口入池流速，改善了陡槽段运行流态，妥善解决了溢洪道下游消能防冲的问题。

本除险改造工程推荐方案工程量较小、投资省，施工较方便，已付诸工程实施，取得了令人满意的效果。

8.11 乐昌峡水利枢纽溢流坝泄洪消能研究

8.11.1 工程概况

乐昌峡水利枢纽工程位于广东省乐昌市境内的北江一级支流武水乐昌峡河段内，枢纽工程是以防洪为主，结合发电、灌溉、供水、改善航运等综合利用的大型水利枢纽工程。枢纽工程的正常蓄水位为 154.50m，汛限水位为 144.50m，死水位为 141.50m，设计洪水标准为 100 年一遇（$P=1\%$），校核洪水标准为 1000 年一遇（$P=0.1\%$）。枢纽工程水库总库容为 3.439 亿 $\mathrm{m^3}$，防洪库容为 2.113 亿 $\mathrm{m^3}$。

乐昌峡水利枢纽工程主要由挡水大坝、溢流坝、放水底孔、电站等建筑物组成（图 8.40）。溢流坝布置在坝址河道中间，共分 5 孔，每孔净宽 12m，中墩、边墩厚 3m，溢流坝段总长度为 78m。溢流坝堰顶采用双胸墙与弧形闸门共同挡水的形式，胸墙底缘为圆弧曲线，底高程为 145.50m；溢流堰顶高程为 134.80m，单孔孔口尺寸为 12m×10.7m（宽×高）；初设方案的溢流堰面（WES）曲线方程为 $y=0.034108x^{1.85}$，下接 1:1 的陡坡段，陡坡段下游接半径 $R=26\mathrm{m}$ 的反弧段，反弧段挑流鼻坎出口挑角为 32°，出口断面高程为 116.95m。溢流坝两侧边墙由桩号 0+040.92 断面以 5.41° 收缩角往下游出口收缩，挑流鼻坎出口断面（桩号 0+061.50）宽度为 68.1m（图 8.41）。

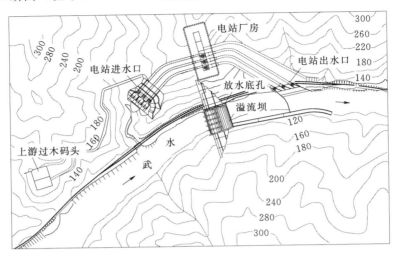

图 8.40 乐昌峡水利枢纽工程平面布置图（单位：m）

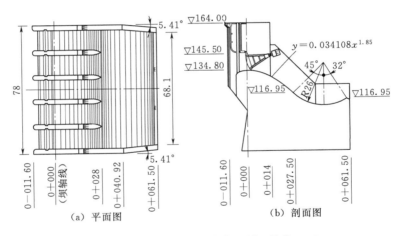

图 8.41 溢流坝初设方案布置图（单位：m）

坝址附近两岸地形对称，河谷呈 V 形，河道微弯，断面狭窄，河床面高程约 90.00～92.00m。坝址两岸和河床的弱风化岩体埋深较浅，河床弱风化带上界面埋深约 1.6～8m，弱风化岩厚约 3～5m，底部为微风化基岩。河床基岩较新鲜坚硬、强度较高，岩体完整性较好。

8.11.2 工程主要特点

（1）拦河坝最大坝高约 83m，溢流坝泄流最大落差和单宽流量分别达约 50m 和 141.2m³/(s·m)，溢流坝属高水头、大流量泄水建筑物。

（2）枢纽工程以防洪为主，溢流坝泄流孔口超泄能力较大，在各级洪水流量泄流条件下，泄流孔口采用闸门控泄运行。

（3）溢流坝下游河道狭窄，枢纽工程主要泄水建筑物（溢流坝和放水底孔）平面布置基本占据了坝址河床面的宽度，溢流坝泄流挑射水舌易对下游河道两岸造成冲刷破坏。

（4）电站尾水出水口上边缘距离溢流坝出口断面约160m，溢流坝挑射水舌易对电站出水口区域产生冲刷破坏。

8.11.3 水工模型设计简介

为了解决溢流坝泄洪下游消能防冲和电站出水口区域冲刷的两大关键问题，开展了枢纽工程溢流坝的整体水力模型试验，水力模型为1:60的正态模型[19-20]。

溢流坝下游河床动床模型设计中，选择河床弱风化基岩抗冲流速 $v_1 = 7 \sim 8\text{m/s}$，微风化基岩抗冲流速 $v_2 = 10 \sim 12\text{m/s}$。由伊兹巴什公式 $D = v^2/K^2$（式中：D 为散粒体粒径，m；v 为基岩抗冲流速，m/s；K 为系数，一般取 $5 \sim 7$，本工程取 $K = 6$），可计算出弱风化基岩的模型冲料散粒体粒径 $D_{M1} = 2.3 \sim 3.0\text{cm}$，微风化基岩的模型冲料散粒体粒径 $D_{M2} = 4.7 \sim 6.7\text{cm}$。

溢流坝下游河道模型动床范围为桩号 $0+061.50$ 至电站出水渠末端（桩号 $0+330$）。为了减轻下游河床覆盖层冲刷对电站出水口出水渠区域淤积的影响，在下游河道桩号 $0+090$ 至电站出水渠上游右导墙前缘（桩号 $0+200$），将河床表层覆盖层开挖掉，高程约 $85.00 \sim 86.00\text{m}$ 以下按基岩模拟，下游河道两岸坡基岩按设计提供的基岩等高线模拟。

8.11.4 溢流坝初设方案试验

8.11.4.1 溢流坝运行流态

（1）在各级洪水流量泄流运行时，库区的上游来流较平顺地进入溢流坝前沿，溢流坝各泄流孔口入流较平顺，溢流坝的泄流能力可以满足工程设计的要求。

（2）在水库正常蓄水位154.50m、闸门控泄运行条件下，溢流堰顶下游堰面的负压值约为 $-23 \sim -28\text{kPa}$；在设计洪水频率流量泄流运行时（$P=1\%$，$Q=3900\text{m}^3/\text{s}$，闸门开度 $e=4.15\text{m}$），溢流堰面负压值达约 -48kPa。溢流堰面负压值较大，不利于工程的安全运行。

（3）溢流坝泄流在两闸孔之间的中墩末端交汇后，闸墩末端水流出现脱壁，产生冲击波，墩后冲击波的水花飞溅，闸墩末端区域流态较紊乱。

8.11.4.2 挑射水舌和下游河道冲刷特性

（1）由于溢流坝泄洪流量较大，下游河道较狭窄，因此，溢流坝泄流挑射水舌对下游河道及其两岸坡会产生不同程度的冲刷。在设计洪水频率（$P=1\%$）流量泄流运行时，溢流坝挑射水舌下游入水断面宽度约63m，挑射水舌的下游左、右侧水舌撞击下游河道两岸坡，对河道岸坡造成较明显的冲刷。

（2）在设计洪水频率流量（$P=1\%$）和200年一遇坝址洪峰流量（$Q=6860\text{m}^3/\text{s}$，$e=7.3\text{m}$）泄流运行时，溢流坝下游河床遭受较严重的冲刷，测试的溢流坝下游河床冲刷坑底高程分别约为77.90m和74.00m，冲刷坑底部上边缘到溢流坝出口断面距离分别约为97m和108m，冲刷坑上游坡度 i 分别约为1:8.02和1:6.75；冲刷坑底部到电站出水渠上游右导墙的距离分别约为42m和20m，冲刷坑下游坡度分别约为1:3和1:2.3。

在洪水流量 $Q=6860\text{m}^3/\text{s}$ 泄流运行时，电站上游端1号机组出水口出水渠区域河床遭受严重冲刷和淘刷，冲刷区域河床较低处高程达约80.00m，电站出水渠上游右导墙被冲垮（出水渠区域河床弱风化基岩面高程约 85.00~86.00m），危及电站尾水出水口的安全运行（图 8.42）。

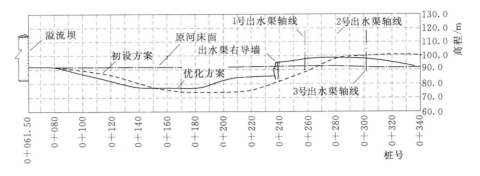

图 8.42 溢流坝中心线下游河道及电站出水渠冲淤地形剖面图

注：库水位 $Z_a=162.20$m；泄流量 $Q=6860$m³/s

8.11.5 溢流坝优化方案试验

8.11.5.1 优化的基本思路

针对初设方案存在的问题，溢流坝体型修改和优化的基本思路如下：

（1）在满足溢流坝泄流能力要求的前提下，改善溢流堰面体型，尽量减小溢流堰面的负压值。

（2）借助现有溢流坝工程宽尾墩的研究成果，改善溢流坝面各中墩末端区域的流态，增加溢流坝下游反弧段泄流的掺气和消能率。

（3）为了避免或减轻溢流坝挑射水舌对下游河道两岸坡的冲刷，溢流坝下游出口断面需进一步缩窄；为了减轻溢流坝高速泄流对收缩边墙产生急流冲击波的影响，需对溢流坝两侧收缩边墙布置和体型进行优化。

（4）为了减轻溢流坝泄洪对下游河床和电站出水口区域的冲刷影响，一方面在满足坝基安全的前提下，尽量减小溢流坝挑射水舌的挑距，使坝下游河床冲刷坑尽量往坝址前移，减轻挑射水舌对电站出水口区域的冲刷破坏；另一方面增加挑坎挑射水舌的竖向和纵向拉开扩散，增大挑射水舌在空中的碰撞、掺气和消能，减小水舌下游入水区域的单位面积能量，尽量减轻下游河床的冲刷深度。

8.11.5.2 溢流堰面优化

经水力模型试验比较，将溢流堰面设计水头 H_d 由 $0.835H_{max}$ 修改为 $0.971H_{max}$（$H_{max}=28.2$m 为堰顶最大水头），则溢流堰面曲线方程由初设方案 $y=0.034108x^{1.85}$ 修改为 $y=x^{1.85}/(2H_d^{0.85})=0.03x^{1.85}$，堰面曲线下游坝面陡坡段与水平线夹角为 $42.5°$（图 8.43）。

溢流堰面曲线修改之后，在各级洪水流量泄流运行条件下，堰面的负压强绝对值 $|p|<30$kPa，满足了设计规范的要求[5]。

8.11.5.3 坝面流态改善

参考有关工程的研究成果和经水力模型试验比较，在溢流坝各闸孔中墩下游端设置宽尾墩（桩号 0+017~0+028），宽尾墩的尺寸为：宽尾墩首端闸孔的断面宽度 $B_1=12$m

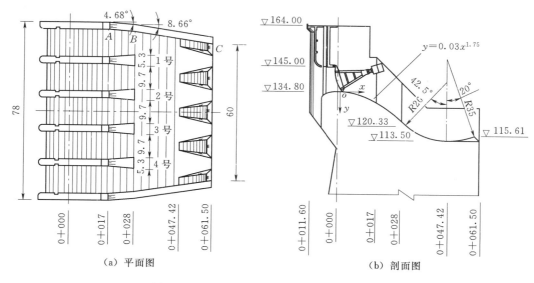

图 8.43　溢流坝推荐方案布置图（单位：m）

（闸墩厚 3m，桩号 0+017）、末端断面宽度 $B_2=9.7m$（墩厚 5.3m，桩号 0+028），宽尾墩闸孔断面收缩率 $\lambda=B_2/B_1=0.808$（图 8.43）。

　　试验表明，溢流坝泄流进入宽尾墩区域之后，宽尾墩两侧导墙区域水深逐渐壅高，至墩末端出口断面形成两侧高、闸孔中心区域低的凹型水冠状。宽尾墩改善了原流线型闸墩末端区域水流脱壁、水花飞溅的不良流态，且宽尾墩末端下游局部区域坝面为无水区域，有利于反弧段水流的掺气；相邻两闸孔泄流在宽尾墩末端下游交汇后，形成高而窄的水冠状水舌跃起、往下游河道挑射，大大增加了挑射水舌在空中的碰撞、掺气和消能（图 8.44）。

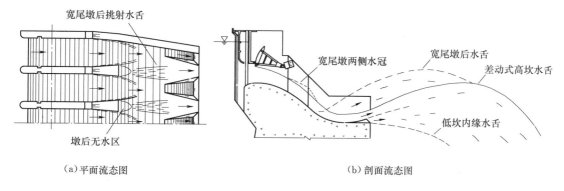

图 8.44　溢流坝泄流流态示意图

8.11.5.4　溢流坝两侧收缩边墙优化

　　经水力模型试验比较，将溢流坝下游出口断面宽度由初设方案 68.1m 缩窄至 60m（图 8.43）。同时，为了减轻溢流坝高速泄流对收缩边墙产生急流冲击波的影响，两侧收缩边墙采用分两段收缩的形式：第一段边墙（桩号 0+017～0+028）收缩角为 4.68°；第二段边墙（桩号 0+028～0+061.50）收缩角为 8.66°，第二段收缩边墙收缩角相对于第一段收缩边墙收缩角只增加 3.98°，各段收缩边墙的相对收缩角度相应较小。

试验表明，溢流坝两侧边墙采用分段收缩之后，泄流时收缩边墙区域无较明显的冲击波产生，收缩边墙区域的水深无明显的壅高，溢流坝两侧收缩边墙布置和体型是合理的。

8.11.5.5　挑流鼻坎推荐方案

参考有关文献和经水力模型试验优化之后[19-21]，溢流坝反弧段挑流鼻坎采用抗空化性能良好的扩散式梯形差动式挑流鼻坎，其布置及体型尺寸（图 8.43 和图 8.45）如下：

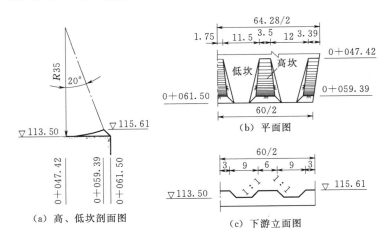

图 8.45　扩散式梯形差动式挑流鼻坎布置图（单位：m）

（1）高坎反弧段曲率半径 $R = 35\text{m}$，出口挑角为 $20°$；高坎起始断面桩号为 $0 + 047.42$，宽度为 3.5m，出口断面宽度为 6m（桩号 $0 + 059.39$），高程为 115.61m；高坎的两侧面坡度为 $1:1$。

（2）挑流鼻坎低坎为水平挑坎，高程为 113.50m，挑角为 $0°$。

8.11.5.6　挑射水舌和下游河道冲刷特性

推荐方案差动式挑流鼻坎的挑射水舌和下游河床冲刷特性见表 8.14 和表 8.15。试验表明：

（1）溢流坝挑流鼻坎出口断面宽度由初设方案 68.1m 缩窄为 60m 之后，挑射水舌下游入水断面宽度比初设方案明显减小，大大减轻了溢流坝挑射水舌对下游河道两岸坡的冲刷。由于溢流坝下游河道较狭窄，因此，应根据溢流坝下游河床的冲刷状况，对下游河道两岸坡进行加固防护。

（2）溢流坝宽尾墩和差动式挑流鼻坎的联合运用，宽尾墩后和挑流鼻坎形成多层次的挑射水舌，增大挑射水舌在空中的碰撞、掺气和消能，明显减轻了挑射水舌对下游河床的冲刷（图 8.44）。

（3）差动式挑坎的高坎平面布置前窄、后宽，使低坎水流形成窄缝式收缩状水流，且高坎两侧坡面坡度放缓至 $1:1$，使高坎两侧坡面保持为正压状态，明显改善了高坎的抗空化性能。

（4）扩散式梯形差动式挑流鼻坎高、低坎挑角分别为 $20°$ 和 $0°$，挑射水舌的挑距明显缩短（表 8.14），坝下游河床冲刷坑往坝址前移，但由于差动式挑坎大大减轻了下游河床

的冲刷坑深度，在各级洪水流量泄流运行条件下，溢流坝下游河道冲刷坑上游坡度 $i<$
$1:4$（表 8.15），满足了工程设计的要求。

表 8.14   溢流坝挑射水舌特性

洪水频率 P	库水位 Z_a/m	泄流量 $Q/(m^3/s)$	水舌挑距/m		水舌下游入水断面宽度/m	
			初设方案	推荐方案	初设方案	推荐方案
1%	162.20	3900	93	78	62.9	48.0
	162.20	6860	101	86	64.8	51.6
0.1%	163.00	8470	108	91	66.2	54.5

注　1. 水舌挑距是以水舌外缘与下游高程 95.00m 交汇处量测。
　　2. 水舌下游入水断面宽度是以水舌与相应下游河道水位交汇处量测。

表 8.15   溢流坝下游河道冲刷特性

泄流量 $Q/(m^3/s)$	冲刷坑底高程 /m	T_0 /m	L /m	$i=T_0/L$	出水渠右导墙底冲刷高程/m	下游水位 Z_t/m
3900	81.50	8.5	70	1:8.24	—	107.90
	(77.90)	(12.1)	(97)	(1:8.02)		
6860	77.00	13	78	1:6.0	85.00	113.28
	(74.00)	(16)	(108)	(1:6.75)		
8470	75.00	15	82	1:5.47	83.00	116.00

注　1. T_0 为冲刷坑深度，以河床面高程 90.00m 到冲刷坑底高程计算。
　　2. L 为冲刷坑底至溢流坝出口断面的距离。
　　3. 括号内数据为初设方案试验值，其余为推荐方案试验值。

（5）由于溢流坝挑射水舌挑距减短和冲刷坑深度减小，明显减轻了对电站出水渠区域
河床的冲刷，溢流坝下游河床冲刷范围只限于电站出水渠右导墙的上游区域，右导墙下游
出水渠河床为冲刷坑冲渣淤积区（图 8.42）。测试的电站出水渠右导墙上游侧底部冲刷高
程见表 8.15，供工程设计和施工参考。

8.11.5.7　差动式挑流鼻坎消能特性探讨

本工程挑坎采用差动式挑流鼻坎之后，虽然将挑坎出口断面宽度由 68.1m 缩窄至
60m，但坝下游河床冲刷坑深度仍比初设方案明显减小。参照常规的连续式挑坎下游河床
冲刷坑计算公式，可以写出差动式挑坎下游河床的冲刷坑深度计算公式：

$$T=\beta K q^{0.5} Z^{0.25} \tag{8.1}$$

式中：T 为冲刷坑深度，由下游河道水位与冲刷坑底高程之差计算，m；q 为挑坎出口单
宽流量，$m^3/(s \cdot m)$；Z 为泄流上、下游水位差，m；K 为下游河床岩基冲刷系数；β 为
差动式挑坎冲刷影响系数。

在泄洪流量 $Q=3900m^3/s$ 和 $6860m^3/s$ 条件下，由初设方案溢流坝下游河床冲刷坑深
度 T_1（表 8.15 和表 8.16），可以计算出坝址下游河床岩基冲刷系数 K 分别为 1.46 和
1.48。采用岩基冲刷系数 $K=1.5$，可计算出校核洪水频率流量（$P=0.1\%$，$Q=$
$8470m^3/s$）的溢流坝下游河床冲刷坑深度 $T_1=44m$。

表 8.16 差动式挑坎冲刷影响系数 β 计算

泄流量 $Q/(\mathrm{m^3/s})$	上、下游水位差 Z/m	冲刷坑深度/m		$\beta = T_2/T_1$
		T_1	T_2	
3900	54.30	30.00	26.40	0.880
6860	48.92	39.28	36.28	0.924
8470	47.00	44.00	41.00	0.932

注 1. T_1 为连续式挑坎下游河床冲刷深度。
    2. T_2 为差动式挑坎下游河床冲刷深度。

根据表 8.16，在洪水频率 $P=1\%\sim0.1\%$ 流量泄流条件下，差动式挑坎消能效果比连续式挑坎明显，其冲刷影响系数 β 约为 $0.88\sim0.932$，即其下游河床冲刷坑深度只有连续式挑坎相应冲深的 $88\%\sim93.2\%$。由于乐昌峡溢流坝差动式挑坎出口断面收缩的较窄，其下游河床入水单宽流量比初设方案相应增大，因此，若乐昌峡溢流坝差动式挑坎出口断面宽度仍为 68.1m，则差动式挑坎的消能作用更加显著，坝下游河床冲刷坑深度可进一步减小。

8.11.6 试验成果小结和工程应用

（1）乐昌峡水利枢纽工程溢流坝具有泄流落差和单宽流量较大、下游河道狭窄、电站出水口靠近溢流坝出口断面等特点，溢流坝的消能问题较突出。通过水力模型试验研究，优化了溢流坝溢流堰型，在溢流坝设置了分段收缩边墙、宽尾墩、扩散式梯形差动式挑流鼻坎等工程措施，改善了溢流坝泄流流态，妥善解决了溢流坝泄洪消能防冲的问题（彩图 22 和彩图 23）。

（2）水力模型试验推荐的扩散式梯形差动式挑流鼻坎，具有抗空化性能良好、挑射水舌扩散和消能特性好、施工方便等特点，在减小溢流坝挑射水舌挑距的同时，大大减轻了下游河床的冲刷，满足了工程布置和安全运行的要求。

（3）水力模型试验研究成果得到了工程设计和施工的采用，工程已建成投入运行，运行情况良好。

8.12 乐昌峡溢流坝溢流堰优化研究

8.12.1 概述

溢流坝的溢流堰是溢流坝体型的重要组成部分，其与下游的坝面陡坡段、反弧段等组成溢流坝的基本体型。溢流坝溢流堰将上游库区水流较平顺引入溢流坝下游坝面泄流，其基本要求如下：

（1）溢流堰要有较大的流量系数，可满足溢流坝泄流能力的要求。

（2）溢流堰面不允许出现较大的负压值，以确保堰面的安全运行。

乐昌峡水电站溢流坝水力模型试验表明[19-20,22]，其初设方案的溢流堰面出现较大的负压值，堰面有可能会产生空蚀破坏。经分析和水力模型试验论证之后，对溢流堰面进行修改和优化，明显降低了溢流堰面的负压值，有利于工程的安全运行。

8.12.2 工程概况

溢流坝共分 5 孔闸孔，每孔闸泄流净宽 12m，总泄流净宽为 60m；中墩和边墩厚 3.0m，溢流坝段总宽度为 78m。溢流坝堰顶采用双胸墙与弧形闸门共同挡水的形式，泄洪孔单孔孔口尺寸为 12m×10.7m（宽×高），溢流堰顶高程为 134.80m，堰顶上游堰面为 1/4 椭圆曲线 $x^2/6.593^2 + y^2/3.014^2 = 1$，堰顶下游接 1.5m 长平段之后，再接曲线方程（WES）为 $y = 0.034108x^{1.85}$ 的溢流堰面，堰面下游末端（高程 120.85m，桩号 0+027.31）接 1:1 陡坡段和反弧段（反弧段起点断面高程为 120.61m）等（图 8.46）。

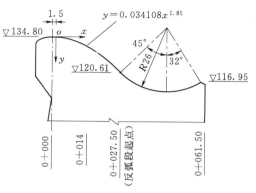

图 8.46 溢流堰初设方案布置图（单位：m）

枢纽工程正常蓄水位为 154.50m；设计洪水标准为 100 年一遇（$P=1\%$），泄洪流量 $Q=3900\text{m}^3/\text{s}$，库水位 $Z_a=162.20\text{m}$；校核洪水标准为 1000 年一遇（$P=0.1\%$），泄洪流量 $Q=8470\text{m}^3/\text{s}$，库水位 $Z_a=163.00\text{m}$。

溢流堰优化试验研究是在乐昌峡水电站溢流坝水力模型上进行[20]。

8.12.3 溢流堰设计初拟方案试验

8.12.3.1 溢流堰负压值及分布

初设方案的溢流堰面曲线方程为 $y = 0.034108x^{1.85}$。水力模型试验表明，在各级闸门开度和各级洪水流量泄流运行时，溢流堰面（堰顶至高程 125.00m 区域）出现了不同程度的负压值（图 8.47）。

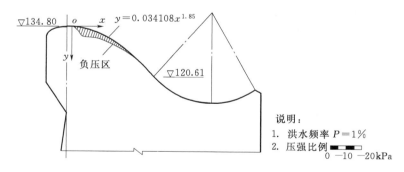

图 8.47 初设方案溢流堰面负压区域示意图

（1）在汛限水位运行时（库水位 $Z_a=144.50\text{m}$，$Q=3297\text{m}^3/\text{s}$，闸门全开运行），溢流堰面为正压。

（2）在水库正常蓄水位 154.50m、闸门开度 $e=2\sim3\text{m}$ 泄流运行时，测试的溢流堰面负压值约（$-2.3\sim-2.8$）×9.81kPa。

（3）在设计洪水频率流量及以上各级洪水流量泄流运行时（$Q=3900\sim8470\text{m}^3/\text{s}$），测试的溢流堰面负压值约（$-4.6\sim-4.9$）×9.81kPa，其中以设计洪水频率（$P=1\%$）流量泄流运行的溢流堰面负压值较大。

8.12.3.2 溢流堰面负压影响分析

通常，溢流坝堰面负压区是低压空气泡产生的源区，负压区产生低压气泡之后，低压气泡随泄流带到坝面高压区域，低压气泡溃灭，释放出极大的能量，剥蚀坝面的混凝土，使坝面产生空蚀破坏。因此，为了确保溢流堰面泄流运行的安全，堰面负压值不宜过大。有关的设计规范规定[5,23]：①当常遇洪水闸门全开运行时，堰面不应出现负压；②当闸门局部开启运行时，经论证允许出现不大的负压值；③当设计洪水闸门全开运行时，负压值不应大于 $3 \times 9.81 \text{kPa}$；④当校核洪水闸门全开运行时，负压值不应大于 $6 \times 9.81 \text{kPa}$。

由分析，乐昌峡水库溢流坝泄洪孔为有压泄洪孔口，泄洪孔口的超泄能力较强，在各级洪水流量泄流运行时，均需采用闸门控泄运行，其在泄放设计洪水频率流量及以上各级洪水流量（$Q \geqslant 3900 \text{m}^3/\text{s}$）运行时，溢流堰面压强值应满足有关设计规范的要求。由本工程溢流堰测试的资料分析可知，在设计洪水频率流量及以上各级洪水流量泄流运行时（$Q \geqslant 3900 \text{m}^3/\text{s}$），溢流堰面负压强绝对值 $|p| \geqslant 4.6 \times 9.81 \text{kPa}$，负压值偏大，不利于工程的安全运行。因此，在满足溢流坝泄流能力要求的条件下，应对溢流坝溢流堰面进行修改和优化，以降低溢流堰面的负压值，确保工程的安全运行。

8.12.4 溢流堰优化方案试验

8.12.4.1 溢流堰修改和优化

通常，采用 WES 曲线的溢流堰面曲线方程基本式为

$$y = \frac{x^{1.85}}{2H_d^{0.85}} \tag{8.2}$$

式中：H_d 为溢流堰面的设计水头，可取溢流堰顶最大水头 H_{max} 的 75%～95%，即取 $H_d = (0.75 \sim 0.95)H_{max}$。

根据文献 [5] 和文献 [23] 等，当溢流堰顶的坝高 P_1 与设计水头 H_d 之比 $P_1/H_d \geqslant 1.33$ 时，WES 实用堰堰顶区域最小相对压强 $(p_0/\gamma)/H_d$ 与 H_d/H_{max} 的关系可见图 8.48。

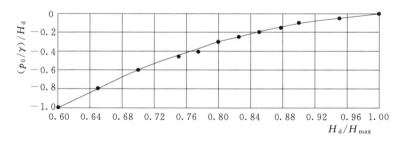

图 8.48　$(p_0/\gamma)/H_d - H_d/H_{max}$ 关系

初设方案的乐昌峡水电站溢流坝溢流堰面曲线方程为 $y = 0.034108 x^{1.85}$，其堰顶最大水头 $H_{max} = 28.2 \text{m}(163.00 - 134.80 = 28.2)$，由式（8.2）可反算得溢流堰面设计水头 $H_d = 23.54 \text{m}$，即 $H_d = 0.835 H_{max}$。溢流坝溢流堰顶到库区河床面高差约 43m（近似取坝高 $P_1 = 43 \text{m}$），则有 $P_1/H_d > 1.33$。由图 8.48 查得，当 $P_1/H_d > 1.33$、$H_d/H_{max} = 0.835$ 时，溢流堰面最小压强值 p_0/γ 与 H_d 的比值 $(p_0/\gamma)/H_d$ 约为 -0.22，由此计算得溢流堰面最小压强值约为 $-5.18 \times 9.81 \text{kPa}$，与水力模型试验测试的堰面负压值 $-4.9 \times 9.81 \text{kPa}$

较接近。

通常，为了降低溢流堰面的负压值，需将溢流堰面适当加厚，即需增大 H_d/H_{max} 值，但 H_d/H_{max} 值增大之后，其溢流堰的泄流能力会相应降低。由于本工程溢流坝泄洪孔口的超泄能力较强，溢流坝的泄流能力有富裕，溢流堰的 H_d/H_{max} 值增大之后，对溢流堰的泄流能力影响较小，不会影响工程的正常运行。因此，根据图 8.48，在堰顶最大水头 $H_{max} = 28.2m$ 的条件下，若取 $H_d/H_{max} > 0.9$，则有 $|p_0/\gamma|/H_d < 0.1$，溢流堰面负压强绝对值 $|p_0| < 3 \times 9.81kPa$。

经水力模型试验比较和分析之后[19-20]，将溢流堰面的设计水头 H_d 由 $0.835H_{max}$ 修改为 $0.971H_{max}$（即溢流堰面设计水头 $H_d = 27.38m$），则溢流堰面曲线方程由初设方案 $y = 0.034108x^{1.85}$ 修改为 $y = x^{1.85}/(2H_d^{0.85}) = 0.03x^{1.85}$，并将溢流堰面曲线下游坝面陡坡段与水平线夹角修改为 $42.5°$（图 8.49）。

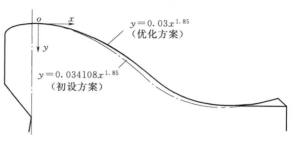

$$y = 0.03x^{1.85}$$
（优化方案）

$$y = 0.034108x^{1.85}$$
（初设方案）

图 8.49 溢流堰面曲线优化方案布置图

8.12.4.2 试验成果及分析

溢流坝溢流堰面曲线方程修改为 $y = 0.03x^{1.85}$ 之后，溢流坝泄洪运行试验表明：

（1）在水库正常蓄水位 154.50m、闸门开度 $e = 2 \sim 3m$ 泄流运行时，测试的溢流堰面负压绝对值 $|p| \leqslant 2 \times 9.81kPa$。

（2）在设计洪水频率流量及以上各级洪水流量泄流运行时（$Q \geqslant 3900m^3/s$），测试溢流堰面负压绝对值 $|p| \leqslant 2.7 \times 9.81kPa$。

因此，溢流坝溢流堰面修改之后，在各级洪水流量泄流运行时，溢流堰面的负压绝对值 $|p| < 3 \times 9.81kPa$，满足了工程设计规范的要求，有利于工程运行的安全。

8.12.5 小结

（1）溢流坝溢流堰面的负压值与其堰面的设计水头 H_d 密切相关，在满足溢流坝泄流能力的前提下，可取其设计水头 H_d 与最大水头 H_{max} 比值 H_d/H_{max} 的较大值，以降低溢流堰面的负压值和范围，减小溢流堰面产生空蚀破坏的可能性，有利于工程的安全运行。

（2）通过水力模型试验，在乐昌峡水电站溢流坝初设方案的溢流堰面产生负压原因分析的基础上，对其溢流堰面体型进行修改和优化，降低溢流堰面的负压值，确保了工程的安全运行。

8.13 乐昌峡水利枢纽放水底孔体型优化研究

8.13.1 工程概况

乐昌峡水利枢纽工程主要由溢流坝、放水底孔、挡水大坝、电站等组成。水库正常蓄水位为 154.50m，设计洪水位（$P = 1\%$）为 162.20m。放水底孔布置在溢流坝段左侧的非溢流坝段内，其作用主要是在溢流坝溢流堰顶（高程 134.80m）以下水位泄洪放空水库和排沙，但在特殊运行工况下，放水底孔与溢流坝共同承担泄洪（图 8.50）。

设计方案放水底孔进口底板高程为 110.00m，进口上游面为直立坝面，进口断面顶部上端以半径 $r=2$m、圆心角为 77.5°的圆弧与 1∶4.5 坡度线连接，收缩至闸门槽断面处高度为 6.4m，放水底孔洞身段断面尺寸为 3.2m×6.4m（宽×高），底孔洞身出口断面尺寸为 3.2m×5.5m（宽×高），在出口处设置一扇弧形工作门；放水底孔下游采用挑流消能，底孔洞身出口断面之后接长 20.768m 的明渠段，明渠段桩号 0＋047.73 断面处由宽 3.2m 渐扩至挑坎出口断面宽 4.5m（桩号 0＋061.50，扩散段长 13.77m），扩散段末端为曲率半径 $R=20$m、挑射角为 25.84°的挑流鼻坎，挑流鼻坎出口断面高程为 112.00m（图 8.50）。

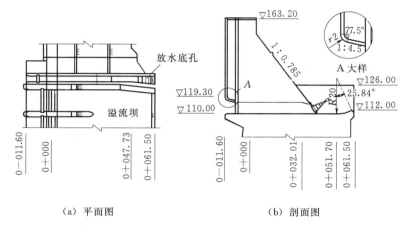

（a）平面图　　　　　　　（b）剖面图

图 8.50　放水底孔设计方案体型图（单位：m）

为了测试和优化放水底孔挑流鼻坎运行的水力特性和消能特性，结合乐昌峡水利枢纽工程水力模型试验研究[20]，开展了 1∶60 和 1∶25 两种比例的放水底孔正态水力模型试验，两种水力模型试验的作用如下：

（1）在 1∶60 的模型中，将放水底孔放置在溢流坝整体水力模型中，主要研究放水底孔进口流态、入流漩涡形态、出口挑坎段流态和下游河道左岸坡及河床冲刷状况等，优化挑流鼻坎的体型。

（2）由于放水底孔体型相对于溢流坝体型较小，在 1∶60 的模型中，无法较准确测试放水底孔泄流能力和其进口段及洞身段的动水压强分布，因此，在 1∶60 模型的放水底孔挑流鼻坎体型优化的基础上，再开展 1∶25 的放水底孔单体水力模型试验，主要研究放水底孔的泄流能力及其进口段和洞身段沿程动水压强分布特性等，同时，进一步验证放水底孔挑流鼻坎优化方案的合理性。

8.13.2　设计方案放水底孔试验

（1）在各级库水位泄流运行时，放水底孔上游进口的入流较平顺。高水位运行时（$Z_a=134.80\sim154.50$m），上游进口前沿区域水面较平静；当库水位 $Z_a<130.00$m 运行时，底孔上游进口水面出现顺时针旋转的游动性凹陷小漩涡，漩涡不贯通。由于水力模型试验（1∶60）的放水底孔进口水流雷诺数 $Re>5\times10^5$（$Re=vD/\nu$，式中：v 为进口流速；D 为进口高度；ν 为运动黏滞系数），水力模型试验的放水底孔水面漩涡状况与原型工程情况有良好的相似性[24-25]，因此，放水底孔进口上游水面漩涡对工程的正常运行影响甚微。

（2）放水底孔泄流能力可以满足设计的要求，其进口段和矩形管道洞身段均无负压值出现，因此，放水底孔的进口段和洞身段体型是合理的。

（3）在各级库水位泄流运行时，放水底孔挑流鼻坎的挑射水舌下游入水区域主要落在下游河道左岸坡区域（图 8.51 和图 8.52），对下游河道左岸坡会产生较明显的冲刷和淘刷，危及工程的安全运行。

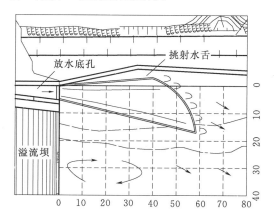

图 8.51　设计方案放水底孔挑射水舌示意图（单位：m）

图 8.52　设计方案放水底孔挑射水舌分布

8.13.3　挑流鼻坎修改思路

为了避免放水底孔挑射水舌对下游河道左岸坡的冲刷，挑流鼻坎体型修改的思路如下：

（1）将放水底孔挑流鼻坎两侧直线和折线边墙修改为扭向下游河道中心区域的圆弧曲线边墙，圆弧曲线边墙布置确定的原则为：在水库正常蓄水位 154.50m 运行条件下，放水底孔挑射水舌的下游入水区域不超过溢流坝中心线，以避免挑射水舌入水区域下游水流对河道右岸坡的冲刷。

（2）尽量增大挑坎出口断面宽度，减小挑坎出口断面的单宽流量。

（3）调整挑坎出口断面的挑射角，尽量使挑坎挑射水舌的下游入水区域拉开分散，以减轻对下游河床的冲刷。

8.13.4　挑流鼻坎推荐方案及试验

8.13.4.1　方案布置

经过多方案的修改和比选，得出放水底孔出口挑流鼻坎体型的推荐方案（图 8.53）如下：

（1）以放水底孔下游桩号 0+052.28 断面为挑坎反弧段的起始断面，挑坎反弧段曲率半径 $R=25$m，挑坎反弧段左侧以圆心角 $\theta=35°$（曲率半径 $R=25$m）往下游延伸至 A 点。

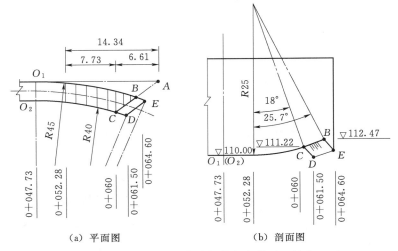

（a）平面图   （b）剖面图

图 8.53   放水底孔挑流鼻坎推荐方案体型（单位：m）

放水底孔左边墙平面位置由桩号 0+047.73 的 O_1 点以半径 $R=45$m 往下游延伸，形成左侧圆弧边墙；右边墙平面位置由桩号 0+047.73 的 O_2 点以半径 $R=40$m 往下游延伸，交汇于反弧段桩号 0+060 断面 C 点，该断面右边墙的挑射角 $\theta=18°$。

（2）右边墙出口 C 点（桩号 0+060）以斜直线连接反弧段的左边线 A 点，左边墙圆弧曲线与 AC 连线交汇于 B 点，B 点为左侧圆弧曲线边墙与反弧段挑坎出口断面的交汇点，该交汇点反弧段的挑射角为 25.7°。

因此，推荐方案的放水底孔下游出口挑流鼻坎段为等半径（$R=25$m）、变挑角（左边墙挑角为 25.7°，右边墙挑角为 18°）的扭向下游河道中心区域的圆弧曲线边墙的斜向高、低挑坎。

8.13.4.2   挑流鼻坎段流态和挑射水舌

推荐方案放水底孔挑流鼻坎的挑射水舌试验成果见表 8.17、图 8.54 和图 8.55。试验表明，在库水位 125.00～144.50m（汛限水位）泄流运行时，挑射水舌下游入水断面左边缘距离放水底孔原左边墙线（左边墙的内边墙往下游延伸线）12～18m，明显减轻了对下游河道左岸坡的冲刷。

表 8.17   推荐方案放水底孔泄流挑射水舌参数

库水位 Z_a/m	泄流量 Q/(m³/s)	水舌最大挑射高程 /m	水舌挑距 /m	水舌下游入水断面左边缘到底孔原左边墙下游延伸线的距离/m	备　注
125.00	188	117.00	32	12.0	
138.50	308	118.30	57	16.5	极限死水位
144.50	346	120.80	62	18.0	汛限水位

注　水舌挑距是以水舌外缘与下游河床 95.00m 高程交汇处测试。

8.13.4.3   下游河道冲刷特性

1. 下游河道地质条件模拟

在枢纽工程整体水力模型进行了放水底孔下游河床的冲刷试验[20]，动床模型设计见 8.11 节。

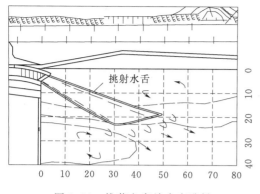

图 8.54 推荐方案放水底孔挑
射水舌示意图（单位：m）

图 8.55 推荐方案放水底孔挑射水舌分布

2. 放水底孔单独运行的下游河道冲刷特性

（1）放水底孔挑射水舌撞击下游河床后，挑射水舌入水区域水流掺混剧烈，对下游河床产生不同程度的冲刷；下游河床冲刷坑形成之后，冲刷坑区域形成有一定水深的水垫区，相应减缓了挑射水舌的撞击，冲刷坑下游的水流较平顺与下游河道水流衔接。

（2）在库水位 125.00～144.50m、闸门全开运行时，下游河床冲刷坑底高程约为84.00～82.00m，冲刷坑上游坡度 $i=1:3.67～1:6.38$，冲刷坑对下游河道左岸坡稳定的影响较小，下游河床冲刷状况可以满足工程安全运行的要求（表 8.18）。

表 8.18　　　放水底孔下游河床冲刷特性

库水位 Z_a/m	泄流量 Q/(m³/s)	下游水位 Z_t/m	冲刷坑底高程 /m	冲刷坑深度 T_0/m	冲刷坑距离 L/m	i
125.00	188	98.50	84.00	6	22	1:3.67
138.50	308	99.10	83.00	7	48	1:6.86
144.50	346	99.20	82.00	8	51	1:6.38

注　1. 冲刷坑深度 T_0 是以河床高程 90.00m 到冲刷坑底的高差计算。
　　2. 冲刷坑上游坡度 $i=T_0/L$。

（3）在库水位 $Z_a<125.00$m、闸门全开泄流运行时，放水底孔挑射水舌挑距较小或无法正常挑射，下游河道冲刷坑较靠近溢流坝和放水底孔的坝基，会影响工程的安全运行。因此，当库水位 $Z_a<125.00$m 运行时，应调节控制放水底孔的闸门开度，以避免水舌落在坝趾的近区，危及工程的安全运行。

3. 放水底孔与溢流坝联合运行的下游河道冲刷特性

放水底孔与溢流坝联合运行时（库水位 $Z_a>134.80$m），其下游河道水位相应大于放水底孔单独运行的下游河道水位，放水底孔挑射水舌对下游河床冲刷程度相应减轻。随着溢流坝泄洪流量的增大，放水底孔泄流量所占的泄洪总流量的比例越来越小，且下游河道水位逐渐上升，放水底孔泄流对下游河道冲刷的影响逐渐减小。因此，放水底孔与溢流坝联合运行是安全的。

8.13.5　挑坎段圆弧曲线边墙动水压强特性

试验表明，放水底孔挑流鼻坎段两侧圆弧曲线边墙的动水压强均为正压，右侧圆弧边墙不会出现水流脱壁、形成负压的现象。因此，放水底孔反孤挑坎段的左、右侧圆弧边墙布置和体型是合理的。

8.13.6　放水底孔运行情况

2011 年年底，乐昌峡水利枢纽溢流坝、放水底孔等建成投入运行。2012—2016 年，放水底孔进行了多次单独泄洪或与溢流坝联合泄洪运行。泄洪期间观察到，放水底孔挑流鼻坎挑射水流顺两侧圆弧边墙往下游河道挑射，水舌下游入水区域落在溢流坝左侧 1 号～2 号闸孔的下游河道区域河床，挑射水流表层掺气较明显、呈乳白色，下游河床冲刷深度在水力模型试验值范围之内，工程运行情况良好。

因此，结合乐昌峡水利枢纽工程水力模型试验，对其放水底孔挑流鼻坎体型进行修改和优化，推荐其采用圆弧曲线边墙、等半径、变挑角的斜向高低挑坎，妥善解决了放水底孔下游挑流消能防冲的问题。水力模型推荐的方案得到了工程设计和施工的采用，工程运行情况良好。

8.14　杨溪水三级水电站溢流坝消能研究

8.14.1　工程简介

杨溪水三级水电站位于广东省乳源县境内的杨溪水下游，是杨溪水 3 个梯级水电站兴建的第一个电站，电站以发电为主，兼有灌溉、供水、防洪等综合利用的水利枢纽工程（图 8.56）。枢纽泄水建筑物为三孔溢流坝，采用开敞式溢流堰，堰顶高程 184.00m，进口宽 3×12m，堰面为 $y=0.068x^{1.85}$ 曲线实用堰，溢流坝下游反弧段曲率半径 $R=16.5$m，鼻坎出口挑射角度 $\theta=25°$，出口断面高程 171.00m（图 8.57）。

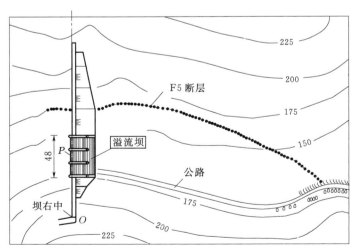

图 8.56　杨溪水三级水电站溢流坝平面布置图（单位：m）

溢流坝正常蓄水位为 196.00m，30 年一遇设计洪水频率（$P=3.33\%$）泄流量 $Q=2203$m³/s，200 年一遇校核洪水频率（$P=0.5\%$）泄流量 $Q=3178$m³/s。坝址处河床狭窄，两岸山体雄厚，左岸坡较平缓，左岸坡脚处有一条坚硬已硅化的 F5 断层带；在坝轴

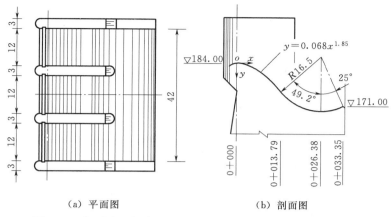

（a）平面图　　　　　　　　（b）剖面图

图 8.57　杨溪水三级水电站溢流坝设计方案布置图（单位：m）

线下游约 150m 处，左岸山体往河道延伸凸起，使该处河道形成左岸凸、右岸凹的弯曲河道，河床更加狭窄（图 8.56）。坝址区域河床表层为漂石、卵石层，下部为倾向下游的变质中细粒砂岩，基岩较破碎，裂隙较发育。因此，溢流坝下游河床狭窄、地形和地质条件较复杂是该工程的重要特点。

杨溪水三级水电站溢流坝水力模型为 1∶70 的正态模型[26]。

8.14.2　溢流坝轴线调整和鼻坎消能工优化

8.14.2.1　溢流坝轴线调整

水力模型试验表明，由于溢流坝下游河床较狭窄，设计方案溢流坝两边孔挑射水舌对下游两岸山体坡脚产生较严重的冲刷，特别是右边孔挑射水舌下游落点落在右岸山坡公路区域，因此，右岸坡受到严重的冲刷，导致崩塌。

经试验比较，以距挡水坝右端点（图 8.56 的坝中 O 点）68.5m 的溢流坝坝轴线中孔位置 P 点为基准，将溢流坝轴线顺时针（往下游）旋转 8°；坝轴线旋转后，溢流坝再往左岸方向移动 12m，原坝轴线中孔位置 P 点移动至 P' 点（图 8.58）。经修改后，溢流坝挑射水舌下游落点的水流较顺应河势，利于归槽，有利于减轻对下游岸坡的撞击冲刷。

8.14.2.2　挑流鼻坎消能工的优化

由于溢流坝下游河床较狭窄，坝轴线调整后的溢流坝两边孔挑射水舌仍对下游两岸山体坡脚产生冲刷，因此，比较方案将溢流坝两侧边墙从反弧段起点（桩号 0＋013.79）往鼻坎出口断面收缩，两侧边墙收缩角度为 8.15°，鼻坎出口断面两端各缩窄 2.8m。修改后，溢流坝两边孔挑射水舌外边缘的下游落点往河中各缩进 5～6m，减轻了对两岸山坡的冲刷，但挑流鼻坎出口断面水流分布不均匀，两边墙端区域的水深增大（图 8.59），使得两侧边墙区域的泄流单宽流量明显增大，挑射水舌左、右两边缘下游入水流量较集中，对下游两岸坡脚冲刷仍较严重。

为了增加挑射水舌的消能率、减轻下游河床的冲刷，经多方案的试验比较，溢流坝左、右两边孔挑流鼻坎收缩段采用能消除鼻坎出口断面水面横比降、使挑射水舌沿竖向和纵向拉开扩散的变挑角连续式斜向的高低挑流鼻坎。水力模型试验推荐的挑流鼻坎体型尺寸如图 8.60 和图 8.61 所示。

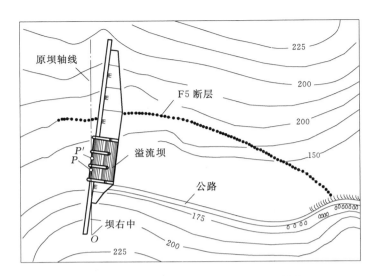

图 8.58　溢流坝坝轴线调整后平面布置图（单位：m）

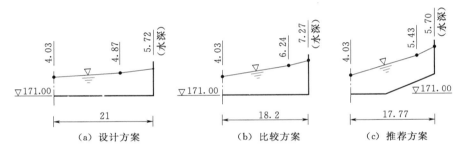

图 8.59　各方案挑流鼻坎出口断面水深分布（单位：m）

注：库水位 $Z_a = 196.29$m；泄流量 $Q = 3178$m³/s

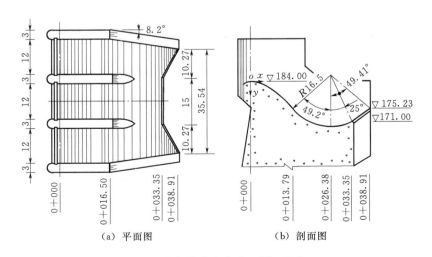

（a）平面图　　　　　　　　（b）剖面图

图 8.60　溢流坝推荐方案布置图（单位：m）

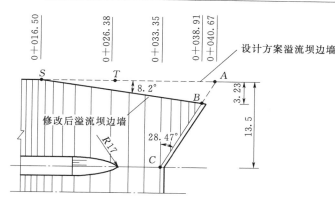

图 8.61 变挑角连续式斜向高低挑流鼻坎平面图（单位：m）

（1）在溢流坝左、右端泄洪孔的反弧段底部原边墙处（图 8.61 的 T 点，桩号 0＋026.38），反弧段仍以半径 $R=16.5m$ 往下游延伸至挑角 60°处（图 8.61 的 A 点），并连接 A 点与相邻中墩中心线对应的鼻坎出口断面的 C 点（挑角 25°），形成斜向高低坎。

（2）溢流坝两侧墙从桩号 0＋016.50 起（图 8.61 的 S 点），以 8.2°收缩角往出口断面收缩，收缩边墙与斜向鼻坎交于 B 点，在 B 点处溢流坝两侧边墙往坝内各缩窄了 3.23m，鼻坎的挑射角度为 49.41°。因此，溢流坝左、右两边孔挑坎形成外侧高（B 点）、内侧低（C 点）的斜向高低挑流鼻坎，两中墩中心线之间 15m 宽的挑流鼻坎出口挑角仍为 25°。

8.14.3 推荐方案挑流鼻坎试验

8.14.3.1 挑流鼻坎流态

试验表明，虽然溢流坝反弧段两侧边墙以 8.2°收缩角往鼻坎出口断面收缩，但挑流鼻坎段流态比单纯采用边墙收缩的连续式挑流鼻坎有较大的改善，反弧挑坎段的水流分布基本均匀，推荐方案的挑流鼻坎出口断面边墙端水深与比较方案相比明显降低（图8.59）。

8.14.3.2 挑射水舌及消能特性

（1）溢流坝堰顶闸门对称开启时，斜向高低挑坎出口断面高坎处（B 点）的流速值比低坎处（C 点）略小，并且由于斜向高低坎不同挑射角的导向作用，使得出坎挑射水舌在空中形成高低不一的多层次水舌，高坎处一侧水舌挑得高和远些，低坎处水舌相应挑得低和近些（图 8.62），水舌在空中产生斜向碰撞，加大挑射水舌在空中扩散和掺气。因此，推荐方案挑流鼻坎挑射水舌高度和射距加大，下游河道水面处

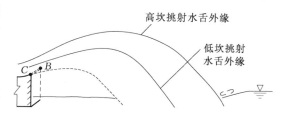

图 8.62 溢流坝推荐方案挑射水舌示意图

的水舌入水纵向长度比设计方案明显增加（表 8.19），明显减小了挑射水舌进入下游河道水面的单位面积能量（即流速），减轻了下游河床的冲刷。

（2）溢流坝小流量泄流的试验表明，挑坎收缩段内水流无明显的漩滚，挑坎出口断面产生贴流下泄的流量较小，对坎基不会产生明显的冲刷，其原因分析如下：

表 8.19　　　　　　　　　　　溢流坝挑射水舌参数

洪水频率 P	库水位 Z_a/m	泄流量 Q/(m³/s)	下游水位 Z_t/m	设计方案		推荐方案	
				水舌最高点高程/m	水舌外缘挑距/m	水舌最高点高程/m	水舌外缘挑距/m
3.33%	196.00	2203	168.46	176.40	38.5	184.00	49.1
0.5%	196.29	3178	169.89	176.90	35.0	184.30	47.0

注　各级洪水频率流量的水舌外缘挑距为相应洪水流量的下游河道水位处测量值。

1）三孔溢流坝挑坎出口断面中间 15m 宽的挑坎挑角仍为 25°，在小流量泄流时，溢流坝挑坎的起挑流量比常规挑坎的起挑流量无明显的增大。

2）小流量泄流时，保持库水位为正常蓄水位 196.00m，由溢流坝堰顶闸门开启控制泄流，因此，可通过调节闸门的开度，避免挑坎收缩段内产生水流漩滚和鼻坎出口断面出现贴流下泄。

（3）下游河床冲刷试验成果见表 8.20。在相同的泄流量条件下，斜向高低挑坎水流消能效果优于比较方案的连续性挑流鼻坎，下游河床冲刷坑深度减小，冲刷坑最深点的挑距增大，冲刷坑上游坡度 i 减小，有利于工程的安全。

由表 8.20 可见，根据溢流坝水力参数和下游河床冲刷特性，按照公式 $T = Kq^{0.5}Z^{0.25}$（式中 T 为下游河床冲刷坑深度，K 为岩基冲刷系数，q 为挑坎出口断面单宽流量，Z 为上、下游水位差）计算岩基冲刷系数 K 时，斜向高低挑坎的 K 值比比较方案连续性挑流鼻坎的 K 值明显减小。因此，岩基冲刷系数 K 不仅与下游河床基岩岩性有关，而且与挑流鼻坎消能工形式密切相关，甚至可以成为影响 K 值的重要因素。

表 8.20　　　　　　　　　　　溢流坝下游河床冲刷特性

项　　　目	方　　案				
	比较方案		推荐方案		
洪水频率 P	20%	3.33%	20%	3.33%	0.5%
库水位 Z_a/m	196.00	196.00	196.00	196.00	196.29
泄流量 Q/(m³/s)	1193	2203	1193	2203	3178
下游河道水位 Z_t/m	166.20	168.46	166.20	168.46	169.89
闸门开度 e/m	3.3	6.4	3.3	6.4	全开
鼻坎出口单宽流量 q/[m³/(s·m)]	32.8	60.5	33.6	62.0	89.4
冲刷坑最深点高程/m	144.00	140.00	146.00	144.00	140.50
下游河道冲刷深度 T/m	22.20	28.46	20.20	24.46	29.39
河床冲刷深度 T_0/m	16	20	14	16	19.5
冲刷坑最深点距离 L/m	63	67	65	70	73
冲刷坑上游坡度 i	1:3.94	1:3.35	1:4.64	1:4.38	1:3.74
冲刷系数 $K = \dfrac{T}{q^{0.5}Z^{0.25}}$	1.66	1.60	1.49	1.36	1.37

注　冲刷坑上游坡度 $i = \dfrac{T_0}{L}$。

8.14.4　小结

在杨溪水三级水电站溢流坝水力模型试验中，结合溢流坝体型及下游河道地形特性等，在溢流坝左、右侧两边孔推荐采用变挑角连续式的斜向高低挑流鼻坎。这种挑流鼻坎具有使边墙收缩的挑流鼻坎出口断面的水流分布较均匀，增加挑坎挑射水舌在空中的碰撞、扩散和掺气，增大挑射水舌的消能率，减轻下游河床的冲刷，解决挑射水舌下游水流归槽等优点。

水力模型试验推荐的溢流坝挑坎方案已在工程上得到应用，运行情况良好（彩图24）。今后，希望加强工程运行的原型观测，认真总结经验，以使这种新型挑坎消能工能够得到进一步推广应用。

8.15　张公龙水电站溢流坝除险改造消能研究

8.15.1　概述

8.15.1.1　工程概况

张公龙水库位于广东省阳春市永宁镇境内，是漠阳江西山河梯级开发第一级水电站水库。张公龙水库为Ⅲ等中型工程，坝址控制集雨面积约 265km²，工程主要由挡水大坝、溢流坝、发电引水隧洞、电站厂房等组成，大坝和溢流坝等永久性水工建筑物级别为3级。水库正常蓄水位为 170.00m；设计洪水 50 年一遇（$P=2\%$），相应库水位 170.11m；校核洪水 500 年一遇（$P=0.2\%$），相应库水位 172.58m。

张公龙水库于 1987 年 4 月建成运行。水库大坝为浆砌石重力坝，由非溢流坝段和溢流坝段组成，坝顶高程 172.70m，最大坝高 51.7m；溢流坝段总长度 37m，布置在河道中间，为开敞式溢洪道，溢流坝分 3 孔，每孔净宽 10m，中墩厚 2.0m，边墩厚 1.5m，堰顶高程 161.00m，采用弧形闸门挡水；溢流坝下游出口采用连续式反弧挑流鼻坎（图 8.63）。

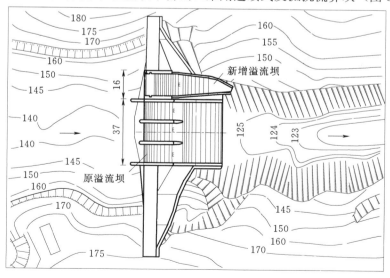

图 8.63　张公龙水电站除险改造溢流坝布置图（单位：m）

坝址处河道较顺直，两岸山体雄厚陡峻，地形较对称，180.00m 高程以下至河底两岸的边坡坡度约 50°～60°，表层覆盖层较薄，两岸山坡冲沟较发育，大多数冲沟北西向延伸，切割深度不大，沟壁较缓；坝址河道呈 V 形峡谷，河床高程约 123.00～124.00m，宽度 7～10m，河谷两岸岩石裸露，岩石完整性较好，岩质坚硬，河床比降较大。

2009 年 9 月中旬，受第 15 号台风"巨爵"的影响，当地普降暴雨，张公龙水库水位急速上升，出现洪水漫坝下泄，造成相应的损失。后经溢流坝泄洪能力复核计算，水库大坝抗御洪水能力小于 500 年一遇，不能满足设计规范的要求。为了满足溢流坝泄流能力的要求，除险改造工程设计方案在现有三孔溢流坝左侧增加 1 孔溢流闸孔。

新增闸孔溢流坝尺寸拟定为：结合原挡水坝的体型，新增闸孔溢流堰采用折线形实用堰；闸孔进口设一半径 $r=1.0$m 的圆弧段，后接堰顶平段，堰顶高程为 163.00m，孔口净宽 12m，闸墩厚 2.0m，采用平板钢闸门挡水；溢流坝下游出口采用挑流消能（图 8.63）。

8.15.1.2 除险加固溢流坝工程主要特点

坝址处河道狭窄，原先布置的三孔溢流坝基本占据了坝址河道断面宽度，除险加固新增闸孔溢流坝下游挑坎出口位于左岸山体陡坡上，其泄洪挑射水舌易对下游河道左岸坡产生冲刷破坏。因此，新增闸孔溢流坝下游挑坎的设置应避免或尽量减轻对下游河道左岸坡的冲刷。

8.15.2 水力模型设计简介

为了解决溢流坝新增闸孔体型布置和泄洪下游消能防冲问题，开展了张公龙水库溢流坝水力模型试验，水力模型为 1∶50 的正态模型[27]。

在溢流坝下游河道动床模型设计中，根据工程设计资料，选择河床基岩抗冲流速 $v=9～10$m/s，由计算和选用的下游河床基岩模型冲料散粒体粒径 $D_M=4.5～5.6$cm。溢流坝下游河道动床模型范围为溢流坝出口至下游 200m、两岸高程 145.00m 以下的河道岸坡和河床。

8.15.3 新增闸孔挑坎初拟方案试验

8.15.3.1 挑坎初拟方案布置的基本思路

针对除险改造工程溢流坝布置的特点，新增闸孔溢流坝挑坎布置的基本思路如下：

（1）在满足枢纽工程溢流坝泄流能力的前提下，根据现有的研究成果和工程经验，溢流坝挑流鼻坎选择对下游河床冲刷程度较小的窄缝式挑坎。

（2）挑坎挑射水舌的下游入水区域应落在原三孔溢流坝挑射水舌的范围内，以避免或减轻对下游河床及左岸坡的冲刷。

8.15.3.2 初拟方案布置

经初步试验分析和调整后，参考现有的研究成果[28-29]，得出新增闸孔溢流坝挑坎布置的初拟方案（图 8.64）：

（1）左边墙从溢流堰面切点（A—A 断面）以 6.87°收缩角往下游收缩至反弧段末端 C—C 断面（左边墙 C 点与该溢流坝中心线距离为 4m），C 点以半径 $R=22$m、转角 $\theta=22.03°$往下游作窄缝挑坎段圆弧边墙；以 CD 圆弧段末端作切线往下游延伸 5.92m 作直线

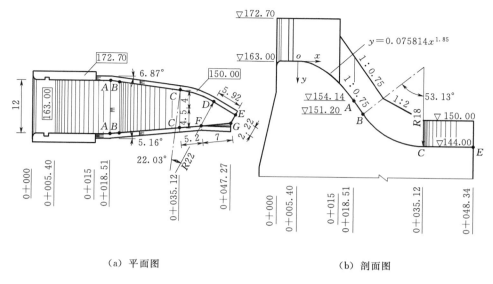

（a）平面图　　　　　　　　　　（b）剖面图

图 8.64　新增闸孔溢流坝初拟方案布置图（单位：m）

边墙至挑坎出口断面，左边墙顶高程为 150.00m。

（2）右边墙从溢流坝面切点以 5.16°收缩角往下游收缩至窄缝挑坎段出口断面 G 点：①反弧段末端右边墙 C 点与该溢流坝中心线距离为 4.5m；②反弧段边墙水平投影长度为 12.2m，其下游出口段 7m 长为扭曲面段边墙，出口断面墙顶（高程 150.00m）比底部扩宽 0.8m，出口断面边墙坡度为 1：0.133。

（3）窄缝挑坎段下游出口断面底宽为 2.22m。

8.15.3.3　初拟方案试验成果

（1）在各级洪水流量泄流运行时，上游来流较平顺进入新增闸孔溢流坝内，溢流坝泄流较平顺，在反弧段末端的下游窄缝收缩段内形成较明显的冲击波，挑坎出口水流沿竖向和纵向跃起、拉开和扩散，往下游挑射（图 8.65）。

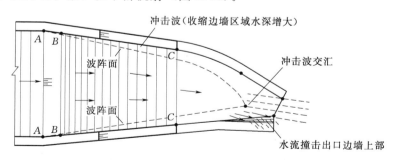

图 8.65　新增闸孔溢流坝收缩段泄流流态示意图

（2）在 50 年一遇洪水频率流量（$P=2\%$，总泄流量 $Q=1953\text{m}^3/\text{s}$，新增闸孔泄流量 $Q_1=371\text{m}^3/\text{s}$，库水位 $Z_a=169.97\text{m}$）及以下各级洪水流量泄流运行时，新增闸孔窄缝挑坎出口挑射水流形成窄而高水舌往下游河道挑射，对下游河道左岸坡影响较小。

（3）当泄洪流量 $Q>1953\text{m}^3/\text{s}$（新增闸孔泄流量 $Q_1>371\text{m}^3/\text{s}$）运行时，窄缝挑坎段

左边墙区域挑射水舌在空中往左侧逐渐横向扩散，挑射水舌左侧下游入水区域水体撞击下游河道左岸山坡。

（4）由于新增闸孔窄缝挑坎段左、右边墙收缩率不一致，左边墙收缩率大于右边墙，因此，窄缝挑坎段左边墙区域冲击波强度大于右边墙区域冲击波，左边墙区域冲击波波阵面被压迫向右边墙区域，左、右边墙区域冲击波交汇后跃起的水流（水舌）对挑坎出口区域右边墙顶部产生不同程度的撞击（图 8.65），这种状况在正常蓄水位 170.00m、闸门开度 $e \leqslant 3.0$m 控泄运行条件下较为明显，不利于窄缝挑坎段下游出口区域右边墙的安全运行。

8.15.4　新增闸孔挑坎推荐方案试验

8.15.4.1　挑坎推荐方案布置

经多方案修改和比选之后，得出新增闸孔溢流坝消能工的推荐方案（图 8.66）如下：

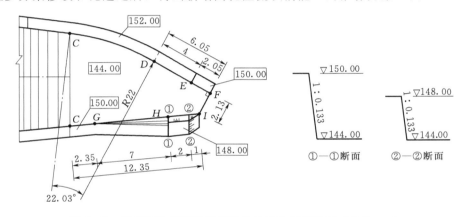

图 8.66　新增闸孔溢流坝窄缝挑坎推荐方案布置图（单位：m）

（1）溢流坝反弧段底部上游的左、右边墙布置与初拟方案相同。

（2）反弧段末端（C 点）左边墙仍以半径 $R = 22$m、转角 $\theta = 22.03°$ 往下游作窄缝挑坎段圆弧边墙（CD 段），以 CD 圆弧段末端作切线往下游延伸 6.05m 作直线边墙至挑坎出口断面（即 DF 段）；为了约束和减小窄缝挑坎段左边墙区域挑射水流在空中往左侧横向扩散，将挑坎段左边墙 E 点上游段边墙加高至 152.00m 高程，挑坎段末端长 2.05m（EF 段）边墙顶的高程仍为 150.00m。

（3）反弧段右边墙收缩角不变，其长度为 12.35m，其中间布置扭曲段（长度为 7m，体型与初拟方案相同），扭曲段和其上游直线段边墙顶高程仍为 150.00m；扭曲段下游出口段长度为 3m，边墙为斜坡面边墙（即梯形断面），坡面坡度为 1∶0.133，墙顶高程为 148.00m，并在距离出口断面 1m 处以 1∶4 坡削角与出口断面底部 I 点连接。

（4）窄缝挑坎段下游出口断面底宽为 2.13m。

8.15.4.2　窄缝挑坎段流态和挑射水舌特性

（1）在各级洪水流量泄流运行时，窄缝挑坎段内形成较明显的冲击波，挑坎出口水流沿竖向和纵向跃起、拉开和扩散，形成窄而高的挑射水舌往下游挑射，加大了水舌在空中的碰撞、掺气和消能，有利于减轻对下游河床的冲刷。

（2）窄缝挑坎段左侧边墙加高 2m 之后，约束了挑坎段左边墙区域挑射水舌在空中的横向扩散，大大减轻对下游河道左岸坡的冲刷和淘刷。

（3）窄缝挑坎段右侧边墙出口段修改后，挑坎段左、右边墙急流冲击波交汇后水流对右边墙出口区域的撞击明显减轻。在正常蓄水位 170.00m、闸门开度 $e>2.0m$ 运行时，冲击波交汇点跃起水流撞击挑坎出口区域右边墙顶部的现象已消失。由于新增闸孔溢流坝是作为原三孔溢流坝备用的非常溢洪道，其作用是在较大洪水流量条件下，与原三孔溢流坝一起参与泄洪。因此，窄缝挑坎段的运行流态可以满足工程设计和运行的要求。

（4）窄缝挑坎段左、右侧边墙迫使泄流往下游河道中心区域挑射，在各级洪水流量泄流运行时，挑坎挑射水舌的下游入水区域基本落在原溢流坝挑射水舌的范围内，明显减轻了对下游河道左岸坡的冲刷（彩图 25 和彩图 26）。

8.15.4.3 窄缝挑坎段边墙动水压强特性

由于窄缝挑坎段出口断面缩窄，挑坎段内产生急流冲击波，窄缝挑坎段内动水压力明显增大，挑坎段两侧边墙承受的动水荷载比常规挑流鼻坎边墙动水荷载大得多，且窄缝挑坎段两侧边墙动水压强分布规律不再符合静水压强分布规律[30]。

在校核洪水频率（$P=0.2\%$）流量泄流运行条件下，测试的窄缝挑坎段左、右侧边墙底部动水压强沿程分布如图 8.67 所示，边墙底部动水压强值比相应断面水深值明显增大。文献 [30] 建议的窄缝挑坎段两侧边墙各断面动水压力荷载计算，以边墙底部动水压强值乘修正系数 1.1～1.2 后，再按静水压强分布规律进行计算。测试的新增闸孔溢流坝窄缝挑坎段左、右侧边墙底部最大动水压强的断面压强分布和同一断面底部动水压强值乘修正系数 1.15 后，按静水压强分布规律得出的断面压强分布比较如图 8.68 所示，两者均较符合。工程设计中，应重视溢流坝窄缝挑坎段收缩边墙的结构稳定和强度设计工作，以确保工程的安全运行。

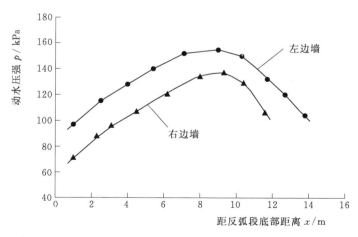

图 8.67　窄缝挑坎段左、右侧边墙底部动水压强沿程分布

8.15.4.4 溢流坝下游河道冲刷特性

测试的新增闸孔溢流坝与原三孔溢流坝共同泄洪的下游河床冲刷特性见表 8.21。在各级洪水流量泄流运行条件下，除险改造后的溢流坝下游河床冲刷坑上游坡度 $i<1:4$，

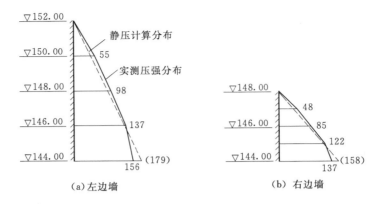

（a）左边墙　　　　　　　　（b）右边墙

图 8.68　挑坎边墙断面动水压强实测分布和静压计算分布比较

注：洪水频率 $P=0.2\%$；闸孔泄流量 $Q=566\mathrm{m}^3/\mathrm{s}$；压强单位：kPa；

高程单位：m；括号内数字为压强计算值

满足工程设计规范的要求，溢流坝坝基是安全的。由于溢流坝泄洪流量较大、下游河道较狭窄，溢流坝泄洪会对下游河道两岸坡产生不同程度的冲刷和淘刷。工程运行中，应加强对溢流坝下游河道左、右两岸坡的监测，必要时应采取相应的加固防护工程措施。

表 8.21　　　　　　　　　　　　　　溢流坝下游河道冲刷特性

洪水频率 P	库水位 Z_a/m	闸门开度 e/m	泄流量 $Q/(\mathrm{m}^3/\mathrm{s})$	下游水位 Z_t/m	冲刷坑底高程 /m	冲刷坑深度 T_0/m	冲刷坑距离 L/m	$i=\dfrac{T_0}{L}$
	170.00	3.0	1020	132.20	118.00	8	45	1：5.63
2%	169.97	全开	1953	135.60	116.00	10	52	1：5.20
0.2%	172.05	全开	2760	138.10	113.00	13	60	1：4.62

注　冲刷坑深度 T_0 为下游河床面高程 126.00m 至冲刷坑高程之差。

8.15.4.5　溢流坝调度运行

（1）原三孔溢流坝左侧新增闸孔是为了满足工程泄流能力要求而设置的，根据新增闸孔溢流坝设置的作用和目的，新增闸孔溢流坝不宜单独泄洪运行，应与原三孔溢流坝一起联合泄洪运行，尽量减轻对下游河床及其左岸坡的冲刷，以确保工程的安全运行。

（2）在正常蓄水位 170.00m、闸门局部开启运行时，为了避免新增闸孔窄缝挑坎段左、右边墙冲击波交汇后跃起水流撞击挑坎出口区域右边墙顶部，新增闸孔溢流坝应在闸门开度 $e>2.0\mathrm{m}$ 条件下运行。在实际运行中，在原三孔溢流坝闸门开启至开度 $e\geqslant2.5\mathrm{m}$ 泄流运行后，再将新增闸孔溢流坝快速开启至 $e=2.5\mathrm{m}$ 开度联合运行。此后，随着库区来流量的增大，将原三孔溢流坝与新增闸孔溢流坝同步增加开度运行，直至溢流坝闸门开启至全开运行。

8.15.5　试验成果应用

张公龙水电站除险加固工程在原溢流坝左侧增设一孔溢流闸孔，以解决原溢流坝泄流能力不足的问题。通过水力模型试验研究，结合溢流坝工程布置和坝址河道地形条件等，在新增闸孔溢流坝挑坎段采用了不对称边墙布置的窄缝式挑坎消能工，妥善解决了溢流坝泄洪消能防冲的问题，试验研究成果得到了工程设计和施工的采用。

工程已建成投入运行，运行情况良好。

8.16 老炉下水库溢流坝消能研究

8.16.1 工程概况

老炉下水库位于广东省河源市东江一级支流埔前河的支流老炉下水上，是一座以灌溉为主，兼顾防洪、供水、发电等综合性水利工程。水库枢纽工程由浆砌石重力坝、溢流坝、电站等组成。

老炉下水库属中等蓄水工程，工程等别为Ⅲ等，坝址控制集水面积约 14.5km²，按 50 年一遇洪水设计（$P=2\%$，泄洪流量 $Q=103.69\text{m}^3/\text{s}$），500 年一遇洪水校核（$P=0.2\%$，泄洪流量 $Q=158.77\text{m}^3/\text{s}$）。水库正常蓄水位 152.70m，相应库容为 902.7 万 m³。水库具有多年调节的功能。

坝址区域河道狭窄，河底宽 8～12m，河床面高程 93.00～95.00m，平均坡降约为 2.1%。坝址区域两岸坡陡峻，河谷深切，两岸 115.00m 高程以下的岸坡为陡壁，岸坡陡立高差大，断层及裂隙发育，沿岸体结构面产生卸荷裂隙，岩体松弛，形成危岩体，自身稳定性差（图 8.69）。

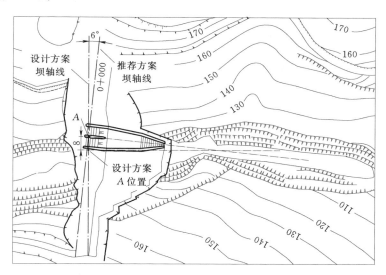

图 8.69 老炉下水库溢流坝设计和推荐方案坝轴线布置图

老炉下水库重力坝最大坝高 63m，坝顶高程 157.00m。河床中间布置表孔溢流坝，共 2 孔，每孔净宽为 5.0m，中墩和边墩厚为 1.5m。溢流堰顶高程与正常蓄水位同为 152.70m，堰面曲线方程为 $y=0.1723x^{1.85}$，堰面下游接坡度为 1：0.7 陡坡段；陡坡段下游（高程 112.40m）连接曲率半径 $R=15\text{m}$ 的反弧段（图 8.70）。

8.16.2 水力模型试验简介

老炉下水库溢流坝水力模型为 1：30 的正态模型。

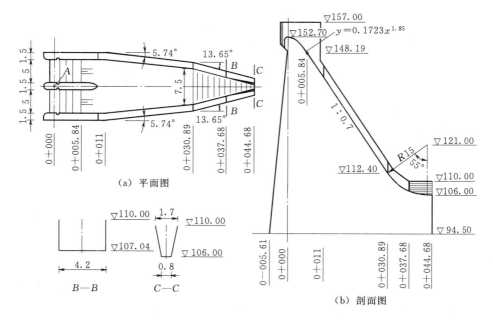

图 8.70　溢流坝挑流消能推荐方案体型图（单位：m）

工程设计提供的溢流坝下游河床基岩抗冲平均流速 $v=8\sim12\mathrm{m/s}$。采用伊兹巴什公式 $v=KD^{0.5}$（式中：v 为基岩抗冲流速，m/s；D 为散粒体粒径，m；K 为系数，本工程取 $K=6$），可计算出水力模型溢流坝下游河床基岩的散粒体冲刷料粒径为 $6\sim10\mathrm{cm}$。

8.16.3　溢流坝中心轴线布置优化

在工程初步设计阶段，对溢流坝的消能方式进行底流消能和挑流消能两种方式比较，最终选定了窄缝式挑坎挑流消能方式[29]，溢流坝设计初拟方案的坝轴线布置如图 8.69 所示。水力模型试验发现，溢流坝在泄放设计洪水频率至校核洪水频率流量（$Q=103.69\sim158.77\mathrm{m^3/s}$）运行时，窄缝式挑坎挑射水舌左边缘下游入水区域水体撞击桩号 0+100～0+130 的左岸山体坡脚，影响此区域的左岸山体结构的稳定。

经水力模型试验比较，将溢流坝中墩中心线（即溢流坝中心线）与坝轴线交点 A 沿坝轴线往左岸移动 8m 并顺时针旋转 6°，使溢流坝挑坎挑射水舌与下游河道河势较符合，减轻了对下游河道左岸山体的冲刷（图 8.69）。

8.16.4　窄缝式挑坎体型和冲刷特性

经水力模型试验比较之后，推荐方案的溢流坝采用窄缝式挑坎消能工，窄缝式挑坎为二次收缩体型布置（图 8.70）：

（1）溢流坝陡坡段由桩号 0+011 断面起，两侧边墙以 5.74°角往下游桩号 0+030.89 断面（反弧段起始断面）收缩至 7.5m 宽。

（2）桩号 0+030.89 断面以 13.65°角收缩至挑坎出口断面（桩号 0+044.68），桩号 0+037.68～0+044.68 断面的反弧段两侧内边墙形成扭曲面状，挑坎挑角为 0，出口断面为梯形断面（底宽 0.8m，顶宽 1.7m，边墙高度 4m，底高程 106.00m），以适应各级大小洪水流量泄洪挑流的要求。

溢流坝采用窄缝式挑坎消能工之后，在各级洪水频率流量泄流时，出坎水舌沿竖向和纵向拉开扩散，在空中形成窄而高的扇形状，挑射水舌在空中的碰撞和掺气明显增加，增大了挑射水舌在空中的消能率，挑射水舌下游入水点的水体沿河床纵向拉开长度达 40～60m，大大减轻了对下游河床的冲刷。在校核洪水频率（$P=0.2\%$）流量泄流时，溢流坝的挑射水舌和下游河床冲刷状况示意如图 8.71 所示。

在各级洪水流量泄流时，测试的溢流坝下游河床最大冲深高程约为 89.00m（表 8.22），相应河床覆盖层和基岩的冲刷深度约 5m，冲刷坑底部至挑坎脚的坡度 i 远小于 1:4，坝基是安全的。

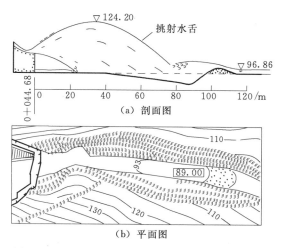

(a) 剖面图

(b) 平面图

图 8.71　溢流坝挑射水舌和下游河床冲刷示意图

注：洪水频率 $P=0.2\%$；泄流量 $Q=158.77\text{m}^3/\text{s}$；
高程单位：m

表 8.22　　　　溢流坝挑射水舌和下游河床冲刷特性表

洪水频率 P	库水位 Z_a/m	闸门开度 e/m	泄流量 $Q/(\text{m}^3/\text{s})$	下游水位 Z_t/m	冲刷坑底部高程 /m	冲刷坑底至鼻坎出口距离 /m	冲刷坑上游坡度 i
3.33%	155.53	1.83	96.90	96.32	90.00	69	1:17.3
2%	155.64	全开	103.69	96.38	90.00	73	1:18.3
0.2%	156.51	全开	158.77	96.86	89.00	86	1:17.2

注　挑坎出口下游河床面高程为 94.00m。

8.16.5　窄缝式挑坎段动水压强特性

由于窄缝式挑坎段水流受反弧段离心惯性力和边墙收缩产生附加动水压力的影响，因此，窄缝收缩段内的动水压强比常规等宽挑坎内的动水压强大得多。测试的各级洪水流量的窄缝反弧段底板沿程动水压强值和位置见表 8.23 和图 8.72。

表 8.23　　　　窄缝式挑坎段沿程动水压强值

测点号	测点高程 /m	动水压强 p/kPa		
		$P=3.33\%$	$P=2\%$	$P=0.2\%$
1	111.22	16.1	20.8	29.5
2	110.13	26.8	28.7	43.2
3	109.15	37.8	40.2	59.8
4	108.29	52.7	55.8	89.7
5	107.69	69.8	74.5	111.5
6	107.17	84.8	91.8	133.6
7	106.75	100.3	106.6	158.1

续表

测点号	测点高程 /m	动水压强 p/kPa		
		$P=3.33\%$	$P=2\%$	$P=0.2\%$
8	106.42	117.7	123.7	183.5
9	106.18	137.6	143.5	202.7
10	106.03	155.4	162.5	210.9
11	106.00	149.7	155.5	195.5

注 P 为洪水频率。

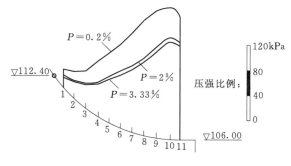

图 8.72 反弧段动水压强分布图
注：压强单位：kPa；高程单位：m

在校核洪水频率流量（$P=0.2\%$，$Q=158.77\mathrm{m^3/s}$）泄流运行时，窄缝式挑坎内的最大动水压强值达 21.5m 水柱（即 21.5×9.81kPa），约占其总水头值（$H_p=50.51$m）的 42.6%；窄缝收缩段内边墙底部的最大动水压强值和位置（桩号）与其反弧段底部动水压强特性相近。因此，表 8.23 的动水压强和分布特性可作为收缩边墙结构设计的依据。

8.16.6 成果应用

老炉下水库溢流坝窄缝式挑坎消能工的水力模型试验推荐方案得到了工程设计和施工的采用。

老炉下水库溢流坝是广东省第一座采用窄缝式挑坎消能工的泄水建筑物，水力模型试验成果有待于原型工程运行的检验，并可给类似的工程设计提供借鉴。

8.17 东山水闸下游消能工出险分析和度汛研究

8.17.1 工程概况

东山水利枢纽工程位于广东省丰顺县境内的韩江干流上，是一座具有防洪、发电、航运、供水和灌溉等综合效益的枢纽工程。东山水利枢纽工程为Ⅰ等大（1）型工程，枢纽工程主要由拦河水闸、电站、船闸和挡水坝段等组成。

拦河水闸布置 19 孔闸，单孔闸净宽 14m，中墩和缝墩厚各为 2.5m 和 3.0m，闸室泄流总净宽为 266m，总宽度为 318.5m。水闸闸室溢流堰为平底宽顶堰，堰顶高程为 15.50m，闸室堰板末端以 1：4 的陡坡段与下游消力池连接；消力池池底高程为 12.50m，水平段池长 26m，池末端尾坎顶高程 14.00m，池深 1.5m；消力池尾坎末端接海漫和防冲槽等（图 8.73）。

枢纽闸址控制集水面积为 27502km²。枢纽工程正常蓄水位为 25.50m，设计洪水频率为 50 年一遇（$P=2\%$），校核洪水频率为 200 年一遇（$P=0.5\%$）。

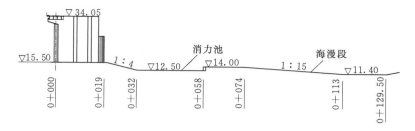

图 8.73 东山水闸下游消能工 2008 年竣工剖面图（单位：m）

东山拦河闸于 2008 年 7 月建成投入运行。2013 年 4 月底，水闸开闸泄洪期间，其 4 号～13 号闸孔的闸室下游陡坡段和消力池产生不同程度的破坏[31-32]。本节在东山拦河闸出险原因初步分析的基础上，对其 2013 年汛期水闸闸门开启调度运行方式进行研究，供类似工程运行管理参考。

8.17.2 水闸下游消力池出险及初步分析

8.17.2.1 消力池出险情况和抢险应急措施

2013 年 4 月 28 日约 9 时，东山水闸开闸泄洪，闸上游水位约 25.50m，泄洪流量约 2270m³/s。4 号～13 号闸孔闸室的下游陡坡段和消力池产生不同程度的破坏，闸室下游陡坡段和消力池底板开裂，发生不均匀沉降、错缝上凸等。7 号闸孔和 13 号闸孔的闸室底板末端与其下游陡坡段交界区域的淘刷深度分别约为 5.8m（底高程约 9.70m）和 4.2m（底高程约 11.30m）。4 号～7 号闸孔和 12 号～13 号闸孔闸室下游陡坡段混凝土底板均有不同程度的上凸，最大上凸高度达约 2m。

针对水闸下游陡坡段和消力池底板破坏情况，采取的抢险应急措施如下：

（1）闸室下游陡坡段底板上凸高度小于 0.5m 的混凝土块，先凿除凸起的混凝土块，对淘空部位充填沙石混合料和水下混凝土，然后采用 C30 混凝土浇筑覆盖保护；闸室下游陡坡段底板上凸高度大于 0.5m 的混凝土块，首先凿除凸起部分的混凝土块，对淘空部位充填沙石混合料，然后在填充料和上凸斜板之间充填 C30 混凝土，待后期再凿除超出设计高程的凸起斜板块。

（2）对于闸室下游陡坡段和消力池底板开裂、不均匀沉降等，先对冲刷部位充填沙石料，凿除凸起块体和植入钢筋，再浇筑 C30 混凝土覆盖保护。

8.17.2.2 出险原因初步分析

水闸下游陡坡段和消力池底板遭受破坏之后，对其破坏的原因进行了初步的检查和分析：

（1）水闸闸室上游防渗设施部分失效，闸室下游消力池底板部分排水孔被堵塞等，造成闸室下游陡坡段和消力池底板的扬压力明显增大，当扬压力大于闸室下游陡坡段和消力池底板的自重和承载力时，造成下游陡坡段和消力池底板开裂、沉降、上凸等。

（2）近年来，由于东山水闸下游河道人为无序采沙现象较为严重，导致水闸下游河道河床下切、水位降低较明显。根据近期的实测资料和分析，在中小洪水流量泄流运行时，现状水闸的下游河道水位比 2005 年东山水闸可行性研究阶段的闸址下游河道水位相应降低约 1～1.5m（东山水闸 2005 年可行性研究阶段的闸址下游河道最低水位 $Z_{t0}=14.50m$，

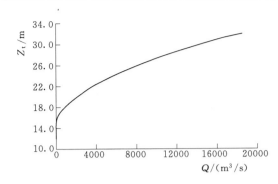

图 8.74　2005 年东山水闸可研阶段闸
下游 Z_t-Q 关系曲线

如图 8.74 所示)。

因此，水闸下游河道水位降低之后，闸下游消力池的水深减小，降低了池内水流消能率，增大了消力池内出现水流漩滚回流、折冲水流的可能性，增加了出闸水流对下游陡坡段和消力池底板的冲击作用，不利于工程的安全运行。

8.17.3　度汛方案研究

8.17.3.1　度汛方案的思路

东山水闸闸室下游陡坡段和消力池底板遭受破坏、采取相应的抢险应急措施之后，其下游陡坡段和消力池尚无法进行除险加固改造，需进行 2013 年汛期的泄洪度汛。为了确保拦河闸坝的安全度汛，度汛方案的基本思路如下：

(1) 在小洪水流量情况下，应尽量采用电站机组发电泄洪。

(2) 当上游洪水来流量大于电站机组发电流量时，先开启完好的 9 孔闸 (1 号~3 号和 14 号~19 号) 泄洪，然后视完好的 9 孔闸下游消力池运行情况，再考虑开启经抢险应急措施之后的 10 孔闸泄洪运行。

8.17.3.2　水闸泄流及消力池消能计算

根据拟定的汛期度汛方案的思路，首先对水闸各级闸门开度泄流流量及消力池消能进行水力计算。

1. 水闸各级闸门开度泄流能力

东山水闸下游消力池出险后，闸上游水位在 23.00~24.00m 供电站发电运行。考虑水闸度汛运行较不利的情况，以水闸上游水位 24.00m 为各级闸门开度度汛泄洪的上游水位，采用水闸闸孔自由泄流流量计算公式 [式 (8.3) 和式 (8.4)]，计算的各级闸门开度 e 的闸孔泄流单宽流量 q 见表 8.24。

表 8.24　　　　　　　　　　　　　　　闸孔泄流单宽流量 q 计算

闸上游水位 Z_a/m	闸上游水头 H/m	闸上游总水头 H_0/m	闸门开度 e/m	e/H	μ	q /[m³/(s·m)]
		8.5	0.2	0.0235	0.596	1.54
		8.5	0.4	0.0471	0.592	3.06
		8.5	0.6	0.0706	0.587	4.55
24.0	8.5	8.53	0.8	0.0941	0.583	6.03
		8.54	1.0	0.1176	0.579	7.49
		8.56	1.2	0.1412	0.575	8.94

水闸闸孔自由泄流流量计算公式[18,33]为

$$q = \mu e \sqrt{2gH_0} \tag{8.3}$$

$$\mu = 0.6 - 0.18 \frac{e}{H} \tag{8.4}$$

式中：μ 为闸孔平板闸门流量系数；g 为重力加速度；H_0 为包括行进流速水头的闸上游总水头；e 为闸门开度；H 为闸上游水头。

2. 水闸下游消力池消能

在水闸上游水位 23.00～24.00m 条件下，电站机组发电运行的水闸下游水位约为 16.50～17.00m。考虑到水闸度汛泄洪的较不利的运行水力条件，以水闸上游水位 24.00m、闸下游河道水位 16.50m 的运行状况，并取消力池进口收缩断面流速系数 $\phi = 0.94～0.95$，由有关消力池计算公式[34] 计算的水闸下游消力池池长和池深值见表 8.25。

表 8.25 各级闸门开度 e 的下游消力池池长和池深计算

闸上游水位 Z_a/m	闸门开度 e/m	单宽流量 q/[m³/(s·m)]	跃前水深 h_c/m	跃后水深 h_c''/m	水平段池长 L/m	池深 d/m	下游水位 Z_t/m
24.00	0.4	3.06	0.23	2.78	14.08	0.55	16.50
	0.6	4.55	0.33	3.42	17.06	1.16	
	0.8	6.03	0.43	3.94	19.37	1.62	
	1.0	7.49	0.53	4.39	21.31	1.97	

注 计算选取水跃长度校正系数 $\beta = 0.8$，消力池出口段流速系数 $\omega = 0.95$，水跃淹没度 $\sigma_0 = 1.1$。

在水闸下游水位 $Z_t = 16.50$m 条件下，由于水闸下游河道较宽阔，水闸开闸泄流之后，闸下游河道水位上升至稳定尚需一段较长的时间。由表 8.25 可见，在电站发电运行的水闸下游河道水位为 16.50m 条件下，若完好的 9 孔闸（1 号～3 号和 14 号～19 号）突然开启至开度 $e = 1.0$m 运行时，则下游消力池池深需达约 1.97m，现状的消力池池深（$d = 1.5$m）无法满足要求。因此，在完好的 9 孔闸单独泄洪运行时，水闸闸门开度 e 应限制在 $e \leqslant 0.8$m 运行。

8.17.3.3 度汛方案的措施

由表 8.24 和表 8.25 的计算结果分析可知，在现状的水闸上游水位 $Z_a = 23.00～24.00$m、闸下游河道水位 $Z_t = 16.50$m 的条件下，东山水闸 2013 年度汛方案的措施如下：

（1）在电站发电运行的基础上，可将完好的 9 孔闸（1 号～3 号和 14 号～19 号）闸门开度 e 开启至 $e \leqslant 0.8$m 运行。

（2）若水闸上游来流量增大，可在完好的 9 孔闸开启开度 $e = 0.8$m 运行的基础上，根据出险的 10 孔闸（4 号～13 号）下游消能工损坏和修复情况，将其闸门先开启 $e = 0.1$m 开度运行（闸室下游陡坡段和消力池底板破坏较为严重的闸孔，可暂缓开启）；待各闸孔泄流稳定和闸下游河道水位上升之后，再将完好的 9 孔闸（1 号～3 号和 14 号～19 号）闸门增加 $\Delta e = 0.1$m 开度运行；待完好的 9 孔闸泄流稳定和闸下游河道水位上升之后，再将出险初步修复的 10 孔闸增加 $\Delta e = 0.1$m（即闸门开度 $e = 0.2$m）开度运行……由此类推，将完好的 9 孔闸和出险初步修复的 10 孔闸闸门循环交替开启（每一次增加的闸门开度 $\Delta e = 0.1$m；闸室下游陡坡段和消力池底板破坏较为严重的个别闸孔，可在水闸上、下游水位差 $\Delta Z < 0.5$m 时，才逐渐开启泄洪），逐渐增大各闸孔闸门开度、泄流量和水闸下游河道水位，直至 19 孔闸闸门全部开启至全开泄洪。

8.17.4　小结

2013 年 4 月底，东山水闸泄洪造成部分闸孔闸室下游陡坡段和消力池遭受破坏，在出险闸孔下游消能工初步修复的基础上，水闸面临着度汛的问题。

根据东山水闸枢纽电站运行的闸下游河道水位实际情况，通过计算和分析水闸下游消力池的运行水力条件，提出了完好闸孔和出险初步修复闸孔合理调度运行的度汛方案，得到了水闸调度运行的采用，成果可供类似工程运行参考。

8.18　共青河拦河闸坝消能研究

8.18.1　工程概况

共青河拦河闸坝位于广东省电白县境内的沙琅江干流上，工程主要由泄洪闸段和溢流坝段组成，是一座以灌溉为主，兼顾供水等功能的闸坝枢纽工程。工程始建于 1958 年，于 1988 年重建完成和运行，为一座中型拦河闸坝枢纽工程。

20 世纪 90 年代中期以来，由于拦河闸坝下游河道人为过量采沙，下游河床急速下切，河道水位明显降低，导致拦河闸坝下游消能工出险，危及工程的安全运行。2002 年，对共青河拦河闸坝下游消能工进行了除险改造。工程除险改造完成之后，由于近年来闸坝下游河道河床仍不断下切，水位继续下降，造成拦河闸坝下游消能工不断出险，且闸坝结构残损严重，险情不断，严重影响了工程的安全运行，拟进行重建。

8.18.2　2002 年拦河闸坝除险改造消能研究

8.18.2.1　工程布置和闸坝运行水文条件

1988 年，共青河拦河闸坝重建工程完工后的布置（图 8.75）如下：

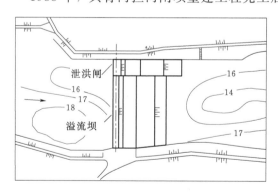

图 8.75　共青河拦河闸坝平面布置
示意图（单位：m）

（1）泄洪闸段布置在坝址河道的左端，泄洪闸段宽度为 25.8m，设置 3 孔开敞式平底闸孔，单孔闸净宽 7.0m，闸底板高程 16.30m，闸底板末端以坡度 1∶3.08 陡坡段连接下游消力池，消力池池底高程为 15.00m，水平段长度 17m，池末端尾坎顶高程 16.00m，池深 1.0m。

（2）溢流坝段布置在泄洪闸段的右侧，总宽度为 146.7m，堰顶高程 19.30m；溢流坝段下游消力池池底高程 15.50m，水平段长度 15m，池末端尾坎顶高程 16.00m，池深 0.5m。

拦河闸坝上游正常蓄水位为 19.30m。拦河闸坝按 20 年一遇（$P=5\%$）洪水设计，50 年一遇（$P=2\%$）洪水校核。2002 年除险改造工程设计的闸坝消能下游河道水位流量（$Z_t - Q$）关系如图 8.76 所示。

8.18.2.2 除险改造工程方案布置

由于拦河闸坝下游河床下切，水位明显下降，在中小洪水流量泄流运行时，拦河闸坝段消力池末端尾坎出流出现较明显的跌流，下游海漫出现急流和二次水跃，对下游海漫产生严重的冲刷破坏，危及闸坝工程的安全。

根据工程设计资料，拦河闸坝调度运行的方式为：初始泄洪时，控制闸坝上游为正常蓄水位 19.30m，先由泄洪闸开闸泄洪，待下游河道水位上升后，由泄洪闸和溢流坝联合泄洪。由图 8.76，选择闸坝下游最低水位 $Z_{t0}=14.00$m 为泄洪闸初始泄流的起始水位。经水力模型试验论证之后[35-36]，推荐的拦河闸坝下游消能工布置如下：

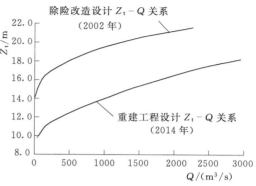

图 8.76 闸址下游河道水位流量（$Z_t - Q$）关系

（1）泄洪闸段：保留现有的下游消力池为一级消力池，其池底高程不变，将池末端尾坎顶高程抬高至 16.30m，尾坎下游增设二级消力池；二级消力池池底高程 11.50m，水平段长度 17m，池末端尾坎顶高程 13.00m，池深 1.5m；消力池下游接海漫和防冲槽（图 8.77）。

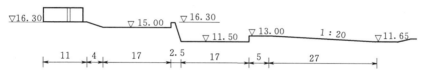

图 8.77 泄洪闸除险改造下游消能工推荐方案剖面图（单位：m）

（2）溢流坝段：维持现状的下游消力池体型不变，将其末端尾坎顶加高 0.3m（即尾坎顶高程为 16.30m），池深由 0.5m 增加至 0.8m；在现状消力池下游水平海漫段下游修建二级消力池，一、二级消力池之间陡坡段坡度为 1:4，陡坡段上设置 3 级不连续的外凸型阶梯（阶梯高度 0.2m），二级消力池池底高程 13.50m，水平段长度为 5m，池末端尾坎顶高程 14.00m；消力池下游接斜坡海漫和防冲槽（图 8.78）。

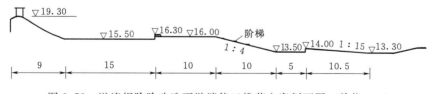

图 8.78 溢流坝除险改造下游消能工推荐方案剖面图（单位：m）

水力模型试验推荐方案得到了工程设计和施工的采用。

8.18.3 2014 年拦河闸坝重建工程消能研究

8.18.3.1 重建工程方案布置

拦河闸坝于 2002 年除险改造之后，由于闸坝下游河道人为继续无序挖沙，水位不断下降，现状的闸坝下游河道水位比 2002 年水位相应降低约 4~5m（图 8.76），造成闸坝下游消能工出险，下游河道两岸坡和堤围遭受泄洪冲刷崩塌，严重影响工程安全运行，需再重建。

拦河闸坝重建工程为Ⅱ等大（2）型水闸，闸坝上游正常蓄水位仍为 19.30m，设计洪水频率（$P=2\%$）泄洪流量 $Q=2300\mathrm{m^3/s}$，校核洪水频率（$P=0.5\%$）泄洪流量 $Q=2940\mathrm{m^3/s}$。在重建工程设计中，为了保护坝址河道两岸坡的安全，将泄洪流量较大的 5 孔泄洪闸孔布置在河道的中间，其单孔闸净宽 12.5m，泄流总净宽 62.5m，闸底板高程维持为 16.30m；泄洪闸段两侧的溢流坝段宽度均为 45.68m，其堰顶高程 19.30m（图 8.79）。

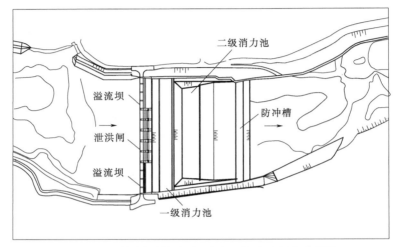

图 8.79　共青河拦河闸坝重建工程平面布置示意图

由于现状的拦河闸坝上、下游河床高差达 6～7m，闸坝下游河道水位较低（图 8.76），若拦河闸坝下游仍采用一级消力池布置，则闸坝闸室下游陡坡段及消力池的两岸侧翼墙较高，不利于闸坝和两岸堤围的稳定，且工程施工较困难、投资较大。因此，重建工程的拦河闸坝下游采用两级消力池布置方案，设计初拟的两级消力池布置剖面如图 8.80 所示。

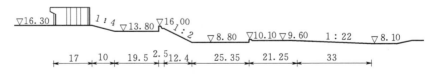

图 8.80　拦河闸坝下游消能工设计初拟方案剖面图（单位：m）

8.18.3.2　试验成果及分析

设计初拟方案泄洪闸的水力模型试验表明：①在各级洪水流量泄流运行时，一级消力池内形成稳定的水跃，池长和池深满足工程设计的要求；②在闸上游正常蓄水位 19.30m、5 孔闸闸门局部开启（闸门开度 $e\leqslant2.1\mathrm{m}$）运行时，一、二级消力池水流落差达约 6～7.5m，二级消力池内水流波动较大、消能不充分，池末端尾坎形成较明显的跌流，下游海漫段出现了二次水跃，易对海漫产生冲刷破坏。

经水力模型试验优化后[37-38]，重建工程的下游两级消力池推荐方案布置为（图

8.81)：①一级消力池体型和布置不变，其水平段长度为19.5m，池深2.2m；②为了降低一级消力池下游陡坡段流速和二级消力池的入池流速，消除陡坡段可能出现的小负压值，将陡坡段坡度修改为1：2.5，并在陡坡段设置了4级不连续的外凸型阶梯：阶梯高度 $a=0.35m$、间距 $s=3.2m$；③将设计方案的二级消力池底和池末端尾坎顶高程分别降低为8.00m和8.80m，池末端尾坎顶高程比闸址下游河道最低水位（$Z_{t0}=9.60m$）低0.8m，消力池上游端设置一排消力墩（消力墩墩高1.2m，墩宽和墩间距均为1.6m），消力池水平段长度由设计方案25.35m缩短为22m，池末端尾坎末端以1：25斜坡海漫与防冲槽连接。

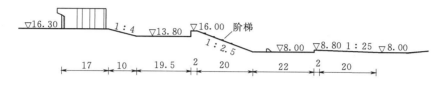

图8.81 拦河闸坝下游消能工推荐方案剖面图（单位：m）

拦河闸坝下游消能工推荐方案的水力模型试验表明：

（1）在闸坝上游正常蓄水位19.30m、5孔泄洪闸闸门局部开启（闸门开度 $e\leqslant2.1m$，泄流量 $Q\leqslant520m^3/s$）运行时，一级消力池内形成稳定的水跃，其下游阶梯陡坡段消杀了部分泄流能量，下游二级消力池入池流速比设计初拟方案相应流速减小约 $25\%\sim30\%$，大大减轻了二级消力池的消能压力。

（2）在闸门全开的各级洪水流量泄流运行时（$Q>520m^3/s$），拦河闸坝上游水位超过正常蓄水位，泄洪闸与溢流坝联合泄洪，下游河道水位相应上升，一级消力池下游陡坡段的外凸型阶梯逐渐被淹没，两级消力池之间水位落差减小，水流衔接较平顺。

（3）在各级洪水流量泄流运行时，二级消力池内形成稳定的强迫水跃，池内水流消能较充分，出池水流较平顺与下游河道水流衔接。

（4）溢流坝段布置在泄洪闸段的两侧，溢流坝段泄洪单宽流量比泄洪闸段相应减小，因此，拦河闸坝坝址上、下游河道两岸坡近岸区域流速比河道中间区域流速要小，有利于坝址上、下游河道两岸坡和堤围的稳定和安全。

水力模型试验成果已得到了工程设计的采用，近期内准备实施建设。

8.18.4 拦河闸坝下游消能工改造方案的分析

（1）在2002年的拦河闸坝下游消能工除险改造中，由于没有对闸坝下游河道河床下切和水位降低的发展有充分的认识，下游消能工除险改造后运行不久，又造成了下游消能工再次出险。

低水头拦河闸坝下游消能工的体型和布置与其下游河道水位-流量关系密切相关，为了确保拦河闸坝下游消能工的安全运行，在拦河闸坝下游消能工设计中，应对其下游河道河床未来可能下切的最不利状况和河道可能低的水位进行计算和分析，采用闸坝下游河道水位-流量关系可能变动范围的下限值为消能工的设计依据，以确保工程的安全运行。

（2）一般而言，拦河闸坝下游消能工破坏主要发生在中小洪水流量运行的情况，此时拦河闸坝上、下游水位差较大，泄流流速较大，下游消能工的水深往往较小，泄流携带着较大的动能，易在下游消力池和海漫产生急流、远驱式水跃及二次水跃等，易对拦河闸坝下游消能工产生冲刷破坏。

当拦河闸坝消能设计的下游河道水位-流量关系（即消能设计的 $Z_t - Q$ 关系）确定之后，应合理地选择闸坝初始泄流运行（即闸坝最小闸门开度运行）的下游河道最低水位值，作为选取下游消力池末端尾坎顶和海漫段高程、池深等的依据。对于共青河拦河闸坝工程而言，由于该工程无水电站建筑物，因此，拦河闸坝初始泄流运行（即最小闸门开度运行）的下游河道初始水位应取为下游河道水位-流量关系的最低水位 $Z_{t0}=9.60\text{m}$（即拦河闸坝泄流量 $Q=0$ 对应的下游河道水位），以此水位作为消力池末端尾坎顶和海漫段高程、池深等确定的依据。水力模型试验表明，共青河拦河闸坝重建工程选取其下游河道最低水位为 $Z_{t0}=9.60\text{m}$、二级消力池末端尾坎顶高程设置为 8.80m 条件下，二级消力池末端尾坎出流均为缓流，尾坎出流底流速 $v_d < 2.5\text{m/s}$，工程运行是安全的。

（3）对一般的工程而言，若选取的闸坝消能初始水位的下游河道水位值较低时，会造成下游消力池尾坎顶和池底高程过低，会明显增大工程量和造成施工困难。因此，在经过详细地分析和论证之后，可采用：①对下游消能工平面布置进行分区段设置，对不同分区的消能工高程进行合理设置和采用科学的调度运行方式，达到工程运行安全和经济合理的目的；②经充分和详细的论证之后，可将消力池末端尾坎顶高程适当抬高，但要采取适当的工程措施，对消力池尾坎下游海漫进行加固和防护，以确保工程的安全运行。

8.18.5　小结

（1）拦河闸坝下游河道河床下切、水位下降之后，会造成闸坝下游消能工及其两岸堤围出险，危及工程的安全运行。因此，在拦河闸坝下游消能工除险改造或重建工程设计中，应对其下游河道河床未来可能下切的最不利状况和河道可能低的水位进行计算和分析，采用闸址下游河道水位-流量关系可能变动范围的下限值为消能工的设计依据，以确保工程安全运行。

（2）当拦河闸坝消能设计的下游河道水位-流量关系确定之后，应根据拦河闸坝的实际运行情况，合理地选择闸坝初始泄流运行的最低下游河道水位 Z_{t0}，以作为选取下游消能工体型和布置的依据。

8.19　李溪拦河闸下游消能工加固改造研究

8.19.1　工程概况

李溪拦河闸枢纽是流溪河梯级开发工程之一，闸址位于广州市流溪河下游花都区花东镇境内，是一处以灌溉为主、结合发电、供水等综合利用的水利枢纽工程。枢纽工程由左岸东电站、拦河闸、右岸西电站等组成，工程设计等别为Ⅲ等，主要建筑物级别为 3 级。

李溪拦河闸工程于 1970 年 7 月建成投入运行。李溪拦河闸原布置有 30 孔泄洪闸，其闸室分为驼峰堰组 24 孔和宽顶堰组 6 孔，单孔闸净宽 6.7m，闸墩厚 1.0m，泄洪闸前缘总宽度为 231m；闸下游连接消力池及海漫、防冲槽等（图 8.82 和图 8.83）。

经多年运行后，因拦河闸下游河道人为过量采沙，造成下游河道河床下切、水位明显

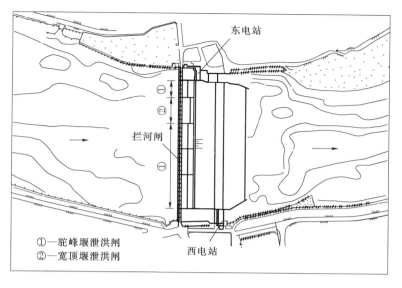

图 8.82 李溪拦河闸原布置平面示意图

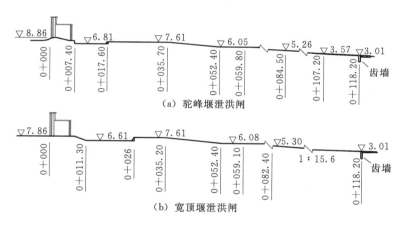

图 8.83 李溪拦河闸及其下游消能工原布置剖面图（单位：m）

下降，拦河闸下游消能工无法满足安全运行的要求，且拦河闸结构老化，需进行加固改造。2007—2012 年，对李溪拦河闸及其下游消能工进行了分两期改造，并进行相应的水力模型试验，论证和优化了拦河闸下游消能工的布置和体型[39-40]。

8.19.2 消能工一期改造试验和运行

8.19.2.1 改造方案的确定

近年来，由于李溪拦河闸下游河道水位明显降低，造成闸下游消力池水流消能不充分，消力池及海漫多次被冲坏，严重影响拦河闸的安全运行。经过工程安全鉴定，现状的拦河闸下游消力池结构较完整，经加固后仍基本可以满足安全运行的要求。

2007 年，在拦河闸下游消能工加固改造设计中，经工程投资和工期等比较之后，拟保留现状的消力池，在现状的消力池（一级消力池）下游海漫段内修建二级消力池，二级消力池下游海漫尽可能利用已有的海漫末端的防冲齿墙。设计初拟的下游消能工加固改造方案为：将现状消力池下游水平海漫段末端断面缩短为桩号 0+028.70，其下游以 1∶5 坡度与二级消力池连接，二级消力池池底高程 4.30m、水平段长度 15m（含池末端尾坎）、池深 1.0m，池末端接坎顶高程为 5.30m 的突坎，突坎下游接坡度约 1∶33、长度约 58m 的海漫，海漫末端与现状的防冲齿墙连接（图 8.84）。

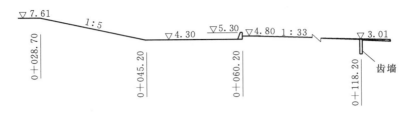

图 8.84　设计初拟方案下游二级消力池布置图（单位：m）

8.19.2.2　防洪标准和水文条件选择

（1）李溪拦河闸下游消能工一期加固改造设计按Ⅱ等 2 级建筑物防洪标准复核，消能防冲设施采用的设计洪水频率为 50 年一遇（$P=2\%$），相应泄洪流量 $Q=2270\text{m}^3/\text{s}$；校核洪水频率为 100 年一遇（$P=1\%$），相应泄洪流量 $Q=2592\text{m}^3/\text{s}$。

（2）加固改造设计的拦河闸下游河道水位-流量关系选定为：在 2007 年新测的闸下游河道水位-流量资料和水文计算成果的基础上，按小流量的水位降低 0.5m、大流量降低约 1.0m 选用。

8.19.2.3　一期工程改造推荐方案

经水力模型试验多方案比较之后，推荐的拦河闸下游消能工的布置和体型如下：

1. 驼峰堰闸孔

（1）在一级消力池尾坎下游水平海漫上加一层厚 0.2m 钢筋混凝土护面，以增加水平海漫的抗冲能力和结构稳定。因此，一级消力池尾坎下游水平海漫段高程由 7.61m 抬高至 7.81m。

（2）为了使下游二级消力池出流较平顺与下游河道水流衔接，同时尽量减少一级消力池下游陡坡段的开挖量，经试验优化之后，得出下游二级消力池布置的推荐方案为：①一级消力池下游水平海漫末端（桩号 0+028.70）以 1∶8 坡度与二级消力池连接；②二级消力池整体下降 1.0m，其池底高程为 3.30m、池深 1.0m、水平段长度 15m，池末端尾坎顶高程为 4.30m；二级消力池上游端区域（桩号 0+068.80）设置一排消力墩，消力墩墩高为 1.3m，墩宽与墩净间距均为 1.5m；③二级消力池尾坎下游接坡度约 1∶30 的斜坡海漫，并保留工程现状的海漫末端的防冲齿墙（图 8.85）

2. 宽顶堰闸孔

宽顶堰闸孔的一级消力池尾坎下游水平海漫加固改造方案与驼峰堰闸孔相同，其长度为 2.7m；一级消力池下游的二级消力池、下游海漫、防冲齿墙等布置与驼峰堰闸孔相应的布置相同（图 8.85）。

8.19.2.4　一期改造工程运行情况和分析

李溪拦河闸一期加固改造工程于 2008 年初建成投入运行。2008 年 6 月，拦河闸泄洪流量达 2200m³/s，接近 50 年一遇设计洪水标准，测试的拦河闸上游水位为 11.59m，下游水位为 9.56m。

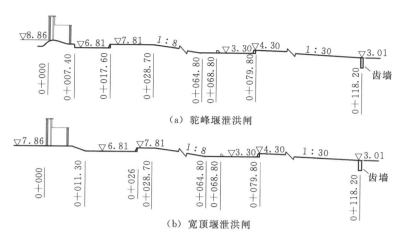

（a）驼峰堰泄洪闸

（b）宽顶堰泄洪闸

图 8.85 拦河闸及其下游消能工一期改造推荐方案布置图（单位：m）

泄洪观察表明：①拦河闸下游二级消力池水流消能较充分，消力池出流较平顺与下游河道水流衔接；②由于拦河闸下游的一级消力池池长偏短、池深不足及下游河道水位较低，一级消力池内水流呈波状流和面流状，水流汹涌，出闸泄流直冲一级消力池末端尾坎，翻滚进入下游陡坡段和二级消力池，不利于工程的安全运行（图 8.86）。

由于拦河闸闸室和一级消力池结构已老化，且一级消力池的运行流态较差，为了确保拦河闸工程的安全，需早日对拦河闸闸室和一级消力池进行改造。

图 8.86 李溪拦河闸一级消力池运行流态

8.19.3 拦河闸二期改造试验和运行

8.19.3.1 二期改造设计方案布置及运行

2011 年，在拦河闸下游消能工一期加固改造的基础上，进行拦河闸二期改造工程设计和水力模型试验研究。拦河闸二期改造工程包括重建拦河闸上游防渗体系、闸室和下游一级消力池等，改造后拦河闸统一采用开敞式宽顶堰，将原布置的 30 孔闸修改为 15 孔闸，闸室轴线（0+000）往上游移动 6.8m，闸室堰顶高程为 7.80m，单孔闸净宽 12.5m，泄流总净宽 187.5m，闸室总宽度 229m。

设计初拟方案的一级消力池池底高程为 6.81m，水平段长度为 12m，池深 1.0m，池末端尾坎顶高程为 7.81m；尾坎水平海漫末端（桩号 0+035.50）以现有的 1∶8 坡度与下游二级消力池连接，二级消力池及其下游海漫保持不变（图 8.87）。

二期改造设计方案的一级消力池运行表明：

（1）在上游正常蓄水位 10.51m、各级闸门开度（$e \leqslant 1.6$m）控泄运行条件下，出闸

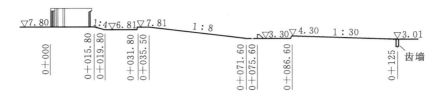

图 8.87　李溪拦河闸二期改造设计初拟方案布置图（单位：m）

水流为自由泄流，一级消力池内为自由面流或波状流，水流消能率较低，泄流在消力池内形成折冲水流，水流直冲一级消力池末端的尾坎，水流波动、翻滚越过消力池尾坎进入下游二级消力池。

（2）在闸门全开的设计洪水频率（$P=2\%$）和校核洪水频率（$P=1\%$）流量泄流运行时，一级消力池运行流态与正常蓄水位的闸门局部开启运行流态相近，出闸水流仍为自由泄流，一级消力池内形成波状流，水流波动、翻滚更加剧烈，泄流撞击一级消力池尾坎的现象更加明显，流态较差。

8.19.3.2　二期改造推荐方案

经水力模型试验论证后，除险改造的拦河闸下游两级消力池推荐方案为：一级消力池池底高程、水平段长度与二期改造设计初拟方案相同，为了消除或减弱一级消力池内的折冲水流、回流等不良流态，增加池内水流消能率，将池末端尾坎顶加高 0.49m，加高后的一级消力池末端尾坎顶高程为 8.30m，池深 1.49m；二级消力池及其下游海漫保持不变（图 8.88）。

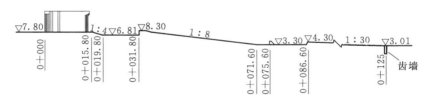

图 8.88　李溪拦河闸下游两级消力池推荐方案布置图（单位：m）

8.19.3.3　二期改造推荐方案试验及分析

（1）一级消力池末端尾坎顶加高至 8.30m 高程之后，在各级洪水流量泄流运行时，池内水深加大，基本消除了设计初拟方案一级消力池内的折冲水流、回流等不良流态，一级消力池内形成稳定的水跃，明显增加了池内水流消能率，一级消力池出流较平顺与下游二级消力池水流衔接。

（2）一级消力池末端尾坎顶加高后，其高程比闸室堰顶高 0.5m。对一级消力池尾坎加高后是否会影响拦河闸的泄流能力进行了分析和水力模型试验。

通常确定拦河闸泄流能力和规模的是采用其高水工况的闸址水位-流量关系水文条件，在此水文条件下，拦河闸上、下游水位差一般较小，拦河闸闸孔过水断面流速与下游一级消力池尾坎顶过水断面流速相差较小，同时考虑到拦河闸闸孔断面泄流的侧收缩影响明显大于一级消力池末端尾坎顶断面水流侧收缩影响，因此，只要一级消力池末端尾坎顶过水断面面积接近或大于拦河闸闸孔过水断面面积，一级消力池尾坎顶加高就不会影响拦河闸的泄流能力。

采用设计洪水频率（$P=2\%$）和校核洪水频率（$P=1\%$）流量相应的拦河闸下游河道水位，分别计算李溪拦河闸闸孔过水断面面积和一级消力池末端尾坎顶过水断面面积（表 8.26），计算的一级消力池末端尾坎顶过水断面面积接近或略大于拦河闸闸孔过水断面面积。

表 8.26　　　　　　　李溪拦河闸闸孔和一级池尾坎顶过水面积比较

洪水频率 P	闸下游水位 Z_t/m	水闸闸孔		一级消力池尾坎	
		闸底高程/m	过水面积/m²	坎顶高程/m	过水面积/m²
2%	10.21	7.80	452	8.30	437
1%	10.72	7.80	548	8.30	554

水力模型试验表明，一级消力池末端尾坎顶加高后对拦河闸的泄流能力无影响。

8.19.3.4　二期改造工程的实施

水力模型试验的拦河闸二期改造推荐方案得到了工程设计和施工的采用，二期改造工程的拦河闸闸室和一级消力池于 2013 年汛期前建成。2013 年 6 月，拦河闸泄洪流量达约 1000m³/s，拦河闸下游一、二级消力池内形成稳定的水跃，二级消力池出流较平顺与下游河道水流衔接。

8.19.4　小结

由于李溪拦河闸下游河道人为过量采沙，造成下游河道河床下切、水位明显下降，严重影响了拦河闸工程的安全运行，需进行工程的除险和加固改造。

李溪拦河闸加固改造工程根据工程险情、投资和工期等，采用了分期改造方案，在一期工程改造下游海漫、增设二级消力池的基础上，二期改造工程再开展拦河闸闸室及一级消力池的重建。李溪拦河闸一、二期加固改造工程水力模型试验研究成果和工程应用情况，可供类似工程设计和运行参考。

8.20　高陂水利枢纽工程试验研究

8.20.1　工程概况

高陂水利枢纽工程位于广东省大埔县境内的韩江中游，为 Ⅱ 等大（2）型工程，是以防洪和供水为主，兼顾发电、航运、灌溉、改善下游河道生态等综合效益的水利枢纽工程（图 8.89）。

枢纽工程坝址控制流域面积 26590km²，占韩江流域总面积约 88%。枢纽主要建筑物由泄水闸、河床式电站厂房、通航船闸、鱼道、挡水坝以及两岸连接建筑物等组成（图 6.20）。枢纽的正常蓄水位为 38.00m，水库防洪库容为 2.673 亿 m³，总库容为 3.656 亿 m³。电站总装机容量为 100MW。

工程设计洪水标准为 100 年一遇（$P=1\%$），设计洪水位为 47.44m；校核洪水标准为 1000 年一遇（$P=0.1\%$），校核洪水位为 47.44m；消能防冲建筑物设计洪水标准为 50

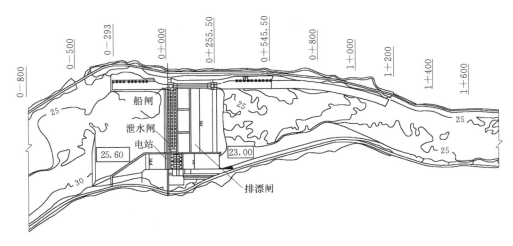

图 8.89　高陂水利枢纽工程布置及工程段河道示意图（单位：m）

年一遇（$P=2\%$）。枢纽工程泄水建筑物为布置在河道中间的 18 孔泄水闸，泄水闸下游采用底流消能。

高陂水利枢纽工程坝址区域河道弯曲狭窄，河道宽约 300～400m，特别是坝址下游约 800m 的下游河道较狭窄（该窄口段原河道宽约 200m，工程建设后将窄口段河道宽扩宽至约 280m）。坝址区域河床覆盖层厚度约 10～28m，为含砾和含卵石的粗沙层；坝基基岩为中粗粒黑云母花岗岩，岩面高程均在 10.00m 以下，岩性单一，岩体完整性较好。

综上所述，高陂水利枢纽工程特点为：①泄水闸泄洪流量大，水头较高；②坝址河道弯曲狭窄，河道通航水流条件较复杂；③坝址区域河床为深厚软基河床，河道较狭窄，下游河道两岸坡和河床易冲刷等。

因此，高陂水利枢纽工程建设将会改变工程区域河道的河势、水流和输沙条件等，给工程设计和建设带来一系列复杂的问题，需通过水力模型试验来分析和解决枢纽工程（泄水闸、电站、船闸、鱼道等）设计和建设中遇到的一系列复杂水力学问题，并为枢纽工程建成后的运行管理提供科学依据。

本节介绍高陂水利枢纽工程（泄水闸泄洪消能和调度运行、船闸通航、闸下游河道冲淤等）水力模型试验研究成果[41-43]。

8.20.2　枢纽工程调度运行和运行水文条件

根据工程设计的要求，泄水闸调度运行的原则和方式如下：

（1）当坝址处来水流量 $Q_p \leqslant 1361.8\text{m}^3/\text{s}$（电站满发流量）时，在满足下游生态用水的条件下，泄水闸闸门关闭，水库蓄水至正常蓄水位 38.00m，供电站发电运行。

（2）当坝址处来水流量 Q_p 为 $1361.8\text{m}^3/\text{s} < Q_p \leqslant 6700\text{m}^3/\text{s}$（机组停发流量）时，保持闸上游正常蓄水位 38.00m，通过电站发电和泄水闸闸门控泄运行。

（3）当坝址处来水流量 Q_p 为 $6700\text{m}^3/\text{s} < Q_p \leqslant 12930\text{m}^3/\text{s}$（坝址处 20 年一遇洪峰流量）时，泄水闸闸门全部开启，下泄洪水恢复天然状态。

（4）当坝址处来水流量 $Q_p > 12930\text{m}^3/\text{s}$ 时，枢纽进入防洪状态，根据坝址来水流量进行分级控泄，枢纽按不大于天然最大洪峰流量控泄，确保枢纽工程的安全。各级洪水流量控泄的泄水闸上游水位见表 8.27。

表 8.27 　　　　　　　　　　各级洪水频率流量的特征水位

洪水频率 P	洪水流量 $Q/(\text{m}^3/\text{s})$	泄水闸上游控泄水位 Z_a/m	闸址下游河道水位 Z_t/m		备注
			现状河床	预测河床下切 2.0m	
2%	13600	44.67	40.13	39.47	消能防冲设计洪水
1%	14200	47.44	40.46	39.81	设计洪水
0.1%	21980	47.44	44.38	43.75	校核洪水

工程设计提供的泄水闸下游河道水位-流量（Z_t-Q）关系如图 8.90 所示。根据工程设计的要求：①在确定泄水闸泄流能力和规模时，采用现状河床的下游河道 Z_t-Q 关系；②在研究泄水闸泄流消能防冲效果时，采用预测河床下切 2.0m 的下游河道 Z_t-Q 关系。

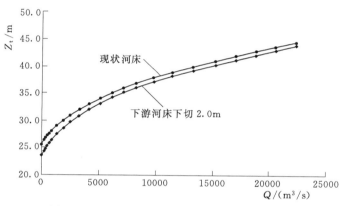

图 8.90 　高陂水利枢纽工程闸址 Z_t-Q 关系图

8.20.3　水力模型设计

8.20.3.1　泄水闸断面水力模型

泄水闸断面水力模型主要是论证和优化泄水闸及其下游消能工的体型和消能效果，断面模型试验在 60cm 宽的玻璃水槽中进行。模型选取 1.5 孔水闸（净宽 $1.5\times14\text{m}$，墩厚 $2\times3.5\text{m}$），为 1：46.67 的正态模型。

8.20.3.2　枢纽工程整体水力模型

枢纽工程整体水力模型主要是论证枢纽工程各建筑物（泄水闸及其下游消能工、船闸、电站等）布置合理性和运行水力特性。为了确保坝址处河段流态及其上、下游河道水流衔接的相似，枢纽工程整体水力模型河道截取的范围为：①坝址上游河道长 3km；②坝址下游河道长 2.5km，模型模拟坝址上、下游河道总长度为 5.5km。

枢纽工程整体水力模型为 1：85 的正态模型。

8.20.4　泄水闸下游消能工试验和优化

8.20.4.1　设计方案泄水闸下游消能工布置

泄水闸布置在坝址河道中间，共 18 孔，单孔净宽 14m，泄流总净宽 252m；泄水闸右端布置一孔排漂闸，净宽 14m；闸孔总孔数为 19 孔，闸墩厚度 3.5m，闸室总宽度为 336m。

泄水闸堰顶高程 25.60m，闸室上部设置带胸墙挡水墙，胸墙底部高程为 39.10m，孔口高度 13.5m，闸顶高程 49.00m。排漂闸堰顶高程 32.00m，采用弧形闸门挡水及控泄运行。泄水闸闸室下游设置陡坡段、消力池、海漫、防冲槽等。闸室下游陡坡段坡度为 1:4，消力池水平段长度 55m，池底高程 17.50m，池末端尾坎顶高程 20.50m，池深 $d=3.0$；消力池下游设置长 50m 的水平混凝土海漫段（顶高程为 20.50m），后接坡度 1:50、水平投影长度为 70m 的斜坡海漫，末端设抛石防冲槽（槽顶面高程 19.10m），如图 8.91 所示。

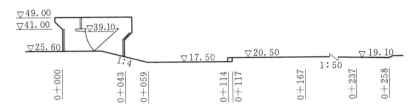

图 8.91　泄水闸及其下游消能工设计方案剖面图（单位：m）

8.20.4.2　设计方案泄水闸下游消能工试验

采用消能设计的水闸下游河道 Z_t-Q 关系，对泄水闸下游消能工进行试验和优化。

（1）在上游正常蓄水位 38.00m、泄水闸各级闸门开度 e（$e=0.25\sim4.0$m，水力模型试验选用的下游河道初始水位 $Z_{t0}=22.50$m）控泄运行时，闸下游消力池形成稳定的水跃，池内水流消能较充分，池末端尾坎出流较平顺与下游河道水流衔接，消力池尾坎顶和水平海漫段底流速 $v_{d1}\leqslant2.0$m/s，防冲槽断面底流速 $v_{d2}\leqslant1.7$m/s。

（2）在泄水闸闸门全开运行时（闸泄洪流量 $Q=6700\sim12930$m³/s），由于水闸泄流落差较小，出闸水流呈波状流进入消力池，消力池尾坎出流较平顺与下游河道水流衔接，消力池尾坎顶和水平海漫的底流速约 $1.8\sim2.6$m/s，防冲槽底流速约 $1.7\sim2.3$m/s。

（3）洪水流量 $Q=13600$m³/s（$P=2\%$，闸门开度 $e=7.1$m），$Q=14200$m³/s（$P=1\%$，$e=6.0$m）以及 $Q=21980$m³/s（$P=0.1\%$，$e=10.4$m）泄流运行时，18 孔泄水闸闸门控泄运行（表 8.27），泄水闸上、下游河道水位差增大，闸下游水跃长度超出了消力池水平段长度，其水跃跃尾桩号约为 $0+115\sim0+118$，消力池尾坎顶和水平海漫的底流速达约 $3.7\sim4.8$m/s，防冲槽底流速约 $2.4\sim2.8$m/s。

由上述的试验资料分析可知：①在各级洪水流量泄流运行时，闸下游形成稳定的水跃或波状流流态，消力池末端尾坎顶高程和池深是合理的；②在大洪水流量闸门控泄运行时（$Q>12930$m³/s），由于泄水闸上、下游水位差及泄流单宽流量较大，下游消力池池长由泄水闸泄洪最大流量来确定；在洪水流量 $Q=13600\sim21980$m³/s 控泄运行时，设计方案的消力池池长无法满足设计的要求；③在大洪水流量闸门控泄运行时，消力池末端尾坎顶和水平海漫的底流速值较大，不利于工程的安全运行。

8.20.4.3　泄水闸下游消能工优化方案试验

1. 优化方案布置

（1）保持设计方案消力池池深（$d=3.0$m）不变，将消力池水平段长度延长 5m，优化后的消力池水平段长度为60m。

（2）保持消力池尾坎顶高程（20.50m）不变，取消消力池下游水平海漫段，将消力池尾坎末端以1：50斜坡海漫与防冲槽连接，防冲槽顶高程由19.10m降低为18.50m。优化后的消力池下游斜坡海漫段水平投影长度为100m，比设计方案的海漫段总长度（120m）缩短了20m（图8.92）。

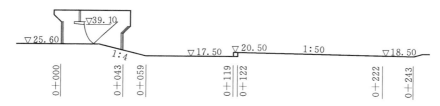

图8.92 泄水闸下游消能工优化方案剖面图（单位：m）

2. 优化方案试验

（1）在各级洪水流量泄流运行时，闸下游水跃均发生在消力池内，出池水流较平顺与下游海漫和下游河道水流衔接。

（2）洪水流量13600m³/s（$P=2\%$）至21980m³/s（$P=0.1\%$），闸门控泄运行时，测试的消力池末端尾坎顶及海漫段的底流速约为3～3.8m/s，比设计方案的海漫段流速减小，有利于工程的安全运行。

排漂闸孔堰顶高程比泄水闸堰顶高程高，其泄流单宽流量比泄水闸要小，排漂闸下游消能工布置与泄水闸下游消能工一致，因此，排漂闸下游消能工运行是安全的。

8.20.5 船闸通航试验研究

8.20.5.1 船闸工程设计资料

高陂水利枢纽通航船闸规模为Ⅳ级，布置在坝址河道的左岸。船闸的设计货运能力为900万t/a，单向通过能力为720万t/a，客运能力为5万人/a。船闸闸室有效尺度为200m×18m×3.05m（长×宽×门槛上最小水深），船闸上、下游引航道均采用不对称式平面布置，引航道总长度均为290m，底宽40m；上游引航道底高程为24.15m，下游引航道底高程为21.15m（图8.89）。

船闸设计的最大通航洪水标准为10年一遇洪水（$P=10\%$），相应洪水流量$Q=11130m³/s$。船闸设计的通航水位为：上游最高通航水位38.90m，上游最低通航水位28.00m，下游最高通航水位38.69m，下游最低通航水位25.00m。

由于枢纽工程坝址区域河道弯曲狭窄、泄水闸泄洪流量大、水头较高等，因此高陂水利枢纽工程船闸通航的水流条件较复杂。

8.20.5.2 船闸上游引航道口门区通航试验

1. 引航道口门区范围分析

根据文献［44］和文献［45］，船闸引航道口门区长度应按设计的最大船舶、船队确定，顶推船队采用2.0～2.5倍船队长，拖带船队采用1.0～1.5倍船队长，两种船队并有时，取大值。Ⅰ～Ⅳ级船闸引航道口门区水面最大流速限值为：平行于航线的纵向流速$v_1<2.0m/s$，垂直于航线的横向流速$v_2<0.3m/s$，回流流速$v_3<0.4m/s$。

根据工程设计资料，高陂水利枢纽船闸通航的 500t 船只尺寸为 47m×8.8m×1.9m（长×宽×设计吃水）。文献［44］和文献［45］，选用 2.5 倍单船船长为其口门区的长度，因此，高陂水利枢纽船闸上、下游引航道口门区的长度为 117.5m。

　　2. 设计方案上游引航道口门区试验

　　船闸上游引航道导航墙上游端断面桩号为 0－293，按引航道口门区的长度 117.5m 计算，其上游口门区上游端桩号约为 0－410.50。试验表明，在 10 年一遇洪水频率流量（$P=10\%$，$Q=11130\text{m}^3/\text{s}$）及以下各级洪水流量泄流运行时，泄水闸上游河道的来流较平顺，船闸上游引航道口门区水流较平顺和平稳，口门区河道流速较小，水面流速 $v<1.5\text{m/s}$，口门区的流速流向与船闸中心线（航线）的夹角 $\beta<10°$，可计算得垂直于航线的横向流速 $v_2<0.3\text{m/s}$。因此，上游引航道口门区的流态和流速（$v_1<1.5\text{m/s}$，$v_2<0.3\text{m/s}$，$v_3<0.4\text{m/s}$）可以满足船只通航的要求。

　　3. 优化方案上游引航道口门区试验

　　由枢纽工程布置可见（图 8.89），高陂水利枢纽工程船闸上游引航道布置在弯曲河道的约弯顶处，船闸纵向轴线与河道左岸线呈约 25°~30° 夹角，当船只进、出上游引航道进、出口时，船只需绕一定角度，给船只通航带来不便。因此，为了便于船只进、出上游引航道，在满足规范规定的引航道直线段总长度的条件下，将上游引航道的上游段右导航墙修改为曲线或折线型导墙，便于船只通航。

　　JTJ 305—2001《船闸总体设计规范》[44] 规定，引航道直线段的总长度：

$$L=L_1+L_2+L_3\geqslant(3.5\sim4)L_c$$

式中：L_1 为导航段长度；L_2 为调顺段长度；L_3 为停泊段长度；L_c 为单船最大船长。

　　本工程船闸通航的 500t 船只最大船长 $L_c=47\text{m}$，计算得引航道直线段的总长度 $L=165\sim188\text{m}$。因此，取上游引航道右导航墙直线段长度 $L=220\text{m}$，在其上游端设置的半径 $R=400\text{m}$ 的圆弧线上布置 12 个直径 $d=1.5\text{m}$、弧线圆心距 $s=6\text{m}$ 的圆柱墩（图 8.93）。

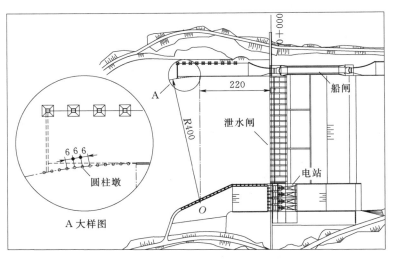

图 8.93　船闸上游引航道右导航墙修改方案布置图（单位：m）

　　船闸上游引航道右导航墙修改方案试验表明，在 10 年一遇洪水频率流量（$P=10\%$，

$Q=11130\mathrm{m}^3/\mathrm{s}$）及以下各级洪水流量泄流运行时，上游引航道口门区的流态和流速与设计方案上游引航道口门区的流态和流速相近，可以满足通航的要求，且上游引航道右导航墙修改方案更便于船只通航。

8.20.5.3 船闸下游引航道口门区试验

船闸下游引航道长度为290m。泄水闸的下游河道逐渐缩窄，至桩号约0+900～1+200断面处，河道窄口处的河面宽度约280～300m（图8.89）。高陂水利枢纽船闸下游引航道出口断面桩号为0+545.50，其下游引航道口门区的长度约为117.5m，则下游引航道口门区的下游末端断面桩号约为0+663。试验表明：

（1）在最大通航流量（$P=10\%$，$Q=11130\mathrm{m}^3/\mathrm{s}$）泄流运行时，船闸下游引航道口门区为弱回流区，回流流速 $v_3<0.4\mathrm{m/s}$，水流相对较平稳。因此，船闸下游引航道口门区的流态和流速基本可以满足通航的要求。

（2）在泄洪流量 $Q<11130\mathrm{m}^3/\mathrm{s}$ 泄流运行时，随着泄洪流量减小，下游引航道口门区的回流区范围和回流流速相应减小，下游引航道口门区的流态和流速可以满足通航的要求。

（3）船闸下游引航道口门区为低流速的回流区，口门区易产生淤积，严重时会影响船只通航，因此，应考虑采取适当的防淤和清淤措施，确保船闸的正常运行。

8.20.6 枢纽工程运行定床模型试验

8.20.6.1 枢纽工程优化布置

在泄水闸和排漂闸下游消能工、电站上游进水渠（6.9节）、电站下游尾水渠、船闸上下游引航道等体型和布置优化的基础上[41-42]，开展枢纽工程运行的定床试验研究（彩图27）。

8.20.6.2 泄水闸的泄流能力

根据工程设计资料和枢纽工程调度运行的原则，泄水闸的泄流能力以坝址20年一遇洪水频率流量（$P=5\%$，$Q=12930\mathrm{m}^3/\mathrm{s}$）、现状河床下游河道水位（$Z_t=39.74\mathrm{m}$）控制。在20年一遇洪水频率流量泄流条件下，测试的泄水闸上游水位 $Z_a=40.03\mathrm{m}$，泄水闸上、下游水位差 $\Delta Z=0.29\mathrm{m}<0.30\mathrm{m}$。因此，高陂水利枢纽工程泄水闸的泄流能力满足工程设计的要求。

8.20.6.3 枢纽工程的运行流态和流速

在各级洪水流量泄流运行时（包括闸上游正常蓄水位的各级闸门开度控泄运行、闸门全开运行、大洪水流量的闸门控泄运行等），进、出泄水闸的水流相应较平顺，泄水闸下游消力池内形成稳定的水跃（或波状流），水流消能较充分，消力池出流较平顺与下游海漫和河道水流衔接。

由于泄水闸下游河道宽度逐渐缩窄，下游河道窄口段（桩号0+920～1+220）两岸坡及河床的流速较大（表8.28），应重视河道窄口段两岸坡及河床的稳定和安全。

8.20.7 泄水闸调度运行试验和建议

8.20.7.1 泄水闸下游消能工分区

在泄水闸闸室下游消力池中间设置了两道隔水导墙（图8.89），泄水闸泄洪运行采用

分区调度运行。当泄水闸上游洪水来流量较小时，可先开启中间区域 7 孔闸（7 号～13 号）

表 8.28　　　　　　　　　各级洪水流量运行的泄水闸下游河道窄口段流速值

洪水频率 P	泄流量 $Q/(\mathrm{m^3/s})$	闸下游河道流速较大值/(m/s)				
		消力池尾坎顶	防冲槽段	河道窄口段（桩号 0+920～1+220）		
				左岸坡	右岸坡	河床底
10%	11130	2.5	2.1	2.5	2.9	2.9
5%	12930	2.7	2.2	2.6	3.1	3.1
2%	13600	3.0	2.3	2.8	3.3	3.2
1%	14200	3.1	2.5	3.0	3.5	3.3
0.1%	21980	3.9	3.0	3.6	4.1	3.9

注　泄水闸运行相应的下游河道水位为河床下切 2.0m 的水位。

泄洪，其优点为：一是便于闸门开启操作运行；二是在泄水闸初始泄流、下游河道较低水位运行时，减小下游河道两岸区域的流速。

8.20.7.2　泄水闸调度运行建议

通过泄水闸中间区域 7 孔闸（7 号～13 号）与电站 4 台机组不同组合的运行试验，得出泄水闸在正常蓄水位 38.00m 的闸门控泄运行的调度运行方式。

1. 泄水闸单独运行

先开启中间区域 1～7 孔（7 号～13 号）、闸门开度 $e=0.25m$ 运行，并逐步将 7 号～13 号闸孔全部开启至第 1 级开度 $e=0.25m$ 运行；随着泄水闸上游来流量的增大，将中间闸孔（7 号～13 号）的 7 孔闸逐渐开启至 $e=0.5m$ 运行。

当泄水闸上游来流量继续增大时，在中间 7 孔闸（7 号～13 号）开启至 $e=0.5m$ 运行的情况下，将其左、右两侧 11 孔闸开启第 1 级开度 $e=0.25m$ 运行；然后再将中间 7 孔闸（7 号～13 号）增加一级开度（$\Delta e=0.25m$），开启至 $e=0.75m$ 运行，待泄流稳定之后，再将左、右两侧 11 孔闸开启至第 2 级开度 $e=0.5m$ 运行。由此循环交替开启，直至 18 孔闸全部开启至 $e=4.0m$ 运行。

2. 泄水闸与电站双机联合运行

先将中间区域 7 孔闸（7 号～13 号）逐级开启至第 3 级开度 $e=0.75m$ 运行（闸门开启过程和方法同上）。

当泄水闸上游来流量继续增大时，在中间 7 孔闸（7 号～13 号）开启至 $e=0.75m$ 运行的情况下，将其左、右两侧 11 孔闸开启第 1 级开度 $e=0.25m$ 运行；随着泄水闸上游来流量的增大，将中间 7 孔闸（7 号～13 号）增大开启至第 4 级开度 $e=1.0m$ 运行，待泄流稳定之后，再将左、右两侧 11 孔闸开启第 2 级开度 $e=0.5m$ 运行。由此循环交替开启，直至 18 孔闸全部开启至 $e=4.0m$ 运行。

3. 泄水闸与电站 4 机联合运行

先将中间 7 孔闸（7 号～13 号）逐级开启至第 4 级开度 $e=1.0m$ 运行。当泄水闸上游来流量继续增大时，将其左、右两侧 11 孔闸开启第 1 级开度 $e=0.25m$ 运行；随着泄水闸上游来流量的增大，将中间 7 孔闸（7 号～13 号）开度增大开启至第 5 级开度 $e=$

1.25m 运行，待泄流稳定之后，再将左、右两侧 11 孔闸开启第 2 级开度 $e=0.5$m 运行。由此循环交替开启，直至 18 孔闸全部开启至 $e=3.75\sim4.0$m 运行。

上述的各分区闸孔组合运行方式是根据工程消能设计的水闸下游河道 Z_t-Q 关系确定的，当泄水闸下游河道 Z_t-Q 关系发生变化时（如河床下切、水位继续下降等），应作适当的调整。同时，当泄水闸与电站不同机组（单机至 4 机）组合运行时，也可以不考虑电站机组运行工况，按照泄水闸单独运行工况的开启方式进行控泄调度运行，枢纽工程运行更为安全。

在上述的各种控泄运行的调度运行方式中，当泄水闸上游洪水来流量 $Q_p>6700$m³/s 时，18 孔泄水闸闸门应全部开启（闸门全开敞泄）泄洪；并根据工程设计的要求，进行泄水闸调度运行。

8.20.8　泄水闸下游河道动床试验

8.20.8.1　动床模型试验的重要性

由于高陂水利枢纽工程坝址处河道为弯曲、狭窄河道，定床模型测试的坝址下游河道窄口段的两岸坡和河床流速值较大（表 8.28），为了分析泄水闸下游河床的冲淤状况，进行了泄水闸下游河道的动床模型试验[43]。

8.20.8.2　动床模型设计和范围

根据工程设计资料，坝址区域河床覆盖层为含砾和含卵石的粗沙层，其厚度约 10～28m，中值粒径 $d_{50}=1.0$mm；坝基基岩为中粗粒黑云母花岗岩，岩面高程均在 10.00m 以下。动床试验的模型沙采用塑料沙（$d_{50}=0.5$mm，$\gamma_s=1.3$t/m³），模型沙选沙的计算过程可见文献 [43] 和 7.2 节。

动床模型范围为泄水闸下游海漫段末端（桩号 0＋222）至下游河道桩号 1＋650 断面，动床模型模拟的下游河道长度约 1430m。

动床模型制作过程为：①在动床模型范围内，按照工程设计提供的河道地形图进行模型沙动床铺设；②抛石防冲槽（顺水流方向宽度 21m）的原型块石粒径按 $D_P=0.5\sim0.6$m 选取，由伊兹巴什公式 $v=K\sqrt{D}$（式中：v 为不冲流速，m/s；D 为散粒体粒径，m；K 为系数，一般取 5～7，本工程取 $K=6$），计算得抛石防冲槽的原型不冲流速约为 4.2～4.6m/s；由模型比尺关系（1：85 正态模型），模型抛石防冲槽采用粒径 $D_M=0.5\sim0.7$cm 的花岗岩碎石、按设计方案布置进行铺设模拟；③泄水闸下游河道河床底基岩面高程按 8.00m 铺设，模型基岩层铺设的材料与抛石防冲槽相同。

8.20.8.3　动床模型试验成果

泄水闸下游河床的冲淤程度随闸泄洪流量和水头差的增加而增大，本节主要介绍洪水频率 $P=2\%\sim0.1\%$（$Q=13600\sim21980$m³/s）等组次泄洪运行动床试验成果。

（1）由于泄水闸泄洪流量较大，且闸门控泄造成闸上、下游水位差增加，泄水闸下游消力池水流漩滚、波动较闸门全开泄流运行明显，出池的流速增大，下游河道河床冲淤程度随之增大。

（2）泄水闸右端闸孔泄流经消力池后，往下游右岸电站尾水渠区域扩散，在尾水渠下游右岸坡受顶冲折转形成回流后，绕电站尾水渠左侧导墙与泄水闸右端闸孔下游消力池和海漫段的水流汇合，加大了右端闸孔下游的单宽流量、水流漩滚和波动，增大了右端闸孔防冲槽及其下游河床的冲刷（图 8.94）。

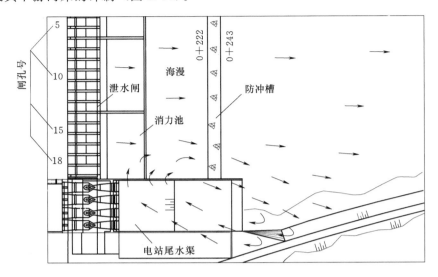

图 8.94　高陂水利枢纽泄水闸下游河道右岸区域运行流态示意图

1）在 50 年一遇消能防冲设计洪水流量（$P=2\%$，$Q=13600\text{m}^3/\text{s}$）运行时，泄水闸左端闸孔（1 号～10 号）防冲槽下游河床冲刷区域底部高程约 11.00m，防冲槽末端约 6m 宽（顺水流方向，下同）抛石产生不同程度的塌陷；泄水闸右端闸孔（11 号～18 号）及排漂闸孔防冲槽下游河床冲刷较为严重，冲刷区域底部达到高程约 8.00m 的基岩面；防冲槽末端约 15m 宽抛石产生不同程度的塌陷。

2）在 100 年一遇设计洪水流量（$P=1\%$，$Q=14200\text{m}^3/\text{s}$）运行时，泄水闸防冲槽下游河床冲刷区域底部达到高程约 8.00m 的基岩面，左端闸孔（1 号～10 号）防冲槽末端约 8m 宽的抛石产生不同程度的塌陷，右端闸孔（11 号～18 号）及排漂闸孔防冲槽末端约 16m 宽的抛石产生不同程度的塌陷。

3）在 1000 年一遇校核洪水流量（$P=0.1\%$，$Q=21980\text{m}^3/\text{s}$）运行时，防冲槽下游冲刷区域基岩面出露的末端达约桩号 0+460 断面，左端闸孔（1 号～10 号）防冲槽末端约 14m 宽抛石产生不同程度的塌陷，右端闸孔（11 号～18 号）及排漂闸孔防冲槽末端约 19m 宽抛石产生不同程度的塌陷。

（3）下游窄口段河道流速较大（桩号 0+900～1+300），窄口段左岸区域为冲刷区，冲刷区域底高程 12.00～15.00m，比原河床面降低 10～13m；冲刷区域稳定之后，窄口段左岸区域河床底流速比定床模型试验值略减小。右岸区域河床冲淤程度较小，该区域河床面高程 24.00～26.00m。下游窄口段河道横断面（桩号 1+200）的冲淤状况见图 8.95。

综合上述分析可得：①泄水闸右端闸孔下游防冲槽冲刷塌陷较为严重，应适当增大右端闸孔下游防冲槽的宽度；②泄水闸下游窄口段河道流速较大，窄口段左岸区域为冲刷区，左岸河床冲刷区域底高程 12.00～15.00m，比原河床面降低 10～13m，应注意窄口段左岸区域河床及岸坡的稳定；右岸区域河床冲淤程度较小。

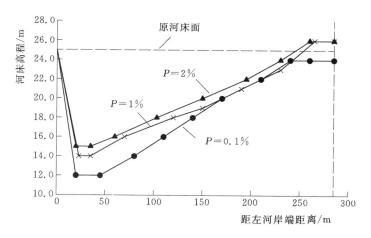

图 8.95　各级洪水频率窄口段河道断面（桩号 1＋200）冲淤示意图

8.20.8.4　防冲槽修改方案运行试验

为了确保海漫末端防冲槽的安全，修改方案将泄洪闸中心线右端闸孔（11 号～18 号闸孔和排漂闸孔）下游防冲槽往下游加宽 10m。修改之后，泄水闸中心线右端闸孔下游防冲槽宽度为 31m（图 8.96）。试验表明：

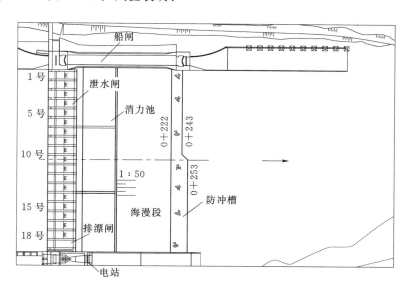

图 8.96　高陂水利枢纽泄水闸下游防冲槽修改方案布置图

（1）在各级洪水流量泄流运行时，泄水闸出流和下游河道运行流态和流速分布与防冲槽设计方案试验成果相近。

（2）泄水闸中心线右端闸孔下游防冲槽加宽之后（中心线左侧防冲槽宽度为设计方案的 21m，右侧为加宽后的 31m），在各级洪水流量泄流运行时，泄水闸中心线左、右侧防冲槽下游末端塌陷宽度与设计方案相近。因此，泄水闸中心线右侧防冲槽宽度加宽后，其下游防冲槽运行是安全的。

（3）泄水闸下游防冲槽末端塌陷的块石落淤在其河床冲刷坑的上游坡面上，对冲刷坑上游坡面起到了防护作用。

8.20.9 结语

（1）通过泄水闸断面水力模型试验，论证和优化了泄水闸及其下游消能工的体型和布置。优化方案保持消力池池深和池末端尾坎顶高程不变，将消力池水平段长度加长了 5m，并取消消力池下游水平海漫，将消力池尾坎末端以 1∶50 斜坡海漫与防冲槽连接。优化后的消力池下游斜坡海漫段水平投影长度为 100m，比设计方案的海漫段长度缩短了 20m。因此，优化方案的泄水闸下游消能工工程量比设计方案减小，并且妥善解决了泄水闸泄洪消能防冲的问题。

（2）通过枢纽工程定床整体水力模型试验，对枢纽工程泄水闸泄流能力和消能防冲、泄水闸调度运行、船闸通航、电站运行等进行优化，为枢纽工程设计和工程建成后的运行管理提供了科学依据。

（3）在枢纽工程定床整体水力模型试验的基础上，进行了泄水闸下游河道的动床模型试验，论证了泄水闸下游河道两岸坡和河床的冲淤状况，同时进一步优化了泄水闸下游海漫末端防冲槽的布置，为工程的安全运行提供了重要的参考作用。

参 考 文 献

［1］ 黄智敏，钟勇明，朱红华，等. 惠州抽水蓄能电站上库溢流坝阶梯消能试验研究 ［J］. 水利水电科技进展，2006，26（3）：35－37，52.

［2］ 陆汉柱，黄智敏，钟勇明. 惠蓄下库溢流坝阶梯消能试验研究 ［J］. 广东水利水电，2004（5）：21，24.

［3］ 黄智敏，钟勇明，朱红华，等. 阶梯消能技术在广东省水利工程中的研究与应用 ［J］. 水力发电学报，2012，31（1）：146－150.

［4］ 黄智敏，何小惠，梁萍. 阳江抽水蓄能电站上库溢流坝消能试验研究 ［J］. 水电能源科学，2006，24（6）：61－64.

［5］ SL 319—2005 混凝土重力坝设计规范 ［S］. 北京：中国水利水电出版社，2005.

［6］ 赖翼峰，孙永和，陈灿辉. 稿树下水库溢洪道消能工的选择 ［C］∥泄水工程与高速水流. 长春：吉林科学技术出版社，1998.

［7］ 黄智敏，赖翼峰，朱红华. 溢洪道阶梯消能工应用和运行观察 ［J］. 水利水电工程设计，2010，29（4）：40－43.

［8］ 黄智敏，朱红华. 虎局水库溢洪道扩建工程阶梯消能试验研究 ［J］. 广东水利水电，1999（6）：30－32.

［9］ 黄智敏，朱红华，何小惠，等. 缓坡度陡槽溢洪道阶梯消能研究与应用 ［J］. 中国水利水电科学研究院学报，2005，3（3）：179－182.

［10］ SL 155—2012 水工（常规）模型试验规程 ［S］. 北京：中国水利水电出版社，2012.

［11］ 朱红华，黄智敏，罗岸，等. 乌石拦河闸除险加固工程消能试验研究 ［J］. 广东水利水电，2002（6）：64－65.

［12］ 朱展毅. 乌石拦河闸除险加固工程消能建筑物的设计 ［J］. 广东水利水电，2003（3）：33－34，36.

［13］ 黄智敏，何小惠，张从联，等. 秋风岭水库溢洪道改建工程试验研究 ［J］. 中国农村水利水电，

2004（增刊）：34-35，37.

[14] 何小惠，黄智敏，朱红华，等. 阳江核电水库溢洪道消能试验研究 [J]. 中国农村水利水电，2005（6）：67-69.

[15] 黄智敏，何小惠，黄健东，等. 阳江抽水蓄能电站下库溢洪道消能研究 [J]. 水力发电学报，2007，26（5）：92-96.

[16] 王均星，邹鹏飞，黄先敏. 溢洪道弯道前陡槽内水流的消能研究 [J]. 水力发电学报，2004，23（3）：98-101，120.

[17] 黄智敏，陈灿辉，赖翼峰. 黄山洞水库溢洪道除险改造消能研究 [J]. 广东水利水电，2011（12）：1-2，9.

[18] 武汉大学水利水电学院水力学流体力学教研室. 水力计算手册 [M]. 2版. 北京：中国水利水电出版社，2006.

[19] 黄智敏，何小惠，钟勇明，等. 乐昌峡水利枢纽工程溢流坝泄洪消能研究 [J]. 长江科学院院报，2011（5）：18-22.

[20] 广东省水利水电科学研究院. 乐昌峡水利枢纽工程水工模型试验研究报告 [R]. 广州：广东省水利水电科学研究院，2009.

[21] 华东水利学院. 水工设计手册：第六卷 泄水与过坝建筑物 [M]. 北京：水利电力出版社，1982.

[22] 黄智敏，钟勇明，陈卓英，等. 乐昌峡水电站溢流坝溢流堰优化研究 [J]. 广东水利电力职业技术学院学报，2014，12（1）：1-3.

[23] DL/T 5166—2002 溢洪道设计规范 [S]. 北京：中国电力出版社，2002.

[24] ANWAR H O, WELLER J A, AMPHLETT M B. Similarity of free-vortex at horizontal intake [J]. Journal of the Hydraulic Engineering, ASCE, 1978, 16（2）：95-105.

[25] Geore E Hecker, Model-prototype comparison of free surface vortices [J]. Journal of the Hydraulics Division, ASCE, 1981, 107（10）：1243-1259.

[26] 黄智敏，罗洪飘，万鹏. 杨溪水三级水电站溢流坝挑流消能试验研究 [J]. 广东水利水电，1998（4）：27-30.

[27] 黄智敏，钟勇明，何小惠，等. 张公龙水电站溢流坝除险改造消能试验研究 [J]. 广东水利水电，2012（4）：6-8，22.

[28] 高季章. 窄缝式消能工的消能特性和体型研究 [C]// 中国水利水电科学研究院科学研究论文集（第13集）. 北京：水利电力出版社，1983：213-236.

[29] 黄智敏，钟伟强，钟勇明. 老炉下水库溢流坝工程布置和试验优化 [J]. 水利水电工程设计，2005，24（3）：47-48，51.

[30] 黄智敏，翁情达. 窄缝消能工动压及脉动特性 [J]. 广东水电科技，1986（3）：27-36.

[31] 黄智敏，陆汉柱，付波，等. 东山拦河闸下游消能工加固改造研究 [J]. 水利与建筑工程学报，2014，12（6）：168-171.

[32] 黄智敏. 东山水闸下游消能工出险初步分析和度汛研究 [J]. 水利水电工程设计，2015，34（4）：48-50.

[33] 华东水利学院. 水工设计手册：第一卷 基础理论 [M]. 北京：水利电力出版社，1982.

[34] SL 265—2001 水闸设计规范 [S]. 北京：中国水利水电出版社，2001.

[35] 何小惠，黄智敏，林佑金，等. 共青河泄洪闸除险加固工程试验研究 [J]. 广东水利电力职业技术学院学报，2005，3（1）：22-24.

[36] 广东省水利水电科学研究院. 电白县共青河拦河闸坝除险加固工程水工模型试验研究报告 [R]. 广州：广东省水利水电科学研究院，2001.

[37] 朱红华，黄智敏，陈卓英，等. 电白县共青河拦河闸坝重建工程消能试验研究 [J]. 广东水利水电，2013（6）：23-25.

［38］黄智敏，陈卓英，钟勇明，等. 共青河拦河闸坝消能研究 ［J］. 水利水电工程设计，2014，33（4）：47－50.

［39］黄智敏，陈卓英，钟勇明，等. 流溪河李溪拦河闸的消能问题及改造研究 ［J］. 广东水利水电，2009（3）：3－6.

［40］黄智敏，陈卓英，朱红华，等. 李溪拦河闸下游消能工除险改造研究和实践 ［J］. 水利科技与经济，2014，20（4）：28－30，34.

［41］广东省水利水电科学研究院. 广东省韩江高陂水利枢纽工程急弯束窄型河道枢纽区流态及通航条件水力模型试验研究项目泄水闸水工断面模型试验研究报告 ［R］. 广州：广东省水利水电科学研究院，2016.

［42］广东省水利水电科学研究院. 广东省韩江高陂水利枢纽工程急弯束窄型河道枢纽区流态及通航条件水力模型试验研究项目水工整体模型试验研究报告 ［R］. 广州：广东省水利水电科学研究院，2016.

［43］广东省水利水电科学研究院. 广东省韩江高陂水利枢纽工程急弯束窄型河道枢纽区流态及通航条件水力模型试验研究项目水工动床模型试验研究报告 ［R］. 广州：广东省水利水电科学研究院，2016.

［44］JTJ 305—2001 船闸总体设计规范 ［S］. 北京：人民交通出版社，2001.

［45］王作高. 船闸设计 ［M］. 北京：水利电力出版社，1992.